Intelligente Technische Systeme – Lösungen aus dem Spitzencluster it's OWL

it's OWL Clustermanagement GmbH

Die zunehmende Digitalisierung verändert nicht nur den Alltag, sondern auch die industrielle Fertigung, Geschäftsmodelle und die Anforderungen an die Mitarbeitenden. Um wettbewerbsfähig zu bleiben, müssen Unternehmen die Intelligenz in ihren Produkten und Produktionsverfahren erhöhen und neue Kundenzugänge erschließen. Im Spitzencluster it‘s OWL – Intelligente Technische Systeme OstWestfalenLippe haben sich seit 2012 über 200 Unternehmen, Forschungseinrichtungen, Hochschulen und Organisationen zusammengeschlossen, um diesen Wandel erfolgreich mitzugestalten. Ziel ist es, aus der digitalen Transformation als Gewinner hervorzugehen – Gestalter zu sein, statt Getriebener. it‘s OWL gilt dabei als Vorreiter für Industrie 4.0 im Mittelstand. Aktuelle Schwerpunktthemen sind Maschinelles Lernen, Big Data, digitaler Zwilling, digitale Plattformen und die Arbeitswelt der Zukunft. Das strategische Ziel ist der Aufbau einer Modellregion mit dem Schwerpunkt Nachhaltigkeit im Mittelstand.
www.its-owl.de

Increasing digitisation is changing not only everyday life, but also industrial manufacturing, business models and the demands placed on employees. In order to remain competitive, companies must increase the intelligence in their products and production processes and open up new customer access points. In the Leading-Edge Cluster it's OWL - Intelligent Technical Systems OstWestfalenLippe, more than 200 companies, research institutions, universities and organisations have joined forces since 2012 to successfully help shape this transformation. The goal is to emerge from the digital transformation as a winner - to shape instead of being driven by it. it's OWL is considered a pioneer for Industry 4.0 in medium-sized companies. Current key topics are machine learning, big data, digital twins, digital platforms and the working world of the future. The strategic goal is to establish a flagship region with a focus on sustainability in SMEs.
www.its-owl.com

Roman Dumitrescu
(Hrsg.)

KI für die Arbeitswelt von morgen

Erkenntnisse und Best Practices aus dem industriellen Mittelstand

Springer Vieweg

Hrsg.
Roman Dumitrescu
it's OWL Clustermanagement GmbH
Paderborn, Deutschland

ISSN 2523-3637 ISSN 2523-3645 (electronic)
Intelligente Technische Systeme – Lösungen aus dem Spitzencluster it's OWL
ISBN 978-3-662-73052-2 ISBN 978-3-662-73053-9 (eBook)
https://doi.org/10.1007/978-3-662-73053-9

Die Deutsche Nationalbibliothek verzeichnet diese Publikation in der Deutschen Nationalbibliografie; detaillierte bibliografische Daten sind im Internet über https://portal.dnb.de abrufbar.

it's OWL Clustermanagement GmbH | Kompetenzzentrum Arbeitswelt.Plus

Dieses Werk wurde gefördert durch it's OWL Clustermanagement GmbH | Kompetenzzentrum Arbeitswelt.Plus.

Planung/Lektorat: Alexander Grün
Springer Vieweg ist ein Imprint der eingetragenen Gesellschaft Springer-Verlag GmbH, DE und ist ein Teil von Springer Nature.
Die Anschrift der Gesellschaft ist: Heidelberger Platz 3, 14197 Berlin, Germany

Wenn Sie dieses Produkt entsorgen, geben Sie das Papier bitte zum Recycling.

Vorwort (Entwurf)

Die Bundesregierung hat mit ihren jüngsten Maßnahmen zur Stärkung des Wirtschaftsstandorts Deutschland – von der Senkung der Energiekosten über den Abbau von Bürokratie und die Beschleunigung von Genehmigungsverfahren bis hin zu massiven Investitionen in Innovation, Technologie und neue Mobilität – deutlich gemacht, dass sie die Wettbewerbsfähigkeit unseres Landes in einem tiefgreifenden wirtschaftlichen und technologischen Wandel sichern will.

Mit der Hightech-Agenda Deutschland wird dieses Ziel weiter konkretisiert: Der beschleunigte Wissens- und Technologietransfer, der Aufbau einer leistungsfähigen Anwendungsforschung sowie die Entlastung der Innovationsakteure von bürokratischen Hemmnissen sollen dafür sorgen, dass exzellente Forschung schneller in wirtschaftliche Wertschöpfung und gesellschaftliche Lösungen überführt wird.

Doch die Umsetzung all dieser Vorhaben hängt nicht allein von technologischen oder regulatorischen Innovationen ab – sie steht und fällt mit den Menschen, die diesen Wandel gestalten. Eine nachhaltige Stärkung des Wirtschafts- und Innovationsstandorts Deutschland erfordert daher auch eine Stärkung der Arbeit selbst: neue Kompetenzen, neue Formen der Zusammenarbeit, sichere und attraktive Arbeitsbedingungen und eine sozial verantwortliche Nutzung von Technologien wie Künstlicher Intelligenz.

Genau hier setzt das Querschnittsthema *Arbeit(sforschung)* an. Sie ist das verbindende Element zwischen technologischer Entwicklung, wirtschaftlicher Wettbewerbsfähigkeit und gesellschaftlicher Teilhabe. Arbeitsforschung liefert das Wissen darüber, wie Innovationen in der Praxis ankommen, wie Unternehmen und Beschäftigte Veränderungen produktiv und gesund gestalten können und wie regionale Strukturen gestärkt werden können, um Zukunftstechnologien auch in der Fläche wirksam werden zu lassen.

Trotz oder mit den eingangs skizzierten Herausforderungen der Arbeitsforschung, eröffnet sich für die Arbeitsforschung ein strategischer Gestaltungsraum: Durch ihre interdisziplinäre Ausrichtung – an der Schnittstelle von Technik, Organisation, Gesellschaft und Politik – kann sie nicht nur wissenschaftliche Erkenntnisse bereitstellen, sondern auch als Bindeglied zwischen Forschung, Wirtschaft und Praxis fungieren.

Das Kompetenzzentrum „Arbeitswelt.Plus“ hat sich der Aufgabe verschrieben, die Innovationskraft des industriellen Mittelstands in der Region Ostwestfalen-Lippe voranzutreiben. Im Mittelpunkt seiner Forschungsarbeiten stehen die Potenziale der Künstlichen Intelligenz (KI), die stets im Kontext des menschlichen Arbeitens betrachtet werden. Das Expertennetzwerk „Arbeitswelt.Plus" vereint Fachwissen aus Wissenschaft, Wirtschaft, Sozialpartnern und Bildungseinrichtungen, um eine menschengerechte Integration von KI in die Arbeitswelt der Zukunft zu gestalten und damit die Innovationsfähigkeit der beteiligten Unternehmen langfristig zu stärken.

„Arbeitswelt.Plus" ist eines von deutschlandweit dreizehn Regionalen Kompetenzzentren der Arbeitsforschung, die innovative Formen eines vernetzten Wissenstransfers erproben und weiterentwickeln – etwa in den Bereichen Künstliche Intelligenz, Kreislaufwirtschaft, Basisarbeit oder Gesundheitswesen. Die Kompetenzzentren werden im Zeitraum von 2020 bis 2029 im Rahmen des Programms „Zukunft der Wertschöpfung: Forschung zu Produktion, Dienstleistung und Arbeit" durch das Bundesministerium für Forschung, Technologie und Raumfahrt gefördert. Wissenschaftlich begleitet werden die Kompetenzzentren durch die Projekte „Wissens- und Innovations-Netzwerk: Arbeitsforschung" (WIN:A) sowie „Connect & Collect: KI-gestützte Cloud für die interdisziplinäre vernetzte Forschung und Innovation für die Zukunftsarbeit" (CoCo). Als Koordinatoren dieser Begleitprojekte haben wir die Entwicklungen im Kompetenzzentrum „Arbeitswelt.Plus" in den vergangenen Jahren mit großem Interesse verfolgt. Im vorgelegten Herausgeberband werden nun wesentliche Projektergebnisse einem erweiterten Fachpublikum vorgestellt.

Die Autorinnen und Autoren des Werks „KI für die Arbeitswelt von morgen" präsentieren zentrale Projektergebnisse, die insbesondere die Einführung und Verbreitung von Künstlicher Intelligenz in der betrieblichen Praxis vor dem Hintergrund von Informatisierung und Digitalisierung beleuchten. Anhand konkreter Unternehmensbeispiele werden spezifische KI-Instrumente u. a. zur Personaleinsatzplanung und zur Prozessoptimierung vorgestellt. Weitere Beiträge widmen sich dem Wissenserhalt innerhalb von Unternehmen sowie dem Einsatz adaptiver Assistenzsysteme und Content-Management-Systeme. Ebenfalls bedeutsam sind die Ausführungen zu Technikakzeptanz und partizipativer Systemgestaltung, wobei die Rolle der Betriebsräte als treibende Kraft für menschengerechte Strategien ersichtlich wird.

Die Partner im Kompetenzzentrum „Arbeitswelt.plus" haben auf vorbildliche Weise gezeigt, wie Prinzipien transdisziplinärer und methodisch fundierter Forschung bei der menschengerechten Implementierung von Künstlicher Intelligenz (KI) in der Arbeitswelt erfolgreich angewendet werden können.

Wir wünschen den Leserinnen und Lesern des vorliegenden Werkes einen großen Erkenntnisgewinn und ermutigende Impulse für ihre eigenen Vorhaben in Forschung und Praxis.

Dr. Esther Borowski, Koordinatorin des Projekts WIN:A

Dr. Martin Braun, Koordinator des Projekts CoCo

Einleitung

Hintergrund

Die rasante Entwicklung und Verbreitung von Künstlicher Intelligenz (KI) bietet für den industriellen Mittelstand weitreichende Potenziale – von der Effizienzsteigerung in Produktionsprozessen bis hin zu neuen Formen der Wertschöpfung. Bisher wird KI jedoch vorwiegend als technische Option verstanden, während das Zusammenspiel von Mensch, Organisation und Technologie vielfach unzureichend berücksichtigt bleibt. Eine arbeitswissenschaftliche Perspektive, die diese sozio-technischen Zusammenhänge ganzheitlich erschließt und zugleich praxisnahe Lösungs- und Anwendungswissen bereitstellt, fehlt bislang, insbesondere mit Blick auf die Bedürfnisse mittelständischer Unternehmen.Vor diesem Hintergrund zielt das Verbundprojekt auf den Aufbau eines regionalen Kompetenzzentrums Arbeitswelt.Plus „KI in der Arbeitswelt des industriellen Mittelstands" ab. Als zentrale Anlaufstelle in OstWestfalenLippe (OWL) richtet es sich an Unternehmen, Forschungseinrichtungen, Sozialpartner und weitere Akteure. Im Zentrum steht eine durchgängige Befähigungskette von der Grundlagenforschung bis zur konkreten Anwendung: Sie stellt passgenaue Leistungsangebote bereit, die die komplexen Anforderungen und Potenziale von KI auf den Ebenen Mensch, Organisation und Technologie gleichermaßen adressieren.

Operativ stützt sich das Konzept auf vier aufeinander abgestimmte Säulen: untersucht relevante Forschungsfragen an der Schnittstelle Arbeitswelt und KI, entwickelt hieraus modulare Leistungsbausteine für die Befähigungspraxis, pilotiert diese Angebote in Leuchtturmprojekten mit ausgewählten Mittelstandsunternehmen und evaluiert deren Wirksamkeit. Außerdem werden erfolgreiche Ansätze in transferfähige Formate überführt, um sie mittelstandsgerecht skalierbar zu machen. Die Gesamtkoordination übernimmt das Spitzencluster it's OWL, das mit seiner langjährigen Vernetzung von Wissenschaft, Wirtschaft und Sozialpartnern die notwendige Reichweite und Nachhaltigkeit sicherstellt.

Die Region OWL zeichnet sich durch eine hohe Wirtschaftsleistung, eine starke industrielle Prägung und einen großen Anteil kleiner und mittlerer Unternehmen aus.

Gleichzeitig bestehen heterogene Digitalisierungsstände und ein akuter Fachkräfteengpass: Ein Großteil der Unternehmen können ihren Bedarf an technisch qualifizierten Mitarbeitenden nicht decken. Das Kompetenzzentrum greift diese regionalen Besonderheiten auf, indem es wissenschaftliche Exzellenz mit unternehmensnahen Angeboten verknüpft, Ganzheitlichkeit in der Arbeitsgestaltung fördert und neue Qualifizierungs- und Gestaltungspfade erschließt.

Durch die Einbindung aller relevanten Stakeholder, ein breit angelegtes Transferkonzept und ein etabliertes Netzwerk aus Wirtschaftsförderungen, Branchennetzwerken und Multiplikatoren gewährleistet das Vorhaben eine nachhaltige Verwertung seiner Ergebnisse. Über zielgruppengerechte Aufbereitung, aktive Kommunikations- und Marketingstrategien sowie die Verankerung in beruflicher und akademischer Bildung wird das Kompetenzzentrum zu einer bundesweiten Referenzstelle für die KI-gestützte Arbeitswelt im Mittelstand.

Ziel und Zielgruppe

Das Fachbuch „KI für die Arbeitswelt von morgen“ verfolgt das übergeordnete Ziel, Forschungsergebnisse, Praxisbeispiele und Transferprojekte systematisch zusammenzuführen und damit einen praxisnahen Leitfaden für Unternehmen, Wissenschaft und Sozialpartner bereitzustellen. Im ersten Teil werden aktuelle Forschungsergebnisse präsentiert, zentrale Fragestellungen und wissenschaftliche Disziplinen aufgezeigt sowie das sozio-technische Zusammenspiel von Mensch, Organisation und Technologie veranschaulicht. Der zweite Teil dokumentiert Leuchtturmprojekte, beschreibt reale Anwendungsfälle in Unternehmen und arbeitet Erfolgsfaktoren, Herausforderungen und konkrete Handlungsansätze heraus. Im dritten Teil erfolgt die Aufbereitung von Transferformaten: Bewährte Transferprojekte und Befähiger-Angebote (z. B. DAA, Atos NTT) werden vorgestellt und Empfehlungen zur Skalierung und Verankerung in der betrieblichen Praxis gegeben. Darüber hinaus fördert das Buch den Wissenstransfer und die Vernetzung, indem es als Referenzwerk und zentrale Anlaufstelle für die Region OWL und darüber hinaus etabliert wird und mittelständische Unternehmen bei der ganzheitlichen Einführung von KI unterstützt. Mit dieser klaren Struktur und den definierten Teilzielen richtet sich das Werk an Autor*innen aus Forschung und Praxis sowie an alle Akteure, die den Wandel der industriellen Arbeitswelt durch KI gestalten wollen.

Aufbau des Buches

Das Buch gliedert sich in drei Hauptteile. Teil I präsentiert die Forschungsthemen der beteiligten Partner: die Universität Paderborn, das Fraunhofer IEM, die FHDW, die Universität Bielefeld, die Hochschule Bielefeld, die TH OWL und das Fraunhofer IOSB-INA sowie die IG Metall in einer Querschnittsrolle. Jedes Kapitel folgt dem einheitlichen Aufbau von Einleitung und Forschungsstand über Methodik und Ergebnisse bis zu Schlussfolgerungen und Implikationen.

In Teil II dokumentieren neun Leuchtturmprojekte aus Unternehmenssicht – unter anderem bei Kannegiesser, Bette, Weidmüller, Miele, Lenze, WAGO und Dr. Oetker – jeweils den konkreten Anwendungsfall, das Vorgehen, die erzielten Ergebnisse und die gewonnenen Erkenntnisse. Der rote Faden dieses Abschnitts führt von Motivation und Zielsetzung über die Beschreibung des Projektablaufs bis zu einer kritischen Reflexion und einem Ausblick auf Übertragbarkeit und Weiterentwicklungspotenziale.

Der dritte Teil widmet sich zehn ausgewählten Transferprojekten, darunter Baumhüter, IP Adelt, Lödige Industries oder Wächter, und enthält zusätzlich Beiträge der Befähiger DAA (Schulungen), Atos (technische Umsetzung) und NTT (SAP-Integration). Hier stehen Darstellung und Evaluation der Schulungs- und Implementierungskonzepte, Lessons Learned und Skalierungsoptionen im Mittelpunkt.

Roman Dumitrescu
Eberhard Niggemann

Inhaltsverzeichnis

Forschungsthemen

Forschung zu KI, Arbeit und Mittelstand

In diesem Kapitel steht die Forschung im Mittelpunkt. Wissenschaftlerinnen und Wissenschaftler der Universität Paderborn, des Fraunhofer IEM, der FHDW, der Universität und Hochschule Bielefeld, der TH OWL sowie des Fraunhofer IOSB-INA bündeln ihr Know-how. Die IG Metall bringt als Sozialpartner die Perspektive der Beschäftigten ein. Gemeinsam untersuchen sie, wie Künstliche Intelligenz die Arbeitswelt verändert – und wie sich diese Entwicklung aktiv im Sinne der Menschen gestalten lässt.

Im Fokus stehen drei Themenfelder, die für Unternehmen besonders wichtig sind: humanzentrierte Arbeitsplatzgestaltung, Change Management bei der Einführung von KI und der gezielte Aufbau von Kompetenzen. Die Beiträge folgen einem einheitlichen Aufbau: Einleitung, Forschungsstand, Methodik, Ergebnisse sowie Schlussfolgerungen und Implikationen für die Praxis.

Der Teil zeigt, wie sich Ergebnisse der Arbeitsforschung im Kontext von KI zu klaren Leitlinien verdichten lassen. Diese Leitlinien helfen, Zusammenarbeit von Mensch und KI so zu gestalten, dass Produktivität, Gesundheit und Akzeptanz gleichermaßen im Blick bleiben. Leserinnen und Leser erhalten damit eine fundierte wissenschaftliche Grundlage für die Gestaltung einer zukunftsfähigen, KI-unterstützten Arbeitswelt im industriellen Mittelstand.

Instrumentarium zur Befähigung mittelständischer Unternehmen bei der sozio-technischen Einführung und Gestaltung von KI-Anwendungen

Stefan Gabriel, Arno Kühn und Roman Dumitrescu

1 Einleitung und Motivation

KI hält zunehmend Einzug in industrielle Anwendungen und könnte eine „zweite Welle“ der Industrie 4.0 auslösen. Damit rückt – wie schon bei früheren Industrie-4.0-Entwicklungen – die Frage nach dem Wandel industrieller Arbeit und deren Gestaltung erneut in den Fokus (Forschungsbeirat der Plattform Industrie 4.0 2024). Zentral ist das veränderte Zusammenspiel von Mensch und KI. Anders als bei früheren Automatisierungswellen übernehmen KI-Systeme zunehmend eigene Entscheidungsfunktionen (Huchler et al. 2020; Gabriel et al. 2023). Jarrahi (2018) betont, dass Mensch und KI als kollaborative Partner agieren sollten, da sich ihre Fähigkeiten ergänzen. Dies kann zu einer „Augmentation“ menschlicher Arbeit führen (Wilson und Daugherty 2018).

Während bisher vor allem einfache Tätigkeiten automatisiert wurden, könnten durch den verstärkten KI-Einsatz auch komplexere, nicht-routinemäßige Aufgaben betroffen sein. Frey und Osborne (2017) schätzen, dass bis zu 47 % der Arbeitsplätze in den nächsten 20 Jahren automatisierbar sein könnten. Es bleibt unklar, wie sich Tätigkeitsprofile tatsächlich entwickeln werden (Burmeister et al. 2019). Eine Polarisierung zwischen Arbeitsfeldern mit hohen und niedrigen Anforderungen oder zwischen planenden und ausführenden Tätigkeiten ist denkbar (Hirsch-Kreinsen et al. 2016; Forschungsbeirat der Plattform Industrie 4.0 2024). Diese Unsicherheit resultiert aus der schnellen technologischen Entwicklung und der gleichzeitigen Entstehung neuer Tätigkeiten durch KI (Bruun und Duka 2018).

S. Gabriel (✉) · A. Kühn · R. Dumitrescu
Fraunhofer IEM, Paderborn, Deutschland
E-Mail: stefan.gabriel@iem.fraunhofer.de

R. Dumitrescu (Hrsg.), *KI für die Arbeitswelt von morgen*,
Intelligente Technische Systeme – Lösungen aus dem Spitzencluster it’s OWL,
https://doi.org/10.1007/978-3-662-73053-9_1

Eine erfolgreiche KI-Integration erfordert tiefgreifende organisatorische und kulturelle Veränderungen – etwa schlankere Entscheidungsprozesse, eine offene Fehlerkultur und interdisziplinäre Zusammenarbeit (Fountaine et al. 2019). Oft fehlen zudem grundlegende Voraussetzungen wie geeignete IT-Infrastrukturen, Datenintegration und Fachwissen (MIT Technology Review Insights 2024; Papenkordt et al. 2022). Während Großunternehmen bereits überwiegend KI einsetzen oder zumindest planen, liegen kleine und mittelgroße Unternehmen in der Anwendung noch zurück. Bei kleinen und mittleren Unternehmen werden als Hemmnisse insbesondere ein unklares Kosten-Nutzen-Verhältnis, fehlende Fachexpertise sowie Rechtsunsicherheiten und Bedenken wegen der IT-Sicherheit genannt (Lundborg et al. 2023).

Aufgrund dieser zahlreichen Facetten ist eine strategische, interdisziplinäre Betrachtung unerlässlich. Wie in Abb. 1 dargestellt, müssen hierzu Arbeitsgestaltung, KI-Technologien und strategische Planung gemeinsam gedacht werden, um die „zweite Welle" der Industrie 4.0 infolge des KI-Einzugs erfolgreich zu meistern und zu nutzen (Forschungsbeirat Industrie 4.0).

Im Rahmen dieses Beitrags erfolgt eine zusammenfassende Beschreibung von im Kompetenzzentrum Arbeitswelt.Plus durchgeführten Forschungsarbeiten. Teilbestandteile dieses Beitrags sind bereits in ausführlicherer Form veröffentlicht oder sind in der Planung zur Veröffentlichung (vgl. u. a. Gabriel et al. 2022 und Gabriel et al. 2023).

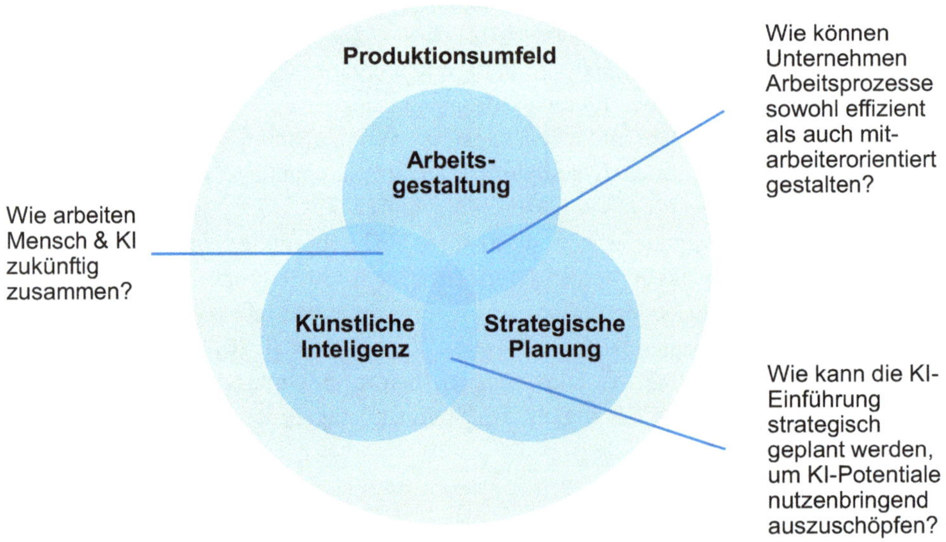

Abb. 1 Relevante Disziplinen für die aufgezeigte Problematik

2 Methodik und Forschungsansatz

Die Erarbeitung der Ergebnisse orientiert sich an der Design Research Methodology (DRM) nach Blessing und Chakrabarti (2009). Zunächst werden Forschungsfragen und Zielsetzung definiert. Anschließend erfolgt in einer ersten deskriptiven Phase eine Problemanalyse auf Basis von Literaturrecherche und empirischen Erhebungen. Hierzu ist im Jahr 2021 u. a. eine Studie vom Kompetenzzentrum Arbeitswelt.Plus und dem Spitzencluster it's OWL durchgeführt worden (Papenkordt et al. 2022). Darauf aufbauend werden in einer präskriptiven Phase Anforderungen abgeleitet, bestehende Ansätze untersucht und ein Lösungsansatz entwickelt. In einer zweiten deskriptiven Phase wird dieser Ansatz angewendet und in einer ersten Evaluation überprüft. Die Erarbeitung des Lösungsansatzes sowie die Evaluation erfolgt insbesondere am Beispiel des Leuchtturmprojekts „Intelligente Personaleinsatzplanung".

3 Forschungsstand

Verschiedene Ansätze adressieren bereits Teilaspekte dieser Problematik – mit unterschiedlichen Stärken und Grenzen. Die **MTO-Analyse** (Ulich 2013) ermöglicht eine ganzheitliche Betrachtung von Arbeit auf individueller und organisationaler Ebene auf Grundlage der der Dimensionen Mensch, Technik und Organisation (MTO). Zwar nicht auf KI spezialisiert, macht sie technologische Auswirkungen sichtbar, liefert aber keine konkreten Gestaltungs- oder Umsetzungshilfen für KI-Systeme. Die **Morphologie KI-basierter Arbeit** (Jung und von Garrel 2022) strukturiert KI-Tätigkeiten anhand definierter Merkmale. Sie ist branchenübergreifend einsetzbar, bleibt aber ohne Handlungsempfehlungen. Das **Periodensystem der KI** (Bitkom 2018) erleichtert einen niedrigschwelligen Zugang zu KI-Themen. Es unterstützt die Diskussion über Potenziale und Risiken, gibt aber keine Hinweise zur konkreten Umsetzung. Die **ISO 9241-210** bietet Prinzipien zur nutzerzentrierten Gestaltung technischer Systeme und ist auf KI übertragbar. Konkrete Methoden oder Lösungen für KI-Anwendungen fehlen jedoch (Deutsches Institut für Normung e. V (DIN) 2019). Die **ISO 6385** stellt einen allgemeinen Rahmen zur Gestaltung soziotechnischer Arbeitssysteme bereit. KI-spezifische Aspekte werden jedoch nicht berücksichtigt (Deutsches Institut für Normung e. V (DIN) 2016). Die **Systematik** von Bansmann (2021) unterstützt die Planung digitaler Technologien im Produktionsumfeld, lässt aber KI-spezifische Herausforderungen unberührt. Stowasser et al. (2020) fokussieren den KI-Einführungsprozess im Unternehmen und bietet einen methodischen Rahmen, fokussiert aber keine konkreten KI-gestützten Arbeitsprozessen. Der Ansatz von Fountaine et al. (2019) legt den Fokus auf strategische Rahmenbedingungen für die KI-Transformation, ohne operative Gestaltungshilfen oder Use-Case-Unterstützung zu bieten.

Im Rahmen einer **quantitativen Befragung** wurde der Stand des KI-Einsatzes in der industriellen Arbeitswelt der Region Ostwestfalen-Lippe erfasst. Ziel war es, eine fundierte Grundlage für die Gestaltung KI-gestützter Arbeitsprozesse zu schaffen, etwa durch bedarfsorientierte Maßnahmen oder die Identifikation weiterer Forschungsbedarfe. Insgesamt nahmen 317 Personen aus 89 Organisationen an der Befragung teil – insbesondere aus der Elektroindustrie, dem Maschinenbau sowie dem Informations- und Kommunikationstechnologie (IKT)-Sektor. Die Ergebnisse bestätigen, dass sich die meisten Unternehmen noch in der Anfangsphase der KI-Nutzung befinden. Erst 21 % der Unternehmen haben KI bereits im Einsatz, während der Großteil der Unternehmen sich noch in der Pilotierung, Planung oder Diskussion der Einführung. Wesentliche Ziele der KI-Nutzung sind die Effizienzsteigerung, Qualitätsverbesserung, Entscheidungsoptimierung sowie Unterstützung der Arbeitnehmer*innen. Fehlende Expertise und die Komplexität des Themenfelds stehen der KI-Einführung jedoch teilweise entgegen. Auf die Arbeitsgestaltung werden hierbei insgesamt eher positive Auswirkungen erwartet. Die Befragten erwarten insgesamt aber auch steigende Kompetenzanforderungen sowie einen hohen Weiterbildungsbedarf (Papenkordt et al. 2022).

Die Befragung verdeutlicht die hohe Relevanz des Themenfelds und den Unterstützungsbedarf der Unternehmen. Gleichzeitig kann keiner der vorgestellten Ansätze die aufgezeigte Problematik voll umfänglich lösen. Daher sind im Rahmen des Instrumentariums neue Ansätze erarbeitet worden.

4 Ergebnisse

Im Folgenden werden die beiden Bausteine des Instrumentariums vorgestellt. Ein Strukturierungsrahmen ermöglicht hierbei die Charakterisierung von KI-Anwendungen. Ein Vorgehensmodell bietet Orientierung bei der Einführung von KI-Anwendungen. Hierdurch wird die Erarbeitung eines strategischen Programms ermöglicht, welches wie in Abb. 2 dargestellt den Weg vom Status Quo zur Erreichung der Vision unterstützt.

Ein strategisches Programm ermöglicht als Instrument der strategischen Führung eine explorative Neuausrichtung und den Aufbau neuer Fähigkeiten, wobei verschiedene strategische Prozesse integriert werden können, um Nachhaltigkeit, langfristigen Nutzen, Effizienzgewinne und verbesserte Arbeitsbedingungen zu fördern (Menz et al. 2011). Hierbei wird die Analyse des Status Quo, die Formulierung einer Vision sowie die Definition von Leitplanken unterstützt. Mittels konkreter KI-Use Cases sowie spezifischer Maßnahmen wird Schritt für Schritt auf die Erreichung der Vision hingearbeitet. In Form von Querschnittsthemen können Maßnahmen gebündelt werden und Synergien erzielt werden.

Als Teilbestandteil des Instrumentariums dient der **Strukturierungsrahmen** zur Analyse KI-gestützter Arbeitsprozesse und als Rahmen für das Vorgehensmodells. Auf Grundlage des Strukturierungsrahmens können beispielsweise relevante Use Cases identifiziert oder Maßnahmen abgeleitet werden. Eine Taxonomie erlaubt eine human-

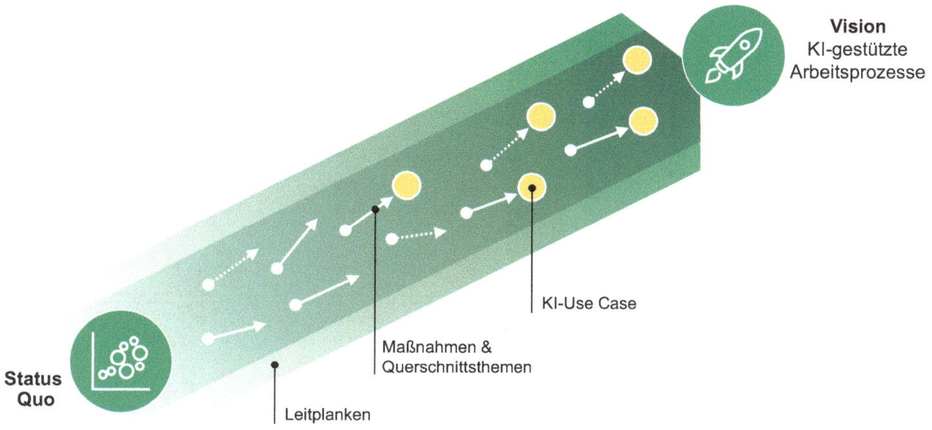

Abb. 2 Strategisches Programm zur Gestaltung KI-gestützter Arbeitsprozesse. (In Anlehnung an Gausemeier und Plass 2014)

zentrierte Einordnung von KI-Use-Cases und ermöglicht damit einheitliche Formulierungen für die Ausprägungsformen KI-gestützter Arbeitsprozesse. Ein Use-Case-Katalog mit 60 steckbriefartig beschriebenen Einträgen bietet einen kompakten Überblick der facettenreichen Einsatzmöglichkeiten von KI im Produktionsumfeld und die daraus resultierenden möglichen Ausprägungsformen von Arbeitsprozessen. Eine Clusterung der Use Cases in Form von Klassen dient der Strukturierung dieser Einsatzmöglichkeiten und Ausprägungsformen.

Im ersten Schritt wurden relevante Use Cases systematisch gesammelt. Anschließend erfolgte eine standardisierte, steckbriefartige Beschreibung, um die Vergleichbarkeit und Nachvollziehbarkeit sicherzustellen. Die Ergebnisse wurden in einem umfassenden Use Case-Katalog zusammengeführt, der als Grundlage für die weitere Analyse diente. In Abb. 3 ist ein beispielhafter Use Case dargestellt.

Auf Grundlage eines Katalogs mit insgesamt 60 Use Cases ist eine Taxonomie entwickelt worden, die KI-gestützte Use Cases charakterisiert. Diese Entwicklung erfolgte iterativ und orientierte sich methodisch an dem Ansatz von Nickerson et al. (2013). Dabei wurden alle identifizierten Use Cases systematisch in die entstehende Struktur eingeordnet. Das Ergebnis war eine humanzentrierte Taxonomie für KI-gestützte Use Cases, die sowohl arbeitswissenschaftliche als auch technologische Aspekte berücksichtigt. In Abb. 4 sind die Merkmale und Ausprägungsformen der Taxonomie dargestellt.

Zur weiteren Strukturierung wurden die beschreibenden Merkmale der Use Cases dichotomisiert und in binäre Daten überführt. Auf dieser Grundlage wurde eine hierarchische Clusteranalyse durchgeführt, wobei eine Ähnlichkeitsmatrix zur Klassifizierung der Use Cases erstellt wurde. Die Analyse führte zur Bildung von den in Abb. 5 dargestellten

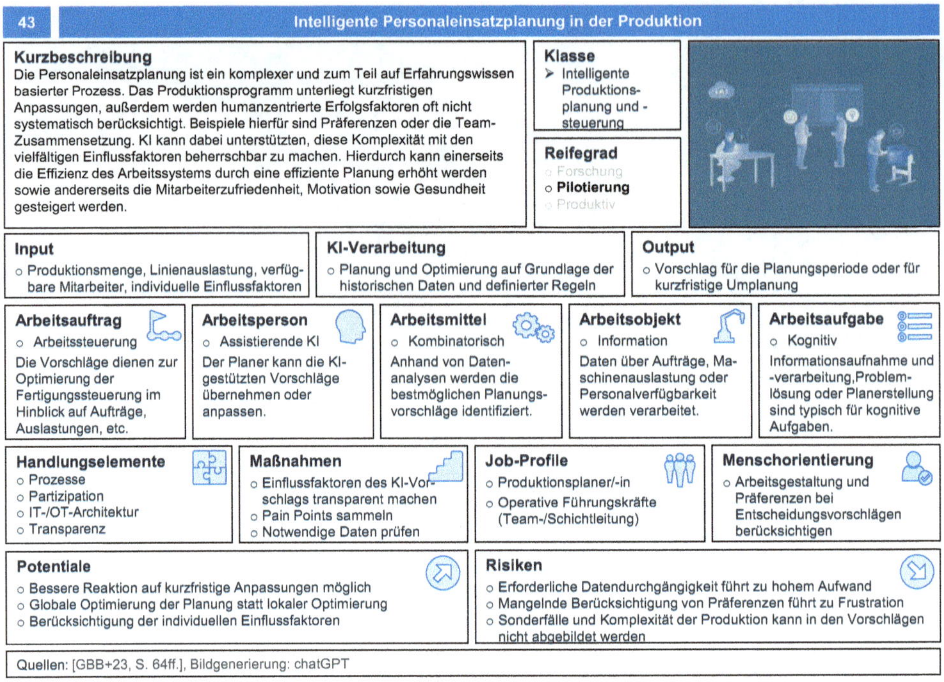

Abb. 3 Beispielhafter Use Case des Steckbrief-Katalogs

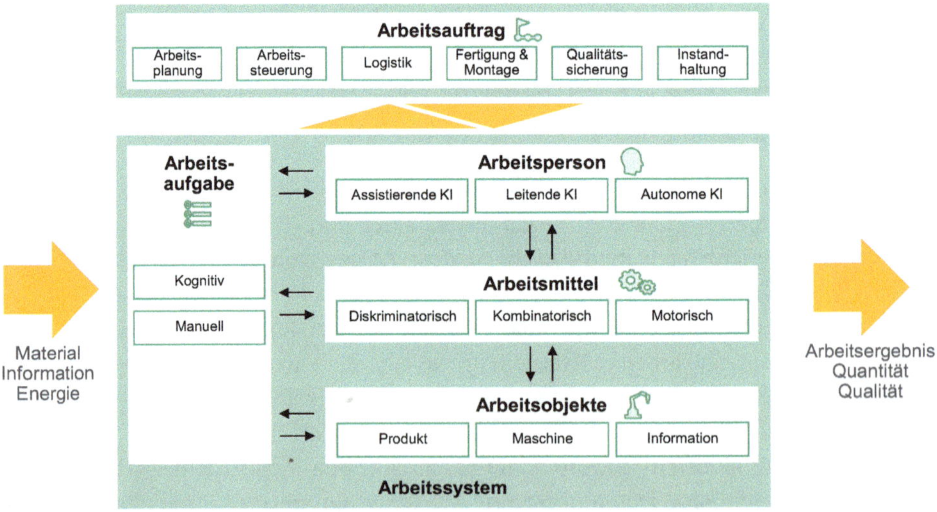

Abb. 4 Humanzentrierte Taxonomie eines KI-Use Cases im Produktionsumfeld

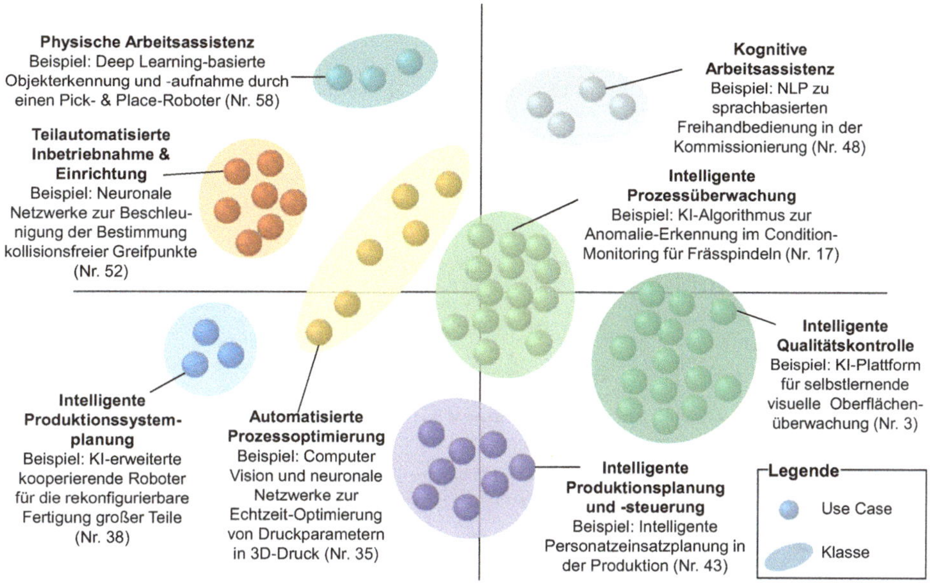

Abb. 5 Multidimensionale Skalierung zur Ableitung von Use Case-Klassen

acht Use Case-Klassen. Hierbei veranschaulichen die Abstände der Use Cases, wie ähnlich oder unähnlich die Use Cases zueinander sind. Als Ergebnis besteht ein strukturierter Rahmen zur Einordnung und Bewertung KI-gestützter Arbeitsprozesse.

Als zweiter Baustein des Instrumentariums ermöglicht das **Vorgehensmodell** die Planung eines strategischen Programms zur Gestaltung KI-gestützter Arbeitsprozesse. Auf Programm-Ebene (d.h. Use-Case übergreifend) wie auch auf Use-Case-Ebene werden jeweils eine Ist-Analyse, eine Soll-Konzeption und eine Umsetzungsplanung durchlaufen. Dabei gibt es festgelegte Synchronisationspunkte zur Strategieebene. Das in Abb. 6 dargestellte Vorgehensmodell bietet Unternehmen konkrete, aufeinanderfolgende Schritte zur Gestaltung KI-gestützter Arbeitsprozesse im Produktionsumfeld.

Im Folgenden werden die einzelnen Schritte des Vorgehensmodells sowie die darin verwendeten Hilfsmittel beschrieben. Vor Beginn der Phase 1 und nach Abschluss der Phase 5 erfolgt jeweils eine Synchronisation mit der übergreifenden Strategie, wie beispielsweise der Unternehmens- oder Digitalisierungsstrategie. Das Vorgehensmodell kann in mehreren Iterationen durchlaufen werden, um beispielsweise Erkenntnisse aus dem ersten Durchlaufen des Vorgehensmodells aufzugreifen oder veränderte übergreifende Rahmenbedingungen zu berücksichtigen.

Phase 1 – Ist-Analyse & Leitbildentwicklung: Zu Beginn werden **bestehende strategische Aktivitäten** (z. B. aus Unternehmens-, Digitalisierungs- oder IT-Strategien) analysiert, um übergeordnete Ziele und mögliche Synergien für das KI-Programm zu identifizieren. Darauf aufbauend erfolgt eine **SWOT-Analyse** im Austausch mit re-

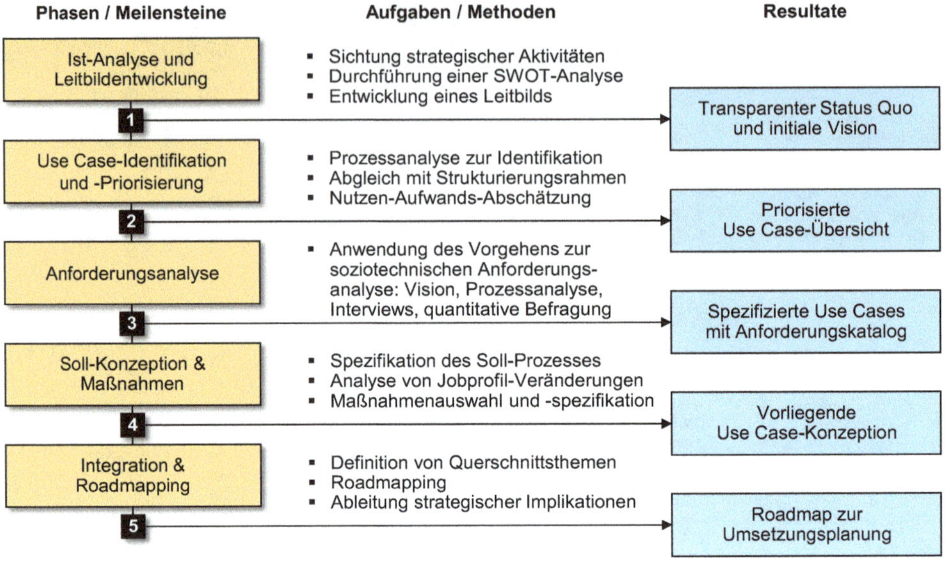

Abb. 6 Das Vorgehensmodell zur Befähigung von Unternehmen

levanten Stakeholdern. Sie dient der Bewertung von Stärken (z. B. vorhandene Fachkompetenz), Schwächen (z. B. fehlende Akzeptanz oder Datenqualität), Chancen (z. B. Produktivitätssteigerung, bessere Ergonomie) und Risiken (z. B. ethische Fragen oder Datenschutz). Die Analyse schafft eine fundierte Basis für gezielte Maßnahmen und eine strategische Ausrichtung der KI-Gestaltung. Abschließend wird ein **Leitbild** entwickelt, das eine gemeinsame Vision formuliert. Es umfasst Zweck, Mission, strategische Ziele, Nutzenversprechen für Stakeholder und zentrale Handlungsprinzipien. Das Leitbild dient als Orientierung für alle weiteren Schritte.

Phase 2 – Use Case-Identifikation und -Priorisierung: Zu Beginn wird eine Prozessanalyse auf oberster Ebene durchgeführt, um **Potenziale, Herausforderungen und mögliche KI-Use Cases** zu identifizieren. Dabei werden die Hauptprozesse der Produktion betrachtet – insbesondere die späten Phasen der Produktentstehung sowie der Auftrags- und Herstellprozess. Alternativ kann die unternehmensspezifische Prozesslandschaft genutzt werden. Die identifizierten Potenziale werden anschließend mit einem Strukturierungsrahmen (Use Case-Katalog und -Klassen) abgeglichen, um vergleichbare Anwendungsfälle und deren Erfahrungswerte einfließen zu lassen. Darauf folgt eine **Nutzen-Aufwands-Abschätzung**, um priorisierte Use Cases zu bestimmen. Fälle mit hohem Nutzen und geringem Aufwand werden für die nächste Phase ausgewählt. Diese Auswahl ist vorläufig und kann in späteren Iterationen angepasst werden.

Phase 3 – Anforderungsanalyse: Auf Basis der MTO-Analyse wird in dieser Phase eine mehrstufige Untersuchung durchgeführt, um Anforderungen für den Use Case abzuleiten. Als methodische Unterstützung empfiehlt sich eine soziotechnische Anforderungsanalyse (vgl. Gabriel et al. 2022). Zunächst werden Vision und übergeordnete Zielsetzung abgestimmt; danach werden Kontext sowie Potenziale und Herausforderungen über eine Prozessanalyse erfasst. Vorläufige Anforderungen werden durch Stakeholder-Interviews ermittelt, und abschließend liefern quantitative Befragungen vertiefte Erkenntnisse zu Auswirkungen und Gestaltungsoptionen der Arbeitsgestaltung. Als Ergebnis liegen spezifizierte Use Cases mit jeweils einem Anforderungskatalog vor.
Phase 4 – Soll-Konzeption & Maßnahmen: Zunächst wird der Soll-Prozess modelliert – unter Einbezug der KI als eigenständigem Akteur sowie relevanter Datenquellen und IT-Schnittstellen. Ziel ist es, die Rolle der KI und ihre Interaktionen mit anderen Beteiligten klar zu definieren. Darauf folgt eine Analyse der betroffenen Jobprofile, um Auswirkungen der KI-Einführung auf konkrete Tätigkeiten zu bewerten. So lassen sich Weiterbildungsbedarfe und potenzielle Herausforderungen in der Arbeitsgestaltung identifizieren, z. B. bei monotonen Resttätigkeiten. Mögliche Maßnahmen sind z. B. Job-Rotation oder Aufgabenanreicherung. Abschließend werden geeignete Maßnahmen abgeleitet, die auf den identifizierten Anforderungen und Erkenntnissen basieren. Ein Maßnahmenkatalog unterstützt die gezielte Auswahl.
Phase 5 – Integration & Roadmapping: Zunächst werden Use Cases priorisiert und übergreifende Maßnahmen gebündelt. Häufig wiederkehrende Soll-Ist-Gaps werden zu **Querschnittsthemen**, deren Umsetzung besonders wirkungsvoll ist. Darauf folgt ein **Roadmapping**, das Maßnahmen zeitlich einordnet – unter Berücksichtigung verfügbarer personeller und finanzieller Ressourcen. Die Roadmap bildet die Grundlage für die Umsetzung des strategischen Programms und sollte regelmäßig aktualisiert werden. Anschließend werden **strategische Implikationen** abgeleitet: Bestehende Aktivitäten aus der Unternehmens- oder Digitalisierungsstrategie können auf Synergien geprüft und gezielt genutzt werden – insbesondere, wenn ähnliche Gestaltungsbedarfe mehrfach auftreten. Als Ergebnis der fünften Phase liegt eine **Roadmap zur Umsetzungsplanung** vor.

Abb. 7 zeigt zusammenfassend die verschiedenen Phasen, Ebenen und Detaillierungsgrade des Vorgehensmodells. Dies verdeutlicht, dass zunächst eine Detaillierung und Konkretisierung hin zur Betrachtung einzelner Use Cases erfolgt, die in Phase 4 & 5 in Bezug auf die Umsetzungsplanung wieder integriert und zusammengeführt werden.

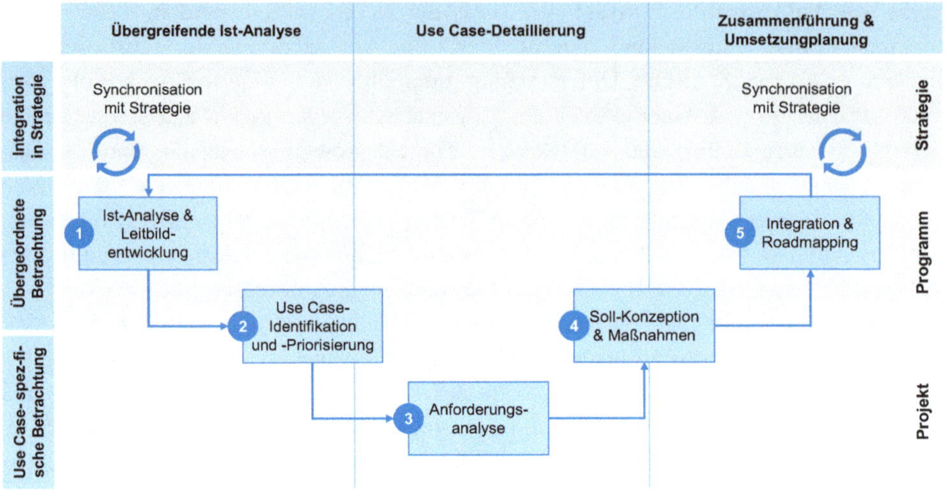

Abb. 7 Ebenen und Detaillierungsgrad des Vorgehensmodells

5 Schlussfolgerungen und Implikationen

Künstliche Intelligenz wird Arbeitsprozesse in der Produktion grundlegend verändern. Sie ermöglicht technischen Systemen zunehmend eigenständiges Handeln, wodurch sich die Mensch-KI-Interaktion deutlich wandelt. Dies birgt große Potenziale, erfordert aber auch eine gezielte Gestaltung. Dieser Beitrag integriert eine humanzentrierte Perspektive, bestehende Managementansätze und technologische Entwicklungen.

Im Praxisbeispiel und der erfolgten Evaluation sind insbesondere die Bedeutung einer interdisziplinären Perspektive betont worden: Die Kombination menschorientierter und technischer Ansätze wurde als Erfolgsfaktor für eine ganzheitliche Gestaltung gesehen. Die dabei entstehende Komplexität schärfte das Bewusstsein für mitarbeiterbezogene, technische und organisatorische Faktoren. Als hilfreich wurde die frühzeitige technische Umsetzung in Form von Prototypen bewertet. Sie erleichterte Diskussionen und förderte das Engagement. Die strategische Ausrichtung durch ein Zielbild wurde positiv hervorgehoben und schaffte eine grundlegende. Die strukturierte Sammlung und Klassifikation von Use Cases bot Orientierung und förderte gezielte Diskussionen.

Gleichzeitig geht der Beitrag mit Limitationen einher. Aufgrund von begrenzten Ressourcen konnte nur ein Use Case detailliert ausgearbeitet werden. Außerdem wurde lediglich eine Anwendungsevaluation durchgeführt – eine langfristige Erfolgsevaluation steht noch aus. Somit bleibt es Gegenstand zukünftiger Forschung, den nachhaltigen Nutzen des vorgestellten Vorgehensmodells zu untersuchen.

Literatur

Bansmann, M. (2021). Systematik zur Gestaltung digitalisierter Arbeitswelten. Universität Paderborn, Dissertation

Blessing, L. T. M.; Chakrabarti, A. (2009). DRM, a Design Research Methodology. Springer Verlag, London

Bitkom e.V. (Hrsg.) (2018). Digitalisierung gestalten mit dem Periodensystem der Künstlichen Intelligenz. Berlin

Bruun E. P. G.; Duka A. (2018). Artificial Intelligence, Jobs and the Future of Work: Racing with the Machines. De Gruyter, Basic Income Studies, Bd. 13, Nr. 2

Burmeister K.; Fink A.; Mayer C.; Schiel A.; Schulz-Montag B. (2019). Szenario-Report: KI-basierte Arbeitswelten 2030. Fraunhofer Verlag, Stuttgart

Deutsches Institut für Normung e. V (DIN) (2016). Grundsätze der Ergonomie für die Gestaltung von Arbeitssystemen (ISO 6385:2016)

Deutsches Institut für Normung e. V (DIN) (2019). Ergonomie der Mensch-System-Interaktion – Teil 210: Menschenzentrierte Gestaltung interaktiver Systeme. DIN EN ISO 9241-210, Beuth-Verlag, Berlin

Forschungsbeirat der Plattform Industrie 4.0/acatech – Deutsche Akademie der Technikwissenschaften (Hrsg.) (2024). Künstliche Intelligenz und industrielle Arbeit – Perspektiven und Gestaltungsoptionen. https://doi.org/10.48669/fb40_2024-1

Fountaine, T.; McCarthy, B.; Saleh, T. (2019). Building the AI-Powered Organization. Harvard Business Review, Vol. 97, No. 4, S. 62–73

Frey C. B.; Osborne M. A. (2017). The future of employment: How susceptible are jobs to computerization? Technological Forecast & Social Change, vol. 114, S. 254–280

Gabriel, S.; Bentler, D.; Grote, E.; Junker, C.; Meyer zu Wendischhoff, D.; Bansmann, M.; Latos, B.; Hobscheidt, D.; Kühn, A.; Dumitrescu, R. (2022). Requirements analysis for an intelligent workforce planning system: a socio-technical approach to design AI-based systems, Procedia CIRP, Vol. 109, 32th CIRP Design Conference, March 2022, Gif-sur-Yvette, France, pp. 431–436

Gabriel, S.; Kühn, A.; Dumitrescu, R. (2023). Strategic planning of the collaboration between humans and artificial intelligence in production. Procedia CIRP, 56th CIRP Conference on Manufacturing Systems, October 2023, South Africa, vol. 120, pp. 1309–1314

Gausemeier, J.; Plass, C. (2014): Zukunftsorientierte Unternehmensgestaltung – Strategien, Geschäftsprozesse und IT-Systeme für die Produktion von morgen. Carl Hanser Verlag, 2. Auflage, München, 2014

Hirsch-Kreinsen, H.; ten Hompel, M.; Ittermann, P.; Niehaus, J.; Dregger, J. (2016). Social Manufacturing and Logistics – Konturen eines Leitbild digitaler Industriearbeit. Begleitforschung AUTONOMIK für Industrie 4.0, Berlin

Huchler, N.; Adolph, L.; Andre, E.; Bauer, W.; Bender, N.; Müller, N.; Neuburger, R.; Peissner, M.; Steil, J.; Stowasser, S.; Suchy, O. (2020). Kriterien für die menschengerechte Gestaltung der Mensch-Maschine-Interaktion bei Lernenden Systemen – Whitepaper aus der Plattform Lernende Systeme, München

Jarrahi, M (2018). Artificial intelligence and the future of work: Human-AI symbiosis in organizational decision making. Business Horizons, Vol. 61, No. 4, S. 577–586

Jung, M.; von Garrel, J. (2022). Eine Morphologie KI-basierter Arbeitssysteme. Gesellschaft für Arbeitswissenschaft e. V., 68. Arbeitswissenschaftlicher Kongress, Magdeburg

Lundborg, M.; Papen, M.; Roloff, M.; Simons, M.; Stamm, P. (2023). Künstliche Intelligenz im Mittelstand – mit welchen Anwendungen sind kleine und mittlere Unternehmen heute schon erfolgreich. Begleitforschung Mittelstand-Digital / WIK-Consult GmbH

Menz, M.; Schmid, T.; Müller-Stewens, G.; Lechner, C. (2011): Strategische Initiativen und Programme – Unternehmen gezielt transformieren. Gabler Verlag, Wiesbaden

MIT Technology Review Insights (2024). Taking AI to the next level in manufacturing. MIT Technology Review, Microsoft, Unter: Taking AI to the next level in manufacturing | MIT Technology Review (zuletzt abgerufen: 25.04.2024)

Nickerson, R. C.; Varshney, U.; Muntermann, J. (2013): A method for taxonomy development and its application in information systems. European Journal of Information Systems, vol. 22, no. 3, pp. 336–359, https://doi.org/10.1057/ejis.2012.26

Papenkordt, J.; Gabriel, S.; Thommes, K., Dumitrescu, R. (2022): Künstliche Intelligenz in der industriellen Arbeitswelt – Studie zum Status Quo in der Region OstWestfalenLippe. Working-Paper-Reihe des Kompetenzzentrums Arbeitswelt.Plus, Paderborn, Nr. 2, https://doi.org/10.55594/TMAO3234

Stowasser, S.; Suchy, O.; Huchler, N.; Müller, N.; Peissner, M.; Stich, A.; Vögel, H.; Werne, J. (2020). Einführung von KI-Systemen in Unternehmen. Gestaltungsansätze für das Change-Management. Whitepaper aus der Plattform Lernende Systeme, München

Ulich, E. (2013): Arbeitssysteme als Soziotechnische Systeme – eine Erinnerung. Psychologie des Alltagshandelns, Bd. 6, Nr. 1, S. 4–12

Wilson, H. J.; Daugherty, P. R. (2018). Collaborative Intelligence: Humans and AI Are Joining Forces. Harvard Business Review

Die Diffusion von künstlicher Intelligenz in der betrieblichen Praxis. Die Bedeutung eines Ökosystems zur Sammlung von Erfahrungen

Elena Lebedeva, Jörg Papenkordt und Kirsten Thommes

1 Einleitung und Forschungsstand

Arbeitnehmende werden immer häufiger mit neuen Technologien wie beispielsweise Künstlicher Intelligenz (KI) am Arbeitsplatz konfrontiert. Zugleich ist bislang wenig darüber bekannt, inwiefern Unternehmen und ihre Mitarbeitenden diese Technologien tatsächlich implementieren und im Arbeitsalltag nutzen (McElheran et al. 2024 Papenkordt und Thommes 2022). Vor diesem Hintergrund gewinnt ein differenzierter Einblick in die Wahrnehmung und das Nutzungsverhalten von Beschäftigten zunehmend an Bedeutung. Um zu verstehen, welche Faktoren die Nutzung neuer Technologien beeinflussen, haben sich in der Forschung verschiedene theoretische Modelle etabliert.

Eines der bekanntesten und am häufigsten angewendeten Modelle ist das „Technologie Akzeptanz Modell" (TAM) von Davis (1989). Obschon das Modell in den letzten 30 Jahren erheblich weiterentwickelt wurde (siehe für einen umfassenden Überblick Davis et al. 2024), beruht es im Kern auf dem Prinzip des methodologischen Individualismus und der Theorie des geplanten Verhaltens. Demnach bestimmen die wahrgenommenen Eigenschaften einer Technologie (*Nützlichkeit* und *Einfachheit der Nutzung*) die Nutzungsintention, aus der wiederum das tatsächliche Nutzungsverhalten

E. Lebedeva (✉) · J. Papenkordt · K. Thommes
Universität Paderborn Lehrstuhl Organizational Behavior, Paderborn, Deutschland
E-Mail: elena.lebedeva@uni-paderborn.de

J. Papenkordt
E-Mail: joerg.papenkordt@uni-paderborn.de

K. Thommes
E-Mail: kirsten.thommes@uni-paderborn.de

R. Dumitrescu (Hrsg.), *KI für die Arbeitswelt von morgen*,
Intelligente Technische Systeme – Lösungen aus dem Spitzencluster it's OWL,
https://doi.org/10.1007/978-3-662-73053-9_2

abgeleitet wird. Um die zugrunde liegenden Determinanten dieser Wahrnehmungen besser zu erklären, wurde das TAM im Laufe der Zeit erweitert. Das TAM2 (Venkatesh und Davis 2000) konzentriert sich insbesondere auf die Faktoren, die die *wahrgenommene Nützlichkeit* beeinflussen. Dazu zählen soziale Einflüsse (z. B. subjektive Normen, Freiwilligkeit der Nutzung, Image) sowie kognitive Instrumentalprozesse (z. B. Aufgabenrelevanz, Ergebnisqualität, Outputqualität und Demonstrierbarkeit der Ergebnisse). Das TAM3 (Venkatesh und Bala 2008) führt diese Entwicklung fort und integriert zusätzliche Variablen, die vor allem die *wahrgenommene Einfachheit der Nutzung* erklären. Hierzu gehören die Computer-Selbstwirksamkeit, die wahrgenommene externe Kontrolle, der spielerische Umgang mit Computern, die Computerangst, die objektive Nutzbarkeit sowie die wahrgenommene Freude an der Nutzung. Damit integriert das TAM3 die im TAM2 identifizierten Determinanten der Nützlichkeit und erweitert sie um Einflussfaktoren der Einfachheit der Nutzung. So ermöglicht das Modell eine differenziertere Erklärung der Akzeptanz neuer Technologien. Besonders relevant ist dabei die Annahme, dass mit zunehmender praktischer Erfahrung mit einem System realistischere Einschätzungen über dessen Bedienbarkeit und Nutzen entstehen.

Auch für die Diffusion von KI in Unternehmen wird das TAM häufig herangezogen (siehe zum Beispiel aktuell Ibrahim et al. 2025), allerdings bestehen aus wissenschaftlicher Sicht Probleme: Zum einen könnte es sich grundsätzlich um eine umgekehrte Kausalität handeln, d. h. Personen, die eine bestimmte Technologie bereits nutzen, haben natürlich auch eine hohe Nutzungsintention und bewerten die Nützlichkeit und die Einfachheit der Nutzung zumindest realistischer als Personen, die keinen Kontakt mit dieser Technologie haben. Zum anderen ergibt sich die Frage, wie die Nützlichkeit und die Einfachheit der Nutzung ohne Nutzungserfahrung je realistisch eingeschätzt werden sollen. Mit anderen Worten: Wie sollen Personen zu realistischen Einschätzungen über eine Technologie gelangen, wenn sie keinerlei Kontaktpunkte mit der Technologie besitzen?

In Venkatesh und Davis (2000) führt daher der Begründer des Modells selbst Längsschnittstudien durch und zeigt unter anderem, dass der Druck, eine Technologie einzusetzen, die von dem Modell propagierten Zusammenhänge beeinflusst, auch schon vor deren Nutzung. Auch Kim und Malhotra (2005) zeigen, dass das Modell wesentlich durch sequentielles Updating der wahrgenommenen Eigenschaften der Technologie beeinflusst wird. Grandón et al. (2021) heben die Rolle der Erfahrung mit der Technologie hervor, die die Technologieakzeptanz beeinflusst.

Eine Längsschnittbetrachtung und die Entwicklung der Determinanten der Nutzung zur Erklärung von Diffusionsprozessen ist wichtig, um die Gefahr der umgekehrten Kausalität, d. h. die Gefahr, dass NutzerInnen die Technologie einfacher und nützlicher bewerten als NichtnutzerInnen, auszuschließen. Die beiden Determinanten sollten zudem eine unterschiedliche Rolle spielen: So könnten Technologien im Allgemeinen und KI im Speziellen in bestimmten Bereichen auch nicht nützlich sein, sodass auf eine Anwendung bewusst verzichtet wird. Beispielsweise könnte es im Umgang mit Tabular-Daten auch ausreichend sein, auf white-box, d. h. erklärbare Modelle und reguläre statistische Methoden, zurückzugreifen. In solchen Fällen ist der Einsatz erklärbarer Verfahren oft sinnvoller als der von KI-Methoden, da letztere zwar potenziellen Mehrwert bieten, aber auch zu einer erhöhten Intransparenz führen können. Auch bei kleinen Datenmengen oder ständigen Strukturbrüchen in den Daten (Data Drift) könnten sich Unternehmen bewusst gegen eine KI Lösung entscheiden. Eine maximale Diffusion von KI als Technologie in Unternehmen ist daher bei einer ökonomischen Bewertung der Technologie auch nicht unbedingt für jeden Bereich des Unternehmens sinnvoll. Es sollte also eher das Ziel sein, die richtigen Technologien einzusetzen, als maximale Diffusion einer Technologie zu erreichen (Kornowicz und Thommes 2025).

Weiterhin sollte die wahrgenommene Einfachheit der Nutzung rational für die Diffusion weniger relevant sein. Obschon natürlich die Kosten-Nutzen Prognose einer Technologie auch von der Leichtigkeit der Bedienbarkeit abhängt, ist das Ergebnis der Messung in dem TAM3 eher Wissenslücken oder Skeptizismus (Papenkordt und Thommes 2022; Trieste und Turchetti 2024) zuzuschreiben, insbesondere bei neuen Technologien, in denen keine eigenen Erfahrungen mit der Technologie vorliegen. Wenn eine Technologie weiter diffundiert ist und die NutzerInnen eigene Erfahrungen oder zumindest Erfahrungen von relevanten „peers" in die Bewertung einfließen lassen können, wird dieser Parameter der Technologiediffusion relevanter. Empirische Studien zeigen, dass die Bedeutung von Einfachheit einer Technologienutzung (sowie auch anderer Einstellungsparameter) zu Beginn eines neuen technologischen Paradigmas stärker fluktuiert als in späteren Phasen (Li et al. 2008). Eine sichere Bewertung ist daher erst nach einer direkten oder indirekten Erfahrung mit einer Technologie möglich.

Unsere Hypothese lautet, dass zunächst die wahrgenommene Nützlichkeit sowie auch die wahrgenommene Einfachheit der Nutzung im Zeitablauf realistischer werden, sodass die NutzerInnen rationale Entscheidungen über den Einsatz von KI in der Arbeitswelt treffen können. Eigene Erfahrungen und Experimente mit einer Technologie sind dabei besonders vorteilhaft, allerdings können auch Informationen aus zweiter Hand, zum Beispiel von anderen Unternehmen, zu einer rationaleren Einschätzung führen. Bei zweiterem würde sich insbesondere die Bedeutung des Ökosystems zeigen, in denen die Unternehmen eingebettet in ein Netzwerk anderer Akteure auch aus den Erfahrungen anderer lernen können.

Insbesondere der zweite Aspekt ist bedeutsam für die Frage einer wirtschaftspolitischen Lenkung. Auf der einen Seite erfolgt Technologiediffusion durch „first mover" und ihre Explorationsaktivitäten. Auf der anderen Seite kann Wirtschaftspolitik den Kompetenzaustausch zwischen Unternehmen, zum Beispiel durch die Förderung regionaler oder industriebezogener Kompetenzzentren, fördern. Dadurch können mehr Unternehmen durch eine Diffusion von Erfahrungen profitieren und durch persönlichen Austausch schneller vertrauenswürdige und praxisnahe Informationen über den Einsatz der Technologie sammeln. Dies fördert nicht nur die Verbreitung neuer Technologien, sondern unterstützt auch dabei, rationale Gründe für oder gegen deren Nutzung besser zu erkennen.

2 Methodik und Forschungsansatz

Die Datengrundlage zur Untersuchung der Veränderungen wurde durch zwei Umfragen unter den Mitarbeitenden in den Unternehmen der Region Ostwestfalen-Lippe geschaffen, die zu dem Netzwerk des regionalen Kompetenzzentrums Arbeitswelt.Plus gehören. Die erste Erhebungswelle fand zum Start des Kompetenzzentrums statt (Juni bis Dezember 2021), die zweite Erhebungswelle wurde gegen Ende der Projektlaufzeit erhoben (November 2024 bis Februar 2025). Die Stichprobe ist convenience-based. Es handelt sich um ein unechtes Panel, d. h. die Auskunftspersonen sind nicht unbedingt in beiden Wellen enthalten. Um möglichst wenig Datenverlust zu generieren, verzichten wir auf ein Matching und behandeln die Wellen unabhängig voneinander, wie bei einem unechten Panel üblich.

Um die Vergleichbarkeit der Studien zu erhöhen, blieben die Strukturen und Inhalte der beiden Erhebungen (weitestgehend) identisch. Für eine detaillierte Aufschlüsselung der jeweiligen Erhebungen verweisen wir auf die Arbeiten von Papenkordt et al. (2022) sowie Dondorf et al. (2025). Die nachfolgende Tab. 1 gibt einen Überblick über die beiden Samples.

In der nachfolgenden Analyse werden ausschließlich die Daten der Mitarbeitenden (mit Ausnahme der HR-Mitarbeitenden) betrachtet, da die Mitarbeitenden in der Regel unmittelbar von der Nutzung einer Technologie betroffen sind, wohingegen UnternehmerInnen und PersonalerInnen häufig eher eine strategische oder organisatorische Perspektive auf die Integration der Technologie haben.

Tab. 1 Charakteristika der beiden Samples

Charakteristika der Samples	2021		2025	
Anzahl der Unternehmen	89		50	
Anzahl der Branchen	16		16	
Anzahl der Probanden	317	100 %	240	100 %
• Mitarbeitende	155	49 %	179	75 %
• PersonalerInnen	41	13 %	29	12 %
• UnternehmerInnen/Top-Management	121	38 %	32	13 %
Geschlecht				
• Männlich	195	62 %	141	59 %
• Weiblich	97	31 %	54	22 %
• Divers	1	0 %	2	1 %
• Keine Angabe	24	7 %	43	18 %
Durchschnittsalter in Jahren	43		38	

Tab. 2 Deskriptive Statistiken der Variablen

Variablen	Jahr	Ø	Median	StD	Min	Max	Chronbachs Alpha
Perceived Usefulness	2021	0	−0,04	0,98	−3,13	1,13	0,95
	2025	0	−0,09	1	−2,87	1,06	0,96
Perceived Ease of Use	2021	0	−0,07	0,93	−2,44	1,55	0,74
	2025	0	0,02	1	−3,08	1,19	0,88
Behavioral Intention	2021	0	−0,17	1	−3,93	0,77	0,77
	2025	0	−0,51	1	−3,67	0,71	0,88
AI Use Time (in Min.)	2021	41	30	91	0	600	–
	2025	22,4	27,5	35,2	0	240	–

Um die Faktoren des TAM3 zu testen, verwenden wir die Fragebogen-Items, die von Venkatesh und Bala (2008) vorgeschlagen wurden. Die anschließende Tabelle gibt einen Überblick über das Erhebungsinstrument. Die Skalen wurden standardisiert (Tab. 2).

Um auf common method bias zu testen, wurde der Harman's single factor Test durchgeführt. Die Analyse ergab, dass nur 32 % (21 %) der Varianz in den Daten von 2025 (2021) durch einen Faktor erklärt werden, sodass der übliche Schwellenwert für common method bias von 50 % unterschritten wird. Wir nehmen daher an, dass common method bias kein relevantes Problem bei der Interpretation der Analysen darstellt.

3 Ergebnisse

3.1 Veränderungen im Gesamtmodell der Technologieakzeptanz

Im ersten Schritt untersuchen wir die Veränderungen der TAM3 von 2021 und 2025 in einem Vergleich. Dafür schätzen wir jeweils ein Strukturgleichungsmodell (SEM), kontrolliert wird für die Faktoren Alter und Geschlecht.

Die Analyse der TAM3 für die Jahre 2021 und 2025 zeigt sowohl konstante als auch zeitlich variierende Einflussfaktoren auf die Nutzungsintention (Behavioral Intention) und tatsächliche Nutzung von KI-Technologien.[1] Während die wahrgenommene Nützlichkeit (Perceived Usefulness) in beiden Jahren ein signifikanter Prädiktor für die Nutzungsintention blieb, war ihr Einfluss 2021 deutlich stärker ausgeprägt. Im Gegensatz dazu gewann die wahrgenommene Einfachheit der Nutzung (Perceived Ease of Use) erst 2025 an signifikanter Bedeutung für die Nutzungsintention – ein Hinweis darauf, dass Aspekte der Einfachheit der Nutzung für NutzerInnen an Relevanz gewonnen

[1] Da keine einheitliche Definition existiert, wird KI im Sinne von Bitkom und DFKI (2017) als Fähigkeit von IT-Systemen verstanden, menschähnliche, intelligente Verhaltensweisen zu zeigen.

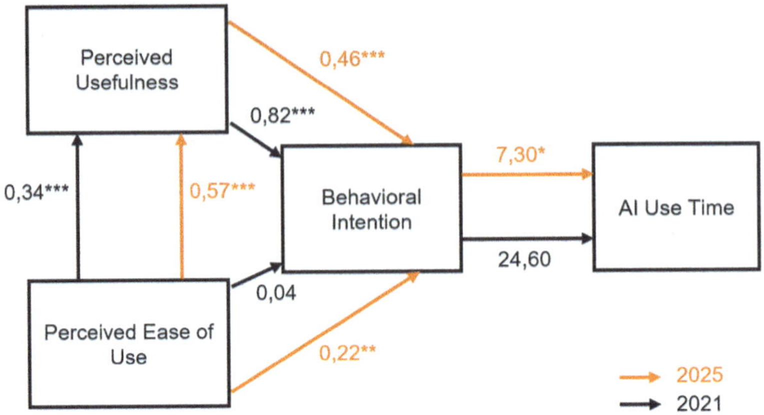

Abb. 1 Vergleich der SEM-Modelle für 2021 (schwarz) und 2025 (orange) mit *=p < 10 %; **=p < 5 %, ***=p < 1 %

haben. Einen besonders stabilen Effekt zeigt die wahrgenommene Einfachheit der Nutzung auf die wahrgenommene Nützlichkeit. Dieser Zusammenhang war in beiden Jahren signifikant, wobei der Effekt 2025 stärker ausgeprägt war. Dies unterstreicht die konzeptionelle Annahme des TAM3, dass die Einfachheit der Nutzung die Nützlichkeitseinschätzung systematisch beeinflusst (Abb. 1).

Der Modellfit beträgt für das Modell von 2021: $\chi^2 = 5{,}12$, df = 2, RMSEA = 0,228. Für das Modell von 2025 ist der Modellfit: $\chi^2 = 5{,}63$, df = 2, RMSEA = 0,148.

Für die Bewertung der realen Diffusion ist insbesondere bedeutend, dass nur in der späteren Befragung von 2025 ein signifikanter Pfad zwischen Nutzungsintention und tatsächlicher Nutzung zu finden ist.

Insgesamt machen die Ergebnisse deutlich, dass sich die Einflussfaktoren technologischer Akzeptanz im Zeitverlauf verändern können. Einerseits bleiben zentrale Zusammenhänge, wie der zwischen der Einfachheit der Nutzung und Nützlichkeit, stabil und robust. Andererseits wird der Zusammenhang zwischen der Nutzungsintention und tatsächlichen Nutzung erst in der Erhebung von 2025 signifikant. Dies könnte ein Indikator dafür sein, dass die individuelle Intention alleine für die Diffusion von Technologie in Unternehmen nicht ausreicht, sondern andere Faktoren hier relevant sind. Um weiter zu analysieren, ob die Einschätzung von KI-Anwendungen von den realen Kontaktpunkten mit KI anhängt, vergleichen wir im Folgenden die Einschätzungen von Personen, deren Unternehmen sich in verschiedenen Anwendungsstadien im Zusammenhang mit KI befinden.

3.2 Veränderungen in den Einstellungen über die Zeit

Nachdem wir bereits festgestellt haben, dass sich die Pfade der TAM3 zwischen den Erhebungszeitpunkten verändern, überprüfen wir nun, ob sich auch die einzelnen Einfluss-

Tab. 3 Gruppierungen der Probanden nach Phase der Einführung

Phase	Welle 2021	Welle 2025
Keine Aktivität	14,13 %	16,36 %
Vorbereitung	43,48 %	20,00 %
In Nutzung	42,39 %	63,64 %

faktoren signifikant unterscheiden. Dabei betrachten wir die beiden Samples hinsichtlich ihrer Nutzungsphase von KI.

Dies ermöglicht es, dass sich die Erfahrungen hinsichtlich der realen direkten oder auch durch das Kompetenzzentrum oder die Verbreitung der Technologie indirekt (second-hand Informationen) gewonnenen Erfahrungen unterscheiden. Dazu haben wir die Antworten der Mitarbeitenden aus den Jahren 2021 und 2025 nach dem aktuellen Stand der Einführung im eigenen Unternehmen gruppiert. Tab. 3 zeigt die Gruppierung:

Im direkten Vergleich der Verteilungen zeigt sich, dass sich die Einschätzungen der Teilnehmenden zur KI-Nutzungsphase ihrer Unternehmen zwischen den Jahren 2021 und 2025 deutlich verschoben haben. Während 2021 noch ein Großteil der Befragten angab, dass sich ihr Unternehmen in der Vorbereitungsphase befindet, liegt der Fokus 2025 klar auf der aktiven Nutzung. Diese Entwicklung deutet darauf hin, dass KI-Anwendungen zunehmend implementiert werden und die Unternehmen insgesamt im Adoptionsprozess voranschreiten. Allerdings blieb der Anteil der Teilnehmenden, die angaben, dass ihr Unternehmen keine Aktivitäten im Zusammenhang mit der Einführung von KI hat, über die Jahre hinweg nahezu konstant.

Aufgrund der zum Teil geringen Fallzahlen vergleichen wir die Mediane der Einschätzungen, um zentrale Tendenzen der TAM3 zu beschreiben. Aufgrund der begrenzten Stichprobengröße und potenzieller Verzerrungen durch Ausreißer bieten Mediane eine robustere Kennzahl zur Charakterisierung der Verteilung. Zudem gewährleisten sie eine angemessenere Darstellung bei nicht-normalverteilten Variablen, wie sie in sozialwissenschaftlichen Befragungsdaten häufig auftreten. Zur statistischen Prüfung von Unterschieden zwischen den Gruppen wurde der nicht-parametrische Kruskal-Wallis-Test sowie der Wilcoxon-Mann-Whitney Test eingesetzt. Die Ergebnisse der entsprechenden Tests sind in Abb. 2 dargestellt.

Die Wahrnehmung der Technologie verändert sich deutlich mit dem Fortschreiten in der Nutzungsphase – sowohl im Jahr 2021 als auch 2025 zeigt sich eine Tendenz zu positiveren Bewertungen der Variablen bei zunehmender Praxiserfahrung (Abb. 2). Im Jahr 2021 steigen alle drei zentralen TAM3-Variablen über die Phasen hinweg an, besonders deutlich ist der Anstieg bei der wahrgenommenen Einfachheit der Nutzung. Die Veränderungen der Variable „wahrgenommene Einfachheit der Nutzung“ ist zwischen den Phasen „Keine Aktivitäten“ und „In Nutzung“ statistisch signifikant ($p = 0{,}0014$).

Im Jahr 2025 bleibt diese Tendenz grundsätzlich erhalten. In 2025 ist die wahrgenommene Nützlichkeit bei Nicht-NutzerInnen stark negativ ausgeprägt (–1,06) und in späteren Phasen deutlich positiver (0,40 bei „In Nutzung“). Diese Unterschiede sind signifikant ($p = 0{,}0021$) und deuten auf eine Veränderung der Wahrnehmung hin. Die Nutzungsintention ist in beiden Jahren am höchsten bei aktiver Nutzung – allerdings

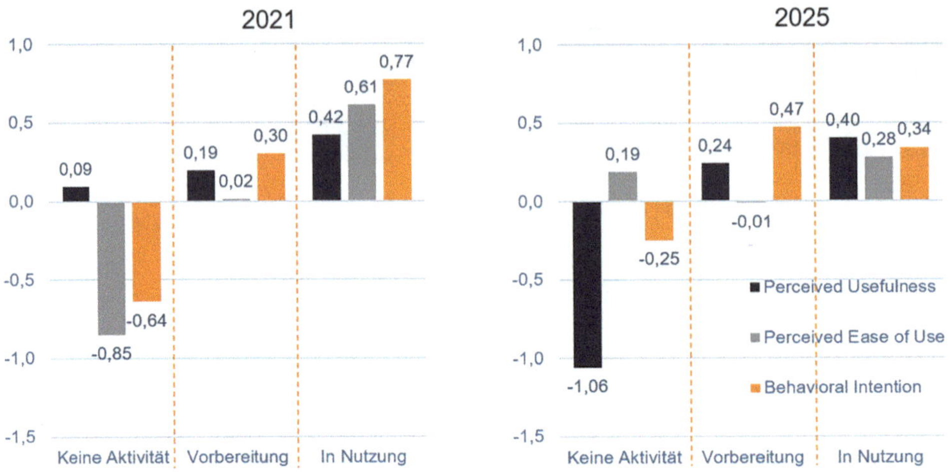

Abb. 2 Medianunterschiede der TAM3 in den Nutzungsphasen der KI-Einführung

2021 auf den vorliegenden Daten statistisch nicht signifikant ($p = 0{,}1376$), während sie 2025 auf dem 5 %-Niveau signifikant ist ($p = 0{,}0249$).

Unsere Daten zeigen konsistent, dass subjektive Bewertungen der Technologie signifikant mit dem Stand der KI-Adoption im Unternehmen zusammenhängen. Ebenso waren diese Unterschiede bereits in frühen Erhebungswellen sichtbar und treten nun jedoch noch stabiler und ausgeprägter auf. Die Wahrnehmung der Technologie verbessert sich mit zunehmender Nutzung – insbesondere im Hinblick auf Nützlichkeit und teilweise auch hinsichtlich der Einfachheit der Nutzung. Diese Befunde sprechen dafür, dass praktische Erfahrungen mit KI die Bewertung der Technologie positiv beeinflussen, was die Bedeutung direkter Praxiserfahrungen für die Technologieakzeptanz unterstreicht. Einige Unterschiede sind in unserer Stichprobe statistisch nicht signifikant, dies könnte allerdings auch der Samplegröße geschuldet sein.

Von besonderer Bedeutung ist der Vergleich der Einflussfaktoren auf die Nutzung. Wie bereits beschrieben, sollten Unternehmen nicht aufgrund der schwierigen Nutzung, sondern vielmehr wegen der als geringer wahrgenommenen Nützlichkeit von dem Einsatz einer Technologie absehen. Ziel ist es nicht, die maximale Diffusion zu erreichen, sondern informierte Entscheidungen auch bezüglich der Nichtnutzung einer Technologie zu treffen. Bemerkenswert ist, dass dies offenbar insbesondere für die Gruppe der NichtnutzerInnen im Zeitablauf deutlich besser gelungen ist. Abb. 3 zeigt die Gruppe der NichtnutzerInnen noch einmal im Detail.

In der Tendenz sehen wir in der Gruppe der NichtnutzerInnen eine verbesserte Entscheidungsgrundlage: Während die NichtnutzerInnen in 2021 die wahrgenommene Nützlichkeit eher positiv bewertet haben und offenbar vor allem die Schwierigkeiten der Nutzung diese Gruppe von einem Einsatz von KI abgehalten haben könnte, haben sich die Verhältnisse in 2025 deutlich geändert. In der Gruppe der NichtnutzerInnen von 2025

Abb. 3 Medianunterschiede beim TAM3 der NichtnutzerInnen von KI im Zeitablauf

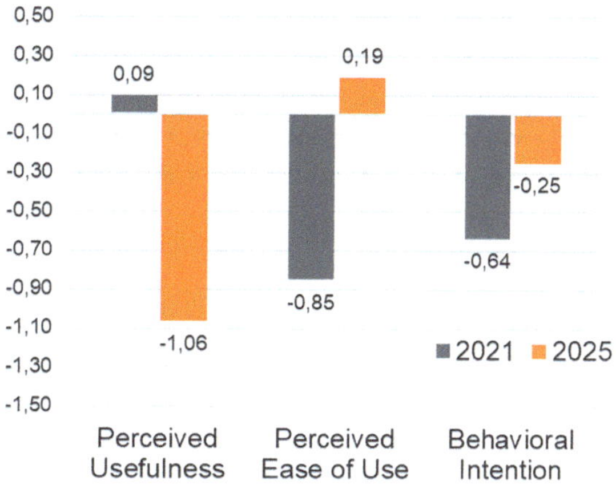

dominiert eine Kosten-Nutzen-Logik, d. h. die wahrgenommene Nützlichkeit wird sehr negativ eingeschätzt und folgerichtig auch auf eine Nutzung verzichtet. Die Wissensbarriere verhindert dagegen die Nutzung nicht. Dies wird dadurch deutlich, dass die Befragten die Technologie eher für beherrschbar halten bzw. annehmen, dass sie leicht zu nutzen ist. Die direkte oder indirekte second-hand Erfahrung der NichtnutzerInnen mit KI Technologie führt demnach zu einer doch deutlich rationaleren Entscheidung über die Nichtnutzung. Auch hier wäre es wünschenswert, in zukünftiger Forschung weitere Längsschnittdaten zu erheben, um unsere Ergebnisse im Hinblick auf ihre Kausalität zu validieren.

4 Schlussfolgerungen und Implikationen

In unserem Beitrag zeigen wir, dass das TAM3 von Venkatesh und Bala (2008) durchaus Anwendung zur Erklärung von Diffusionsprozessen finden kann. Unsere Ergebnisse belegen, dass das TAM3 und seine latenten Konstrukte valide messbar sind sowie prognostische Aussagekraft besitzen. Eine bislang offene wissenschaftliche Frage betrifft jedoch die Gültigkeit des TAM3 in frühen Phasen der Technologieeinführung. Insbesondere stellt sich die Frage, wie valide Einschätzungen zur Nützlichkeit und zur Einfachheit der Nutzung abgegeben werden können, wenn NutzerInnen noch keine persönlichen Erfahrungen mit der Technologie gemacht haben. Dadurch bleibt in diesen frühen Phasen fraglich, auf welcher Grundlage rationale Nutzungsintentionen und tatsächliches Nutzungsverhalten von Mitarbeitenden und EntscheidungsträgerInnen bewerten werden können.

Unsere Ergebnisse aus der Erhebung von 2021 legen nahe, dass das TAM3 in einer frühen Technologiephase problematisch sein kann: Wenngleich die Mitarbeitenden dazu neigen, die potenzielle Nützlichkeit von KI sehr hoch einzuschätzen, geben sie gleichzeitig an, die Technologie nicht einsetzen zu wollen. Unsere Untersuchung lässt vermuten, dass ein Grund dafür die wahrgenommene Komplexität der Nutzung sein könnte. Diese Tatsache könnte also den Einsatz einer als nützlich wahrgenommenen Technologie verhindern, indem Mitarbeitende die Bedienung der Technologie als zu komplex oder anspruchsvoll wahrnehmen und sie daher frühzeitig ablehnen. Erwartete Wissenslücken sollten allerdings nie ein ausschlaggebender Grund gegen den Einsatz einer neuen Technologie sein.

Im späteren Verlauf wird deutlich, dass durch die tatsächliche Nutzung einer Technologie die Hemmschwelle zur Nutzung der entsprechenden Technologie aufgrund mangelnder Kompetenz sinken. Die Schwierigkeit der Nutzung wird systematisch als geringer eingestuft. Eine Kausalanalyse zu den Ursachen ist hier jedoch nicht zweifelsfrei möglich. Zum einen ist KI auch im Alltag präsenter geworden. Zum anderen könnte es am direkten und indirekten Lernen in der Region liegen, die nicht zuletzt durch das Kompetenzzentrum Arbeitswelt.Plus den Wissenserwerb und Austausch zwischen Unternehmen ermöglicht.

Ein Hinweis auf die mögliche Relevanz der zweiten These zeigt sich in unserer Stichprobe, in der KI an den Arbeitsplätzen der befragten Mitarbeitenden in OWL deutlich häufiger verbreitet ist als im Bundesdurchschnitt (Abb. 4). Allerdings muss berücksichtigt werden, dass sich diese Aussage ausschließlich auf unsere Stichprobe bezieht und nur mit Vorsicht verallgemeinert werden kann. Auch wenn die Teilnehmenden überwiegend über das Technologienetzwerk it's OWL rekrutiert wurden, arbeiten mehr als 50 % von ihnen in Unternehmen, die nicht Mitglieder von Arbeitswelt.Plus sind. Hier zeigt sich die Bedeutung des Ökosystems it's OWL für den Erkenntnisgewinn der Unternehmen durch den Wissensaustausch mit anderen Unternehmen. Bereits 2021, also zum

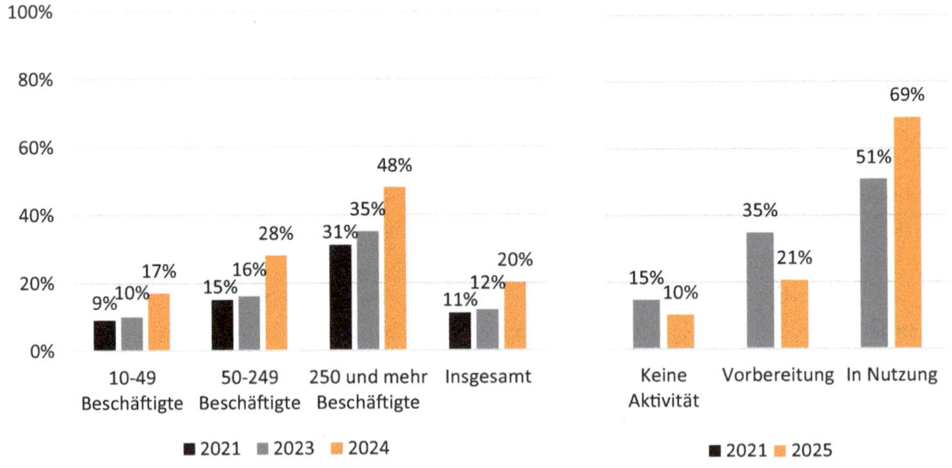

Abb. 4 Verbreitung von KI in Deutschland (links) und in der Region Ostwestfalen-Lippe (rechts) in Prozent der befragten Unternehmen (Quellen: Destatis (2025) und eigene Unternehmensbefragung in Papenkordt et al. 2022 und Dondorf et al. 2025)

Start des Kompetenzzentrums Arbeitswelt.Plus, das auf enormen Vorarbeiten im Bereich KI beruht, haben in OWL mehr als 40 % der befragten Unternehmen KI eingesetzt, im Vergleich dazu waren es unter den Großunternehmen in Deutschland nur 31 %. Der Abstand hat sich in den letzten Jahren weiter vergrößert, inzwischen nutzen in OWL (im Jahr 2025) 64 % der befragten Unternehmen KI, während es unter den Großunternehmen in Deutschland nur 48 % sind (in 2024).

Zu beachten ist, dass nicht eine möglichst weite Verbreitung einer Technologie, sondern vor allem die rationale Entscheidung nach Abwägung von Kosten und Nutzen wünschenswert ist, dies ist im Zeitablauf verbessert gelungen.

Unsere Studie weist einige Limitationen vor: Zum einen basiert die Analyse auf einer vergleichsweise kleinen Stichprobe von technologieorientierten Unternehmen in Nordrhein-Westfalen, was die Generalisierbarkeit der Befunde auf andere Regionen oder Branchen limitiert. Zum anderen wurden nicht alle potenziellen Einflussfaktoren systematisch erfasst, die die Nutzung und Wahrnehmung von KI in Unternehmen zusätzlich prägen könnten; das erweiterte TAM3 Modell konnte nicht vollumfänglich abgebildet werden.

Darüber hinaus erfolgte die Rekrutierung der Teilnehmenden vorrangig über das Technologienetzwerk it's OWL. Auch wenn über 50 % der befragten aus Unternehmen stammen, die keine Mitglieder des Netzwerks Arbeitswelt.Plus waren, lässt sich ein Selektionsbias nicht ausschließen. Auch bei der Erhebung der Nutzung von KI im Unternehmen sind – sowohl in den Daten von Destatis (2025) als auch in der eigenen Befragung – Probleme bekannt, so unterschätzen Mitarbeitende regelmäßig den Einsatz von KI Anwendungen, weil ihnen nicht bewusst ist, wo überall KI eingesetzt wird. Diese Limitationen sollten bei der Interpretation und Einordnung der Ergebnisse berücksichtigt werden.

Für den Standort Deutschland stellt sich neben der schnelleren Diffusion von Technologie vor allem auch die Frage der nachhaltigen Nützlichkeit und der konkreten Anwendung von KI. Hier besteht für den Forschungs- und Wirtschaftsstandort eine große Chance, zum Beispiel durch Qualitätskontrolle von Algorithmen und den effizienten Einsatz von Technologie Wettbewerbsvorteile zu erzielen. Während andere Länder ihren Schwerpunkt stärker auf technologische Leistungsfähigkeit sowie algorithmische Innovationen legen, besteht Deutschlands entscheidender Vorteil in einer kooperativen Landschaft, welche den praxisnahen und verantwortungsvollen Einsatz neuer Technologien systematisch fördert. Insbesondere die Erforschung und Beantwortung von Fragen hinsichtlich der systematischen Qualitätsprüfung durch Fachleute sowie von NutzerInnen, transparenter Gestaltungsprinzipien (Explainability) sowie der Berücksichtigung von Resilienz und Robustheit in der Systementwicklung müssten hier als praxisrelevante Fragen im Vordergrund stehen.

Für Unternehmen bedeuten unsere Ergebnisse, dass der Abbau von Wissensbarrieren der entscheidende Faktor für die Diffusion neuer Technologien ist, dabei können auch Erfahrungen aus dem eigenen Ökosystem, z. B durch Cluster, helfen, zu rationalen Entscheidungen über (Nicht-)Nutzung neuer Technologien zu gelangen. Im internationalen

Wettbewerb kann sich Deutschland durch einen verantwortungsvollen, transparenten und robusten KI-Einsatz profilieren. Unternehmen können sich hier mit Qualitätskontrollen, Explainability und resilienter Systementwicklung strategische Vorteile sichern.

Die vorliegenden Ergebnisse liefern erste Einblicke, die in zukünftigen Studien weiter präzisiert und vertieft werden sollten. Besonders sinnvoll wären Längsschnittstudien, um Veränderungen über die Zeit hinweg abzubilden, sowie kausale Untersuchungen, um die tatsächlichen Einflussfaktoren auf den Technologieeinsatz besser zu verstehen. Auch die Rolle von Weiterbildung, organisationalem Lernen und regionalen Austauschformaten sollte in weiteren Forschungen systematisch untersucht werden.

Literatur

Bitkom, DFKI (Hrsg.) (2017). Künstliche Intelligenz – Wirtschaftliche Bedeutung, gesellschaftliche Herausforderungen, menschliche Verantwortung.

Davis, F. D. (1989). Perceived usefulness, perceived ease of use, and user acceptance of information technology. MIS Quarterly, 13(3), 319–340.

Davis, F. D., Granić, A., & Marangunić, N. (2024). The technology acceptance model: 30 years of TAM. Springer International Publishing AG.

Grandón, E. E., Díaz-Pinzón, B., Magal, S. R. & Rojas-Contreras, K. (2021). Technology Acceptance Model Validation in an Educational Context: A Longitudinal Study of ERP System Use. Journal of Information Systems Engineering and Management, 6(1), em0134. https://doi.org/10.29333/jisem/9582

Ibrahim, F., Münscher, J. C., Daseking, M., & Telle, N. T. (2025). The technology acceptance model and adopter type analysis in the context of artificial intelligence. Frontiers in Artificial Intelligence, 7, 1496518.

Kim, S. S. & Malhotra, N. K. (2005). A Longitudinal Model of Continued IS Use: An Integrative View of Four Mechanisms Underlying Postadoption Phenomena. Management Science, 51(5), 741–755. https://doi.org/10.1287/mnsc.1040.0326

Kornowicz, J. & Thommes, K. (2025). Algorithm, expert, or both? Evaluating the role of feature selection methods on user preferences and reliance. PLoS ONE, 20(3), e0318874. https://doi.org/10.1371/journal.pone.0318874

Dondorf, V., Lebedeva, E., Papenkordt, J., Kokilanathan, K., Thommes, K., Dumitrescu, R. (2025): Evolution von KI in der industriellen Arbeitswelt. Working-Paper-Reihe des Kompetenzzentrums Arbeitswelt.Plus, Paderborn, Nr.12, https://doi.org/10.55594/BAEY2442.

IKT-Indikatoren für Unternehmen: Deutschland, Jahre (bis 2024), Beschäftigtengrößenklassen, *Statistisches Bundesamt (Destatis)*, Code: IKT-0205 (2025).

Li, X., Hess, T. J. & Valacich, J. S. (2008). Why do we trust new technology? A study of initial trust formation with organizational information systems. The Journal Of Strategic Information Systems, 17(1), 39–71. https://doi.org/10.1016/j.jsis.2008.01.001

Papenkordt, J., & Thommes, K. (2022). Determinants of trust in smart technologies. In S. Büttner & C. Röcker (Hrsg.), Human-Technology Interaction: Shaping the Future of Industrial User Interfaces (335–359). Springer International Publishing.

Papenkordt, J., Gabriel, S., Thommes, K. & Dumitrescu, R. (2022): Künstliche Intelligenz in der industriellen Arbeitswelt – Studie zum Status Quo in der Region OstWestfalenLippe. Working-Paper-Reihe des Kompetenzzentrums Arbeitswelt.Plus, Nr. 2, https://doi.org/10.55594/TMAO3234.

McElheran, K., Li, J. F., Brynjolfsson, E., Kroff, Z., Dinlersoz, E., Foster, L., & Zolas, N. (2024). AI adoption in America: Who, what, and where. Journal of Economics & Management Strategy, 33(2), 375–415.
Trieste, L. & Turchetti, G. (2024). The nature, causes, and effects of skepticism on technology diffusion. Technological Forecasting And Social Change, 208, 123663. https://doi.org/10.1016/j.techfore.2024.123663
Venkatesh, V. & Bala, H. (2008). Technology Acceptance Model 3 and a Research Agenda on Interventions. Decision Sciences, 39(2), 273–315. https://doi.org/10.1111/j.1540-5915.2008.00192.x
Venkatesh, V. & Davis, F. D. (2000). A Theoretical Extension of the Technology Acceptance Model: Four Longitudinal Field Studies. Management Science, 46(2), 186–204. https://doi.org/10.1287/mnsc.46.2.186.11926

Wissenserhalt im Unternehmen. Eine Studie zum Einsatz KI-basierter Technologien zur Bewahrung von Expertenwissen in Unternehmen der Region Ostwestfalen-Lippe

Angelika Röchter und Tanja Prior

1 Einleitung und Forschungsstand

1.1 Ausgangssituation und Problemstellung

Wissen gilt seit langer Zeit als zentrale, erfolgsrelevante Ressource von Unternehmen (Penrose 1959). Insbesondere das Wissen erfahrener Fachexperten und Führungskräfte, welches nur begrenzt in Dokumenten oder Datenbanken erfasst werden kann, ist für viele Organisationen von strategischer Bedeutung. Nicht selten bildet gerade dieses Wissen die Grundlage für die Kernkompetenzen eines Unternehmens und ist entscheidend für dessen Wettbewerbsfähigkeit. Angesichts des demografischen Wandels, der in den kommenden Jahren zu einem verstärkten Ausscheiden erfahrener Fachkräfte der Babyboomer-Generation führen wird, stehen Unternehmen bereits heute vor besonderen Herausforderungen. (Deschermeier und Schäfer 2024, auch Wuscher et al. 2016).

Die Entwicklung neuer Technologien – insbesondere im Bereich der Künstlichen Intelligenz (KI) – bietet vielversprechende Möglichkeiten, Wissen zu erfassen, zu bewahren und zugänglich zu machen (Abdelkafi et al. 2019, S. 17 ff.). Es ist allerdings wenig darüber bekannt, ob und in welcher Form Unternehmen diese Technologien zum Wissenserhalt bereits einsetzen, wie sie deren Effektivität bewerten und welche Herausforderungen sie wahrnehmen.

A. Röchter (✉) · T. Prior
Fachhochschule der Wirtschaft, Paderborn, Deutschland
E-Mail: angelika.roechter@fhdw.de

R. Dumitrescu (Hrsg.), *KI für die Arbeitswelt von morgen,*
Intelligente Technische Systeme – Lösungen aus dem Spitzencluster it's OWL,
https://doi.org/10.1007/978-3-662-73053-9_3

1.2 Aktueller Forschungsstand

Die Beschäftigung mit Wissensmanagement hat bereits eine lange Historie (für einen Überblick s. Heisig 2023). Schon in den 1990er Jahren hat Probst ein Modell des Wissensmanagements entworfen, das neben Prozessen wie beispielsweise dem Erwerb, der Entwicklung und der Verteilung von Wissen auch die Bedeutung der Wissensbewahrung herausstellt (Probst et al. 2012).

Auf die strategische Bedeutung von Wissen für die Wettbewerbsfähigkeit eines Unternehmens hat insbesondere Klaus North aufmerksam gemacht (North und Kumta 2025; North 2021; North und Maier 2018). In seinem Modell der Wissenstreppe wird die Entwicklung von reinen Daten über Informationen und Wissen hin zu kompetentem Handeln und letztlich zu organisationaler Wertschöpfung beschrieben. Heute haben digitale Technologien einen signifikanten Einfluss darauf, wie Menschen Daten, Informationen und Wissen generieren, teilen und nutzen, was letztlich zu Veränderungen auf allen Stufen der Wissenstreppe führt (Wissenstreppe 4.0, North und Kumta 2025, S. 42 ff.).

Grundsätzlich wird in der Forschung zum organisationalen Wissensmanagement zwischen explizitem und implizitem Wissen unterschieden (Polanyi 1985/1966). Während explizites Wissen dokumentiert und leicht weitergegeben werden kann, ist implizites Wissen stark an individuelle Erfahrungen, Intuition und Kontext gebunden (Nonaka und Takeuchi 1997). Für die Erfassung und Bewahrung expliziten Wissens existieren bereits zahlreiche technische Möglichkeiten (z. B. Datenbanken, Wikis, Dokumentationssysteme, s. z. B. Müller 2022, S. 207 ff.). Der Erhalt impliziten Wissens beruht in hohem Maße auf sozialer Interaktion und Erfahrungsaustausch. Die entsprechenden Methoden sind oft (zeit-)aufwendig und stellen Unternehmen vor erhebliche Herausforderungen (s. z. B. Mittelstand 4.0, 2017, Achtenhagen et al. 2012).

Künstliche Intelligenz bietet auf Basis verschiedener Technologien vielfältige Möglichkeiten, Wissen zu erfassen, zu speichern und bereitzustellen (Renz et al. 2024). Während der Umgang mit explizitem Wissen vergleichsweise einfach erscheint, rückt zunehmend auch die Bewahrung von implizitem Wissen in den Fokus (z. B. Culbida et al. 2025).

Ein Ansatz zur Erhaltung impliziten Wissens besteht im Einsatz wissensbasierter Expertensysteme (Knowledge-Based Expert Systems). Dabei wird menschliches Expertenwissen zunächst mit recht großem Aufwand erfasst und anschließend durch Anwendung und Nutzerfeedback in einem kontinuierlichen Lernprozess weiterentwickelt (North 2021, S. 39 f.). Diese regel- oder modellbasierten Systeme punkten durch hohe Erklärbarkeit und Transparenz. Sie sind insbesondere in solchen Zusammenhängen geeignet, in denen Entscheidungen nachvollziehbar sein müssen und Regeln über die Zeit hinweg relativ stabil sind (Culbida et al. 2025, S. 108 f.).

Im Gegensatz dazu stehen datengetriebene Methoden der KI, die basierend auf Neuronalen Netzen aus großen Datenmengen Muster erkennen und unabhängig vom Menschen lernen können (Culbida et al. 2025, S. 109 ff.). Sie sind u. a. die Grundlage für Bilderkennung und große Sprachmodelle (z. B. ChatGPT). Ihre hohe Leistungsfähigkeit geht auf Kosten der Transparenz – Entscheidungen sind nicht erklärbar, sie entstammen einer „Black-Box“. Für den Einsatz dieser Form der KI sind umfangreiche und qualitativ hochwertige Datenmengen unerlässlich, was insbesondere für kleine und mittelständische Unternehmen eine Herausforderung darstellen kann. Im Bereich des Wissensmanagements kommen solche Systeme bislang vor allem in spezialisierten Anwendungsfeldern zum Einsatz (North 2021, S. 40).

Im Zusammenhang mit der Erfassung von Erfahrungswissen wird der Einsatz von Chats und Chatbots diskutiert (Bünnagel 2024). Der dialogische Austausch zwischen Nutzer und System ermöglicht es, Informationen zu erfassen, die durch standardisierte Befragungen schwer zugänglich sind. Auch KI-gestützte Verfahren zur Verhaltensbeobachtung – etwa durch Videoanalyse – werden erforscht, um implizites Expertenwissen sichtbar und dokumentierbar zu machen (Ottersböck et al. 2024). Darüber hinaus bieten multimodale KI-Systeme, die visuelle und auditive Informationen verarbeiten können, neue Möglichkeiten zur Erfassung von Erfahrungswissen (für ein Praxisbeispiel im Vertrieb Hohenberger 2024).

1.3 Zielsetzung und Forschungsfragen

Die vorliegende Studie ist darauf ausgerichtet, den Einsatz KI-basierter Technologien zum Erhalt expliziten und impliziten Expertenwissens in der unternehmerischen Praxis zu untersuchen. Dabei werden Tools und Instrumente betrachtet, die entweder primär KI-basiert sind (z. B. Sprachmodelle wie ChatGPT, KI-Methoden zur Bildverarbeitung oder Speech-to-Text) oder zumindest durch KI-Funktionen erweiterbar sind (z. B. Content Management Systeme oder Expertensysteme).

Grundlage der Untersuchung sind die folgenden Forschungsfragen:

(1) In welchem Umfang und wo wird strategisches Wissen von Mitarbeitern im Unternehmen verortet?
(2) Welche (klassischen) Maßnahmen werden derzeit zum Erhalt expliziten Wissens und welche zur Bewahrung impliziten Erfahrungswissens ergriffen?
(3) Welche KI-basierten Technologien werden bereits eingesetzt und wie wird deren Effektivität bewertet?
(4) Welche Hindernisse beim Einsatz KI-basierter Technologien werden als besonders relevant eingeschätzt?

2 Methodik und Forschungsansatz

Die Untersuchung wurde im Rahmen des Forschungsprojekts Arbeitswelt.Plus durchgeführt. Es handelt sich um eine quantitative Befragung von insgesamt 102 Unternehmen in der Region Ostwestfalen-Lippe.[1] Ein branchenspezifischer Schwerpunkt liegt im Bereich Maschinen- und Anlagenbau (23 % der teilnehmenden Unternehmen) sowie im Bereich der Informatik (31 %). Die übrigen Teilnehmer verteilen sich auf sonstiges verarbeitendes Gewerbe (21 %), Dienstleistungen (10 %), Handel (6 %) sowie den öffentlichen Bereich (9 %). In Bezug auf die Größe der teilnehmenden Unternehmen ergibt sich eine recht ausgewogene Verteilung. Kleine Unternehmen (10–49 Beschäftigte) sind zu 19 % vertreten, mittlere Unternehmen (50–249 Beschäftigte) zu 31 %, große Unternehmen (250–1000 Beschäftigte) zu 21 %. 28 % der teilnehmenden Unternehmen beschäftigen mehr als 1000 Mitarbeiter. Kleinstunternehmen unter 10 Mitarbeiter sind kaum vertreten (1 %).

Die antwortenden Personen stammen zu 29 % aus der Geschäftsführung, zu 31 % aus dem Personalwesen sowie zu 12 % aus dem IT-Bereich. Die übrigen Teilnehmenden verteilen sich auf verschiedene Unternehmensbereiche. 56 % der Befragten haben sich bereits intensiv mit der Thematik auseinandergesetzt oder sogar erste Initiativen eingeleitet. Weitere 39 % nehmen die Thematik als bedeutsam wahr, haben sich aber noch nicht gezielt damit beschäftigt. Für wenige Teilnehmer (5 %) war das Thema bisher nicht präsent.

Inhaltlich umfasst der Fragebogen neben den Angaben zur Person und zum Unternehmen insgesamt 17 Fragen, die sich auf die folgenden drei inhaltlichen Themenstellungen beziehen:

- Allgemeine Fragen zum (strategischen) Wissenserhalt und zu Wissensträgern
- (Klassische) Instrumente und Methoden zum Wissenserhalt
- Einsatz von KI-basierten Lösungen zum Wissenserhalt

Durchgeführt wurde die Studie als Online-Befragung im Zeitraum September bis Dezember 2024.

3 Ergebnisse

3.1 Strategisches Wissen und strategische Wissensträger

Der erste Teil der Untersuchung bezieht sich auf das Vorhandensein und die Verteilung strategischen Wissens im Unternehmen. Wie in zu erkennen ist, schätzt die Mehrheit der Befragten (42 %) den Anteil dieser Wissensträger auf 10–19 % der Beschäftigten im

[1] Die vollständigen Untersuchungsergebnisse sind verfügbar als unveröffentlichte Studie im Rahmen des Kompetenzzentrums Arbeitswelt.Plus (Röchter und Prior 2025)

Unternehmen. Etwa ein Drittel der Befragten (32 %) geht sogar davon aus, dass der Anteil noch höher bei bis zu 50 % der Mitarbeiter im Unternehmen liegt.

Wie in zu erkennen ist, wird das für das Unternehmen strategisch relevante Wissen in erster Linie von den Befragten im Bereich der Produktentwicklung bzw. F&E gesehen (64 % der Nennungen). Aber auch in den Bereichen IT/Infrastruktur (54 %) sowie in Produktion und Vertrieb wird strategisches Wissen verortet (jeweils ca. 50 %). Weniger im Fokus stehen unterstützende Funktionen wie Qualitätsmanagement, After-Sales Service und Personal. Nur zwischen 11 % und 21 % der Befragten sehen die zentralen Wissensträger in den Bereichen Beschaffung und Logistik sowie Marketing.

3.2 Einsatz klassischer Instrumente zum Wissenserhalt

Zur Erfassung und Bereitstellung *expliziten* Wissens nutzen die befragten Unternehmen derzeit verschiedene Instrumente der Dokumentation. 67 % der Befragten arbeiten mit Datenbanken wie z. B. SharePoint. Auch das Intranet und Wikis werden von etwa der Hälfte der befragten Unternehmen genutzt. Immer noch spielen aber klassische Instrumente wie Checklisten (55 %), Handbücher (40 %) und sogar handschriftliche Notizen (27 %) eine wichtige Rolle.

Auch zum Erhalt bzw. Transfer *impliziten* Wissens werden von den Unternehmen gezielt Instrumente eingesetzt, die auf sozialer Interaktion beruhen. So arbeiten 41 % der befragten Unternehmen bewusst mit altersgemischten Teams; 32 % setzen gezielt Lerntandems ein. 39 % der Befragten reflektieren Erfahrungswissen im Rahmen von Lessons Learned und 29 % im Rahmen von Best Practice Analysen. Aufwendige Methoden wie Story Telling und Experten Debriefing werden immerhin von etwa einem Fünftel der Unternehmen eingesetzt.

Das größte Hindernis zum Erhalt von Expertenwissen ist aus Sicht von drei Viertel der Befragten der Zeitaufwand zur Erfassung des Wissens. Damit steht dieser Faktor mit Abstand an erster Stelle. Auch technische Faktoren (mangelnde Tools oder Methoden), organisatorische Aspekte (unklare Prozesse und Verantwortlichkeiten) und menschliche Widerstände zur Wissensweitergabe werden von etwa der Hälfte der Befragten als Herausforderungen wahrgenommen. Kosten und Datenschutzanforderungen stellen nur für einen geringeren Anteil der Befragten (15 % und 11 %) ein Hindernis zum Wissenserhalt dar.

3.3 Einsatz KI-bezogener Technologien im Wissensmanagement

In der vorliegenden Studie wurden Unternehmensvertreter zunächst im Hinblick auf den aktuellen und gewünschten Einsatz neuer, KI-bezogener Technologien befragt. Darüber hinaus wurden die Nutzer dieser Technologien gebeten, die Effektivität einzelner Technologien einzuschätzen. Hier ergibt sich ein differenziertes Bild.

In der Anwendung KI-basierter Technologien im Wissensmanagement liegen *Sprachmodelle* wie*ChatGPT* deutlich vorne. Knapp die Hälfte der Befragten (48 %) arbeiten bereits mit entsprechenden Tools, gut ein weiteres Drittel plant deren Einsatz (36 %).

Die Effektivität dieser Tools wird von den Nutzern als hoch eingeschätzt. Insgesamt 67 % der Befragten halten den Einsatz von Sprachmodellen für sehr effektiv oder effektiv.

Expertensysteme finden derzeit erst geringe Anwendung (11 %), wobei 38 % der Befragten derartige Systeme in Zukunft einsetzen möchten. Auffällig ist, dass Expertensysteme einem großen Anteil der Befragten nicht vertraut sind. Immerhin knapp die Hälfte (47 %) derjenigen, die mit Expertensystemen arbeiten, wertschätzen aber ihre Effektivität. Andere KI-basierte Tools wie *Speech-to-Text* und *KI-Methoden zur Bildverarbeitung* werden ebenfalls erst von einem kleinen Teil der Befragten eingesetzt (19 % und 15 %), obwohl auch hier Offenheit besteht. Immerhin wird die Effektivität der Tools von einem deutlichen Anteil der Nutzer (39 % und 42 %) bestätigt.

Ca. ein Drittel der Befragten (30 %) nutzen bereits *Tools zur intelligenten Suche in Dokumenten* (basierend auf Embedded Documents) und ein noch größerer Teil wünscht deren Einsatz (43 %). Im Hinblick auf die Einschätzung ihrer Effektivität rangieren diese Tools neben Sprachmodellen an oberster Stelle. Nur 14 % der Befragten nutzen bereits *Chatbots*, allerdings wünschen sich weitere 44 % deren Einsatz. 37 % derjenigen, die Chatbots einsetzen, halten diese Tools für sehr effektiv oder effektiv.

KI-basierte *Content Management Systeme* gehören in dieser Studie zu den am weitesten verbreiteten Wissensmanagement-Tools (39 % der Teilnehmer nutzen sie, weitere 15 % wünschen sich eine Nutzung). Auch ihre Wirksamkeit wird relativ hoch eingeschätzt (53 % bewerten sie als effektiv oder sehr effektiv).

Auffällig sind folgende Ergebnisse: (1) Ein relativ hoher Anteil der Befragten (25 % und 19 %) lehnt die Nutzung von KI-Technologien zur Aufnahme von Sprache (Speech-to-Text) und Bildverarbeitung ab. (2) Expertensysteme und Content Management Systeme sind einem erheblichen Anteil der Befragten nicht bekannt (43 % und 36 %). (3) Bei der Einschätzung der Effektivität der Tools besteht Unsicherheit. Im Durchschnitt geben 22 % an, die Effektivität nicht einschätzen zu können, 19 % enthalten sich einer Rückmeldung.

3.4 Herausforderungen beim Einsatz KI-basierter Lösungen

Beim Einsatz KI-basierter Technologien spielt das Know-how von Mitarbeitern und Führungskräften eine große Rolle. Dabei geht es nicht nur um die grundlegende Kenntnis der Funktionsweise und Anwendung digitaler Tools, sondern auch um eine angemessene Sensibilität für die Qualität von Daten und eine kritische Haltung gegenüber algorithmisch generierten Lösungen. Im Rahmen der Befragung betrachten 64 % der Unternehmen fehlendes Know-how der Mitarbeiter als Herausforderung. 42 % der Befragten sehen Nachholbedarf in Bezug auf das Know-how von Führungskräften.

Während Akzeptanzprobleme bei Mitarbeitern und Führungskräften von 39 % der Befragten als Schwierigkeit betrachtet werden, sehen nur 9 % ein Problem in Bezug auf das Commitment des Top Managements.

Anforderungen an die Quantität und Qualität der Daten sowie Datenschutzprobleme stellen für etwa ein Drittel der Befragten eine Herausforderung dar. 25 % der Befragten sehen Bedarf für organisatorische Veränderungen. Technologischer Entwicklungsbedarf und zu hohe Kosten werden von weniger als einem Fünftel der Befragten als problematisch wahrgenommen (19 % und 16 %).

4 Analyse und Interpretation der Ergebnisse

Aus der vorliegenden Studie lassen sich folgende zentrale Ergebnisse ableiten:

- *Strategisches Wissen* findet sich weitgehend konzentriert auf bestimmte Wissensträger und in bestimmten Bereichen des Unternehmens. Aus unternehmerischer Perspektive empfiehlt es sich deshalb, gezielt Wissensträger und -bereiche zu identifizieren, um Instrumente zum Erhalt von Expertenwissen einzusetzen (s.a. RKW 2013). Auch die Entwicklung von KI-basierten Tools könnte somit auf relevante Bereiche fokussiert werden (für ein Beispiel zum gezielten Einsatz von KI zum Erhalt von Expertenwissen im Maschinenservice s. Kämmerling 2023).
- Der Faktor *Zeit* spielt beim Wissenserhalt im Unternehmen eine besondere Rolle. Schon frühere Studien haben auf die Bedeutung der Effizienzsteigerung als dominantes Ziel beim Einsatz von KI hingewiesen (z. B. Papenkordt et al. 2022, S. 12). Dies gilt besonders beim Erhalt impliziten Wissens, das einen persönlichen Austausch erforderlich macht. KI-basierte Technologien, die helfen, derartiges Wissen zu erfassen, haben besonderes Potenzial, für Unternehmen einen merklichen Nutzen zu schaffen (s.a. Hohenberger 2024).
- Derzeit ist der Einsatz von *Sprachmodellen* wie ChatGPT zur Bereitstellung von Wissen schon weit verbreitet. Eine Erklärung für die große Bereitschaft zur Nutzung dieses Tools liegt vermutlich darin, dass es als besonders nützlich wahrgenommen wird und die Handhabung nutzerfreundlich gestaltet ist (s. Technology Acceptance Model (TAM), Davis 1989). Allerdings sind bei gerade bei der Nutzung öffentlich verfügbarer Sprachmodelle Limitationen in Bezug auf Datenqualität und Transparenz zu berücksichtigen. In Bezug auf die Bewahrung von Expertenwissen spielen sie bisher eine eher geringe Rolle.
- Der Einsatz wissensbasierter *Expertensysteme* findet in der Praxis geringere Anwendung. Mögliche Gründe hierfür könnten der hohe Zeit- und Kostenaufwand für die Implementierung und Pflege derartiger Systeme sein. Stattdessen kommen häufiger niederschwellige Tools zum Einsatz – mit allen damit verbundenen Risiken.
- Hinsichtlich des Einsatzes von KI-basierten Technologien zur Erfassung von Wissen durch *Sprache und Bilder* besteht zumindest derzeit in der Praxis eher Zurückhaltung.

Dies ist möglicherweise auf datenschutzrechtliche und ethische Bedenken zurückzuführen. Aber gerade in diesem Bereich könnten besondere Potenziale hinsichtlich der Erfassung auch impliziten Wissens liegen.

- Fehlendes *Know-how der Mitarbeiter* – aber auch der *Führungskräfte* – sowie nicht ausreichend vorhandene Expertise im IT-Bereich werden als größtes Hindernis zur Nutzung KI-basierter Tools im Wissensmanagement betrachtet. Die frühzeitige Entwicklung von Wissen und Kompetenzen im Hinblick auf Funktionalitäten und Anwendung KI-basierter Tools erweist sich auch hier als Erfolgsfaktor.

5 Schlussbetrachtung

Die vorliegende Studie stellt eine Momentaufnahme in einer Zeit dar, die durch schnelle technologische Entwicklungen gekennzeichnet ist. Allein Sprachmodelle haben sich in der Zwischenzeit rasant entwickelt. Möglichkeiten, durch unternehmensinterne Modelle Wissen zu erhalten und Mitarbeitern schnell und unkompliziert zur Verfügung zu stellen, werden immer ausgereifter. Allerdings setzt der Einsatz großer, datengetriebener KI-Verfahren die Verfügbarkeit einer umfangreichen Menge qualitativ hochwertiger Daten voraus. Zur Erfassung impliziten Expertenwissens erscheinen derzeit eher fokussierte, modellbasierte Ansätze gerade in kleinen und mittelständischen Unternehmen vielversprechend (Kämmerling und Knoll 2024).

Künstliche Intelligenz birgt große Potenziale, immer schneller und gezielter Wissen zur Verfügung zu stellen. Dies kommt dem großen Bedarf der Unternehmen nach Zeitersparnis entgegen. Die schnelle Verfügbarkeit von Wissen insbesondere durch große, öffentlich zugängliche Sprachmodelle kann allerdings dazu verleiten, Ergebnisse unkritisch aufzunehmen und nicht zu hinterfragen. Somit sind Unternehmen gefordert, nicht nur Kompetenzen im Umgang mit KI-Technologien im Unternehmen zu fördern, sondern eine Sensibilität für die Qualität der zugrunde liegenden Daten zu schaffen.

Die Ergebnisse der Studie müssen vor dem Hintergrund ihrer Limitationen gesehen werden. Zum einen ist sie räumlich auf die Region Ostwestfalen-Lippe begrenzt und spiegelt die Situation in ausgewählten Branchen wider. Eine differenzierte Auswertung der Ergebnisse – bzw. weiterführende Untersuchungen – in Bezug auf verschiedenen Branchen sowie Größen von Unternehmen würden weitere interessante Erkenntnisse bringen. Zudem ist zu berücksichtigen, dass die Teilnehmenden der Studie bereits eine hohe Sensibilität gegenüber der Thematik und möglicherweise eine besondere Offenheit gegenüber neuen Technologien mitbringen. Es ist davon auszugehen, dass der Einsatz KI-basierter Technologien nicht in allen Unternehmen in dieser Form fortgeschritten ist.

Das oben genannte Thema bietet viel Raum für weiterführende Forschung. Neben der technologischen Weiterentwicklung und Optimierung von KI-basierten Instrumenten stellen sich arbeitswissenschaftliche Fragen: Wie verändert der Einsatz KI-basierter Tools die Art der (Wissens-)Arbeit, der Arbeitsprozesse und die Qualität der Zusammenarbeit? Welche Konsequenzen entstehen für die Entwicklung von menschlichem Wissen und Kompetenzen? Wann entsteht eine zu große Abhängigkeit von derartigen Tools bzw. wie kann sie vermieden werden?

Letztlich können KI-basierte Technologien aber durch ihren Einsatz im Wissensmanagements einen wichtigen Beitrag zur Bewältigung von Herausforderungen aufgrund des demographischen Wandels und Fachkräftemangels leisten.

Literatur

Abdelkafi, N. et al (2019). Künstliche Intelligenz (KI) im Unternehmenskontext. Literaturanalyse und Thesenpapier. Fraunhofer-Zentrum für Internationales Management und Wissensökonomie IMW. https://www.imw.fraunhofer.de/content/dam/moez/de/documents/Working_Paper/190830_214_KI_in_Unternehmen_final_FM_offentlich.pdf

Achtenhagen, C. et al (2012). Wissens- und Erfahrungstransfer. Herausgeber: Institut der deutschen Wirtschaft Köln e. V.

Bünnagel, W. (2024). Künstliche Intelligenz und Unternehmenswissen. Wiesbaden. https://doi.org/10.1007/978-3-662-68779-6_3

Culbida, C.I. et al. (2025). Knowledge Management Systems: A Review of Artificial Intelligence Integration and Technologies, in: Papaleonidas, A. et al. (eds.) AIAI Workshops. IFIP AICT 754, pp. 105–117. https://doi.org/10.1007/978-3-031-97313-0_9

Davis, F.D. (1989). Perceived usefulness, perceived ease of use, and user acceptance of information technology. MIS Quarterly 13(3), pp. 319-314

Deschermeier, P. & Schäfer, H. (2024). Die Babyboomer gehen in Rente, IW-Kurzbericht, Nr. 78, Köln / Berlin. https://www.iwkoeln.de/studien/philipp-deschermeier-holger-schaefer-die-babyboomer-gehen-in-rente.html

Heisig, P. (2023). Grundlagen des Wissensmanagements: Überlegungen zum Kern der Disziplin und Zukunftsaussichten. In: Bratianu, C., Handzic, M., Bolisani, E. (Hrsg.) Die Zukunft des Wissensmanagements. Wissensmanagement und organisationales Lernen, Bd. 12. Springer, Cham. https://doi.org/10.1007/978-3-031-38696-1_5

Hohenberger, C. (2024). Was macht erfolgreiches Verhalten in Firmen aus? Wie mithilfe von künstlicher Intelligenz (KI) implizite Verhaltensweisen messbar und nutzbar gemacht werden, in: Offergelt et al. (Hrsg.), Wissensmanagement in modernen Organisationen, Wiesbaden, S. 187–209

Kämmerling, S. (2023). Wissenstransfer im Maschinenservice intelligent und nachhaltig gestalten. Servicetoday 2/2023, S. 24–25. file:///C:/Users/User/Documents/FHDW/Forschung / Kompetenzzentrum%20KI/Wissensmanagement/Ver%C3%B6ffetlichung%20Springer / Texte%20FINDIQ/2023_02_FINDIQ_Wissenstransfer_im_Maschinenservice.pdf

Kämmerling, S. & Knoll, A. (2024). KI für den Maschinenservice. FINDIQ: „Das Expertenwissen muss aus den Köpfen in die KI". https://www.elektroniknet.de/automation/industrie-40-iot/findiq-das-expertenwissen-muss-aus-den-koepfen-in-die-ki.221055.html

Mittelstand 4.0 (2017). Wie lässt sich das Wissen ausscheidender Mitarbeiter bewahren? Erfahrungswissen mit digitalen Methoden sichern und zur Verfügung stellen. Ein Leitfaden der Mittelstand 4.0-Agentur. https://www.mittelstand-digital.de/MD/Redaktion/DE/Publikationen/ag-kommunikation-wie-laesst-sich-das-wissen-ausscheidender-mitarbeiter-bewahren.pdf?__blob=publicationFile&v=1

Müller, M.W.M. (2022). Wissensmanagement klipp und klar. Wiesbaden. https://doi.org/10.1007/978-3-658-38309-1

Nonaka, I. & Takeuchi, H. (1997). Die Organisation des Wissens: Wie japanische Unternehmen eine brachliegende Ressource nutzbar machen. Frankfurt am Main.

North, K. (2021). Wissensorientierte Unternehmensführung. Wissensmanagement im digitalen Wandel, 7. Aufl., Wiesbaden

North, K. & Kumta, G. (2025). Knowledge Management. Springer Texts in Business and Economics. https://doi.org/10.1007/978-3-031-87650-9_6

North, K. & Maier, R. (2018). Wissen 4.0 – Wissensmanagement im digitalen Wandel. In: HDM Praxis der Wirtschaftsinformatik, 55/2018, S. 665–681. https://doi.org/10.1365/s40702-018-0426-6

Ottersböck et al. (2024). Babyboomer weg, Wissen weg – Partizipative Entwicklung eines KI-basierten, selbstlernenden Assistenzsystems zur Erfassung und Sicherung von implizitem Wissen in der Produktion, in: Zeitschrift für Arbeitswissenschaft (2024) 78, S. 194–206. https://doi.org/10.1007/s41449-024-00419-4

Papenkordt, J., Gabriel, S., Thommes, K., Dumitrescu, R. (2022). Künstliche Intelligenz in der industriellen Arbeitswelt – Studie zum Status Quo in der Region OstWestfalenLippe. Working-Paper-Reihe des Kompetenzzentrums Arbeitswelt.Plus, Paderborn, Nr. 2, https://doi.org/10.55594/TMAO3234

Penrose, E.T. (1959). The Theory of the Growth of the Firm. Oxford University Press

Polanyi, M. (1966). The Tacit Dimension. New York

Polanyi, M. (1985). Implizites Wissen. Frankfurt am Main.

Probst, G., Romhardt, K., Raub, S. (2012). Wissen managen. Wie Unternehmen ihre wertvollste Ressource optimal nutzen, 7. Aufl., Wiesbaden

Renz, S., Kalimeris, J., Spörrle, M. (2024). Menschliche und künstliche Intelligenz im Wissensmanagement: Eine Reflexion auf Basis von Daten, Informationen, Wissen und Weisheit, in: Offergelt et al. (Hrsg.), Wissensmanagement in modernen Organisationen, Wiesbaden, S. 151–165. https://doi.org/10.1007/978-3-662-68383-5_1

Röchter, A., Prior, T. (2025). Wissenserhalt im Unternehmen – Einsatz KI-basierter Lösungen zum Erhalt strategischen Expertenwissens. Working-Paper-Reihe des Kompetenzzentrums Arbeitswelt.Plus, Paderborn

RKW (2013). Rationalisierungs- und Innovationszentrum der deutschen Wirtschaft e. V., Leitfaden: Wissen im Unternehmen halten und verteilen. https://www.rkw-kompetenzzentrum.de/publikationen/leitfaden/wissen-im-unternehmen-halten-und-verteilen/)

Wuscher, S., Voigt, S., Fischer, M. (2016). Wissensbewahrung ausscheidender Mitarbeiter, in: Kohl, H. et al. (Hrsg.), Wissensmanagement im Mittelstand, Berlin, Heidelberg, S.121–134

Erklärbare KI im Mittelstand

Interdisziplinäre Perspektive aus Technik und Psychologie

Nico Rabethge, Dominik Bentler, Franz Kummert und Günter W. Maier

1 Einleitung und Forschungsstand

Mit der zunehmenden Verbreitung KI-gestützter Systeme in der Arbeitswelt verändern sich nicht nur technische Prozesse, es werden ebenso neue Anforderungen an die Interaktion zwischen Mensch und Technologie gestellt. Neben Effizienz und Praxistauglichkeit sind Akzeptanz und Vertrauen zentrale Faktoren für eine erfolgreiche Integration von KI in betriebliche Prozesse.

Um diesen Anforderungen gerecht zu werden, rückt die humanzentrierte Gestaltung intelligenter Systeme im Vordergrund. Dabei befindet sich nicht allein die Leistung des Systems im Fokus, sondern die Verständlichkeit, Nachvollziehbarkeit und die Einbindung beteiligter Mitarbeitenden in den Gestaltungsprozess (Shneiderman 2022). Eine zentrale Rolle spielt dabei der Ansatz der erklärbaren künstlichen Intelligenz (XAI). Erklärbare KI umfasst Methoden, die versuchen Entscheidungsprozesse von KI-Modellen, welche häufig auch als Black-Box bezeichnet werden, transparent und nachvollziehbar zu machen.

N. Rabethge (✉) · D. Bentler · F. Kummert · G. W. Maier
Universität Bielefeld, Bielefeld, Deutschland
E-Mail: nrabethge@techfak.uni-bielefeld.de

D. Bentler
E-Mail: dominik.bentler@uni-bielefeld.de

R. Dumitrescu (Hrsg.), *KI für die Arbeitswelt von morgen*,
Intelligente Technische Systeme – Lösungen aus dem Spitzencluster it's OWL,
https://doi.org/10.1007/978-3-662-73053-9_4

1.1 Zielgruppen erklärbarer KI

Erklärbare KI zielt darauf ab, die Entscheidungen von KI-Systemen verschiedenen Nutzergruppen nachvollziehbar zu machen. Je nach Rolle, Kontext und Vorwissen der Nutzergruppe können sich die Anforderungen unterschiedlich gestalten. In üblichen betrieblichen Szenarien wird zwischen vier Nutzergruppen unterschieden.

Für Entwickler:innen steht die Analyse des Modells im Vordergrund. Erklärungen sollen idealerweise dazu dienen, systematisch Fehler zu identifizieren, das Modellverhalten zu verstehen oder technische Verbesserungen vorzunehmen. Daher sind vor allem Informationen hinsichtlich der Modelllogik, Merkmalsgewichtung und Unsicherheiten relevant.

Anwender:innen hingegen benötigen intuitive und handlungsrelevante Erklärungen. Bei dieser Zielgruppe ist oftmals kein tieferes technisches Vorwissen gegeben und benötigt daher aber umso mehr Sicherheit im Umgang mit KI-Systemen, um ein Grundverständnis für deren Entscheidungen zu entwickeln. Insbesondere, wenn diese Entscheidungen einen Einfluss auf ihre tägliche Arbeit haben.

Für Führungskräfte steht primär die Nachvollziehbarkeit und Rechtfertigung der Systementscheidung im Vordergrund, da KI-Entscheidungen sowohl ethischen wie auch juristischen Anforderungen gerecht werden muss.

Betroffene Personen, wie z. B. Kunden oder Mitarbeitende, über welche Entscheidungen getroffen werden, benötigen Erklärungen, um ihre Rechte zu wahren und Transparenz zu erlangen.

Die Gestaltung erklärbarer KI muss diesen verschiedenen Bedürfnissen gerecht werden. Eine Lösung, welche alle Gruppen abdeckt, ist oftmals nicht realisierbar. Stattdessen werden Strategien umgesetzt, die kontext- und zielgruppenabhängig Erklärungen erstellt, welche auf die jeweilige Situation und das Vorwissen der Zielgruppe zugeschnitten sind.

1.2 Typen erklärbarer KI

Dabei können sich neben den nutzerspezifischen Inhalt der Erklärungen diese auch in ihrer Form der Darstellung unterscheiden. In der Forschung haben sich vor allem folgende Typen herausgestellt.

Sprachliche Erklärungen stellen Entscheidungsgrundlagen in Form von Texten oder gesprochenen Sätzen dar. Sie orientieren sich an einem menschlichen Dialog und können sowohl vordefiniert als auch dynamisch generiert sein. Solche Erklärungen eignen sich besonders, wenn komplexe Zusammenhänge schrittweise in natürlicher Sprache vermittelt werden sollen.

Bildbasierte Erklärungen nutzen Visualisierungen, um Entscheidungsprozesse zu veranschaulichen. Insbesondere bei bildverarbeitenden Systemen, wie etwa in der Qualitätskontrolle oder der medizinischen Bilddiagnostik, ermöglichen Markierungen relevanter Bildbereiche einen intuitiven und anschaulichen Zugang zum KI-System. Nutzende können direkt sehen, welche Bildbereiche einen Einfluss auf die Entscheidung haben.

Numerisch-graphische Erklärungen beruhen auf quantitativen Angaben und Diagrammen. Häufig wird die Relevanz verschiedener Merkmale in Form von beispielsweise Balkendiagrammen dargestellt.

Zudem bietet eine interaktive Gestaltung vieler dieser Typen die Möglichkeit, Nutzer:innen mit den Erklärungen über beispielsweise Rückfragen oder Modifizieren der Eingaben zu interagieren, welches das Verständnis vertieft und Lernprozesse unterstützt.

Die Auswahl des Typen hängt wesentlich von den zuvor eingeführten Zielgruppen und des Nutzungstypen ab. Während Entwickler:innen komplexe numerische Zusammenhänge verarbeiten können, wird in der Anwendung oft eine einfache sprachliche oder bildliche Erklärung bevorzugt.

1.3 Psychologische Effekte von KI

Um zu erklären, weshalb (intelligente) Technologien akzeptiert und nachhaltig genutzt werden, wurden in der Forschung umfassende Modelle entwickelt (Maruping et al. 2017). Viele dieser Modelle zur Technologieakzeptanz gehen davon aus, dass bestimmte individuelle Merkmale der Nutzenden die Akzeptanz und Verwendung der Technologie prognostizieren können (Venkatesh und Bala 2008). Daher konzentrierte sich die Forschung über längere Zeit vorrangig darauf, menschliche Eigenschaften zu identifizieren, die eine erfolgreiche Technologienutzung ermöglichen (Brückner et al. 2023). Ziel dieser Perspektive war es, die Nutzenden an spezifische Technologieeigenschaften anzupassen (Mazarakis et al. 2023). Über Maßnahmen der Personalentwicklung sollten Beschäftigte auf die Nutzung der jeweiligen Technologie vorbereitet werden. Aus Sicht des soziotechnischen Systemansatzes stellt die Beziehung zwischen Technologie und Anwendenden jedoch keinen einseitigen Wirkmechanismus dar, bei dem allein die Technologie Anforderungen an den Menschen stellt. Vielmehr handelt es sich um eine wechselseitige Interaktion zwischen Mensch und Technik (Gabriel et al. 2022). Die Forschung zur Technologieakzeptanz basierte bislang überwiegend auf direkten Interaktionen zwischen Technologie und Nutzenden, etwa bei der Anwendung von AR-/VR-Assistenzsystemen (Bödding et al. 2023) oder bei Softwarenutzung (Mlekus et al. 2020). Mit dem verstärkten Einsatz von Systemen künstlicher Intelligenz verliert diese Annahme direkter Interaktion zunehmend an Relevanz. Im Unterschied zu automatisierten Systemen sind intelligente Systeme in der Lage, eigenständig Entscheidungen zu treffen, die tiefgreifende Auswirkungen auf die Nutzenden haben können (Bentler et al. 2023). Angesichts der abnehmenden direkten Interaktion rückt aktuelle Forschung verstärkt die Anpassung der Technologie an die Bedürfnisse der Nutzenden in den Fokus, im Sinne eines humanzentrierten Designs (Auernhammer 2020). Je nach Anwendungskontext lassen sich die Wirkungen technologischer Entscheidungen durch unterschiedliche psychologische Mechanismen erklären (Parent-Rocheleau und Parker 2022). Daher ist es essenziell, für verschiedene Einsatzbereiche intelligenter Systeme spezifische Gestaltungsansätze zu entwickeln.

2 Methodik und Forschungsansatz

In diesem Beitrag wird die Wirkung eines intelligenten Systems mit XAI-Komponente im Bereich der Schmutzwäschesortierung im industriellen Wäschereisektor auf die Beschäftigten untersucht. Ziel des Beitrags ist es, Technologieeigenschaften sowie Personenmerkmale für die Vorhersage der Systemnutzung sowie Technologieakzeptanz im konkreten Anwendungsfall der Schmutzwäschesortierung zu diagnostizieren.

2.1 System zur assistiven Schmutzwäschesortierung

Das intelligente System im Bereich der Schmutzwäschesortierung zeichnet sich über die Bildklassifikation von unter anderem des Typs, der Farbe und des Verschmutzungsgrades von Wäschestücken aus und führt auf Basis dieser Informationen Sortierentscheidungen aus (Rabethge und Bentler 2023; Rabethge und Kummert 2024). Dazu werden den Beschäftigten bildbasierte Erklärungen vom intelligenten System dargestellt, anhand derer die Beschäftigten die Entscheidungen des Systems nachvollziehen können. Diese bildbasierten Erklärungen zielen darauf ab, den Entscheidungen des Systems zu vertrauen sowie die Qualität der intelligenten Bilderkennung gegenüber den Beschäftigten darzustellen. Ein Beispiel einer solchen Erklärung ist in Abb. 1 zu sehen. In diesem Beispiel wird auf Basis des Schriftzuges auf dem mittleren Streifen des Wäschestücks die Entscheidung getroffen. Sollten Nutzende Unstimmigkeiten identifizieren, wird den Nutzenden vom System ermöglicht, dem System Fehler in den Entscheidungsvorschlägen zurückzumelden, welche im Anschluss vom System revidiert und durch weitere Trainings behoben werden können. Das vollständige System ist in Kapitel "KI in der Schmutzwäschesortierung" beschrieben.

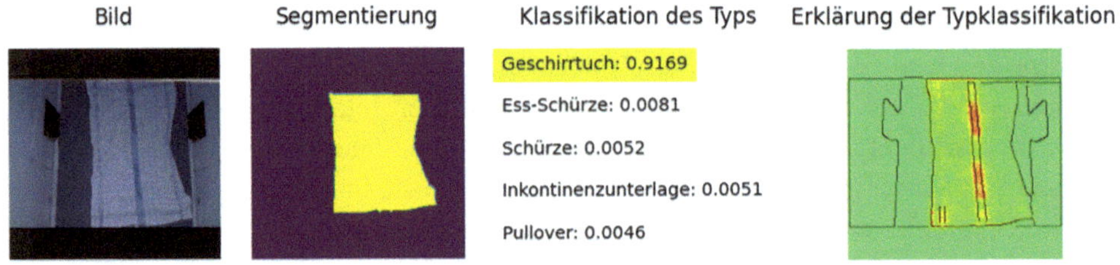

Abb. 1 XAI-Komponente zur Entscheidung der Klassifikation des Typen eines Wäschestücks des früheren Systems. Zunächst wird das Wäschestück segmentiert, um zu zeigen, dass das System das Wäschestück erkennt. Anschließend werden die Wahrscheinlichkeiten für die fünf wahrscheinlichsten Klassen im Dezimalsystem angegeben, die vorhergesagte Klasse wird dabei gelb unterlegt. Für die Vorhersage wird zudem eine bildbasierte Erklärung erzeugt, welche die Relevanz der einzelnen Pixel für die Vorhersage farblich (rot – sehr relevant, gelb – relevant, grün – neutral) markiert

2.2 Studiendesign

Die Studie untersucht in einem querschnittlichen Studiendesign, wie die vier relevanten Konstrukte Vertrauen in das System, Vergnügen der Systemanwendung, Relevanz für die Tätigkeit und Ergebnisqualität des Systems mit der Technologieakzeptanz in Form von Nützlichkeit des Systems, Einfachheit der Systemnutzung sowie Intention zur Systemnutzung zusammenhängt. Durch die Berücksichtigung dieser Faktoren soll untersucht werden, wie bildbasierte Erklärungen die Wahrnehmung und Bewertung eines intelligenten Systems beeinflussen und dies die Akzeptanz der Technologie stärken kann. Die vorliegende Studie trägt zur humanzentrierten Entwicklung von intelligenten Systemen bei und zielt auf eine sinnstiftende Zusammenarbeit zwischen Beschäftigten und intelligenten Systemen bei. Auf Basis der Erläuterungen des Forschungsstands aus Abschn. 1 werden folgenden Hypothesen angenommen.

H1 Das (a) Vertrauen in das System, (b) Vergnügen der Systemnutzung, (c) die Relevanz der Systemnutzung für die eigene Tätigkeit sowie (d) die Ergebnisqualität des Systems hängen bedeutsam mit der Intention zur Nutzung des Systems zusammen.

H2 Das (a) Vertrauen in das System, (b) Vergnügen der Systemnutzung, (c) die Relevanz der Systemnutzung für die eigene Tätigkeit sowie (d) die Ergebnisqualität des Systems hängen bedeutsam mit der Einfachheit der Nutzung des Systems zusammen.

H3 Das (a) Vertrauen in das System, (b) Vergnügen der Systemnutzung, (c) die Relevanz der Systemnutzung für die eigene Tätigkeit sowie (d) die Ergebnisqualität des Systems hängen bedeutsam mit der Nützlichkeit des Systems zusammen.

2.3 Stichprobe und Ablauf

An dieser Studie haben $N = 32$ Beschäftige (M_{Alter} 39,91 Jahre, SD_{Alter} 12,07 Jahre, 18–62 Jahre) aus dem industriellen Wäschereisektor eine quantitative Umfrage beantwortet. 72.70 % der Teilnehmenden waren männlich und 27,30 % weiblich. Zu Beginn der Studiendurchführung wurde den Teilnehmenden das intelligente System vorgestellt sowie der Einsatz im Wäschereibetrieb erläutert. Anschließend wurden den Teilnehmenden 20 Wäscheklassifizierungen des intelligenten Systems präsentiert, wodurch die konkrete Funktionsweise für die Teilnehmenden nachvollziehbar aufbereitet wurde. Im letzten Teil der Studie sollten die Teilnehmenden im Selbstbericht das intelligente System anhand der folgenden Fragebögen bewerten.

2.4 Messinstrumente

Die Skalen zur Erfassung von Vergnügen bei der Systemnutzung, Relevanz für die Tätigkeit, Ergebnisqualität, Nutzungsintention, wahrgenommener Einfachheit sowie Nützlichkeit wurden dem Technology Acceptance Model 3 (TAM3; Venkatesh und Bala 2008) entnommen. Die Teilnehmenden beantworteten diese Skalen auf einer siebenstufigen Likert-Skala von 1 („stimme überhaupt nicht zu") bis 7 („stimme voll und ganz zu"). Die internen Konsistenzen der Skalen lagen zwischen $\alpha = ,83$ – $\alpha = ,99$ und sind somit als sehr hoch einzustufen. Das Vertrauen in das System wurde mithilfe eigens entwickelter Items erfasst. Die Teilnehmenden sollten angeben, inwieweit sie der Einschätzung des intelligenten Systems vertrauen. Dazu bewerteten sie insgesamt 20 Systemvorhersagen jeweils anhand einer Frage: „Wie sehr vertrauen Sie der Vorhersage des Systems auf Basis dieser Informationen?" Dazu wurden den Teilnehmenden Informationen zur Segmentierung, Klassifikation des Wäschetyps und Erklärung für die Klassifikation des Wäschetyps dargeboten. Neben konventionellen Konstrukten der Technologieakzeptanz (z. B. Vergnügen der Systemnutzung und Ergebnisqualität) rückt im Zuge komplexer Technologien das Vertrauen in den Fokus von Technologieakzeptanz und wurde daher in der vorliegenden Studie zusätzlich berücksichtigt. Die Bewertung erfolgte auf einer fünfstufigen Likert-Skala von 1 („gar kein Vertrauen") bis 5 („vollkommenes Vertrauen"). Die interne Konsistenz der Skala lag bei Cronbachs Alpha $\alpha = ,83$ und ist damit als zuverlässig einzustufen.

3 Ergebnisse

Zur Überprüfung der Hypothesen 1–3 wurden multiple Regressionsanalysen durchgeführt, in denen die vier Konstrukte Vertrauen in das System, Vergnügen der Systemnutzung, die Relevanz der Systemnutzung für die eigene Tätigkeit sowie die Ergebnisqualität des Systems als unabhängige Variablen verwendet wurden. Für die Testung jeder Hypothese wurde als abhängige Variablen die Intention zur Systemnutzung (H1), die Einfachheit der Nutzung (H2) und die Nützlichkeit (H3) verwendet. Die durchgeführten Regressionsanalysen zeigen, dass die Intention zur Nutzung durch das Vergnügen der Systemnutzung, der Relevanz für die eigene Tätigkeit sowie die Ergebnisqualität vorhergesagt werden kann (s. Tab. 1). Hypothese 1 lässt sich somit teilweise bestätigen. Die Einfachheit der Systemnutzung hängt bedeutsam mit dem Vertrauen in das System sowie dem Vergnügen mit der Systemnutzung zusammen (s. Tab. 1). Auch Hypothese 2 lässt sich somit stückweise bestätigen. Die Nützlichkeit des Systems hängt lediglich mit dem Vergnügen der Systemnutzung zusammen (s. Tab. 1). Hypothese 3 lässt sich somit partiell bestätigen.

Tab. 1 Ergebnisse der multiplen Regressionsanalysen zu Zusammenhängen der Personen- und Technologieeigenschaften mit Konstrukten der Technologieakzeptanz

	B	*SE*	*t (32)*	*p*	95 % CI		R^2
					LL	*UL*	
	Intention zur Nutzung						
Vertrauen in das System	–,12	,32	–0,38	,71	–0,78	0,54	,85
Vergnügen der Systemnutzung	,60	,12	5,03	,00	0,35	0,84	
Relevanz für die Tätigkeit	,34	,09	3,64	,00	0,15	0,54	
Ergebnisqualität	,42	,19	2,25	,03	0,04	0,80	
	Einfachheit der Nutzung						
Vertrauen in das System	,90	,38	2,35	,03	0,11	1,69	,64
Vergnügen der Systemnutzung	,63	,14	4,42	,00	0,34	0,92	
Relevanz für die Tätigkeit	–,03	,11	–0,28	,79	–0,26	0,20	
Ergebnisqualität	,01	,22	0,05	,96	–0,45	0,47	
	Nützlichkeit						
Vertrauen in das System	,68	,49	1,39	,18	–0,33	1,68	,54
Vergnügen der Systemnutzung	,62	,18	3,41	,00	0,24	0,99	
Relevanz für die Tätigkeit	,13	,14	0,92	,37	–0,16	0,43	
Ergebnisqualität	–,04	,28	–0,12	,90	–0,62	0,55	

4 Schlussfolgerungen und Implikationen

Die Ergebnisse der vorliegenden Studie bestätigen die zugrunde gelegten Hypothesen teilweise. Es wurde angenommen, dass Vertrauen in das System, Vergnügen bei der Systemnutzung, Relevanz für die eigene Tätigkeit sowie Ergebnisqualität wesentliche Einflussfaktoren für die Technologieakzeptanz darstellen. Das Vergnügen bei der Systemnutzung zeigte signifikante Zusammenhänge mit allen drei abhängigen Variablen – Nutzungsintention, wahrgenommene Einfachheit der Nutzung und wahrgenommene Nützlichkeit – und scheint damit der zentralste Prädiktor für die zukünftige Systemnutzung zu sein. Vor diesem Hintergrund sollte die Entwicklung intelligenter Systeme im Sinne eines humanzentrierten Designs besonders darauf abzielen, die Nutzungserfahrung möglichst angenehm zu gestalten. Erkenntnisse aus der Gamification-Forschung (z. B. Zhan et al. 2022) können hierfür wertvolle Impulse liefern. Die Relevanz der Systemnutzung für die Tätigkeit sowie die Ergebnisqualität standen ausschließlich in signifikantem Zusammenhang mit der Nutzungsintention, zeigten jedoch keinen signifikanten Einfluss auf die Bewertung der Nützlichkeit oder der Einfachheit der Systemnutzung. Diese Ergebnisse sind insbesondere im Kontext der bisherigen Technologieakzeptanzforschung bedeutsam, da dort seit Jahrzehnten angenommen wird, dass die Nutzungsintention maßgeblich durch die wahrgenommene Einfachheit der Nutzung und

Nützlichkeit beeinflusst wird. Vor dem Hintergrund dieser Befunde stellt sich die Frage, ob bestehende konzeptuelle Modelle weiterentwickelt oder durch neue Ansätze ergänzt werden sollten. Insbesondere humanzentrierte Perspektiven finden bislang nur begrenzt Eingang in etablierte Akzeptanzmodelle, obwohl sie vielversprechende Ansätze für die Entwicklung intelligenter Systeme bieten (Bingley et al. 2023). Das wahrgenommene Vertrauen in das System hängt signifikant mit der Nützlichkeitseinschätzung zusammen, nicht jedoch mit der wahrgenommenen Einfachheit der Nutzung oder der Nutzungsintention. Die Forschung im Bereich erklärbarer künstlicher Intelligenz (XAI) zielt explizit darauf ab, das Vertrauen in solche Systeme durch nachvollziehbare Erklärungen zu stärken – mit dem Ziel, eine höhere Akzeptanz und Nutzung zu erreichen (Chamola et al. 2023; Hoffman et al. 2023). Verglichen mit den anderen Konstrukten dieser Studie scheint Vertrauen jedoch eine geringere Rolle für die Vorhersage von Nutzung und Bewertung zu spielen. Es ist darauf hinzuweisen, dass die Stichprobengröße in dieser Studie begrenzt war. Um die Aussagekraft der Ergebnisse zu erhöhen, sollten künftige Untersuchungen mit größeren und vielfältigeren Stichproben sowie in unterschiedlichen Anwendungskontexten durchgeführt werden. Darüber hinaus wird empfohlen, in der Forschung zu erklärbarer künstlicher Intelligenz neben Vertrauen auch weitere Bewertungskonstrukte einzubeziehen. Insgesamt klären die verwendeten Prädiktoren einen hohen Anteil der Varianz in den abhängigen Variablen auf und liefern somit einen wichtigen Beitrag zum Verständnis der Wahrnehmung und Bewertung intelligenter Systeme. Die Ergebnisse unterstützen eine humanzentrierte Systementwicklung und bilden eine fundierte Grundlage für die Gestaltung einer konstruktiven Zusammenarbeit zwischen Beschäftigten und intelligenten Systemen.

Literatur

Auernhammer J (2020) Human-centered AI: The role of human-centered design research in the development of AI. Design Research Society Conference 2020. Design Research Society.

Bentler D, Gabriel S, Latos BA, Maier GW (2023) Prozessmodell personalorientierter Entscheidungsgestaltung einer künstlichen Intelligenz. Personal Quarterly 2:18–23.

Bingley WJ, Haslam SA, Steffens NK, Gillespie N, Worthy P, Curtis C, Lockey S, Bialkowski A, Ko RK, Wiles J (2023) Enlarging the model of the human at the heart of human-centered AI: A social self-determination model of AI system impact. New Ideas in Psychology 70:101025.

Bödding R, Bentler D, Maier GW (2023) Augmented Reality for Constructivist Learning at Work: Current Perspectives and Future Applications. Gruppe. Interaktion. Organisation: Zeitschrift für Angewandte Organisationspsychologie (GIO).

Brückner A, Hein P, Hein-Pensel F, Mayan J, Wölke M (2023) Human-Centered HCI Practices leading the path to industry 5.0: A systematic literature review. In: Stephanidis C, Antona M, Ntoa S, Salvendy G (Ed), HCI International 2023. Cham: Springer Nature Switzerland.

Chamola V, Hassija V, Sulthana AR, Ghosh D, Dhingra D, Sikdar B (2023). A review of trustworthy and explainable artificial intelligence. IEEE Access.

Gabriel S, Bentler D, Grote EM, Junker C, Wendischhoff DM, Bansmann M, Latos B, Hobscheidt D, Kühn A, Dumitrescu R (2022) Requirements analysis for an intelligent workforce planning system: a socio-technical approach to design AI-based systems. Procedia CIRP 109:431–436.

Hoffman RR, Mueller ST, Klein G, Litman J (2023) Measures for explainable AI: Explanation goodness, user satisfaction, mental models, curiosity, trust, and human-AI performance. Frontiers in Computer Science 5:1096257.

Mazarakis A, Bernhard-Skala C, Braun M, Peters I (2023) What is critical for human-centered AI at work? – Toward an interdisciplinary theory. Frontiers in Artificial Intelligence 6:1257057.

Maruping LM, Bala H, Venkatesh V, Brown SA (2017) Going beyond intention: Integrating behavioral expectation into the unified theory of acceptance and use of technology. Journal of the Association for Information Science and Technology 68: 623–637.

Mlekus L, Bentler D, Paruzel A, Kato-Beiderwieden AL, Maier GW (2020) How to raise technology acceptance: User experience characteristics as technology-inherent determinants. Gruppe. Interaktion. Organisation. Zeitschrift für Angewandte Organisationspsychologie (GIO) 51: 273–283.

Parent-Rocheleau X, Parker SK (2022) Algorithms as work designers: How algorithmic management influences the design of jobs. Human Resource Management Review 32:100838.

Rabethge N, Bentler D (2023) Measuring the impact of picture-based explanations on the acceptance of an AI system for classifying laundry. AHFE International Conference on Human Factors in Design, Engineering and Computing. https://openaccess.cms-conferences.org/publications/book/978-1-958651-89-6

Rabethge N, Kummert F (2024) Developing a human-centred AI-based system to assist sorting laundry. First Working Conference on Artificial Intelligence Development for a Resilient and Sustainable Tomorrow.

Shneiderman B (2022) Human-Centered AI. Oxford University Press eBooks.

Venkatesh V, Bala H (2008) Technology acceptance model 3 and a research agenda on interventions. Decision sciences 39:273–315.

Zhan Z, He L, Tong Y, Liang X, Guo S, Lan X (2022) The effectiveness of gamification in programming education: Evidence from a meta-analysis. Computers and Education: Artificial Intelligence 100096.

KI Einführung und Digitalisierung von Unternehmensfunktionen – der Bielefelder Digitalisierungs-Navigator als Orientierungshilfe

Ergebnisse der Denkfabrik Digitalisierte Arbeitswelt aus Leuchtturm, Forschungs- und Transferprojekten

Sascha Armutat, Malte Wattenberg und Nina Mauritz

1 Der Digitalisierungs-Navigator im Überblick

Die Digitalisierung stellt Unternehmen vor vielfältige Herausforderungen, insbesondere im Bereich Human Resources (HR). Dabei fällt immer wieder auf, dass die technische Umsetzung von Digitalisierungsmaßnahmen von vielen Unternehmen bereits angemessen bewältigt wird. Doch die beste Digitalisierungslösung ist nur dann in der Lage, das Unternehmen voran zu bringen, wenn die Mitarbeitenden sie auf allen Ebenen konstruktiv in ihre Arbeit einbeziehen. Das ist nicht selbstverständlich, da Digitalisierung immer mit Vorbehalten, Ängsten und Kompetenzveränderungen einhergeht und einen bewusst gestalteten Wandel erfordert (Palos-Sánchez et al. 2022; Wolter 2023; Tambe et al. 2019). Um diesen Wandel strategisch zu planen und gezielt umzusetzen, wurde der Bielefelder Digitalisierungs-Navigator entwickelt. Dieses innovative Instrument unterstützt Unternehmen dabei, ihre digitale Transformation strukturiert zu gestalten und nachhaltig voranzutreiben.

S. Armutat (✉) · M. Wattenberg · N. Mauritz
Hochschule Bielefeld, Bielefeld, Deutschland
E-Mail: sascha.armutat@hsbi.de

M. Wattenberg
E-Mail: malte.wattenberg@hsbi.de

N. Mauritz
E-Mail: nina.mauritz@hsbi.de

R. Dumitrescu (Hrsg.), *KI für die Arbeitswelt von morgen*,
Intelligente Technische Systeme – Lösungen aus dem Spitzencluster it's OWL,
https://doi.org/10.1007/978-3-662-73053-9_5

Ein zentrales Element des Bielefelder **Digitalisierungs-Navigators** ist das KI HR Checktool (Armutat et al. 2024a). Dieses Tool basiert auf dem KI HR Reifegradmodell (Armutat et al. 2024b) und ermöglicht es, die essenziellen Bausteine für die Digitalisierung des HR-Bereichs sowie des gesamten Unternehmens zu identifizieren. Dabei werden verschiedene Dimensionen der digitalen Reife erfasst, analysiert und bewertet, um eine fundierte Entscheidungsgrundlage für zukünftige Digitalisierungsmaßnahmen zu schaffen.

Das **KI HR Reifegradmodell** ist ein bewährtes Konzept, das Unternehmen dabei unterstützt, ihre aktuelle digitale Positionierung im HR-Bereich zu bestimmen. Es betrachtet unterschiedliche Faktoren wie technologische Infrastruktur, digitale Kompetenzen der Mitarbeitenden, Automatisierungsprozesse und datenbasierte Entscheidungsfindung. Durch die systematische Analyse dieser Komponenten können individuelle Stärken und Schwächen identifiziert sowie maßgeschneiderte Maßnahmen zur Optimierung abgeleitet werden.

Das **KI HR Checktool** dient dabei als praxisorientierte Anwendung dieses Modells. Mithilfe einer umfassenden Datenerhebung und -auswertung werden Unternehmen in die Lage versetzt, ihre Digitalisierungspotenziale zu erkennen und gezielt auszuschöpfen. Zudem liefert das Tool Hinweise auf konkrete Projekte, die den Digitalisierungsprozess weiter voranbringen können. Die Systematisierung dieser Projekte wird durch das ergänzende Tool zur Use-Case-Identifikation und -Strukturierung unterstützt (Armutat et al. 2025a, b in prep.). Dieses Tool hilft, strategische Perspektiven zu entwickeln und geeignete Use-Cases zu konzipieren, die als Rahmen für die digitale Transformation des Unternehmens dienen.

Die Planung der digitalen Transformation wird durch das **integrierte Transformationsmodell** unterstützt (Armutat et al. 2025a, b). Dieses Modell gliedert die Einführung in verschiedene Phasen und hilft dabei, Sensibilisierungs-, Kompetenzentwicklungs- und Projektmanagementaktivitäten entlang der definierten Zielstellungen zu synchronisieren. Das Transformationsmodell basiert auf zwei wesentlichen Säulen: dem erarbeiteten KI-Kompetenzmodell (Franken et al. 2022), das die für die Digitalisierung und die KI-Nutzung notwendigen Kompetenzen zusammenfasst, sowie dem didaktischen Modell der teilnehmerorientierten Technikakzeptanz (Armutat et al. 2023), das die Gestaltung der Lernprozesse unterstützt.

Dieser ganzheitliche Ansatz ist das inhaltliche Ergebnis, das die „Denkfabrik Digitalisierte Arbeitswelt" zur Veränderung der Arbeitswelt in einer digitalisierten Wirtschaft im Rahmen des Projektes „Arbeitswelt.Plus" beisteuert (siehe Abb. 1). Die strategische Planung, die Identifikation relevanter Projekte und die schrittweise Umsetzung der digitalen Transformation sind essenzielle Elemente dieses Konzepts.

Der Bielefelder Digitalisierungs-Navigator bietet Unternehmen somit ein umfassendes Instrumentarium, um die Herausforderungen der digitalen Transformation gezielt anzugehen und ihre Wettbewerbsfähigkeit nachhaltig zu sichern.

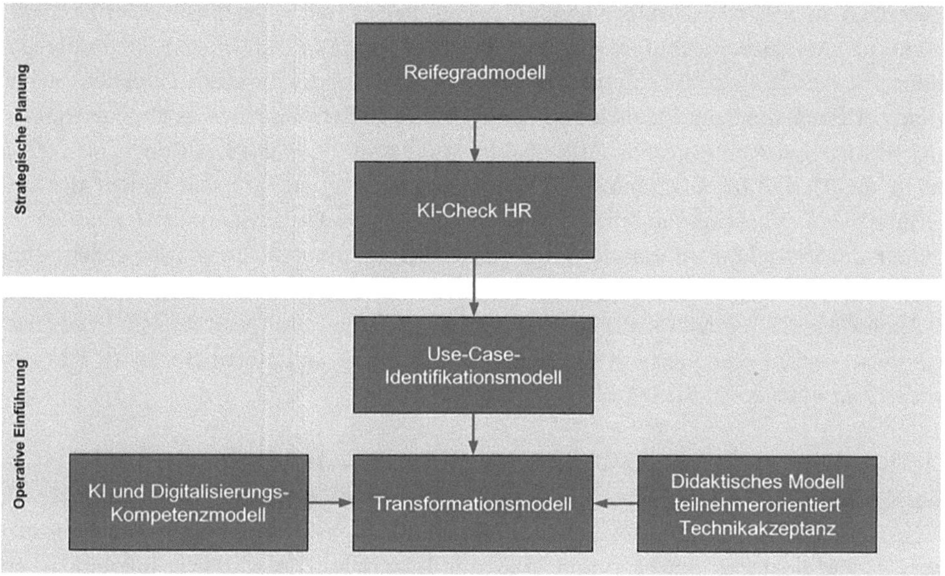

Abb. 1 Bielefelder Digitalisierungs-Navigator

2 Reifegradmodell und KI-Check

Das **Personalmanagement** (PM) ist in der aktuellen Veränderungssituation in mehrfacher Hinsicht gefordert, da die Integration von KI in Unternehmensprozesse in strukturellen und kompetenzbezogenen Veränderungen resultiert. Deshalb erfordert die Nutzung KI-gestützter Personalarbeit eine genauere Betrachtung der eigenen Einführungs- und Implementierungsprozesse von KI und eine Weiterentwicklung der eigenen Prozesse, Strukturen, Instrumente und Kompetenzen (Armutat 2024).

Leitfrage
Wie kann ein Unternehmen seinen aktuellen KI-bezogenen Digitalisierungsstand in einem bestimmten Bereich erfassen und Entwicklungsmaßnahmen ableiten?

Einsatz von Reifegradmodellen
An dieser Stelle erweisen sich **Reifegradmodelle** als zielführend, da sie Unternehmen ermöglichen, ihren Status quo einer spezifischen Domäne zu bewerten und zu überwachen (Alsheiabni et al. 2019; Wendler 2012). Sie beschreiben das Verhalten eines Unternehmens dabei in wenigen Sätzen anhand verschiedener Reifegrade (Fraser et al. 2002). Pullen (2007, S. 9) definiert Reifegradmodelle als "*structured collection of elements that describe the characteristics of effective processes at different stages of development [and] also suggests points of demarcation between stages and methods of transitioning from one stage to another*".

Reifegradmodelle beschreiben somit die typischen Entwicklungspfade einer Domäne, indem sie verschiedene Stufen von der Ausgangslage bis zur höchsten Reifestufe abbilden (Becker et al. 2009). Sie dienen als Werkzeug zur Analyse des aktuellen Stands sowie der Potenziale einer Domäne (Wendler 2012) und ermöglichen es Organisationen, ihre Weiterentwicklung gezielt zu steuern (Alsheiabni et al. 2019; Bruin et al. 2005). Durch die Definition anerkannter Entwicklungsstufen erleichtern sie zudem die Bewertung von Fortschritten und den Vergleich mit anderen Organisationen (Pullen 2007). Reifegradmodelle können deshalb als strategisches Instrument für kontinuierliche Verbesserungen und die Entwicklung einer Roadmap genutzt werden (Fukas et al. 2021).

Auch wenn Reifegradmodelle in der Forschungsliteratur breit vertreten sind, reduziert sich diese Anzahl erheblich mit Erhöhung der Spezifität und einem Bezug zu KI (ausführlich: Armutat et al. 2024b).

KI-Check-Tool der Denkfabrik Digitalisierte Arbeitswelt

Hier setzt der **KI-Check HR** an, den die Denkfabrik Digitalisierte Arbeitswelt an der Hochschule Bielefeld entwickelte (Armutat et al. 2024a, b). Das auf Basis von Literaturanalysen, Projekterkenntnissen und Experten-Interviews konstruierte Instrument ermittelt anhand eines digitalen Fragenkatalogs, zu welchem Grad relevante Einflussfaktoren bei der professionellen Anwendung von KI erfüllt sind.

Das Tool basiert auf einem Rahmenkonzept, das die wichtigsten Einflussfaktoren zusammenfasst, die für eine KI-gesteuerte Ausrichtung des Personalmanagements relevant sind (siehe Abb. 2):

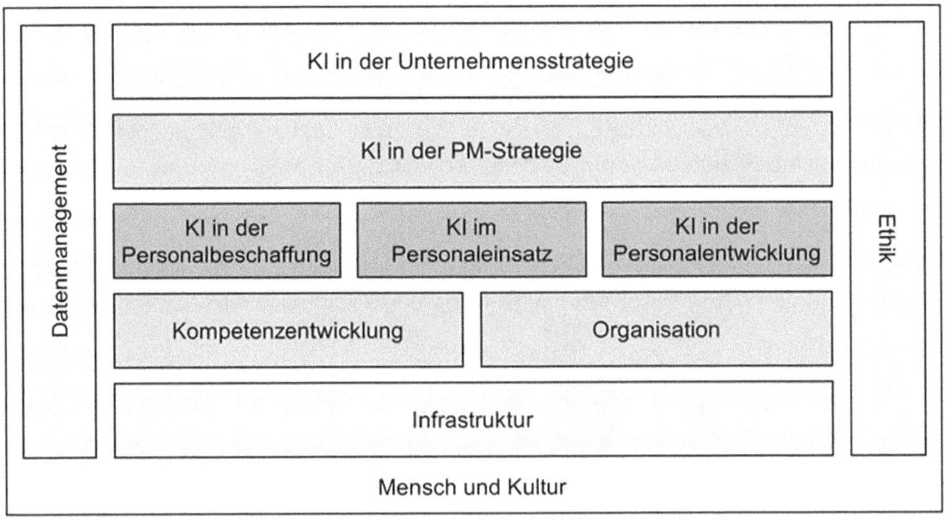

Abb. 2 Reifegradmodell (Armutat et al. 2024b)

- Mensch und Kultur: Einbindung der Mitarbeitenden sowie begleitendes Change-Management
- KI in der Unternehmensstrategie: Haltung der Unternehmensleitung zum Thema KI und die Rolle von KI in der aktuellen strategischen Planung
- KI in der Strategie des Personalmanagements: Bedeutung der KI und Kompetenzstatus der Mitarbeitenden
- Datenmanagement: Rahmenbedingungen sowie Datengewinnung bzw. -nutzung im Kontext der KI-Anwendungen
- Infrastruktur: Einsatz von KI-Technologien und notwendige Hardware
- Ethik: Konzeption und Integration von KI-Richtlinien im Personalmanagement
- Organisation: prozessuale Verankerung und personelle Verortung von KI-Projekten
- Kompetenzentwicklung: Kompetenzprofile und Entwicklung KI-bezogener Kompetenzen
- KI in der Personalbeschaffung, Personalentwicklung und im Personaleinsatz: Erfahrungen und Einstellung der Akteure in den jeweiligen Bereichen

Unternehmen bewerten die einzelnen Handlungsfelder anhand von 22 Fragen mit jeweils vier abgestuften Reifegrad-Optionen (siehe Abb. 3). Im Anschluss ermittelt das Tool den individuellen Reifegrad und ordnet ihn einer von vier möglichen Reifestufen zu – vom neugierigen Anfang (1), über das lernende Experimentieren (2) und die projektbezogene Umsetzung (3) bis hin zur ganzheitlichen Integration (4).

Nach Durchführung des KI-Checks HR wird das Resultat als summarischer Reifegradwert präsentiert.

Der Check ist als Online-Tool konzipiert und steht allen Interessierten kostenfrei unter https://ki-check-hr.de/ zur Verfügung.

Takeaway

Das Reifegradmodell der Denkfabrik Digitalisierte Arbeitswelt unterstützt gezielt Entscheider im Unternehmen bei der strategischen Planung bei KI-Implementierungsprozessen im Personalmanagement, indem der zu berücksichtigende Status quo analytisch bestimmt wird. Auf dieser Grundlage lassen sich Aktivitäten ableiten, die zur Schaffung der Voraussetzungen für die erfolgreiche KI-Einführung im Personalmanagement notwendig sind. Dadurch kann das Modell die Projektplanung unterstützen, bei der Identifikation von relevanten Arbeitspaketen helfen und ein periodischer Gradmesser sein, wie sich das Personalmanagement in Richtung KI entwickelt.

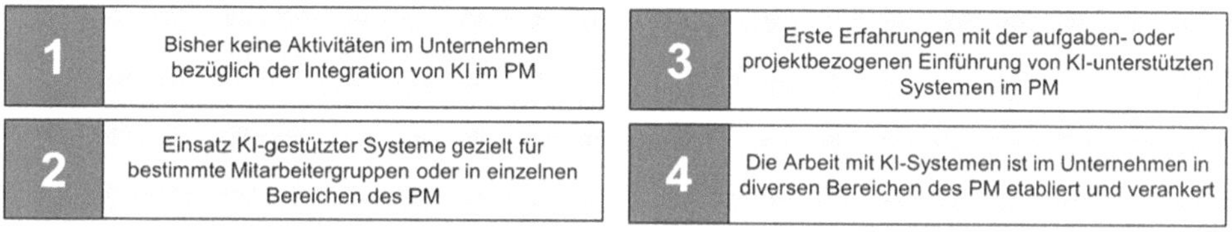

Abb. 3 Reifegrade des KI-Checks HR

3 Identifikation von KI-bezogenen Use-Cases

Die Identifikation relevanter KI-Use-Cases mit hohem Wertbeitrag stellt eine zentrale Herausforderung für Unternehmen dar, die KI gezielt zur Weiterentwicklung spezifischer Bereiche einsetzen möchten.

Leitfrage
Wie kann ein Unternehmen relevante KI-Use-Cases identifizieren, die zur Weiterentwicklung in einem Bereich den größtmöglichen Wertbeitrag liefern?

Ein **strukturierter Ansatz** zur Auswahl geeigneter Anwendungsfälle ist dabei entscheidend, um sowohl technologische Möglichkeiten als auch geschäftliche Bedarfe effizient zu berücksichtigen. Das von der Denkfabrik Digitalisierte Arbeitswelt entwickelte **Vorgehensmodell zur systematischen Identifikation von KI-bezogenen Use-Cases** (siehe Abb. 4) unterstützt Unternehmen anhand von drei detailliert beschriebenen Schritten dabei, auf ihrem strategischen Entwicklungspfad hin zu einem Reifegrad der ganzheitlichen Integration voranzuschreiten (ausführlich inklusive der Umsetzung am Praxisbeispiel: Kapitel zum Leuchtturmprojekt Lenze).

Ein grundsätzlich bewährter **erster Schritt** ist die systematische Analyse der Unternehmensprozesse, um potenzielle Bereiche mit Optimierungspotenzial zu identifizieren. Zielsetzung dieses Schrittes ist es, einen nicht bewerteten Überblick möglicher Use-Cases zu erlangen. Orientierungsfragen können hier bspw. lauten: „Welche Themen beschäftigen unser Unternehmen bzw. Abteilung?“, und „Wo benötigen wir Unterstützung bzw. was bereitet uns Probleme?“. Vor allem in der wissenschaftlichen und managementorientierten Literatur werden dazu zahlreiche Ansätze beschrieben. Als hilfreich erweist sich bspw. Kreativitätstechniken in den Ansatz des Design-Thinking oder Workshops mit Fachabteilungen zu integrieren. Besonders erfolgversprechend ist zudem der Einsatz von Kreativmethoden in interdisziplinären Teams, da sie Denkprozesse bei der Lösungsfindung fördern und helfen, das Spektrum möglicher Ansätze zu erweitern (Vocke et al. 2020). Weitere Möglichkeiten liegen in einer umfassenden Recherche aktueller Studien zu Technologietrends sowie der Teilnahme an Branchenveranstaltungen, Hackathons oder Ideenwettbewerben. Schließlich können im Rahmen einer strukturierten Wettbewerbsanalyse auch Befragungen mit Kund:innen oder Expert:innen durchgeführt

Abb. 4 From all ideas to good ideas to implementability: Vorgehensmodell zur Identifikation von KI-Use-Cases

werden. Resultierende Stärken-Schwächen-Profile, aber auch ein Benchmarking mit Best Practices können wertvolle Ansatzpunkte für Use-Cases sein.

Im **zweiten Schritt** gilt es, die Anzahl der gesammelten KI-Use-Cases deutlich zu reduzieren. Ein wichtiges Kriterium ist dabei, dass identifizierte Anwendungsfälle einen messbaren Beitrag zur Wertschöpfung leisten. Dies erfordert eine Priorisierung im Rahmen einer Business-Impact-Analyse, die bspw. verschiedene KPIs und Faktoren wie Effizienzsteigerung, Kostenreduktion und Umsatzpotenzial heranzieht. Interviews und Befragungen ermöglichen weiterhin, den Wertbeitrag weicher Faktoren, wie eine verbesserte Entscheidungsqualität, zu erfahren. Hilfreich sind überdies Methoden des Scenario planning, das die Beschreibung von Aspekten möglicher Zukünfte oder Zukunftsvisionen für neue Produkte, Dienstleistungen oder Geschäftsmodelle erlaubt (Sarpong und Amoah 2015).

Der **dritte Schritt** erlaubt schließlich die Entscheidungsfindung für einen KI-Use-Case anhand seiner Umsetzbarkeit. Dabei muss sichergestellt werden, dass der Use-Case im Einklang mit der Unternehmensstrategie steht, um langfristigen Mehrwert und strategische Zielerreichung zu gewährleisten. Gleichzeitig müssen sowohl technische und organisatorische Voraussetzungen als auch Ressourcen berücksichtigt werden. Insbesondere bei KI-Use-Cases spielen die Verfügbarkeit von Daten, die Themen Datenschutz und IT-Sicherheit, die IT-Infrastruktur sowie die Akzeptanz und vorhandene Kompetenzen der Mitarbeitenden eine wesentliche Rolle.

Schließlich ist ein **iterativer** Ansatz zur kontinuierlichen Überprüfung und Anpassung der identifizierten Use-Cases empfehlenswert, um Use-Cases stets an neue Anforderungen und technologische Entwicklungen im Bereich der KI anzupassen, aber auch veränderte Rahmenbedingungen des Unternehmens zu berücksichtigen.

Takeaway
Die Identifikation wertstiftender KI-Use-Cases ist für Unternehmen essenziell, um KI gezielt zur Weiterentwicklung einzusetzen. Ein strukturierter Ansatz hilft, technologische Möglichkeiten, geschäftliche Bedarfe und organisatorische Rahmenbedingungen systematisch und effizient zu berücksichtigen. Das von der Denkfabrik Digitalisierte Arbeitswelt entwickelte Vorgehensmodell bietet dabei wertvolle Unterstützung.

4 Implementationsmodell zur Integration von Mitarbeitenden in strategische Digitalisierungsprojekte im Kontext von KI

Heutzutage sind nicht nur die reine Integration und Nutzung innovativer Technologien wichtig, sondern ebenso das Verständnis von Abhängigkeiten, Auswirkungen und der Interaktion zwischen der Technologie und den Menschen (Foerster-Metz et al. 2018). Die Implementierung technischer Systeme sollte deshalb neben der Anpassung von Innovations- und Kollaborationsprozessen vor allem mit der Weiterentwicklung der

Kompetenzen der Mitarbeitenden einhergehen, um die bestehende Lücke in der sozio-technischen Verknüpfung zu schließen (Vocke et al. 2020). Entscheidend für den Erfolg sind außerdem eine hohe Nutzerakzeptanz durch Sensibilisierung, Qualifizierung sowie Integration der Mitarbeitenden in geplante oder bestehende KI-Projekte sowie eine hohe Teilnehmendenorientierung (Armutat et al. 2025a, b).

Leitfrage
Wie kann ein Unternehmen identifizierte KI-Use-Cases in relevanten Unternehmensbereichen implementieren und gleichzeitig Mitarbeitende teilnehmenden- und kompetenzorientiert in die Projekte integrieren und qualifizieren?

Das **Implementationsmodell zur Integration von Mitarbeitenden in strategische Digitalisierungsprojekte** (siehe Abb. 5) zielt darauf ab, die Sensibilisierung, Qualifizierung und Integration von Beschäftigten und Führungskräften bei der Einführung digitaler Technologien, insbesondere im Bereich der KI, zu fördern. Es setzt auf einen partizipativen und kompetenzorientierten Ansatz, der den digitalen Wandel durch eine systematische Analyse des Unternehmensstatus und die Ableitung von Qualifizierungsbedarfen begleitet. Dabei werden Mitarbeitende aktiv in digitale Projekte integriert, um ihre Akzeptanz und ihre Fähigkeiten im Umgang mit digitalen Technologien zu steigern. Das Modell umfasst mehrere Phasen, beginnend mit der Identifikation von Handlungsbedarfen, über die Analyse der aktuellen Kompetenzlage, bis hin zur Entwicklung und Durchführung von maßgeschneiderten Qualifizierungsmaßnahmen. Eine kontinuierliche Evaluation stellt sicher, dass die eingesetzten Maßnahmen effektiv sind und die gewünschten Ergebnisse erzielen. Durch die Integration der Mitarbeitenden in konkrete Digitalisierungsprojekte, wie bspw. KI-Use-Cases, wird eine praxisnahe und nachhaltige Kompetenzentwicklung ermöglicht, die den Erfolg der digitalen Transformation in Unternehmen unterstützt.

Im Kernprozess des Integrationsmodells kommen zwei weitere theoretische Modelle zum Einsatz. Zur Identifikation des Status quo in Bezug auf Mindset, Wissensstand und Kompetenzen kann eine Befragung dienen, welche auf der Kompetenzarchitektur 4.0 aufbaut.

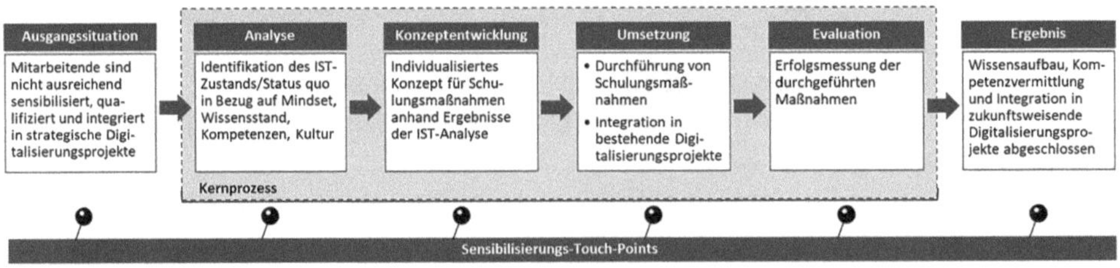

Abb. 5 Implementationsmodell strategischer Digitalisierungsprojekte (Armutat et al. 2025a, b)

5 Kompetenzarchitektur 4.0: Theoretisches Modell für KI-Anwendungen, partizipative Erfassung und Ermittlung in Unternehmen

Der zunehmende Einsatz von KI in Unternehmen erfordert eine gezielte Kompetenzentwicklung der Mitarbeitenden, um den Anforderungen digitalisierter Arbeitswelten gerecht zu werden. Eine pauschale Definition der benötigten Kompetenzen ist aufgrund der vielfältigen KI-Anwendungen nicht möglich. Stattdessen wurde die „**Kompetenzarchitektur 4.0**" entwickelt, die digitale, kognitive und soziale Kompetenzen in einem Modell kombiniert und die je nach spezifischem Anwendungsfall angepasst werden kann. Diese Architektur ermöglicht es, individuelle Kompetenzprofile zu erstellen und darauf basierend maßgeschneiderte Weiterbildungsmaßnahmen abzuleiten. Ein zentraler Aspekt ist die partizipative Ermittlung der Kompetenzen unter Einbeziehung aller relevanten Akteure im Unternehmen, um eine passgenaue Förderung und Weiterentwicklung der Mitarbeitenden zu gewährleisten (Franken et al. 2022).

Leitfrage
Wie kann die Kompetenzarchitektur 4.0 Unternehmen dabei unterstützen, die erforderlichen Fähigkeiten ihrer Mitarbeitenden für den erfolgreichen Einsatz von Künstlicher Intelligenz zu identifizieren und gezielt weiterzuentwickeln?

Die Kompetenzarchitektur 4.0 wurde entwickelt, um Unternehmen dabei zu unterstützen, die notwendigen Kompetenzen für den erfolgreichen Einsatz von KI zu identifizieren und gezielt weiterzuentwickeln. Das Modell basiert auf einer umfassenden Analyse vorhandener Studien und Kompetenzanforderungen in der digitalisierten Arbeitswelt (Acatech 2016; Eilers et al. 2017; Schlund und Pokorni 2016; Manpower Group 2018; Pfeiffer et al. 2016; André et al. 2021). Ziel war es, ein flexibles und anpassbares Modell zu schaffen, das sowohl technologische, kognitive als auch soziale Kompetenzen integriert, die je nach spezifischem KI-Anwendungsfall individuell angepasst werden können.

Die Entwicklung des Modells erfolgte vor dem Hintergrund, dass die Anforderungen an Mitarbeitende in einer zunehmend KI-geprägten Arbeitswelt stark variieren können. Eine pauschale Definition von benötigten Kompetenzen ist daher nicht möglich. Das Modell berücksichtigt diesen Unterschied, indem es einen Mix aus digitalen/technologischen, kognitiven und sozialen Kompetenzen enthält. Digitale und technologische Kompetenzen umfassen Kenntnisse zu KI-Systemen und deren Leistungsfähigkeit. Kognitive Kompetenzen betreffen Fähigkeiten wie kritisches Denken und Problemlösungskompetenz, während soziale Kompetenzen Aspekte wie Teamarbeit und ethisches Bewusstsein einbeziehen.

Das Modell (siehe Abb. 6) wurde nicht nur zur theoretischen Orientierung entwickelt, sondern auch für eine partizipative Kompetenzermittlung, bei der Führungskräfte, Personalverantwortliche und Mitarbeitende in Form von Interviews, Befragungen oder Workshops aktiv eingebunden werden. Durch die Flexibilität des Modells können spezifische Kompetenzprofile für jede Berufsrolle in Bezug auf den Umgang mit KI-Systemen

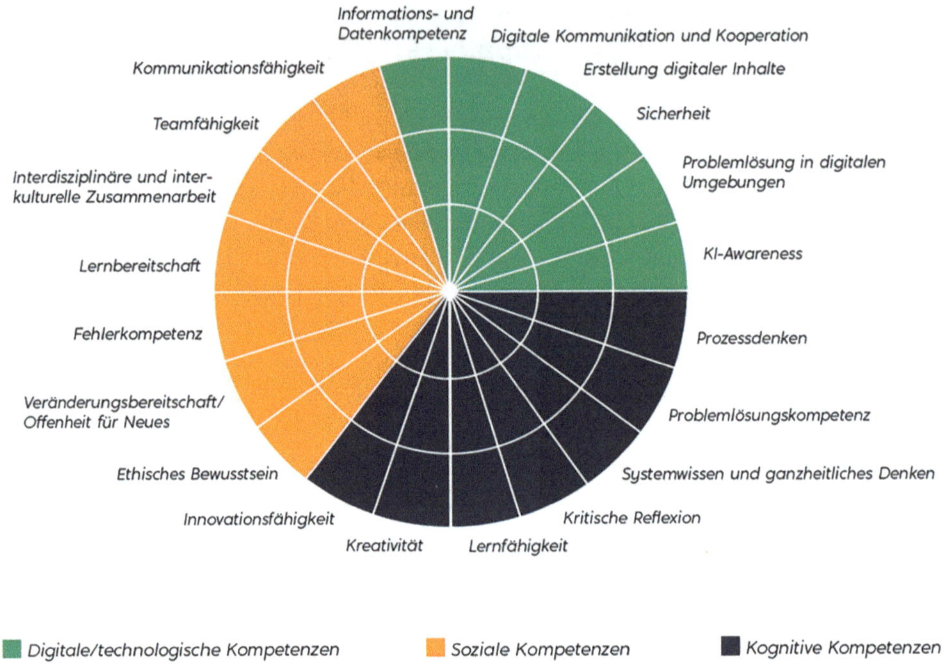

Abb. 6 Kompetenzarchitektur 4.0 (Franken et al. 2022)

erstellt und gezielte Weiterbildungsmaßnahmen abgeleitet werden. So wird sichergestellt, dass die richtigen Fähigkeiten zur richtigen Zeit entwickelt werden, um die Herausforderungen und Chancen der KI-gestützten Arbeitswelt zu meistern.

Bei dem zweiten theoretischen Modell, welches im Kernprozess des Integrationsmodells bei der Umsetzung und Integration in Digitalisierungsprojekte Anwendung findet, handelt es sich um die teilnehmerorientierte Technologieakzeptanz.

6 Teilnehmerorientierte Technologieakzeptanz als Bezugsrahmen für die Einführung von KI in der Arbeitswelt

Die **teilnehmerorientierte Technologieakzeptanz** bietet einen konzeptionellen Bezugsrahmen, der besonders für die Einführung von digitalen Technologien wie KI in der Arbeitswelt von Bedeutung ist. Dieser Ansatz kombiniert das didaktische Prinzip der Teilnehmerorientierung (Tietgens 2001) mit dem Technologieakzeptanz-Modell (TAM) nach Davis et al. (1989), um digitale Anwendungen so zu gestalten, dass sie den Bedürfnissen und Erwartungen der Anwendenden entsprechen. In diesem Zusammenhang wird die Teilnehmerorientierung als ein Kriterium verstanden, das den Anwendungsprozess an den Erfahrungen, Bedürfnissen und Interessen der Nutzenden ausrichtet, wodurch die Akzeptanz neuer Technologien, wie etwa KI, gefördert wird.

Leitfrage
Wie kann das Konzept der teilnehmerorientierten Technologieakzeptanz dazu beitragen, die erfolgreiche Einführung von Künstlicher Intelligenz in der Arbeitswelt zu fördern?

Für die erfolgreiche Einführung von KI-Anwendungen müssen mehrere Aspekte berücksichtigt werden. Zunächst müssen die KI-basierten Systeme einen **praxisbezogenen Nutzen** bieten, der den Nutzenden bei der Erledigung ihrer Arbeitsaufgaben hilft. Ebenso müssen die Anwendungen **benutzerfreundlich** und intuitiv bedienbar sein, um die Technologieakzeptanz zu erhöhen und eine nachhaltige Nutzung zu fördern (siehe Abb. 7). Darüber hinaus ist es wichtig, dass KI-Systeme Feedback- und Beteiligungsmöglichkeiten bieten, um die Mitarbeitenden aktiv in den Anwendungsprozess einzubeziehen und deren Selbststeuerung zu unterstützen.

Ein weiteres zentrales Element des Modells ist die Anpassung der Inhalte und der didaktischen Struktur der KI-Anwendungen an die Charakteristika der Teilnehmenden, was durch kontinuierliche Feedbackprozesse und die Möglichkeit zur Mitgestaltung sichergestellt werden sollte. Auf diese Weise kann eine hohe Akzeptanz der KI-Anwendungen erreicht werden, was zu einer höheren Nutzungshäufigkeit und einer besseren Zufriedenheit mit den Systemen führt.

Die Integration von teilnehmerorientierter Technologieakzeptanz als Bezugsrahmen in die Gestaltung und Einführung von KI-Lösungen kann daher nicht nur die Nützlichkeit und Benutzerfreundlichkeit steigern, sondern auch die Bereitschaft zur Nutzung sowie die tatsächliche Nutzung von KI-basierten Anwendungen fördern. Dies ist besonders wichtig, um die langfristige Akzeptanz und die Effektivität solcher Technologien im betrieblichen Umfeld sicherzustellen.

Takeaway
Die erfolgreiche Einführung digitaler Technologien, einschließlich Künstlicher Intelligenz, hängt maßgeblich von der aktiven Einbeziehung der Mitarbeitenden ab. Das Implementationsmodell zur Integration von Mitarbeitenden in digitale Projekte fördert

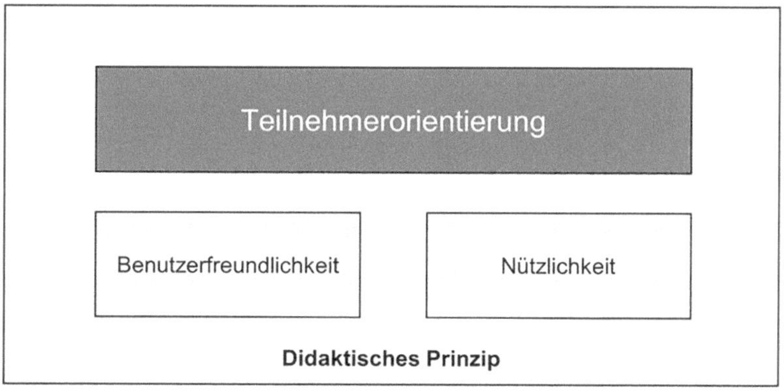

Abb. 7 Teilnehmerorientierte Technologieakzeptanz

die Kompetenzentwicklung und Akzeptanz durch eine systematische Analyse des Unternehmensstatus und maßgeschneiderte Qualifizierungsmaßnahmen. Dabei sorgt die Kompetenzarchitektur 4.0 für eine praxisnahe, bedarfsorientierte Weiterbildung und der Bezugsrahmen der teilnehmerorientierten Technologieakzeptanz bezieht die Bedürfnisse und Präferenzen der Teilnehmenden in Bezug auf den KI-Use Case ein, um sowohl ihre Akzeptanz als auch ihre Motivation zur Nutzung zu erhöhen. Dabei wiederum spielen die wahrgenommene Nützlichkeit, Benutzerfreundlichkeit und die Möglichkeit zur Beteiligung durch Feedback eine entscheidende Rolle.

7 Fazit

Der Digitalisierungsnavigator ist das zentrale inhaltliche Ergebnis, das die „Denkfabrik Digitalisierte Arbeitswelt" im Rahmen des Projekts „Arbeitswelt.Plus" zur Gestaltung der Arbeitswelt in einer digitalisierten Wirtschaft entwickelt hat. Er wurde nicht nur theoretisch erarbeitet, sondern auch in verschiedenen Transfer- und Leuchtturmprojekten angewendet und umfassend evaluiert. Die Ergebnisse zeigen eine hohe Praxistauglichkeit: Der Digitalisierungsnavigator wurde von Unternehmen und Fachkräften durchweg positiv bewertet und hat sich als wertvolles Werkzeug erwiesen, um die Herausforderungen der digitalen Transformation gezielt zu bewältigen. Gleichwohl ist zu bedenken, dass ein Standardmodell, wie es in diesem Fall ein Baukastensystem ist, nur dann wirksam sein kann, wenn es auf den unternehmensspezifischen Kontext bezogen wird. Das erfordert sensibilisierte und kompetente Akteure in Unternehmen, die sich der Thematik annehmen und sie – auch gegen Widerstände – im Unternehmen umsetzen. Zudem spiegelt der Navigator die aktuelle Digitalisierungs- und KI-Diskussion und erfordert eine regelmäßige Anpassung an den Entwicklungsstand dieser sich rasant entwickelnden Domäne. Als erste Maßnahme wird aus diesem Grund das Kompetenzmodell einer gründlichen Überarbeitung unterzogen, um den Herausforderungen der Nutzung generativer KI in den Unternehmen zu entsprechen.

Literatur

Acatech (2016). Kompetenzentwicklungsstudie Industrie 4.0. Erste Ergebnisse und Schlussfolgerungen. www.plattform-i40.de/I40/Redaktion/DE/Downloads/Publikation/acatech-kompetenzentwicklungsstudie-i40.pdf, abgerufen am 10. November, 2020.

Alsheiabni, S., Cheung, Y. & Messom, C. (2019). Towards An Artificial Intelligence Maturity Model: From Science Fiction To Business Facts, PACIS Proceedings (46). https://aisel.aisnet.org/pacis2019/46

André, E., Bauer, W. et al. (2021). Kompetenzentwicklung für Künstliche Intelligenz – Veränderungen, Bedarfe und Handlungsoptionen. Whitepaper aus der Plattform Lernende Systeme, München.

Armutat, S., Wattenberg, M. & Mauritz, N. (2025). Implementationsmodell zur Integration von Mitarbeitenden in strategische Digitalisierungsprojekte im Kontext von KI. In GfA, Sankt Augustin (Hrsg.). Arbeit 5.0: Menschzentrierte Innovationen für die Zukunft der Arbeit. Frühjahrskongress 2025, Aachen. https://doi.org/10.61063/FK2025

Armutat, S., Wattenberg, M. & Mauritz, N. (2025, in prep.). From Ideas to Implementation: A Data Driven Process Model for Identifying and Realizing AI Use Cases.

Armutat, S., Wattenberg, M. & Mauritz, N. (2024). Den KI-Reifegrad des Personalmanagements bestimmen. In Controlling & Management Review 68, Springer, Wiesbaden, S. 50–55. https://doi.org/10.1007/s12176-023-1106-0

Armutat, S., Wattenberg, M. & Mauritz, N. (2024). Designing an Artificial Intelligence Maturity Model for Human Resources (HR-AIMM). In International Conference on AI Research (ICAIR) 4(1), 50–58. https://doi.org/10.34190/icair.5.1.3070

Armutat, S. (2024). Personalmanagement für mehr Anpassungsfähigkeit – mit den richtigen Mitarbeiter:innen zur (digitalen) Transformation. In Zeitschrift für das gesamte Insolvenz- und Sanierungsrecht, Vol. 27, 40-2024, S. 1973-1977.

Armutat, S., Mauritz, N., Wattenberg, M. & Bormann, F. (2023). Digitalisiertes Lernen in der betrieblichen Weiterbildung – zielgruppenorientierte Akzeptanz-Anforderungen an virtuelle Produktschulungen am Beispiel der Weidmüller Interface GmbH & Co. KG. bwp@ Berufs- und Wirtschaftspädagogik – online, 45, 1–22. https://www.bwpat.de/ausgabe45/armutat_etal_bwpat45.pdf, abgerufen am 10. März, 2025.

Becker, J., Knackstedt, R. & Pöppelbuß, J. (2009). Developing Maturity Models for IT Management. In Business & Information Systems Engineering, 1(3), 213–222. https://doi.org/10.1007/s12599-009-0044-5

Bruin, T. de, Rosemann, M., Freeze, R. & Kaulkarni, U. (2005). Understanding the Main Phases of Developing a Maturity Assessment Model. In D. Bunker, B. Campbell and J. Underwood (Eds.), Australasian Conference on Information Systems (ACIS), 8–19, https://eprints.qut.edu.au/25152/, abgerufen am 10. März, 2025.

Davis, F. D., Bagozzi, R. P. & Warshaw, P. R. (1989), User Acceptance of Computer Technology: A Comparison of Two Theoretical Models. In Management Science, 35(8), 982–1003. https://doi.org/101287/mnsc.35.8.982

Eilers S., Möckel K., Rump J. & Schabel, F. (2017). HR Report 2017. Schwerpunkt Kompetenzen für eine digitale Welt. Eine empirische Studie des Instituts für Beschäftigung und Employability IBE im Auftrag von Hays für Deutschland, Österreich und die Schweiz. https://www.hays.de/documents/10192/118775/Hays-Studie-HR-Report-2017.pdf, abgerufen am 10. November, 2020.

Foerster-Metz, U. S., Marquardt, K., Golowko, N., Kompalla, A. & Hell, C. (2018). Digital Transformation and its Implications on Organizational Behavior. In Journal of EU Research in Business, pp. 1–14. https://doi.org/10.5171/2018.340873

Fraser, P., Moultrie, J. & Gregory, M. (2002). The Use of Maturity Models/Grids as a Tool in Assessing Product Development Capability. In IEEE International Engineering Management Conference, 244–249, https://doi.org/10.1109/IEMC.2002.1038431

Franken, S., Mauritz, N. & Prädikow, L. (2022). Kompetenzen für KI-Anwendungen – Theoretisches Modell und partizipative Erfassung und Vermittlung in Unternehmen. In GfA, Sankt Augustin (Hrsg.): Technologie und Bildung in hybriden Arbeitswelten. Frühjahrskongress 2022, Magdeburg.

Fukas, P., Rebstadt, J., Remark, F. & Thomas, O. (2021). Developing an Artificial Intelligence Maturity Model for Auditing. In ECIS 2021 Research Papers (133). https://aisel.aisnet.org/ecis2021_rp/133

Manpower Group (2018). Skills Revolution 2.0. https://www.manpowergroup.pl/wp-content/uploads/2018/08/MG_WEF_SkillsRevolution_2_2018_PL_ENG.pdf, abgerufen am 12. November, 2020.

Palos-Sánchez, P. R., Baena-Luna, P., Badicu, A. & Infante-Moro, J. C. (2022). Artificial Intelligence and Human Resources Management: A Bibliometric Analysis. In Applied Artificial Intelligence, 36(1), Article 2145631. https://doi.org/10.1080/08839514.2022.2145631

Pfeiffer S., Lee H., Zirnig, Ch. & Suphan, A. (2016). Industrie 4.0 – Qualifizierung 2025. VDMA-Studie. https://www.sabine-pfeiffer.de/files/downloads/2016-Pfeiffer-Industrie40-Qualifizierung2025.pdf, abgerufen am 12. November 2020.

Pullen, W. (2007). A public sector HPT maturity model. In Performance Improvement, 46(4), pp. 9–15. https://doi.org/10.1002/pfi.119

Sarpong, D. & Amoah, J. A. (2015). Scenario planning: "ways of knowing", methodologies and shifting conceptual landscape. In International Journal of Foresight and Innovation Policy (Vol. 10, Issue 2/3/4, 75). https://doi.org/10.1504/ijfip.2015.074397

Schlund, S. & Pokorni, B. (2016). Industrie 4.0 – Wo steht die Revolution der Arbeitsgestaltung? Ergebnisse einer Befragung von Produktionsverantwortlichen deutscher Unternehmen. https://kmu-digital.eu/de/service-kompetenz/publikationen/dokumente/studien/49-industrie-4-0-wo-steht-die-revolution-der-abreitsgestaltung/file, abgerufen am 12. November, 2020.

Tambe, P., Cappelli, P. & Yakubovich, V. (2019). Artificial Intelligence in Human Resources Management: Challenges and a Path Forward. In California Management Review, 61(4), 15–42. https://doi.org/10.1177/0008125619867910

Tietgens, H. (2001), Teilnehmerorientierung. In Arnold, S. et al (Hrsg.), Wörterbuch Erwachsenenpädagogik, Bad Heilbrunn, 304–305.

Vocke, C., Constantinescu, C. & Popescu, D. (2020). Status quo and Quo vadis: Creativity Techniques and Innovation Methods for Generating Extended Innovation Processes. In Procedia CIRP, 91, 39–42. https://doi.org/10.1016/j.procir.2020.02.148

Wendler, R. (2012). The Maturity of Maturity Model Research: A Systematic Mapping Study. In Information and Software Technology, 54(12), 1317–1339, https://doi.org/10.1016/j.infsof.2012.07.007

Wolter, U. (2023). KI in HR – Jobkiller oder sinnvolle Unterstützung? https://www.personalwirtschaft.de/news/hr-organisation/ki-in-hr-jobkiller-oder-sinnvolle-unterstuetzung-160892/, abgerufen am 10. März, 2025.

Forecasting zwischen Statistik und Künstlicher Intelligenz

Wie maschinelles Lernen die integrierte Businessplanung in der Industrie verändert

Christoph-Alexander Holst, Anton Pfeifer, Jan Ehlenbröker und Volker Lohweg

1 Einleitung

Die gegenwärtige Geschäftswelt ist von einer steigenden Dynamik geprägt: Globale Krisen, saisonale Schwankungen und volatile Märkte erhöhen den Druck auf Unternehmen, präzise und reaktionsschnelle Planungsprozesse zu etablieren. Vor diesem Hintergrund wird die integrierte Businessplanung (IBP) zu einem zentralen Instrument, um frühzeitig auf Marktveränderungen zu reagieren und Ressourcen effizient zu steuern.

Doch gerade die Bedarfs- und Absatzplanung ist heute mit zunehmenden Herausforderungen konfrontiert: Die Komplexität der Einflussfaktoren wächst rasant. Sie erfordern ein tiefes Verständnis kausaler Zusammenhänge (Petropoulos et al. 2022). Gleichzeitig sind die verfügbaren historischen Daten in vielen realen Anwendungsfällen begrenzt oder inkonsistent (Holst und Lohweg 2022). Traditionelle statistische Prognoseverfahren stoßen hierbei zunehmend an ihre Grenzen. Dies belastet Mitarbeitende in der integrierten Businessplanung zunehmend, da sie vermehrt Prognosen hinterfragen und manuell nachjustieren müssen.

Diese Ausgangslage bildet den zentralen Motivationspunkt des Forschungsvorhabens, maschinelle Lernverfahren (ML) systematisch mit klassischen Prognosemodellen zu vergleichen. Das Vorhaben untersucht damit vornehmlich technologische Fragestellungen, die jedoch einen direkten Einfluss auf den Arbeitsalltag von Anwender:innen von Methoden der integrierten Businessplanung haben. Dem Forschungsvorhaben liegt ein be-

C.-A. Holst (✉) · A. Pfeifer · J. Ehlenbröker · V. Lohweg
Institut für industrielle Informationstechnik (inIT), Technische Hochschule Ostwestfalen-Lippe (TH OWL), Lemgo, Deutschland
E-Mail: christoph-alexander.holst@th-owl.de

R. Dumitrescu (Hrsg.), *KI für die Arbeitswelt von morgen*,
Intelligente Technische Systeme – Lösungen aus dem Spitzencluster it's OWL,
https://doi.org/10.1007/978-3-662-73053-9_6

sonderer Fokus auf Anwendungsszenarien mit limitierten Datenbeständen („Scarce Data") zugrunde, wie sie in vielen Bereichen der Industrie (etwa der Lebensmittelproduktion) häufig auftreten.

Während ML-Verfahren in jüngster Zeit durch ihre Fähigkeit, zusätzliche Merkmale zu integrieren und komplexe Muster zu erkennen, viel Aufmerksamkeit erhalten haben, zeigt sich in der Praxis, dass deren Vorteil gegenüber klassischen Methoden nicht automatisch gegeben ist. Dies ist insbesondere bei kleinen oder intermittierenden Zeitreihen der Fall (Makridakis et al. 2022). Daraus leiten sich grundsätzlich zwei zentrale Forschungsfragen ab:

- Wie verhalten sich ML- und statistische Prognoseverfahren im Vergleich bei unterschiedlich großen und aggregierten Datensätzen?
- Unter welchen konkreten Bedingungen zeigen ML-Modelle Vor- oder Nachteile gegenüber einfachen statistischen Verfahren?

Die im Vorhaben durchgeführten Untersuchungen basieren auf realen Daten und analysieren systematisch verschiedene Modellklassen. Erste Berichte aus dem Stand der Technik deuten bereits darauf hin, dass bestimmte ML-Ansätze auch bei hochvolatilen Nachfrageschwankungen stabile Vorhersagen ermöglichen, während klassische Methoden, etwa Exponentielle Glättung, bei stark intermittierenden Zeitreihen weiterhin ihre Berechtigung haben (Makridakis et al. 2022).

Die aus dieser wissenschaftlichen Analyse gewonnenen Erkenntnisse flossen direkt in das Leuchtturmprojekt MKIFusion ein. Im Leuchtturmprojekt wurden die entwickelten Methoden in einem realen Anwendungskontext umgesetzt, getestet und in einem nutzerzentrierten Software-Demonstrator erlebbar gemacht.

Die Ergebnisse der Forschungsarbeiten wurden in zwei Fachbeiträgen auf international renommierten Fachkonferenzen veröffentlicht (Pfeifer et al. 2023) (Pfeifer et al. 2024).

2 Stand der Forschung und Technik

Im Bereich der Absatzprognose lassen sich Methoden grundsätzlich in qualitative und quantitative Ansätze unterteilen (Petropoulos et al. 2022). Qualitative Methoden basieren auf Expertenwissen, Marktforschung und Erfahrungswerten und kommen insbesondere dann zum Einsatz, wenn historische Daten fehlen oder neue Produkte, Märkte oder Technologien prognostiziert werden sollen. Quantitative Methoden hingegen nutzen historische Daten zur Vorhersage zukünftiger Entwicklungen. Diese quantitativen Verfahren lassen sich weiter differenzieren in statistische Modelle und Methoden des maschinellen Lernens.

Statistische Prognosemethoden wie die exponentielle Glättung (Gardner 2006) und ARIMA-Modelle (AutoRegressive Integrated Moving Average) (Box et al. 2016) sind traditionell stark verbreitet. Exponentielle Glättung ist ein Verfahren, bei dem die Prognose durch einen gewichteten Durchschnitt vergangener Beobachtungen gebildet wird. ARIMA-Modelle kombinieren autoregressive Anteile und gleitende Durchschnitt, um Trends und saisonale Muster in Zeitreihen zu modellieren. Die exponentielle Glättung ist bekannt für ihre einfache Implementierung und Anpassungsfähigkeit, besonders bei kurzfristigen und mittelfristigen Prognosen. ARIMA-Modelle bieten hingegen eine breite Anwendbarkeit bei Zeitreihendaten mit saisonalen oder trendbasierten Mustern. Diese Verfahren zeigen gute Leistung bei stabilen, wenig volatilen Daten, leiden jedoch unter Sensitivität gegenüber Ausreißern, fehlenden Werten sowie exogenen Einflüssen wie Werbeaktionen oder Feiertagen. Um diese Störungen zu reduzieren, werden Zeitreihen häufig geglättet oder aggregiert. Lokale Spitzenwerte können dadurch jedoch fehlinterpretiert werden, was die Prognosegüte beeinträchtigt.

Maschinelles Lernen erweitert die klassischen Verfahren durch die Fähigkeit, komplexe und nichtlineare Zusammenhänge in großen Datensätzen ohne explizite Modellierung des zugrundeliegenden Prozesses zu erfassen (Januschowski et al. 2020) (Barker 2020). Algorithmen wie neuronale Netze, Entscheidungsbäume oder Support-Vector-Machines können eine Vielzahl exogener Variablen integrieren und dadurch realistischere Szenarien abbilden (Mitra et al. 2020) (Yuan und Lee 2020). Besonders durch sogenannte Cross-Learning-Strategien, bei denen Wissen aus verschiedenen Zeitreihen analoger Produkte genutzt wird, kann die Prognosegenauigkeit bei gleichzeitiger Erhöhung der Robustheit gegenüber Datenlücken oder Schwankungen erhöht werden (Bojer und Meldgaard 2021). Beim Cross-Learning wird das Lernsignal nicht nur aus einer Zeitreihe, sondern aus vielen ähnlichen Reihen gewonnen. Beispielsweise kann die Absatzhistorie eines Produkts helfen, die Prognose eines verwandten Produkts zu verbessern. Cross-Learning-Modelle (auch: Globale Modelle) über verschiedene Produktkategorien hinweg senken zudem das Risiko der Überanpassung (Huber und Stuckenschmidt 2020). Dennoch sind ML-Modelle datenhungrig, benötigen aufwendige Hyperparameter-Optimierungen und können bei geringen Genauigkeitsvorteilen gegenüber klassischen Verfahren einen unverhältnismäßig hohen Rechenaufwand verursachen (Makridakis et al. 2018) (Seaman 2018) (Nikolopoulos und Petropoulos 2018).

Ensemble-Strategien werden zunehmend als vielversprechender Ansatz betrachtet. Ensemble-Modelle fassen die Ergebnisse mehrerer Einzelmodelle zusammen. Dahinter steht die Idee, dass die Stärken verschiedener Verfahren kombiniert und ihre Schwächen ausgeglichen werden können. Makridakis et al. (Makridakis et al. 2023) zeigen, dass Ensemble-Modelle, insbesondere bei langfristigen Prognosen, eine höhere Genauigkeit als klassische und ML-basierte Methoden erreichen können. Gleichzeitig stellt jedoch der hohe Rechen- und Ressourcenbedarf dieser Modelle eine Hürde für den breiten Praxiseinsatz dar, zumal zusätzlich spezialisiertes Fachwissen für ihre Implementierung erforderlich ist.

Mit den Fortschritten in der natürlichen Sprachverarbeitung werden große Sprachmodelle (LLMs) zunehmend auch für Vorhersagen eingesetzt. Jin et al. (Jin 2023) funktionierten ein LLM mittels Prompt-as-Prefix (PaP), sodass dies auch mit einer begrenzten Menge an Trainingsdaten Prognosen generieren kann. Studien deuten darauf hin, dass LLMs traditionelle und Ensemble-basierte Ansätze in spezifischen Szenarien übertreffen können (Gruver et al. 2023). Es sind aber weitere Arbeiten notwendig, um diese Aussagen zu festigen. Beispiele wie Chronos (Ansari et al. 2024) oder Lag-Llama (Rasul et al. 2024) zeigen wie LLM-basierte Modelle, sowohl bekannte als auch unbekannte Datenstrukturen vorhersagen können. Herausforderungen ergeben sich jedoch durch die eingeschränkte Verfügbarkeit qualitativ hochwertiger Zeitreihendaten, die üblicherweise nicht in denselben Mengen wie textuelle Daten zur Verfügung stehen.

Insgesamt zeigt sich ein klarer Trend von traditionellen statistischen Verfahren hin zu datenintensiven, adaptiven und lernfähigen Modellen. Während ML bereits signifikante Fortschritte in Genauigkeit und Flexibilität zeigen, positionieren sich LLMs mit ihrer Fähigkeit multimodalen Input zu berücksichtigen, deren Potenzial jedoch stark von Datenverfügbarkeit und spezifischer Modellanpassung abhängt. Die Auswahl der geeigneten Methode bleibt daher stark kontextabhängig und erfordert eine sorgfältige Abwägung zwischen Komplexität, Datenlage und Ressourcenverfügbarkeit.

3 Methodik und Forschungsansatz

Zur Beantwortung der Forschungsfragen werden unterschiedliche Prognosemodelle aus drei Kategorien verglichen.

• **Naive Baseline-Modelle**: sehr einfache Ansätze, die z. B. annehmen, dass sich die Nachfrage der letzten Periode unverändert fortsetzt.

• **Statistische Verfahren**: formal-mathematische Modelle wie ARIMA oder exponentielle Glättung.

• **Maschinelle Lerner**: datengetriebene Modelle wie neuronale Netze oder Ensembles, die komplexe Muster erkennen können.

Grundlage der Untersuchung sind drei realweltliche Absatzdatensätze zweier Unternehmen mit hierarchischer Struktur, die eine breite Varianz an Nachfragemustern und Datenmengen abdecken. Die Datensätze wurden auf wöchentlicher Basis über mehrere Jahre hinweg erhoben und vor der Analyse entsprechend vorverarbeitet und in Trainings- sowie Validierungssegmente unterteilt.

Die Leistungsfähigkeit der Vorhersagemodelle wird dabei hinsichtlich etablierter Zeitreihencharakteristiken („smooth", „erratic", „intermittent" und „lumpy", siehe Syntetos et al. 2005) untersucht. Diese Charakteristiken beschreiben die Form einer Zeitreihe:

- **smooth**: regelmäßige Nachfrage ohne große Ausreißer,
- **erratic**: unregelmäßig mit vielen Schwankungen,
- **intermittent**: sporadische Nachfrage mit vielen Nullen,
- **lumpy**: sowohl unregelmäßig als auch mit größeren Sprüngen.

Des Weiteren werden Produkte anhand der XYZ-Kategorisierung untersucht. Produkte der X-Kategorie weisen eine niedrige Nachfragevariabilität auf. Solche Produkte werden

Tab. 1 Nachfragekategorisierung und Zeitreihencharakteristik der zur Verfügung stehenden Datensätze

Datensatz	Anzahl Produkte in Nachfragekategorisierung			Charakteristik der Zeitreihen			
	X	Y	Z	Smooth	Erratic	Intermittent	lumpy
1	17	167	26	60,8 %	34,4 %	0 %	0 %
2	77	247	564	93,6 %	6,1 %	0,3 %	0 %
3	365	399	5313	86,9 %	7,1 %	5,8 %	0,2 %

konstant in wiederkehrenden Mustern nachgefragt. Dementgegen weisen Produkte der Y-Kategorie moderate und Z-Produkte eine hohe Nachfragevariabilität auf. Die Zeitreihencharakteristiken beschreiben hingegen die Ausprägungen von Mustern in einem Nachfrageverlauf. So sind Zeitreihen von Z-Produkten häufiger durch sporadische Nachfragen und lückenhafter Musterbildung geprägt.

Es werden also unterschiedliche Prognoseansätze in unterschiedlichen Anwendungskontexten bewertet. Tab. 1 zeigt die drei Datensätze und ihren jeweiligen Aufbau. Die drei Datensätze sind unterschiedlich groß und komplex, wobei Datensatz 3 der umfangreichste ist. In Datensatz 1 dominiert die Y-Nachfrage, in Datensatz 3 die Z-Nachfrage. Zudem ist Datensatz 3 stärker durch sporadische und lückenhafte Zeitreihen geprägt.

Im Rahmen der Prognoseanalyse wurden sowohl einfache Referenzverfahren als auch statistische und maschinelle Lernverfahren betrachtet. Dabei kamen klassische Methoden wie exponentielle Glättung und ARIMA ebenso zum Einsatz wie moderne Machine-Learning-Ansätze, etwa auf Basis von Transformer-Architekturen. Ergänzt wurde die Modellvielfalt durch Ensemble-Methoden, die mehrere Einzelmodelle kombinieren, um die Prognosegüte zu steigern und Unsicherheiten zu quantifizieren. Insgesamt wurden 16 Modelle evaluiert, von denen hier jeweils die besten jeder Kategorie (Baseline, statistische Modelle, maschinelle Lernverfahren) berichtet werden. Eine detaillierte Diskussion über alle 16 getesteten Modelle der vollständigen Ergebnisse findet sich in (Pfeifer et al. 2023) und (Pfeifer et al. 2024)

Die Prognosegüte der Modelle wurde anhand standardisierter Metriken gemessen, insbesondere durch den mittleren absoluten Fehler (MAE) und die symmetrische mittlere prozentuale Abweichung (sMAPE). Diese ermöglichen eine objektive Bewertung und den Vergleich der Vorhersageleistung über verschiedene Modelltypen und Datensätze hinweg.

4 Ergebnisse

In der Kategorie der Baseline-Modelle haben sich von den untersuchten Prognoseverfahren der Seasonal-Naive-Ansatz, in den traditionellen statistischen Verfahren eine Variante der exponentiellen Glättung (AutoETS) und im maschinellen Lernen Ensembles (Ensemble-ML) besonders hervorgetan. Beim Seasonal Naive-Modell wird

Tab. 2 Auswahl dreier für ihren Typ (Baseline, statistisch, ML) repräsentativer Modelle und Angabe ihrer Performanz auf den drei untersuchten Datensätzen (beste Leistung fett markiert)

Modell	Dataset					
	1		2		3	
	MAE	sMAPE	MAE	sMAPE	MAE	sMAPE
Baseline: Seasonal Naive	**20.061**	**22,0**	1247	**60,1**	13.256	44,8
Statistisch: AutoETS	28.996	40,0	**967**	137,7	11.805	45,7
ML-basiert: Ensemble-ML	34.941	62,8	1172	163,1	**11.411**	**42,3**

angenommen, dass die Nachfrage im gleichen Zeitraum der Vorperiode identisch wieder auftritt, z. B. dass der Absatz im Mai 2023 dem Absatz im Mai 2022 entspricht.

Tab. 2 zeigt die MAE- und sMAPE-Ergebnisse dieser drei Methoden über alle drei Datensätze. Es wird deutlich, dass kein einzelnes Modell durchgehend über alle Konstellationen hinweg überlegen war. Vielmehr hängt die Modellleistung stark von den Eigenschaften des zugrunde liegenden Datensatzes ab. Während auf Datensatz 1 das Baseline-Verfahren hervorsticht, punkten statistische Modelle und Maschinelle Lerner mit zusätzlicher Größe und Komplexität der Nachfragemuster (Datensatz 3).

Datensatz 1 ist geprägt durch starke saisonale Muster. Nachfragen sind wenig sporadisch, sondern kontinuierlich wiederkehrend. Deshalb sind hier bereits einfache saisonale Prognosemodelle erfolgreich. Gleichzeitig finden sich hier aber insgesamt wenig Produkte, d. h. Zeitreihen, wieder. Dies hat zur Folge, dass statistische und ML-basierte Verfahren nicht genügend Informationen haben, um ihre Stärken ausspielen zu können.

Statistische Modellen lieferten differenzierte Ergebnisse. Die Modelle und insbesondere AutoETS zeigte über allen Datensätze hinweg konsistente Leistungen. Auf wenig Daten (Datensatz 1) mussten sich diese Modelle aber den naiven Baselinemodellen und auf den komplexeren Nachfragemustern (Datensatz 3) den maschinellen Lernern geschlagen geben. Statistische Modelle scheinen eine gewisse Grundmenge an Daten zu benötigen, können aber komplexe Nachfrageverläufe wenig gut abbilden.

Auf Datensatz 3 zeigte das Ensemble-ML die niedrigsten MAE- und sMAPE-Werte aller getesteten Modelle, was die Vorteile von maschinellem Lernen und darüber hinaus Ensemble-Strategien bei komplexen, heterogenen Daten unterstreicht. Maschinelle Lernmodelle benötigen somit eine Mindestgrundmenge an Daten – sowohl in ausreichender Historie als auch in Produktmenge. Erst so können entscheidende Muster gelernt werden und Wechselwirkungen zwischen Produkten und Produktgruppen ausgenutzt werden. ML-Verfahren können bei genügend Trainingsdaten auch bei schlechterer Datenqualität (Z-Kategorie, sporadisch und lückenhafte Nachfragen) eine hohe Prognosegenauigkeit aufrechterhalten.

Zusammenfassend zeigen die experimentellen Ergebnisse, dass einfache Modelle wie Seasonal Naive in bestimmten Szenarien konkurrenzfähig bleiben. Statistische Modelle wie AutoETS bieten eine robuste und zuverlässige Wahl für viele Anwendungsfälle.

Machine-Learning-Modelle, insbesondere in Ensemble-Form, zeigen ihr volles Potenzial bei komplexeren Daten, erfordern jedoch eine sorgfältige Anpassung und ausreichende Trainingsdaten.

5 Schlussfolgerungen und Implikationen

Die vorliegenden Ergebnisse unterstreichen, dass die Auswahl geeigneter Prognosemodelle stark vom jeweiligen Anwendungskontext abhängig ist. Während einfache Baseline-Verfahren wie das Seasonal Naive-Modell bei stabilen, saisonalen Nachfrageverläufen auch weiterhin valide Ergebnisse liefern, zeigen sich statistische Verfahren wie AutoETS insgesamt robuster – insbesondere bei mittleren Datenmengen und moderater Komplexität. Maschinelle Lernverfahren, vor allem in Ensemble-Strukturen, demonstrieren ihr volles Potenzial bei hochvolatilen, intermittierenden und heterogenen Daten, wie sie typischerweise in Z-Kategorien oder bei lückenhaften Nachfragen vorkommen. Voraussetzung hierfür ist jedoch eine ausreichende Datenbasis sowohl hinsichtlich Historie als auch Produktvielfalt.

Für die industrielle Praxis bedeutet dies, dass ML-gestützte Prognosemodelle künftig eine deutlich wichtigere Rolle in der integrierten Businessplanung (IBP) spielen sollten – insbesondere in Umfeldern mit komplexen, dynamischen Nachfragestrukturen. Gleichzeitig zeigt sich aber auch, dass etablierte statistische Verfahren weiterhin ihre Berechtigung behalten. Ihre Stabilität, geringere Implementierungskosten und geringere Abhängigkeit von großen Datenmengen machen sie insbesondere für kleinere Unternehmen oder weniger datenintensive Anwendungen attraktiv. Die zukünftige Ausgestaltung der IBP sollte daher Verfahren komplementär einsetzen und flexibel an die jeweilige Daten- und Nachfragesituation angepasst werden können.

Bezüglich der menschlichen Entscheidungsfindung zeigen sich relevante Implikationen: ML-Modelle ermöglichen präzisere Prognosen bei gleichzeitig erhöhter Datenkomplexität – dies kann dazu beitragen, Entscheidungsspielräume zu erweitern und Unsicherheiten besser zu managen. Gleichzeitig steigt jedoch auch die Notwendigkeit, Modelle erklärbar und nachvollziehbar zu gestalten, um das Vertrauen der Nutzer zu sichern und fundierte, datenbasierte Entscheidungen zu ermöglichen. Eine Umsetzung der ML-basierten Prognosemodelle wurde im Leuchtturmprojekt „MKIFusion" durchgeführt.

In der Forschungsarbeit wurden externe Einflussfaktoren – etwa Wetterereignisse, Werbekampagnen oder gesellschaftliche Anlässe – noch nicht systematisch in die Modellierung einbezogen. Die Integration solcher Kontextinformationen birgt weiteres Potenzial zur Verbesserung der Prognosegenauigkeit. Ebenso blieben LLM-basierte Forecasting-Ansätze, wie sie zuletzt in der Forschung diskutiert wurden (z. B. Chronos, Lag-Llama), unberücksichtigt. Diese Modelle könnten in Zukunft insbesondere bei sehr begrenzten Datenmengen oder multimodalen Eingaben neue Möglichkeiten eröffnen, bedürfen aber noch weiterer Validierung in industriellen Settings.

Literatur

Ansari A. F. et al. (2024). Chronos: Learning the language of time series. In: arXiv preprint arXiv:2403.07815.

Barker, J. (2020). Machine learning in M4: What makes a good unstructured model? In: International Journal of Forecasting, 36(1), S. 150–155.

Bojer C. S. & Meldgaard J. P. (2021) Kaggle forecasting competitions: An overlooked learning opportunity. In: International Journal of Forecasting, 37(2), S. 587–603.

Box, G. E. P., Jenkins, G. M., Reinsel, G. C. & Ljung G. M. (2016). Time series analysis: Forecasting and control (5. Aufl.). Wiley Series in Probability and Statistics. 2016.

Gardner, E. S. (2006). Exponential smoothing: The state of the art — Part II. In: International Journal of Forecasting, 22(4), S. 637–666.

Gruver, N., Finzi, M. Qiu, S. & Wilson, A. G. (2023). Large Language Models are zero-shot time series forecasters. In: Advances in Neural Information Processing Systems 36, S. 19622–19635.

Holst, C. A., & Lohweg, V. (2022). Scarce data in intelligent technical systems: Causes, characteristics, and implications. In: Sci, 4(4), 49.

Huber, J. & Stuckenschmidt, H. (2020). Daily retail demand forecasting using machine learning with emphasis on calendric special days. In: International Journal of Forecasting, 36(4)/2020, S. 1420–1438.

Januschowski, T. et al. (2020). Criteria for classifying forecasting methods," In: International Journal of Forecasting, 36(1), S. 167–177.

Jin, M. et al. (2023). Time-LLM: Time series forecasting by reprogramming Large Language Models. In: arXiv preprint arXiv:2310.01728.

Makridakis, S., Spiliotis, E. & Assimakopoulos, V. (2022) M5 accuracy competition: Results, findings, and conclusions. In: International Journal of Forecasting, 38(4), S. 1346–1364.

Makridakis, S. et al. (2023). Statistical, machine learning and deep learning forecasting methods: Comparisons and ways forward. In: Journal of the Operational Research Society, 74(3), S. 840–859.

Makridakis, T., Agiropoulos, C. & Karkalakos, S. (2018). Growth, electric power consumption externalities and patterns of localisation of emissions. In: Journal of Economics, Management and Trade, 21(12)/2018, S. 1–15.

Mitra A., Jain, A., Kishore, A. & Kumar, P. (2020). A comparative study of demand forecasting models for a multi-channel retail company: A novel hybrid machine learning approach. In: Operations research forum, 3(4), 58.

Nikolopoulos K. & Petropoulos F. (2018). Forecasting for Big Data: Does suboptimality matter? In: Computers & Operations Research, 98, S. 322–329.

Petropoulos, F. et al. (2022). Forecasting: Theory and practice. In: International Journal of Forecasting, 38(3), S. 705–871.

Pfeifer, A., Brand, H., & Lohweg, V. (2023). A comparison of statistical and machine learning approaches for time series forecasting in a demand management scenario. In: 2023 IEEE 21st International Conference on Industrial Informatics (INDIN), S. 1–6.

Pfeifer, A., Knaup, J., Holst, C.-A., & Lohweg, V. (2024). Evaluation of time series forecasting strategies for demand management. In 2024 IEEE 29th International Conference on Emerging Technologies and Factory Automation (ETFA), S. 1–8.

Rasul, K. et al. (2024). Lag-Llama: Towards foundation models for probabilistic time series forecasting. In: R0-FoMo: Robustness of Few-shot and Zero-shot Learning in Large Foundation Models.

Seaman, B. (2018). Considerations of a retail forecasting practitioner. In: International Journal of Forecasting, 34(4), S. 822–829.

Syntetos A., Boylan, J. & Croston, J. (2005). On the categorization of demand patterns. In: Journal of the Operational Research Society, 56(5), S. 495–503.
Yuan, F.-C. & Lee, C.-H. (2020). Intelligent sales volume forecasting using Google search engine data. In: Soft Computing, 24(3), S. 2033–2047.

Adaptive Assistenzsysteme im digitalen Wandel

Menschzentrierte Gestaltung mit KI

Sahar Deppe und Marc Brünninghaus

1 Einleitung und Forschungsstand

Die fortschreitende Digitalisierung und Automatisierung verändern industrielle Arbeitsprozesse tiefgreifend. Studien prognostizieren, dass bis 2030 rund die Hälfte aller industriellen Tätigkeiten zumindest teilweise automatisierbar sein werden (McKinsey Global Institute 2023; OECD 2024). Unternehmen sehen sich damit nicht nur einem wachsenden Innovationsdruck und steigender Komplexität gegenübergestellt, sondern müssen auch mit einem zunehmenden Fachkräftemangel und höheren kognitiven wie physischen Belastungen der Beschäftigten umgehen (Weidner et al. 2020; Passalacqua et al. 2025).

Digitale Assistenzsysteme gelten in diesem Kontext als Schlüsseltechnologie: Sie unterstützen Mitarbeitende bei der Bewältigung komplexer Aufgaben, senken Fehlerquoten und steigern die Effizienz von Arbeitsprozessen. Ihr Einsatz wird damit sowohl zu einem Beitrag für Arbeitssicherheit und -qualität als auch zu einem wichtigen Wettbewerbsfaktor in einer zunehmend KI-getriebenen Industrie (Pollini et al. 2025).

Definition: Adaptive Assistenzsysteme sind digitale Systeme, die sich mittels fortschrittlicher Technologien – etwa Künstlicher Intelligenz (KI), Sensorik oder Augmented Reality (AR) – dynamisch an individuelle Nutzer:innen, situative Anforderungen sowie kontextuelle Gegebenheiten anpassen können. Im Gegensatz zu starren, regelbasierten Systemen zeichnen sie sich durch eine flexible, kontextadaptive und lernfähige Inter-

S. Deppe (✉) · M. Brünninghaus
Fraunhofer IOSB-INA, Lemgo, Deutschland
E-Mail: sahar.deppe@iosb-ina.fraunhofer.de

M. Brünninghaus
E-Mail: marc.bruenninghaus@iosb-ina.fraunhofer.de

R. Dumitrescu (Hrsg.), *KI für die Arbeitswelt von morgen*,
Intelligente Technische Systeme – Lösungen aus dem Spitzencluster it's OWL,
https://doi.org/10.1007/978-3-662-73053-9_7

aktion aus, wodurch eine höhere Systemintelligenz und Benutzerorientierung erreicht werden.

In der Fachliteratur lassen sich drei grundlegende Typen differenzieren (Fischer und Mütze-Niewöhner 2022; Pollini et al. 2025):

- Kognitive Assistenzsysteme liefern kontextbezogene Informationen, unterstützen Entscheidungen oder führen durch komplexe Abläufe. Augmented-Reality-Lösungen, wie sie etwa mit Geräten wie der Microsoft HoloLens oder Vuzix umgesetzt werden, bieten visuelle Anleitungen bei Montage, Wartung oder Qualitätskontrolle (Moghaddam et al. 2021; Deppe et. al. 2022a, b). Hier werden Schritt-für-Schritt-Anleitungen, Warnhinweise oder technische Daten direkt ins Sichtfeld der Mitarbeitenden präsentiert (Fischer und Mütze-Niewöhner 2022).
- Physische Assistenzsysteme entlasten körperlich beanspruchende Tätigkeiten, z. B. durch Exoskelette, robotische Hebehilfen oder ergonomische Arbeitsplatzsysteme. Produkte wie Laevo, German Bionic oder Ottobock Paexo finden in Montage, Logistik oder Pflege Anwendung (Bittner und Lechner 2018; Weidner et al. 2020).
- Hybride Assistenzsysteme kombinieren beide Ansätze und ermöglichen eine dynamische Zusammenarbeit zwischen Mensch und Maschine, wie etwa kollaborative Roboter (Cobots). Moderne Cobots erkennen Gesten, Sprache oder Nähe und passen Geschwindigkeit, Kraft und Bewegungsmuster dynamisch an. Dies erlaubt sichere und produktive Kooperationen, etwa in der flexiblen Fertigung, Verpackung oder bei Rüstprozessen (Kuo und Yang 2021; Zancul und de Oliveira 2021).

Technologisch betrachtet sind digitale Assistenzsysteme heute geprägt durch Fortschritte in den Bereichen KI, Robotik, Sensorik, Industrial Internet of Things (IIoT) und Mensch-Maschine-Interaktion. Besonders relevant sind Systeme, die in der Lage sind, Prozesse in Echtzeit zu erfassen, kontextsensitiv zu reagieren und lernfähig auf neue Situationen zu adaptieren. Zunehmend rücken dabei adaptive, KI-gestützte Systeme in den Fokus, die sich an Nutzende, Aufgaben und situative Kontexte dynamisch anpassen. Während traditionelle Assistenzsysteme meist regelbasiert und starr auf vordefinierte Eingaben reagieren, ermöglichen moderne Lösungen auf Basis von Large Language Models (LLMs) eine dialogorientierte, kontextbewusste Interaktion in natürlicher Sprache – etwa in der Technischen Dokumentation, Fehlerdiagnose oder bei der Einarbeitung neuer Mitarbeitender (Deppe und Brandt 2022). Moderne Systeme wie ChatGPT, Claude oder firmeneigene Chatbots werden bereits in der Instandhaltung, im Kundenservice und in der Prozessberatung eingesetzt.

Dadurch lassen sich Informationen, Anleitungen oder Warnhinweise situativ generieren und auf individuelle Anforderungen abstimmen. Industrielle Fallstudien belegen, dass solche Systeme nicht nur Effizienz und Qualität verbessern, sondern auch die mentale Belastung der Beschäftigten deutlich verringern können (Eversberg und Lambrecht 2023; Passalacqua et al. 2025). Gleichzeitig entstehen neue Herausforderungen, etwa in Bezug auf die Erklärbarkeit von KI-generierten Handlungsempfehlungen, den Schutz sensibler Daten und die nachhaltige Integration dieser Technologien in bestehende Arbeitsabläufe (Fischer und Mütze-Niewöhner 2022; Pollini et al. 2025). Hinzu kommt ein sich verschärfender regulatorischer Rahmen, etwa durch den EU AI Act der gemäß der Verordnung (EU) 2024/1689 (Presse- und Informationsamt der Bundesregierung 2025) einheitliche Anforderungen an Transparenz, Risikomanagement und menschenzentrierte Gestaltung für KI-Systeme im industriellen Einsatz formuliert.

Vor diesem Hintergrund verfolgt dieses Kapitel das Ziel, den aktuellen Entwicklungsstand adaptiver Assistenzsysteme darzustellen und deren Einfluss auf industrielle Prozesse sowie veränderte Qualifikationsanforderungen zu analysieren. Der Fokus liegt dabei auf KI-basierten Lösungen, die durch ihre Adaptivität neue Potenziale für Effizienzsteigerung, Lernunterstützung und nutzerzentrierte Prozessgestaltung erschließen. Zugleich werden zentrale Herausforderungen wie Erklärbarkeit, Transparenz und Akzeptanz aufgegriffen, um den Spannungsbogen zwischen technologischer Leistungsfähigkeit und menschlichen Bedürfnissen aufzuzeigen. Damit leistet der Beitrag sowohl einen wissenschaftlichen Beitrag zur Weiterentwicklung der Mensch-Technik-Interaktion als auch einen praxisorientierten Impuls für Unternehmen, adaptive Assistenzsysteme als Schlüsselfaktor einer nachhaltigen, zukunftsfähigen und menschenzentrierten Arbeitsgestaltung im digitalen Wandel zu begreifen.

2 Methodik und Forschungsansatz

Zur Analyse adaptiver Assistenzsysteme in industriellen Arbeitskontexten wurde ein qualitativ geprägtes Mixed-Methods-Design gewählt. Dieser methodische Ansatz eignet sich besonders zur Untersuchung komplexer, technikgetriebener Veränderungen in der Arbeitswelt, da er sowohl technische als auch soziale Wirkungen erfassen kann.

Die Datengrundlage stützt sich auf vier komplementäre Quellen:

- Wissenschaftliche Fachliteratur aus Arbeitswissenschaft, Ergonomie, KI-Forschung, Mensch-Technik-Interaktion und Soziologie.
- Anwendungsberichte aus Industrieprojekten mit Assistenzsystemen (z. B. Werkerassistenzlösungen wie „XTEND“ oder „Der Schlaue Klaus“) (Brünninghaus und Deppe 2022; Yigitbas et al. 2023).
- Whitepapers und Herstellerdokumentationen, insbesondere zur Integration von LLMs und AR-gestützter Montagehilfen. Letztere wurden ausschließlich zur Beschreibung technischer Funktionen genutzt, nicht zur Bewertung der Wirksamkeit
- Interviews und Erfahrungsberichte von fünf Expert:innen aus Produktion, Technikentwicklung und Instandhaltung, die adaptive Assistenzsysteme im eigenen Unternehmen eingeführt oder evaluiert haben.

Die Auswahl der Quellen folgte einem gezielten Sampling-Ansatz. Berücksichtigt wurden ausschließlich Beiträge, die belastbare Informationen zu Funktionsprinzipien,

Einsatzbedingungen und beobachtbaren Wirkungen adaptiver Assistenzsysteme liefern. Besonderes Augenmerk wurde auf eine internationale Literaturbasis gelegt, um den nationalen Diskurs mit globalen Entwicklungen abzugleichen.

Die methodische Umsetzung umfasste drei zentrale Zugänge: eine systematische Literaturrecherche, eine qualitative Fallstudienanalyse sowie halbstrukturierte Experteninterviews. Die Literaturrecherche erfolgte in relevanten wissenschaftlichen Datenbanken (z. B. Google Scholar, IEEE Xplore, SpringerLink). Die Auswahlkriterien umfassten peer-reviewed oder anwendungsnahe Beiträge mit Fokus auf industrielle Kontexte, Adaptivitätsaspekte und empirisch fundierte Systembeschreibungen. Ausgeschlossen wurden rein theoretische Arbeiten ohne Anwendungsbezug, medizintechnische Lösungen ohne Übertragbarkeit auf industrielle Kontexte sowie marketingorientierte oder meinungsbasierte Beiträge.

Anhand der Literatur wurden bestehende Klassifikationen, Wirkungsmodelle und technologische Trends identifiziert und mit aktuellen Forschungsergebnissen zu KI-basierter Adaptivität abgeglichen. Darauf aufbauend wurden ausgewählte Fallbeispiele analysiert, bei denen adaptive Assistenzsysteme in realen industriellen Umgebungen implementiert wurden. Dabei wurden u. a. Einsatzkontext, technische Architektur, Einbindung in bestehende Arbeitsprozesse sowie spezifische Adaptivitätsmerkmale (Personalisierung, Kontextsensitivität, Lernfähigkeit) betrachtet. Ebenso wurden beobachtete Effekte wie Fehlerquote, Bearbeitungszeit und kognitive Belastung berücksichtigt. Ergänzend wurden fünf halbstrukturierte Experteninterviews mit Fachkräften aus Produktion, Technikentwicklung und Instandhaltung durchgeführt. Der Leitfaden umfasste Fragestellungen zu wahrgenommenem Nutzen und Risiken, Akzeptanzfaktoren, Anforderungen an Erklärbarkeit und Transparenz sowie organisatorischen Rahmenbedingungen für eine erfolgreiche Systemeinführung. Diese dienten dazu, Einschätzungen zu aktuellen Trends, Potenzialen und Barrieren adaptiver Assistenzsysteme aus der betrieblichen Perspektive zu erfassen.

Ein weiterer methodischer Schwerpunkt lag auf der Technik- und Interaktionsanalyse. Hierbei wurden ausgewählte Systeme hinsichtlich der zentralen Adaptivitätsmerkmale Personalisierung, Kontextsensitivität und Lernfähigkeit untersucht. Zusätzlich wurde ihre Benutzerfreundlichkeit (Usability) bewertet, um Zusammenhänge zwischen technischer Leistungsfähigkeit und Nutzerakzeptanz abzuleiten.

Die Daten wurden mittels qualitativer Inhaltsanalyse (deduktiv-induktiv) ausgewertet. Deduktive Hauptkategorien orientierten sich an den Forschungsfragen und den drei Adaptivitätsdimensionen (Personalisierung, Kontextsensitivität, Lernfähigkeit); induktiv wurden weitere Codes aus dem Material entwickelt zu Themen wie Erklärbarkeit, Akzeptanz, Systemintegration und Governance.

Zentraler Ausgangspunkt der Untersuchung waren vier leitende Forschungsfragen: Welche Formen adaptiver Assistenzsysteme kommen aktuell in der Industrie zum Einsatz, und wie lassen sie sich systematisch klassifizieren? Welche Wirkungen zeigen sich auf Arbeitsprozesse, Qualifikationsanforderungen und subjektives Arbeitserleben? Welche technischen, organisatorischen und sozialen Herausforderungen treten bei ihrer

Einführung auf? Und schließlich: Wie lassen sich adaptive Systeme menschenzentriert, erklärbar und nachhaltig in bestehende Prozesse integrieren?

Die Kombination aus Literaturarbeit, Fallstudienanalyse und Experteninterviews erlaubt ein interdisziplinär fundiertes, praxisnahes Gesamtbild des Status quo adaptiver Assistenzsysteme in der industriellen Arbeitswelt. Diese Erkenntnisse bilden die Grundlage für die folgenden Ergebnisse und Empfehlungen.

3 Ergebnisse

Die Analyse verdeutlicht, dass adaptive Assistenzsysteme im industriellen Kontext zunehmend als Schlüsseltechnologie für die Gestaltung digitaler Arbeit betrachtet werden. Insbesondere KI-gestützte Systeme auf Basis von Large Language Models ermöglichen eine dialogbasierte, kontextsensitive Interaktion in natürlicher Sprache. Dadurch verschiebt sich ihre Rolle von der rein funktionalen Unterstützung hin zu einem lernfähigen Ko-Akteur im Arbeitsprozess (Neumark und Tschakert 2019).

Drei Dimensionen der Adaptivität haben sich in der Untersuchung als besonders relevant erwiesen: Erstens die Personalisierung. Assistenzsysteme, die sich an Sprachgewohnheiten, Erfahrungsniveau und Präferenzen der Nutzer:innen anpassen, können Einarbeitungszeiten verkürzen, Unsicherheiten reduzieren und Handlungssicherheit erhöhen. Solche Systeme lernen durch Nutzerfeedback und passen Informationen kontextsensitiv an (Passalacqua et al. 2025). Die Fallstudie eines KI-gestützten Assistenzsystems bei Weidmüller verdeutlicht diesen Trend: Beschäftigte interagieren über ein textbasiertes Dialogsystem mit einem LLM, das auf technische Dokumentationen und Erfahrungswissen zugreift. Die Ausgaben sind kontextspezifisch und passen sich mit nachweisbaren Effekten auf Fehlerquote und Bearbeitungszeit an die jeweilige Wartungssituation an.

Zweitens erweist sich die Kontextsensitivität als entscheidende Voraussetzung für situativ wirksame Unterstützung. Systeme, die Umgebungsdaten in Echtzeit verarbeiten, z. B. über AR-Brillen mit integrierter Sensorik, können Arbeitsfortschritte erkennen, Fehlerquellen antizipieren und relevante Informationen genau dann bereitstellen, wenn sie benötigt werden. Fallstudien belegen, dass AR-gestützte Assistenzlösungen bei Wartungsaufgaben die Bearbeitungszeit um 21 % senken und die mentale Belastung um 26 % reduzieren können wie eine Fallstudie mit 42 Wartungskräften im Vergleich papierbasierter und AR-gestützter Anleitungen zeigte (Eversberg und Lambrecht 2023; Eckert et. al. 2023; Gualtieri et al. 2024). Darüber hinaus zeigen Meta-Analysen, dass AR-basierte Systeme die Effizienz von Trainings- und Unterstützungsprozessen verbessern und die Lernkurve insbesondere bei standardisierten Montage- und Wartungsprozessen verkürzen können (Morales Méndez und del Cerro Velázquez 2024; Morales Méndez und del Cerro Velázquez 2025). Auch der Wissenstransfer in Produktionsumgebungen lässt sich nachweislich verbessern.

Drittens ist die Lernfähigkeit adaptiver Systeme zentral für deren langfristige Wirksamkeit. Systeme, die kontinuierlich Interaktionsdaten analysieren und aus wiederkehrenden Mustern lernen, können sowohl Handlungsoptionen als auch Benutzeroberflächen dynamisch verbessern. Insbesondere in Umgebungen mit wechselnden Anforderungen oder heterogenen Nutzergruppen markiert die Fähigkeit zur Selbstoptimierung einen Paradigmenwechsel: Weg vom reaktiven Werkzeug zu einem interaktiven, lernfähigen Unterstützungssystem, das zunehmend kontextbewusst agiert und Vorschläge dynamisch anpasst.

Trotz dieser Potenziale zeigen sich klare Herausforderungen. Die Erklärbarkeit KI-generierter Vorschläge bleibt insbesondere in sicherheitskritischen oder stark regulierten Bereichen ein zentrales Thema. Beschäftigte äußerten in Interviews den Wunsch nach transparenteren Entscheidungslogiken, um Vertrauen aufzubauen und die eigene Verantwortung im Arbeitsprozess nicht zu verlieren. Auch die Gefahr der kognitiven Überforderung wurde benannt: Wenn Systeme zu viele Informationen liefern oder Handlungsoptionen nicht nachvollziehbar priorisieren, kann dies zu Verwirrung statt Unterstützung führen.

Darüber hinaus wurden organisationale und normative Aspekte als zentrale Barrieren identifiziert. In mehreren Fallstudien zeigte sich, dass adaptive Assistenzsysteme zwar technisch einsatzbereit waren, ihre Implementierung jedoch an fehlenden Schulungskonzepten, unklaren Verantwortlichkeiten oder mangelnder Einbindung der Beschäftigten scheiterte. Auch Datenschutzbedenken – insbesondere in Verbindung mit sensiblen Nutzungsdaten – hemmen die nachhaltige Integration. Hinzu kommt, dass viele Unternehmen adaptive Systeme noch immer als rein technische Innovation betrachten, obwohl ihre Wirkung maßgeblich von sozial-organisatorischen Rahmenbedingungen abhängt.

Ein wiederkehrendes Thema in Interviews und Fallbeispielen war die Fähigkeit adaptiver Systeme, über vorab definierte Nutzungsszenarien hinaus flexibel zu reagieren – insbesondere auf: multilinguale, divers zusammengesetzte Teams; variierende Produktionsbedingungen; und spontane Aufgabenwechsel ohne Neutraining. In der internationalen Forschung wird dieses Phänomen bislang nicht explizit als „Systemflexibilität" bezeichnet, es findet sich jedoch in verwandten Konzepten wie „robustness", „domain transfer", „resilience" oder „scalability" (Weyns et al. 2023; Passalacqua et al. 2025; Koteczki und Balassa 2025). Diese Fähigkeit, auf situative Varianz adaptiv und stabil zu reagieren, erscheint als zentrale Anforderung für zukunftsfähige Assistenzlösungen, insbesondere im Hinblick auf Resilienz, Nutzerdiversität und betrieblichen Wandel.

Ein zentrales Ergebnis betrifft zudem die noch eingeschränkte empirische Evidenz über langfristige Wirkungen adaptiver Assistenzsysteme unter realen Industriebedingungen. Zwar existieren erste Erhebungen wie die Umfragestudie von Weyns et al. (2022), die Nutzungspraktiken und Herausforderungen in Unternehmen dokumentiert, sowie qualitative Studien zu konkreten Anwendungsfällen. Es fehlen bislang systematische Langzeituntersuchungen, etwa zu Auswirkungen auf Qualifikationsentwicklung, Arbeitszufriedenheit oder nachhaltige Produktivität. Ebenso ist weitgehend unerforscht, wie sich adaptive Systeme auf heterogene Nutzergruppen auswirken, z. B. auf ältere Beschäftigte, Mitarbeitende mit geringen formalen Qualifikationen oder multilingual zusammengesetzte Teams. In anderen Bereichen wie ADAS (Advanced Driver Assistance Systems) zeigte eine aktuelle Literaturübersicht, dass Nutzerakzeptanz stark nach Nutzergruppen variiert, mit klaren Sozial- und Altersgruppenunterschieden – ein Indiz dafür, dass solche Aspekte auch bei industriellen Assistenzsystemen zu berücksichtigen sind, aber bisher unzureichend erforscht wurden (Koteczki und Balassa 2025).

Insgesamt belegen die Ergebnisse, dass adaptive Assistenzsysteme nur dann wirksam sind, wenn sie nicht nur technisch leistungsfähig, sondern auch menschenzentriert, erklärbar und organisatorisch integriert gestaltet sind. Nur so entfalten sie ihr Potenzial, Nutzer:innen zu entlasten, Prozesse zu optimieren und eine vertrauensvolle Mensch-Technik-Kooperation zu ermöglichen.

4 Schlussfolgerungen und Implikationen

Die Untersuchung adaptiver Assistenzsysteme zeigt: Der Einsatz von Künstlicher Intelligenz, insbesondere von LLMs, eröffnet neue Dimensionen in der Gestaltung menschzentrierter, intelligenter Arbeitsunterstützung. Systeme, die sich individuell an Nutzer:innen und deren Arbeitskontext anpassen, steigern nicht nur Effizienz und Qualität, sondern können unter geeigneten Gestaltungsbedingungen auch zur Akzeptanz digitaler Technologien im industriellen Umfeld beitragen (vgl. Passalacqua et al. 2025). Gleichzeitig wird deutlich, dass technologische Leistungsfähigkeit allein nicht ausreicht: Entscheidend ist die Art und Weise, wie solche Systeme gestaltet, eingeführt und genutzt werden.

Für die wissenschaftliche Forschung ergeben sich mehrere zentrale Erkenntnisse: Erstens zeigt sich, dass bestehende Modelle der Mensch-Technik-Interaktion erweitert werden müssen, um die Dynamik und Eigenlogik lernfähiger KI-Systeme adäquat zu erfassen. Zweitens erfordert die zunehmende semantische Tiefe von LLMs neue Methoden zur Evaluation von Systemverhalten, Transparenz und Erklärbarkeit. Drittens ist interdisziplinäre Forschung unerlässlich. Nur durch die Verbindung von Technik-, Sozial- und Arbeitswissenschaften lassen sich adaptive Assistenzsysteme nachhaltig und verantwortungsvoll gestalten.

Für Unternehmen ergeben sich daraus vier zentrale Handlungsfelder: (1) Partizipative Systemgestaltung durch Einbindung der Beschäftigten, (2) gezielte Qualifizierungsmaßnahmen für die sichere Nutzung, (3) Transparenzstrategien zur Förderung von Vertrauen in KI-basierte Entscheidungen und (4) integrative Prozessgestaltung, die Assistenzsysteme als Ergänzung, nicht als Ersatz menschlicher Expertise versteht.

Gleichzeitig müssen ethische und normative Implikationen berücksichtigt werden: Fragen nach der Verantwortung für KI-generierte Handlungsempfehlungen, der Schutz sensibler Daten und die Vermeidung algorithmischer Verzerrungen sind nicht nur technische, sondern auch gesellschaftliche Herausforderungen.

Mit Blick auf zukünftige Entwicklungen wird deutlich, dass adaptive Assistenzsysteme noch am Anfang ihres technologischen und organisationalen Reifegrads stehen. Zentrale Trends wie Multimodalität (die Kombination von Sprache, Gestik, Touch und Blicksteuerung) eröffnen neue Interaktionsformen, insbesondere in dynamischen, körperlich fordernden Arbeitsumgebungen. Auch erklärbare KI (Explainable AI) gewinnt an Bedeutung: Nur wenn Systeme Entscheidungen transparent und nachvollziehbar begründen können, lässt sich nachhaltiges Vertrauen insbesondere in sicherheitskritischen oder hochregulierten Einsatzbereichen bei den Nutzer:innen aufbauen.

Insgesamt zeigt sich: Adaptive, KI-gestützte Assistenzsysteme haben das Potenzial, die industrielle Arbeitswelt grundlegend positiv zu verändern – vorausgesetzt, ihr Einsatz wird nicht nur technologisch exzellent, sondern auch verantwortungsvoll, inklusiv und partizipativ gestaltet.

Literatur

Bittner, J., & Lechner, D. (2018). Human Factors in Industrial Automation: A review of the literature. *Journal of Ergonomics*.

Brünninghaus, M., & Deppe, S. (2022). Advancements in vocational training through mobile assistance systems. In *Human-Technology Interaction*. Springer.

Deppe, S., Brünninghaus, M., Voit, M., & Röcker, C. (2022). Anwendungsszenarien für AR in der Produktion: Use Cases und Technologielösungen. *HMD – Praxis der Wirtschaftsinformatik*, 59(1), 351–366. https://doi.org/10.1365/s40702-021-00822-0

Deppe, S., Brandt, L., Brünninghaus, M., Papenkordt, J., Heindorf, S., & Tschirner-Vinke, G. (2022, September). AI-based assistance system for manufacturing. In *Proceedings of the 27th IEEE International Conference on Emerging Technologies and Factory Automation (ETFA)* (pp. 1–4). IEEE. https://doi.org/10.1109/ETFA52439.2022.9921545

Eckert, M., Vogt, J., & Günthner, W. A. (2023). Augmented reality in maintenance of aircraft landing gears. Computers in Industry, 148, 103917.

Eversberg, L., & Lambrecht, J. (2023). Evaluating digital work instructions with augmented reality versus paper-based documents for manual, object-specific repair tasks: A case study with experienced workers. *The International Journal of Advanced Manufacturing Technology*, 127(3–4), 1859–1871. https://doi.org/10.1007/s00170-023-11870-2

Fischer, K., & Mütze-Niewöhner, S. (2022). Adaptive Assistenzsysteme: Technische, ergonomische und ethische Perspektiven. In *Arbeitsforschung 2022*. Springer Vieweg. https://doi.org/10.1007/978-3-658-37897-8_8

Gualtieri, L., Öhler, M., Revolti, A., & Dallasega, P. (2024). A visual management and augmented-reality-based training module for enhancing procedural knowledge retention. *Computers & Industrial Engineering*, 196, 110478. https://doi.org/10.1016/j.cie.2024.110478

Koteczki, R., & Balassa, B. E. (2025). Systematic literature review of user acceptance factors of advanced driver assistance systems across different social groups. *Transportation Research Interdisciplinary Perspectives*, 31, 101486. https://doi.org/10.1016/j.trip.2024.101486

Kuo, T. C., & Yang, C. H. (2021). A study on the acceptance of collaborative robots in manufacturing. *Journal of Manufacturing Systems*, 58, 193–204. https://doi.org/10.1016/j.jmsy.2020.07.006

McKinsey Global Institute. (2023). *Generative AI and the future of work in America*. https://www.mckinsey.com/mgi

Moghaddam, M., Wilson, N. C., Modestino, A. S., Jona, K., & Marsella, S. C. (2021). Exploring augmented reality for worker assistance versus training. *Advanced Engineering Informatics*, 50, 101410. https://doi.org/10.1016/j.aei.2021.101410

Morales Méndez, G., & del Cerro Velázquez, F. (2024). Impact of augmented reality on assistance and training in Industry 4.0: A qualitative evaluation and meta-analysis. *Applied Sciences*, 14(11), 4564. https://doi.org/10.3390/app14114564

Morales Méndez, G., & del Cerro Velázquez, F. (2025). Adaptive Augmented Reality Architecture for Optimising Assistance and Safety in Industry 4.0. Big Data and Cognitive Computing, 9(5), 133.

Neumark, K., & Tschakert, N. (2019). The role of human factors in the implementation of robotics in industry. *Procedia Manufacturing*, 39, 591–598. https://doi.org/10.1016/j.promfg.2020.01.365

Organisation for Economic Co-operation and Development (OECD). (2024). *The impact of artificial intelligence on productivity, distribution and growth*. OECD Publishing. https://doi.org/10.1787/9789264567891-en

Passalacqua, M., Pellerin, R., Magnani, F., Doyon-Poulin, P., Del-Aguila, L., Boasen, J., & Léger, P. M. (2025). Human-centred AI in Industry 5.0: A systematic review. *International Journal of Production Research*, 63(7), 2638–2669. https://doi.org/10.1080/00207543.2024.2039561

Presse- und Informationsamt der Bundesregierung. (2025, Juni). Einheitliche Regeln für Künstliche Intelligenz in der EU. https://www.bundesregierung.de/breg-de/aktuelles/ai-act-2285944

Pollini, A., Giacobone, G. A., Zannoni, M., Pucci, D., Vignali, V., Falegnami, A.,... & Romano, E. (2025). Human–machine interaction design in adaptive automation. *Procedia Computer Science*, 253, 1034–1044. https://doi.org/10.1016/j.procs.2023.10.089

Weidner, R., Reuter, C., & Ebener, M. (2020). Human Factors in der Industrie 4.0: Anforderungen an digitale Assistenzsysteme. *Zeitschrift für Arbeitswissenschaft*, 74(1), 1–10. https://doi.org/10.1007/s41449-019-00178-9

Weyns, D., Gerostathopoulos, I., Abbas, N., Andersson, J., Biffl, S., Brada, P.,... & Pelliccione, P. (2023). Self-adaptation in industry: A survey. *ACM Transactions on Autonomous and Adaptive Systems*, 18(2), 1–44. https://doi.org/10.1145/3582979

Yigitbas, E., Sauer, S., & Engels, G. (2023). Self-adaptive digital assistance systems for work 4.0. In Digital transformation: Core technologies and emerging topics from a computer science perspective (pp. 475–496). Berlin, Heidelberg: Springer Berlin Heidelberg.

Zancul, E., & de Oliveira, S. (2021). Design thinking: A valuable tool for enhancing human–robot collaboration. *International Journal of Advanced Manufacturing Technology*, 114, 2297–2312.

Betriebsräte als Impulsgeber für eine aktive KI-Mitgestaltung – Betriebliche Gestaltungsmöglichkeiten erkennen und nutzen

Svenja Budde, Markus Dempki und Oliver Dietrich

1 Ausgangssituation und Herausforderungen

Das Kompetenzzentrum Arbeitswelt.Plus war gekennzeichnet durch eine enge Zusammenarbeit von Wissenschaft und Forschung, Wirtschaft und Gewerkschaftsakteuren. Diese heterogene Zusammensetzung bot die Grundlage für eine vielschichtige und ganzheitliche Perspektive auf die Mitgestaltung von Künstlicher Intelligenz (KI) und war gleichzeitig die Basis zum Austausch und zur Zusammenarbeit im Rahmen des 5-jährigen Forschungsprojekts.

Die IG Metall Bezirksleitung Nordrhein-Westfalen (IG Metall NRW) in Kooperation mit den sechs IG Metall Geschäftsstellen in Ostwestfalen-Lippe und die Technologieberatungsstelle beim DGB NRW e. V. (TBS NRW) nahmen im Rahmen des Projekts eine Querschnittsrolle ein, indem sie die Betriebsräte der beteiligten Unternehmen bei den „Forschungs"- und Praxisaktivitäten im Sinne eines sozialpartnerschaftlichen Vorgehens unterstützten und befähigten.

S. Budde (✉) · M. Dempki
Technologieberatungsstelle beim DGB NRW e. V., Regionalstelle Bielefeld, Bielefeld, Deutschland
E-Mail: svenja.budde@tbs-nrw.de

M. Dempki
E-Mail: markus.dempki@tbs-nrw.de

O. Dietrich
IG Metall Bezirksleitung Nordrhein-Westfalen, Düsseldorf, Deutschland
E-Mail: oliver.dietrich@igmetall.de

R. Dumitrescu (Hrsg.), *KI für die Arbeitswelt von morgen*, Intelligente Technische Systeme – Lösungen aus dem Spitzencluster it's OWL, https://doi.org/10.1007/978-3-662-73053-9_8

Zu Projektbeginn im Jahr 2020 war das Thema KI in der Arbeitswelt zwar bekannt, wissenschaftliche Erkenntnisse und Einsatzszenarien in kleinen und mittleren Unternehmen (KMU) war jedoch gering ausgeprägt. Dieses zeigte sich u. a. dadurch, dass eine Anbindung von KI in die Unternehmensstrategie selten identifiziert werden konnte (vgl. Burchardt und Aschenbrenner 2021). Ebenso wenig war es für Arbeitgeber üblich, Betriebsräte in derartige Aktivitäten systematisch einzubinden. Der Einsatz von KI in KMU und damit verbundene Erfahrungswerte nahmen erst im weiteren Projektverlauf, insbesondere ab 2021 zu (vgl. Demary und Goecke 2021).

Eine weitere Herausforderung kennzeichnete sich dadurch, dass zu Projektbeginn das Thema KI für Betriebsräte ein sehr abstraktes Handlungsfeld darstellte. Die Abgrenzung von KI zu bestehenden IT-Anwendungen sowie zum Mitbestimmungs- und Gestaltungsauftrag waren wenig ausgeprägt oder nur schwach erkennbar. Überwiegend konnte eine tendenziell pessimistische Einstellung gegenüber KI und deren Auswirkungen auf Arbeitsplatzsicherheit, Lohngestaltung, Arbeitsschutz, Qualifizierung sowie soziale Zusammenhänge beobachtet werden. Diese Wahrnehmung deckte sich mit Erkenntnissen zur Einstellung gegenüber KI in der Arbeitswelt (vgl. Gondlach und Regneri 2021; Hirsch-Kreinsen und Ittermann 2021).

Zentrale Fragen der Mitgestaltung von KI

Ausgehend von einer zunehmenden Relevanz von KI-Anwendungen in der Arbeitswelt sowie deren Einfluss auf Arbeitsbedingungen, Arbeitsprozesse, Arbeitsinhalte und die betrieblichen Mitbestimmungs- und Mitgestaltungsthemen, wurden folgende Fokusfragen zentral durch die IG Metall NRW, die TBS NRW und die Betriebsräte betrachtet:

Fokusfrage 1:
Welche Rahmenbedingungen werden für eine wirkungsvolle KI-Mitgestaltung benötigt?
Fokusfrage 2:
Sind für den Einsatz von KI andere Qualifizierungen und Kompetenzen erforderlich?
Fokusfrage 3:
Wie lässt sich der MOT-Ansatz für die KI-Betriebsratsarbeit nutzen?

2 Vorgehen

Wissenschaftliche sowie praktische Erkenntnisse in der betrieblichen Mitgestaltung von KI, die als Grundlage für die Arbeit mit den beteiligten Betriebsräten genutzt werden konnten, waren zu Projektbeginn nur gering verfügbar. Daher wurde die Arbeit mit den Betriebsräten durch Methoden der qualitativen Forschung flankiert.

Ziel war es, mittels dieser Vorgehensweise tiefere Einblicke in die Betriebsratsarbeit zu gewinnen und die Perspektiven der Betriebsräte zu verstehen, damit diesen bedarfsgerechte Angebote zum Thema KI unterbreitet werden konnten. Im Zuge dessen wurden z. B. Betriebsräte teilstrukturiert interviewt, um detaillierte, kontextbezogene

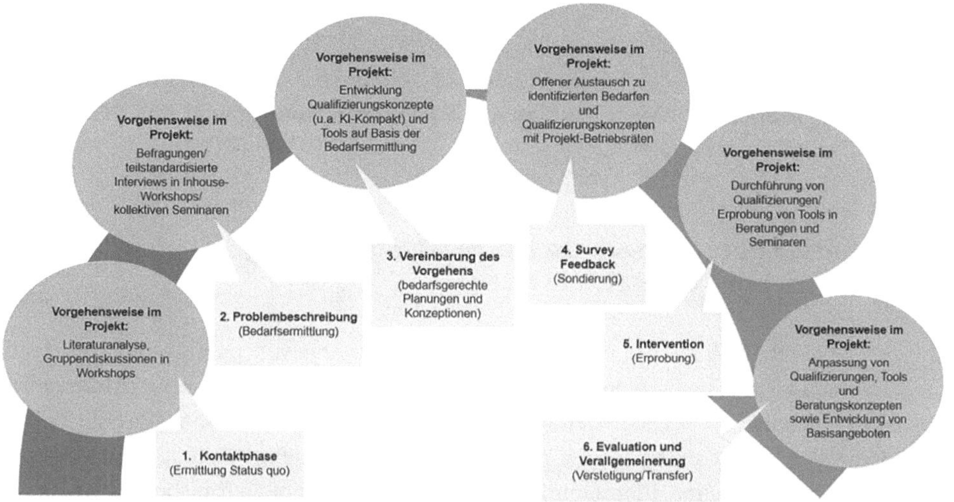

Abb. 1 Vorgehensweise der Bedarfsermittlung und Maßnahmenentwicklung für Betriebsräte durch die IG Metall NRW und TBS NRW

Informationen direkt von den Befragten zu erhalten. Darüber hinaus wurde Literatur zum Thema KI analysiert, um detailliertere, historische und aktuelle Entwicklungen zur KI-Betriebsratsarbeit zu gewinnen. Im Rahmen von KI-Workshops wurden mittels Gruppendiskussionen Betriebsräte zum Einsatz von KI im Betrieb befragt. Damit konnten verschiedene Perspektiven und Erfahrungen zum betrieblichen Einsatz von KI erfasst werden. Mittels Methoden der Aktionsforschung nach Richenhagen und Dick (2019) und deren einzelnen Phasen:

1. Kontaktphase (Ermittlung Status quo)
2. Problembeschreibung (Bedarfsermittlung)
3. Vereinbarung des Vorgehens (bedarfsgerechte Planungen und Konzeptionen)
4. Survey Feedback (Sondierung)
5. Intervention (Erprobung)
6. Evaluation und Verallgemeinerung (Verstetigung/Transfer) (s. Abb. 1).

3 Ansätze, Handlungsfelder und Zugänge für Sensibilisierung, Aktivierung und Empowerment

Die im Rahmen der Bedarfsermittlung gewonnenen Erkenntnisse legten den Schluss nahe, dass es für die IG Metall NRW und die TBS NRW zunächst von zentraler Bedeutung war, ein Bewusstsein für die Mitgestaltung sowie eine Befähigung zur Mitbestimmung zu schaffen. Die Sensibilisierung und das Empowerment von Betriebsräten zum Thema KI waren als Querschnittsaufgaben von besonderer Bedeutung. Es zeigte sich, dass kollektive Qualifizierungsangebote für eine breite und heterogene Zielgruppe sowie individuelle Beratungs- und Coachingansätze benötigt wurden. Darüber hinaus wurde die Wichtigkeit einer KI-Strategieentwicklung für Betriebsräte erkannt.

3.1 Ansatz der soziotechnischen Systemgestaltung MOT aus Perspektive der Betriebsräte

Um eine qualitative Praxisbegleitung sowie eine Ableitung von praxisgerechten Handlungsoptionen zu erreichen, wurde auf den bereits etablierten MOT-Ansatz (Mensch-Organisation-Technik) zurückgegriffen (s. Abb. 2). Dabei wurde insbesondere eine Fokussierung auf die humanzentrierte sowie integrierte Schnittstellengestaltung vorgenommen (vgl. Hirsch-Kreinsen und Ittermann 2021). Dieser Ansatz bot sich insbesondere an, da zu Beginn des Projekts wenig Empirie bzgl. der systematischen Berücksichtigung von MOT in der Gestaltung betrieblicher Digitalisierungsprozesse zur Verfügung stand und Betriebsräten Ideen für eine praktische Nutzung des MOT-Ansatzes fehlten (vgl. Bendel und Latniak 2020; Latniak et al. 2023).

Die IG Metall NRW und die TBS NRW haben mit den Betriebsräten nach Handlungsfeldern gesucht, die anschlussfähig für die weitere Arbeit mit dem MOT-Ansatz waren und die es im Verlaufe des Projekts weiter zu gestalten galt. Die identifizierten Hand-

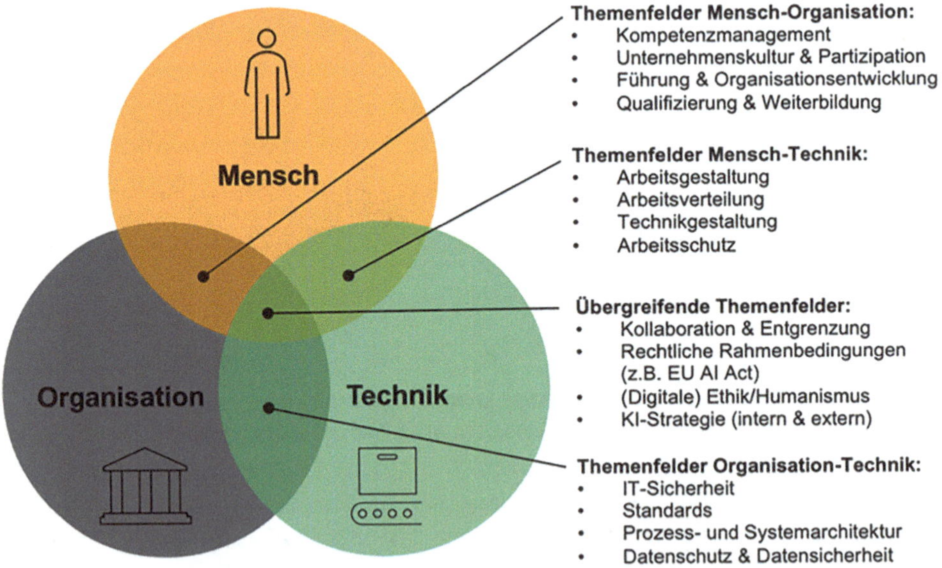

Abb. 2 MOT-Ansatz im Kontext von Technik- und KI-Einsatz in der betrieblichen Praxis

lungsfelder wurden in vier Kategorien unterteilt, die mittels eines praxisorientierten Beobachtungs- und Entwicklungsprozesses der Beteiligten vertiefend betrachtet werden konnten (vgl. Richenhagen und Dick 2019). In diesem Sinne wurde die Entwicklung unterschiedlicher Gremien beobachtet, der MOT-Ansatz regelmäßig durch die IG Metall NRW und die TBS NRW zusammen mit den Betriebsräten reflektiert und sukzessiv um die Betriebsratsperspektive erweitert (s. Kap. „Erklärbare KI im Mittelstand").

3.2 Entwicklung von KI-Qualifikationsschulungen

Grundlage der Entwicklung von KI-Qualifikationsschulungen war die qualitative Bedarfsermittlung zum Start des Projekts. Es zeigte sich, dass zum Projektstart keine zielgruppenspezifischen KI-Qualifizierungsangebote verfügbar waren. Daher wurden passgenaue Angebote wie folgt entwickelt und konzipiert:

- **Künstliche Intelligenz (KI) im Betrieb – Das Betriebsverfassungsgesetz (BetrVG) kompetent anwenden:** Inhalt dieses Seminars waren der rechtliche Status quo und die gesetzlichen Neuerungen in Bezug auf KI für Betriebsräte im Zuge des Betriebsrätemodernisierungsgesetzes. Den Teilnehmenden wurden ihre Rechte und Pflichten in Bezug auf KI gemäß Betriebsverfassungsgesetz durch einen Fachanwalt nähergebracht.
- **Öffentlichkeitsarbeit im Betrieb – KI kompetent vermitteln:** Betriebsräten wurden in einem zweiteiligen Seminar die Chancen und Methoden einer zielgerichteten Kommunikationsstrategie sowie -umsetzung zum Thema KI im Betrieb vermittelt. Dabei war die BR-interne Kommunikation sowie die Kommunikation mit den Beschäftigten und dem Arbeitgeber der zentrale Aspekt.
- **KI-Modulreihe für Betriebsräte (digitales Format):** Dieses digitale Seminarangebot befasste sich mit dem Thema KI für Betriebsräte allgemein. Die Zielsetzung bestand darin, Betriebsräten einen Schnelleinstieg zu ermöglichen, um KI verstehen, einordnen, mitbestimmen und gestalten zu können.
- **KI-Seminare – KI-Kompakt (Präsenzformat):** In diesem Schulungsangebot wurden die Inhalte und Erfahrungen aus der digitalen KI-Modulreihe miteinander verknüpft und weiterentwickelt. In zwei Tagen wurden Betriebsräte in das Thema KI eingeführt und dahingehend befähigt, KI im eigenen Gremium sowie im Betrieb in den Blick zu nehmen und aktiv zu werden. Wissenserweiterung, Erfahrungsaustausch und Vernetzung standen dabei im Fokus.
- **Individuelle Beratungen zur KI-Strategieentwicklung:** Im Rahmen des Projekts und zusätzlich zu den kollektiven Schulungsangeboten, bei denen die Teilnehmerstruktur äußerst heterogen zusammengesetzt war, gab es die Möglichkeit der individuellen Beratung, des Coachings und der Praxisbegleitung. In diesen Formaten wurden einzelne Gremien nach ihren individuellen Bedürfnissen geschult, Methoden zur KI-Einordung/-Gestaltung ausprobiert und eigene Strategien sowie Vorgehensweisen mit dem jeweiligen Gremium entwickelt.

3.3 Vernetzung und Anpassung der Angebote

Im Laufe des Projekts zeigte sich, dass von Betriebsräten verstärkt Betriebsvereinbarungen zu KI nachgefragt wurden. Die IG Metall NRW entwickelte in Zusammenarbeit mit der TBS NRW sowie mit einem Betriebsräte-Expertennetzwerk „Mustertextbausteine" für eine KI-(Rahmen)Betriebsvereinbarung. Eine Handreichung mit Musterbausteinen wurde erstellt und veröffentlicht.

Die identifizierten Bedarfe, Qualifizierungsangebote sowie im Projekt entwickelten Tools wurden im Projektverlauf regelmäßig mit den beteiligten Gremien in den durchgeführten betrieblichen Workshops und Seminaren diskutiert, überprüft und an die damit einhergehenden Bedarfe angepasst (s. Abb. 1).

4 Erkenntnisse zur KI-Mitgestaltung

Durch die verschiedenen Projektaktivitäten (s. Abschnitte „Vorgehen" und „Ansätze, Handlungsfelder und Zugänge für Sensibilisierung, Aktivierung und Empowerment" konnten zu den im Abschnitt „Ausgangssituation und Herausforderung" beschriebenen Fokusfragen Erkenntnisse gewonnen werden, die nachfolgend näher erläutert werden.

Fokusfrage 1: Welche Rahmenbedingungen werden für eine wirkungsvolle KI-Mitgestaltung benötigt?
In der Zusammenarbeit mit den Betriebsräten wurde deutlich, dass die klassische IT-Mitbestimmung in vielen Fällen zu kurz greift. KI-Systeme gestalten sich hochdynamisch und bringen neue Funktionen und Ergebnisse mit sich. Dadurch stoßen bisherige Mitbestimmungs-, Mitgestaltungs- und Beteiligungsprozesse in den Betrieben zunehmend an ihre Grenzen. Diese Umstände werfen die Frage auf, inwieweit die Mitbestimmung, Mitgestaltung und Beteiligung – insbesondere bei KI-Systemen – zukünftig flexibler und agiler zu gestalten ist bzw. gestaltet werden kann. Eine ausschließliche Fokussierung auf die IT-Mitbestimmung und den Datenschutz engt die Gestaltungsmöglichkeiten der Betriebsräte ein. Vielmehr gilt es, die unterschiedlichen Mitbestimmungsrechte, Mitgestaltungsperspektiven und Beteiligungsaktivitäten auf den Gebieten IT, Arbeitsschutz, Qualifizierung, Ordnung und Verhalten im Betrieb etc. besser systematisch miteinander zu verzahnen und dynamischer zu gestalten.

Der Arbeitsschutz bietet breite Mitbestimmungsrechte beim Einsatz von KI, angefangen bei einer Gefährdungsbeurteilung bis hin zur Mitbestimmung von Arbeitsschutzmaßnahmen im Sinne einer sicheren und gesundheitsförderlichen Gestaltung von KI. Im Verlauf des Projekts wurde deutlich, dass Betriebsräte für dieses Mitbestimmungsrecht in Bezug auf KI stärker sensibilisiert werden müssen, damit sie dessen Potenziale und Stärken erkennen und anwenden können.

Darüber hinaus werden Strategieentwicklung und Networking mit anderen Betriebsräten zunehmend wichtiger. Inzwischen sind viele Gremien zu der Überzeugung gelangt, dass der Einsatz von KI die Arbeitsabläufe in den Betrieben weitreichend beeinflusst und verändert. Es ist zu konstatieren, dass das Thema KI bei Betriebsräten aktuell im Kontext von Mitbestimmungsrechten, Datenschutz, ethischen Anforderungen, rechtlichen Rahmenbedingungen und praktischen Anwendungsbeispielen diskutiert wird. Um Chancen besser nutzen zu können und Risiken stärker zu begegnen, sollten sich Betriebsräte untereinander weitreichend zu KI austauschen, schulen und professionalisieren.

Fokusfrage 2: Sind für den Einsatz von KI andere Qualifizierungen und Kompetenzen erforderlich?
Ein wesentlicher Baustein, um als Betriebsrat KI erfolgreich mitgestalten zu können, sind passgenaue Qualifizierungsmaßnahmen. Sie sind der Schlüssel für eine wirkungsvolle Mitbestimmung und Mitgestaltung im Betrieb. Dabei sind spezifische Kompetenzen, zum Beispiel zu bestimmten KI-Systemen im Betrieb hilfreich. Auch übergeordnete Kompetenzen, beispielweise die 4-K-Kompetenzen Kommunikation, Kollaboration, Kreativität und Kritisches Denken gewinnen immer mehr an Bedeutung. Dieses gilt gleichermaßen für die Beschäftigten, um sie in kontinuierliche Beteiligungsprozesse zur KI-Gestaltung im Betrieb einzubinden. Qualifizierung sowie Kompetenzaufbau zu KI-Systemen und deren Anwendung bilden dafür die Basis.

Zentral waren in diesem Zusammenhang die Thematisierung und Förderung von Future Skills, die eng mit KI verknüpft sind. Bedeutsam war und ist dabei die Annahme, dass KI nicht nur die Art und Weise, wie wir arbeiten, verändert, sondern auch die Fähigkeiten, die in Zukunft benötigt werden. Es zeigt sich, dass KI nicht nur technologische Veränderungen mit sich bringt, sondern auch die Notwendigkeit, neue Fähigkeiten zu entwickeln, um in einer zunehmend digitalisierten Arbeitswelt erfolgreich zu sein. Future Skills, wie z. B. analytisches Denken, ethisches Verständnis, technologische Kompetenz, Selbstwirksamkeit und Flexibilität werden durch den Einsatz von KI immer wichtiger.

Fokusfrage 3: Wie lässt sich der MOT-Ansatz für die KI-Betriebsratsarbeit nutzen?
Ein konkretes Rollenverständnis sowie Grundkompetenzen in den Handlungsfeldern von MOT sind elementar für die Entwicklung eines Bewusstseins bei Betriebsräten zum MOT-Ansatz. Sie bilden das Fundament für eine betriebliche Gestaltung von KI. Darüber hinaus ist es hilfreich für Betriebsräte, interne sowie externe Aktivitäten (z. B. Vernetzung) wahrzunehmen, um im Rahmen der Gestaltung und Mitbestimmung von KI gut navigieren zu können. In diesem Sinne konnten vier unterstützende Handlungsfelder identifiziert werden. Zu jedem Handlungsfeld gehören vier Entwicklungsmerkmale, die dem Betriebsrat als Orientierung dienen. Einerseits um zu prüfen, ob der Betriebsrat in dem jeweiligen Handlungsfeld mit dessen Merkmalen Kompetenzen aufweist, oder ob weitere Aktivitäten bzw. Qualifizierungsmaßnahmen erforderlich sind. Zu den Handlungsfeldern zählen (s. Abb. 3):

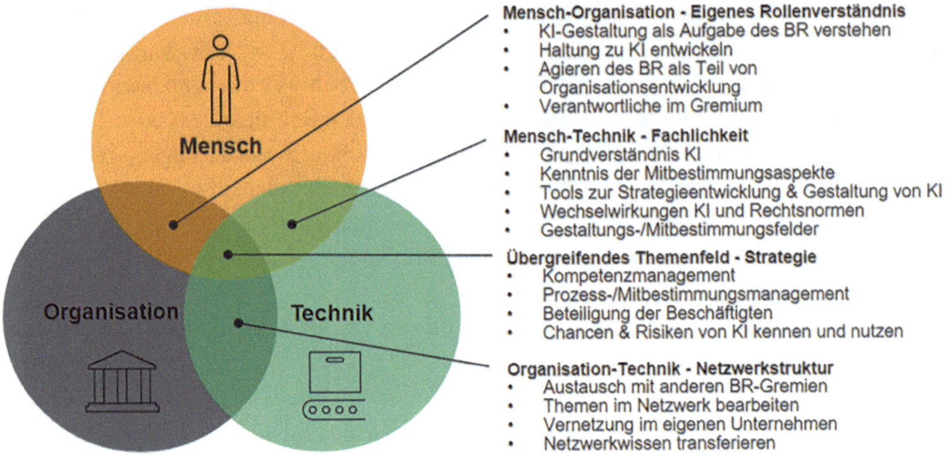

Abb. 3 MOT aus Betriebsratsperspektive – Handlungsfelder und Entwicklungsmerkmale

- **Eigenes Rollenverständnis:** Der Fokus dieses Handlungsfeldes liegt auf dem Vorhandensein eines Rollenverständnisses bezüglich KI sowie der aktiven Wahrnehmung dieser Rolle.
- **Fachlichkeit:** Ein wesentliches Handlungsfeld ist das Vorhandensein von Kompetenzen zu KI innerhalb des BR-Gremiums. Hier stehen primär die Sondierung fachlicher Kompetenzen, Basiswissen zu KI sowie Fähigkeiten der Mitbestimmung im Vordergrund.
- **Strategie:** Dieses Handlungsfeld ist für Betriebsräte von besonderer Bedeutung, um hinsichtlich Gestaltung und Mitbestimmung von KI strategisch gut aufgestellt zu sein. Die Sondierung der Entwicklungskriterien, wie Mitbestimmungs- und Kompetenzmanagement, Kenntnis über Chancen und Risiken von KI sowie daran ausgerichtete Handlungen, kann Betriebsräten helfen, das eigene Gremium zu verorten und bei Bedarf den systematischen Aufbau dieses Handlungsfeldes voranzutreiben.
- **Vernetzung:** Die Arbeit mit den Betriebsräten im Projekt hat gezeigt, dass ein unterstützender Baustein von KI-Mitbestimmung und Gestaltung die Vernetzung ist. Dieses bezieht sich auf Vernetzungsaktivitäten innerhalb der Organisation sowie außerhalb mit anderen Gremien oder auf den Transfer von Wissen in das eigene Netzwerk. Anhand der vorliegenden Entwicklungsmerkmale können Gremien ihren Grad an Vernetzung prüfen und gegebenenfalls aufbauen.

5 Ausblick

Die aktuellen Erfahrungen in der Zusammenarbeit mit den Betriebsratsgremien sowie mit den Beschäftigten zeigten, dass weiterhin hohe Unterstützungsbedarfe bestehen. Während einige Gremien bereits über umfangreiche Erfahrungswerte beim Thema KI verfügen, stehen andere erst ganz am Anfang und haben das Thema noch nicht oder erst kürzlich im Kontext der Mitbestimmung und Mitgestaltung aufgegriffen. Daher ist es auch zukünftig wichtig, Bildungsangebote für Einsteiger und Fortgeschrittene zum Thema KI anzubieten, zu verstetigen sowie qualitativ und quantitativ auszubauen und aktuell zu halten. Neben dem Aufbau von Know-how ist es darüber hinaus wichtig, Betriebsratsgremien bei der KI-Strategiearbeit zu unterstützen und zu fördern. Um die Arbeit der Betriebsräte wissenschaftlich fundiert zu betrachten, ist es basierend auf den gewonnenen Erkenntnissen empfehlenswert, konkrete Hypothesen zu formulieren, um diese dann quantitativ überprüfen zu können.

Zukünftig gilt es zudem, das Kompetenzmanagement in den Betrieben weiter zu institutionalisieren und zu professionalisieren – auch um eine bestimmte Haltung zu einer KI-Thematik entwickeln und vertreten zu können.

Es lässt sich insgesamt festhalten, dass die qualitativ generierten Erkenntnisse und Ansätze der Betriebsrats-Gestaltungsperspektive MOT in quantitative Forschungsszenarien zu überführen sind, um perspektivisch die Erweiterung des MOT-Ansatzes voranzutreiben. Weiterhin wird empfohlen, diesen Ansatz hinsichtlich der Perspektiverweiterung um weitere Gruppen, wie zum Beispiel die Beschäftigten, in der Forschung tiefergehend zu betrachten. Eine derart praxisnahe Erforschung und Erweiterung des soziotechnischen MOT-Ansatzes hat das Potenzial, die Stärken dieses Ansatzes zu befördern und humanzentrierte, mitbestimmte sowie -gestaltete betriebliche KI-Anwendungen weiter zu verbessern (vgl. Bendel und Latniak 2020).

Literatur

Bendel, A. & Latniak, E. (2020). Soziotechnisch – agil – lean: Konzepte und Vorgehensweisen für Arbeits- und Organisationsgestaltung in Digitalisierungsprozessen. In: Gr Interakt Org (2020) 51:285–297.

Burchardt, A. & Aschenbrenner, D. (2021). Praxisleitfaden KI = Kollaborativ und Interdisziplinär. In: Knappertsbusch, I. & Gondlach, K. (Hrsg.). Arbeitswelt und KI 2030. Herausforderungen und Strategien für die Arbeit von morgen. S. 11–19. Springer.

Demary, V. & Goecke, H. (2021). IW-Kurzbericht 81/2021. Wie KMU Künstliche Intelligenz nutzen.

Gondlach, K. A. & Regneri, M. (2021). Das Gespenst der German Angst: Sind wir zu skeptisch für KI-Entwicklung? Die Kunstfigur des ängstlichen Technologiefeinds und Mut zum kritischen Optimismus. In: Knappertsbusch, I. & Gondlach, K. (Hrsg.). Arbeitswelt und KI 2030. Herausforderungen und Strategien für die Arbeit von morgen. S. 3–10. Springer.

Hirsch-Kreinsen H. & Ittermann P. (2021). Digitalization of Work Processes: A Framework for Human-Oriented Work Design. In: McMurray, A., Muenjohn, N. & Weerakoon, C. (Eds.). The Palgrave Handbook of Workplace Innovation. Palgrave Macmillan, Cham. pp. 273–293.

Latniak, E., Tisch, A. & Kauffeld, S. (2023). Zur Aktualität soziotechnischer Arbeits- und Systemgestaltungsansätze in Zeiten von Digitalisierung und KI. In: Gr Interakt Org (2023) 54:1–8.

Richenhagen, G. & Dick, M. (2019). Aktions- und Handlungsforschung in den Arbeitswissenschaften. In: GfA, Dortmund (Hrsg.): Frühjahrskongress 2019, Dresden. Beitrag C.8.7 Arbeit interdisziplinär analysieren – bewerten – gestalten.

Praxisbeispiele

Praxisbeispiele – KI-Anwendungen in der betrieblichen Realität

Dieser Teil führt mitten in die Praxis. Acht Leuchtturmprojekte zeigen aus Unternehmenssicht, wie KI die Arbeit in ganz unterschiedlichen Bereichen verändert. Beteiligte Unternehmen sind unter anderem Kannegiesser, Bette, Weidmüller, Miele, Lenze, WAGO und Dr. Oetker. Dabei arbeiten sie jeweils eng mit Forschungspartnern zusammen, die IG Metall begleitet die Vorhaben als weiterer Sozialpartner.

Jedes Kapitel beschreibt einen konkreten Anwendungsfall entlang der Wertschöpfungskette: von Administration und Human Resources über Engineering, Produktion und Logistik bis hin zu Vertrieb und Service. Im roten Faden der Beiträge folgen Motivation und Zielsetzung auf die Beschreibung des Projektablaufs, die Darstellung der erzielten Ergebnisse und eine kritische Reflexion.

Leserinnen und Leser erfahren, welche Herausforderungen bei der Einführung von KI im Unternehmen auftauchen, welche Lösungen sich bewährt haben und welche Rahmenbedingungen für nachhaltigen Erfolg wichtig sind. Die Leuchtturmprojekte machen deutlich, wie KI im industriellen Umfeld Mehrwert stiftet, wenn Technik, Organisation und Beschäftigte gemeinsam gedacht werden – und welche Erfolgsfaktoren sich auf andere Unternehmen übertragen lassen.

KI in der Schmutzwäschesortierung

Belastungsreduzierte Arbeit durch KI-basierte Schmutzwäsche-Sortierung und partizipative Kompetenzentwicklung

Nico Rabethge und Franz Kummert

1 Motivation und Ausgangslage

Die manuelle Sortierung von Schmutzwäsche gehört zu den besonders herausfordernden Tätigkeiten in industriellen Wäschereien. Mitarbeitende sind dabei täglich mit stark verschmutzten und potenziell kontaminierten Textilien konfrontiert. Diese Aufgabe ist nicht nur körperlich anstrengend, sondern birgt auch psychische Belastungen durch den permanenten Kontakt mit unangenehm riechender, sichtbar verschmutzter oder medizinisch kontaminierter Wäsche. Der Sortierprozess selbst ist zwar nicht komplex, jedoch körperlich anspruchsvoll und psychisch belastend. Die Wäsche wird überwiegend nach wenigen, klar definierten Kriterien sortiert: dem Wäschetyp (z. B. Kissen, Laken, T-Shirts) und der dominanten Farbe. Zusätzlich werden teils besonders verschmutzte Teile für eine gesonderte Vorwäsche identifiziert und aussortiert.

Trotz dieser vermeintlich einfachen Anforderungen ist die Sortierung nicht trivial zu automatisieren. Die Textilien liegen in unstrukturierten Haufen vor, sind geknüllt, teilweise überlagert, und ihre optische Erscheinung kann je nach Abnutzung, Lichtverhältnissen oder Verschmutzungsgrad stark variieren. Hinzu kommt, dass viele industrielle Wäschereien im mittelständischen Umfeld angesiedelt sind, in denen Digitalisierung und Automatisierung bislang nur punktuell eingesetzt werden.

Das Ziel des Projekts „KI in der Schmutzwäschesortierung" war es daher, ein robustes, KI-basiertes System zu entwickeln, das den Sortierprozess größtenteils automatisiert, dadurch die Beschäftigten entlastet und sich an die spezifischen Gegebenheiten der ver-

N. Rabethge (✉) · F. Kummert
Universität Bielefeld, Bielefeld, Deutschland
E-Mail: nrabethge@techfak.uni-bielefeld.de

R. Dumitrescu (Hrsg.), *KI für die Arbeitswelt von morgen*,
Intelligente Technische Systeme – Lösungen aus dem Spitzencluster it's OWL,
https://doi.org/10.1007/978-3-662-73053-9_9

schiedenen Wäschereien anpassen lässt. Ein besonderes Augenmerk lag dabei auf der Transparenz der KI-Entscheidungen. Die eingesetzten neuronalen Netze sollten nicht als „Blackbox" agieren, sondern durch Methoden der „Erklärbaren KI" (XAI) nachvollziehbare Entscheidungen liefern. Ebenso wurde „Aktives Lernen" (AL) eingesetzt, um die Einlernphase des Systems für die jeweiligen Wäschereien effizient zu gestalten und um Mitarbeitende in den Prozess zu integrieren. Dadurch konnte das System gezielt mit Beispielen aus der jeweiligen Umgebung ergänzt werden, ohne dass ein vollständiges Neutraining oder eine aufwendige Vollannotation erforderlich war.

Zur erfolgreichen Umsetzung wurden die betroffenen Beschäftigten frühzeitig eingebunden. Die KIKOMP-App[1] wurde begleitend entwickelt und eingesetzt, um durch anonyme Selbsteinschätzungen die individuellen Kompetenzen der Beschäftigten im Umgang mit KI zu erfassen. Sie ermöglichte die Ermittlung persönlicher Stärken-Schwächen-Profile, Qualifikationsbedarfe sowie Vergleichswerte mit anderen Berufsgruppen. Diese Informationen dienten ebenso dazu, gezielte Weiterbildungsmaßnahmen im Kontext KI-gestützter Arbeitsprozesse zu unterstützen, welche im Rahmen dieses Projektes entwickelt wurden.

2 Stand der Technik

In der industriellen Praxis kommt künstliche Intelligenz bereits in zahlreichen Bereichen zum Einsatz. Im Rahmen der Bildverarbeitung beispielsweise in der Qualitätskontrolle (Alber et al. 2024) oder zur automatisierten Warenklassifikation in Logistik und Handel (Naumann et al. 2023). Auch für visuelle Erkennungsaufgaben an Textilien existieren bereits Ansätze, insbesondere im Bereich des Onlinehandels, wo Convolutional Neural Networks (CNNs) zur Detektion und Klassifikation von Kleidungstypen eingesetzt werden (Ge et al. 2019).

Ansätze zur automatisierten Wäscheklassifikation sind jedoch in der Literatur und Praxis bislang kaum verbreitet. Einige wenige Systeme nutzen klassische Bildverarbeitungstechniken (z. B. Kantendetektion, Farbsegmentierung), scheitern aber meist an der Robustheit gegenüber Verformungen und Umgebungsbedingungen.

Moderne, KI-basierte Systeme, wie Convolutional Neural Networks (LeCun et al. 2015), zeigen vielversprechende Leistung in verschiedensten Anwendungen. Diese Systeme sind jedoch in der Regel auf idealisierte Bedingungen trainiert. Saubere, glatt ausgebreitete Textilien, standardisierte Beleuchtung und hohe Bildqualität sind der Standard. In industriellen Wäschereien dagegen liegt die Schmutzwäsche unstrukturiert und verschmutzt vor. Die visuelle Erscheinung der Textilien kann durch Falten, Verformungen, Verschmutzungen oder Überlagerung stark variieren. Solche realen Be-

[1] https://arbeitswelt.plus/angebote/kikomp-app-mit-ein-paar-klicks-ki-kompetenzen-richtig-einschaetzen/

dingungen stellen eine große Herausforderung für herkömmliche Bilderkennungssysteme dar. Dies ist besonders problematisch in Wäschereien, die im Auftrag unterschiedlicher Endkunden, wie Pflege-, Hotel-, oder Berufskleidung, arbeiten. Die große Bandbreite an Wäschetypen macht es notwendig, dass das KI-System an die lokalen Gegebenheiten angepasst werden muss. Hierfür ist eine sogenannte Einlernphase erforderlich, in der das Modell mit Beispielen aus der jeweiligen Wäscherei ergänzt wird.

Ein zentrales Instrument dafür ist das Aktive Lernen. Statt das Modell vollständig neu zu trainieren oder riesige Datenmengen zu annotieren, kann die KI gezielt unsichere oder ungewöhnliche Beispiele identifizieren und zur Annotation vorschlagen. Sicher klassifizierte Beispiele müssen nicht manuell annotiert werden, was den Annotationsaufwand enorm senkt.

Ein weiteres zentrales Thema ist die Transparenz der Modelle. Methoden der erklärbaren KI ermöglichen aufzuzeigen, welche Bildbereiche für eine Entscheidung ausschlaggebend waren. Dies ist notwendig, damit das System für die Beschäftigten nachvollziehbar sein kann, um sowohl Vertrauen aufzubauen und ebenso das fehlerhafte Entscheidungsgrundlagen erkennen zu können.

3 Vorgehen und Umsetzung

Das Projekt „KI in der Schmutzwäschesortierung" wurde im Rahmen des Kompetenzzentrums Arbeitswelt.Plus als Leuchtturmprojekt umgesetzt. Ziel war es, ein KI-System zu entwickeln, das die Sortierung von Schmutzwäsche größtenteils automatisiert, dabei anpassbar und erklärbar ist und sich in die bestehende Arbeitswelt eines mittelständischen Wäschereibetriebs integrieren lässt. Der Entwicklungsprozess war sowohl technisch forschungsgetrieben als auch partizipativ unter anderem von Mitarbeitenden, Organisation und Bildungsdienstleistern gestaltet.

3.1 Aufbau der Versuchsanlage und Datenerfassung

Zu Beginn wurde eine Versuchsanlage zur Aufnahme von Bilddaten aufgebaut. Diese bestand aus einer Kamera mit kontrollierter Beleuchtung, einem Handeingabemodul für vereinzelte Textilien und einer digitalen Benutzeroberfläche zur Annotation. Die Wäsche wurde für die Datenaufnahme per Hand auf das Förderband der Anlage gelegt und darüber in das Sichtfeld der Kamera befördert. Dabei wurde jeweils ein Bild aus der Draufsicht aufgenommen (Abb. 1).

Die 5.000 aufgenommenen Bilder wurden manuell mit mehreren Attributen versehen, unter anderem dem Wäschetyp (z. B. Laken, Kissenbezug, T-Shirt), der Waschfarbe (Bestimmung der Hauptfarbe zur Vermeidung von Farbtransfer) und dem Verschmutzungsgrad (sauber, leicht/stark verschmutzt).

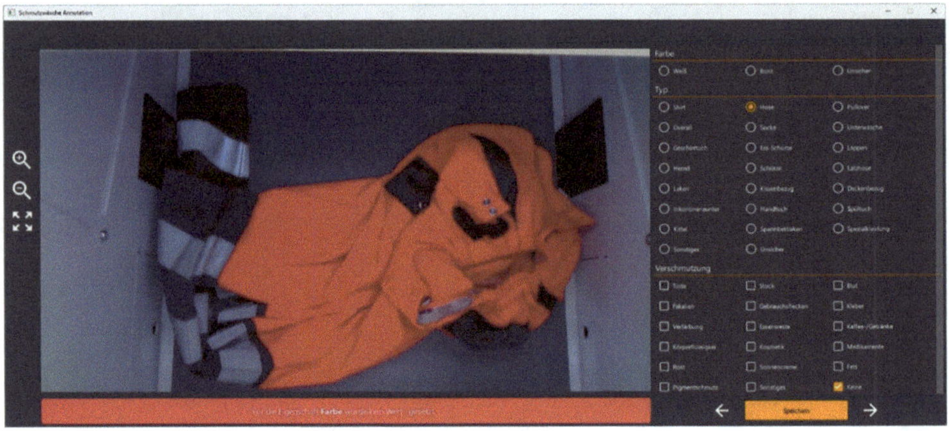

Abb. 1 Benutzeroberfläche zur Annotation, bei der pro Bild alle zutreffenden Klassen der Kategorien markiert werden müssen

3.2 Modellarchitektur und Training

Zum Einsatz kam ein End-to-End lernendes CNN-Modell, das die Wäschebilder direkt als Eingabe verarbeitet und jeweils eines der Zielattribute klassifiziert. Die Modellarchitektur orientierte sich an etablierten CNN-Architekturen, wie z. B. VGG- (Simonyan und Zisserman 2014) und DenseNet-Varianten (Huang et al. 2017), die sich in der Bildklassifikation bewährt haben. Diese Modelle bestehen aus mehreren Faltungs- und Pooling-Layern, die visuelle Merkmale in aufeinanderfolgenden Schichten durch zunehmend komplexere Muster erfassen, sowie anschließenden voll verbundenen Schichten für die eigentliche Klassifikation. Beide Architekturen sind gut für Transfer Learning geeignet, also die feine Anpassung vortrainierter Modelle an neue Aufgaben. Für jedes Zielattribut (z. B. Kleidungsart, Waschfarbe, Verschmutzungsgrad) wurde ein separates Modell trainiert, um eine optimierte Leistungsfähigkeit für die jeweilige Klassifikationsaufgabe zu gewährleisten.

Das Training erfolgte in einem iterativen Prozess. Zunächst wurden die Modelle auf großen, öffentlich zugänglichen Mode-Datensätzen (Rabethge und Kummert 2024) sowie auf synthetisch generierten Kleidungsbildern (Rabethge et al. 2025) vortrainiert. Hierbei wurden die Bilder auf eine einheitliche Größe skaliert und standardisiert. Ziel dieses Schritts war es, den Netzen ein breites Spektrum an Kleidungsstücken zu präsentieren, sodass diese robuste und vielfältige kleidungsspezifische Merkmale erlernen, die nicht auf einen einzelnen Datensatz beschränkt sind. Anschließend erfolgte die Feinabstimmung mit den realen Schmutzwäschebildern (vgl. Abschn. 3.1). Dabei wurden die letzten Schichten der Modelle neu initialisiert, während die unteren Schichten lediglich mit einer reduzierten Lernrate weiter trainiert wurden, um das zuvor gelernte Wissen zu erhalten und gleichzeitig eine Anpassung an die Zielbilder zu ermöglichen.

3.3 Erklärbarkeit durch XAI

Da Vertrauen und Nachvollziehbarkeit zentrale Anforderungen waren, wurde das System um erklärbare KI-Methoden ergänzt. Über LRP-Visualisierungen (Montavon et al. 2019) konnte, wie in Abb. 2 zu sehen, für jedes Bild gezeigt werden, welche Bildbereiche maßgeblich für die Klassifikation waren. Diese Heatmaps wurden auch über die Benutzeroberfläche visualisiert, um Rückmeldungen der Mitarbeitenden zu erleichtern. Neben der Bestimmung der Pixelrelevanz wurde mit der Verdeckungssensitivität (Zeiler und Fergus 2014) ein interaktives Tool entwickelt, mit dem auf spielerische Weise die Bedeutung einzelner Regionen erprobt werden kann und die Merkmalsvisualisierung (Olah et al. 2017), welche es ermöglicht, die vom Modell gelernten Muster, wie Texturen oder Farbverläufe, zu visualisieren.

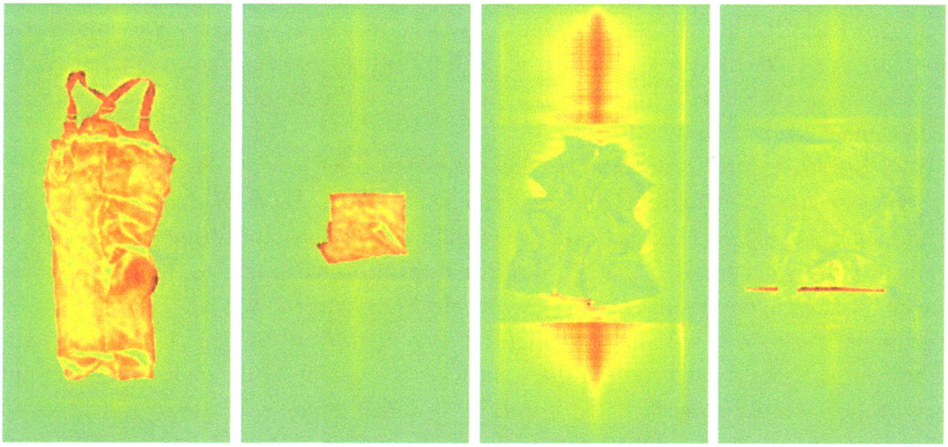

Abb. 2 Erklärungen von CNN-Klassifikationen der Waschfarbe anhand vier verschiedener Schmutzwäschebilder. Die Farbe kodiert die Relevanz der einzelnen Pixel von rot – sehr relevant über gelb – relevant bis hin zu grün – neutral für die finale Klassifikation. Bei den beiden linken Bildern wird jeweils die gesamte Oberfläche der Wäschestücke betrachtet, was im Gegensatz zur Betrachtung des Förderbands oder einer Zeile des Bildes in den Beispielen rechts, plausibel ist

3.4 Zusammenarbeit der Projektpartner

Im Rahmen des Projekts arbeiteten mehrere Partner interdisziplinär zusammen. Die Herbert Kannegiesser GmbH brachte als Anwendungsunternehmen ihre branchenspezifische Expertise ein und stellte realistische Datenquellen sowie praxisnahe Szenarien bereit. Die Versuchsanlage zur Schmutzwäschesortierung wurde direkt im betrieblichen Umfeld aufgebaut und getestet. Die Universität Bielefeld übernahm als wissenschaftlicher Partner die Entwicklung der KI-Modelle, koordinierte die Datenannotation und implementierte Methoden der erklärbaren KI sowie des aktiven Lernens. Die Deutsche Angestellten-Akademie (DAA) Westfalen unterstützte die Schulung der Beschäftigten im Umgang mit der neuen Technologie und war aktiv an der partizipativen Gestaltung des Systems beteiligt. Die IG Metall brachte sich als sozialpartnerschaftlicher Akteur ein, um Mitbestimmung und gute Arbeitsgestaltung von Beginn an zu sichern.

4 Ergebnisse und Mehrwert

Im Rahmen des Projekts konnten sowohl aus technischer als auch aus arbeitspsychologischer Perspektive Ergebnisse erzielt werden. Die entwickelte KI-Anwendung zur Sortierung industrieller Schmutzwäsche erreichte eine hohe Erkennungsleistung bei mehreren Klassifikationszielen. Die Genauigkeit bei der Erkennung der Waschfarbe lag bei 96,92 % ± 0,20, für den Wäschetyp bei 98,43 % ± 0,48 und des Verschmutzungsgrads bei 89,67 % ± 0,67. Diese Werte zeigen, dass das System für den industriellen Einsatz geeignet ist und zuverlässig arbeitet.

Eine differenzierte Betrachtung der Fehlerquellen zeigt jedoch, dass je nach Klassifikationstyp unterschiedliche Herausforderungen bestehen. Beim Wäschetyp treten gelegentlich annehmbare Fehlklassifikationen auf, etwa wenn ein T-Shirt als Polo-Shirt erkannt wird. Solche Fehler sind in der Praxis nicht gravierend. Die Klassen wurden bewusst feingranular gestaltet, sodass einzelne Wäschereien je nach Bedarf Klassen zusammenfassen oder spezifische Anforderungen umsetzen können. Bei der Waschfarbe wurde eine zusätzliche Klasse „unsicher" eingeführt, die Wäschestücke mit mehrdeutiger Farbgebung (z. B. 50 % rot, 50 % weiß) umfasst. In dieser Klasse traten die meisten Klassifikationsfehler auf, was auf die inhärente Uneindeutigkeit der Daten zurückzuführen ist. Besonders herausfordernd zeigte sich die Klassifikation des Verschmutzungsgrads. Hier besteht ein starkes Ungleichgewicht der Klassen und eine hohe Variabilität der visuellen Erscheinungsformen. Zudem fehlte es an ausreichend echten, realen Beispielen, was die Generalisierungsfähigkeit des Modells einschränkt.

Ein bedeutender technischer Fortschritt lag in der Reduktion des Annotationsaufwands durch den Einsatz des generativen FLUX.1 (Black Forest Labs 2025) Modells und aktiven Lernens. Durch die synthetische Generierung von 100.000 Bildern deformierter Kleidungsstücke (Rabethge et al. 2025), welche aufgrund der strikten Prompt-

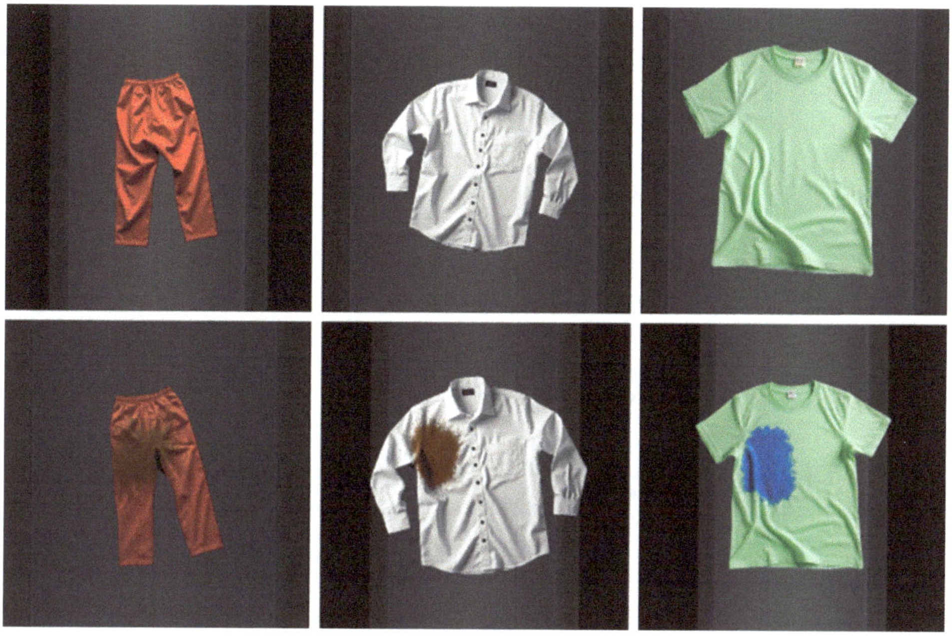

Abb. 3 Künstlich generierte Bilder unterschiedlicher Kategorien mit dem FLUX.1-Modell. In der unteren Reihe ist jeweils die verschmutzte Variante abgebildet

Einhaltung automatischer annotiert wurden, konnte ein effektives Vortraining realisiert werden. In Abb. 3 sind einige Beispiele zu sehen. In Kombination mit aktivem Lernen reichte je nach Klassifikationsziel eine manuelle Annotation von nur 4–14 % der realen Bilddaten aus, um die gleiche Modellleistung zu erreichen wie mit vollständiger manueller Annotation. Dies stellt insbesondere für Unternehmen mit begrenzten Ressourcen zur Datenbeschaffung einen Vorteil dar.

Darüber hinaus wurden mehrere Methoden erklärbarer KI, darunter LRP, Verdeckungssensitivität und Merkmalsvisualisierung, erfolgreich implementiert und evaluiert. Die XAI-Methoden wurden im Rahmen einer Nutzerstudie mit Beschäftigten eines realen Wäschereibetriebs auf ihre Verständlichkeit und Wirkung auf Vertrauen und Akzeptanz untersucht (Rabethge und Bentler 2023; vgl. Kap. „Erklärbare KI im Mittelstand"). Die Ergebnisse zeigen, dass die bildbasierten Erklärungen zur besseren Nachvollziehbarkeit beitragen und die Interaktion mit dem System positiv beeinflussen (Bentler et al. 2024).

Neben dem Aufbau eines funktionalen Demonstrators und dessen Erprobung im betrieblichen Umfeld wurden im Verlauf des Projekts fünf wissenschaftliche Publikationen veröffentlicht, mehrere Abschlussarbeiten betreut und Inhalte in die Hochschullehre integriert.

4.1 Limitationen und kritische Reflexion

Trotz der überzeugenden Ergebnisse sind gewisse Einschränkungen zu beachten. Die Evaluation der XAI-Methoden erfolgte in einem spezifischen Anwendungsfeld mit begrenzter Teilnehmerzahl, was die Generalisierbarkeit einschränkt. Auch wenn die generierten Daten eine hohe Bildqualität aufweisen, besteht bei synthetischen Trainingsdaten stets die Gefahr, dass bestimmte visuelle Merkmale über- oder unterrepräsentiert sind. Darüber hinaus ist der Effekt der Erklärungen auf tatsächliche Handlungen wie z. B. Fehlerrückmeldungen in der Praxis weiter zu untersuchen.

5 Ausblick

Die Ergebnisse des Projekts legen das Fundament für weiterführende Anwendungen und Transferaktivitäten im industriellen Umfeld. Ein Schwerpunkt liegt dabei auf dem Transfer der entwickelten XAI-Methoden in andere betriebliche Kontexte. Insbesondere dort, wo Entscheidungen durch KI nachvollziehbar und partizipativ gestaltet werden sollen. Besonderes Potenzial bietet auch die Nutzung generativer KI, um Datenknappheit in weiteren Domänen zu überwinden und skalierbare Lösungen zu schaffen.

Aktuell befindet sich eine Nullserie des Systems in der Entwicklung. Die Funktion zur automatischen Schmutzerkennung soll zeitnah bei einem Kundenunternehmen im realen Betrieb erprobt werden. Diese Anwendungsnähe unterstreicht die Praxistauglichkeit der entwickelten Lösungen und zeigt deren direkten wirtschaftlichen Nutzen.

Auch perspektivisch ist eine fortgesetzte Zusammenarbeit der Projektpartner geplant, sowohl im Rahmen bilateraler Projekte als auch im it's OWL Netzwerk.

Literatur

Alber M, Hönes C, Baier P (2024). Evaluating Vision Transformer Models for Visual Quality Control in Industrial Manufacturing. https://doi.org/10.1007/978-3-031-70381-2_8.

Bentler D, Rabethge N, Maier GW (2024). Die Rolle von Systemgestaltung und Vertrauen zur Nutzungsvorhersage eines intelligenten Systems in der Schmutzwäscheerkennung. In: Gesellschaft für Arbeitswissenschaft e.V., ed. Arbeitswissenschaft in-the-loop: Mensch-Technologie-Integration und ihre Auswirkung auf Mensch, Arbeit und Arbeitsgestaltung. 70. Kongress der Gesellschaft für Arbeitswissenschaft e.V..

Black Forest Labs (2025). FLUX.1-dev. https://huggingface.co/black-forest-labs/FLUX.1-dev.

Ge Y, Zhang, R, Wang X, Tang X, Luo P (2019). DeepFashion2: A Versatile Benchmark for Detection, Pose Estimation, Segmentation and Re-Identification of Clothing Images. 5332–5340. https://doi.org/10.1109/CVPR.2019.00548.

Huang G, Liu Z, van der Maaten L, Weinberger KQ (2017). Densely Connected Convolutional Networks. Proceedings of the IEEE Conference on Computer Vision and Pattern Recognition (CVPR), pp. 4700–4708.

LeCun Y, Bengio Y, Hinton G (2015). Deep learning. Nature, 521(7553), pp.436–444.

Montavon G, Binder A, Lapuschkin S, Samek W, Müller, K (2019). Layer-Wise Relevance Propagation: An Overview. https://doi.org/10.1007/978-3-030-28954-6_10.

Naumann A, Hertlein F, Doerr L, Thoma S, Furmans K (2023). Literature Review: Computer Vision Applications in Transportation Logistics and Warehousing. https://doi.org/10.48550/arXiv.2304.06009.

Olah C, Mordvintsev A, Schubert L (2017). Feature Visualization, Distill.

Rabethge N, Bentler D (2023). Measuring the impact of picture-based explanations on the acceptance of an AI system for classifying laundry. AHFE International Conference on Human Factors in Design, Engineering and Computing. https://openaccess.cms-conferences.org/publications/book/978-1-958651-89-6.

Rabethge N, Kummert F (2024). Developing a human-centred AI-based system to assist sorting laundry. First Working Conference on Artificial Intelligence Development for a Resilient and Sustainable Tomorrow.

Rabethge N, Heutger S, Kummert F (2024). Cloth Extraction and Restoration from DeepFashion for Pre-training CNNs in Laundry Classification, IEEE 15th International Conference on Cognitive Infocommunications (CogInfoCom). IEEE; 2024: 000031-000036.

Rabethge N, Rogalski BJ, Kummert F (2025). Enhanced Pre-training for Laundry Classification Using FLUX.1: Precise Prompt-Controlled Synthetic Data for Comprehensive Class Coverage, 6th International Conference on Computer Vision and Information Technology, Florenz, Italien.

Simonyan K, Zisserman A (2014). Very Deep Convolutional Networks for Large-Scale Image Recognition. arXiv 1409.1556.

Zeiler MD, Fergus R (2014). Visualizing and Understanding Convolutional Networks. In: Computer Vision – ECCV 2014. ECCV 2014. Lecture Notes in Computer Science, vol 8689. Springer, Cham. https://doi.org/10.1007/978-3-319-10590-1_53.

Von Daten zu Entlastung: KI-integrierte Simulation zur Optimierung von Produktionsplanung und Arbeitsbelastung

Florian Wortmann, Christian Ewering, Martin Kohlhase, Marvin Mönikes, Angelika Röchter und Lukas Vollenkemper

1 Motivation und Ausgangslage

Das Projekt ImpliKIt wurde gemeinsam mit dem Unternehmen Bette GmbH & Co. KG, einem mittelständischen Hersteller von Badelementen aus Ostwestfalen, durchgeführt. Im Spannungsfeld von Arbeitsforschung und Informatik sollten, basierend auf Methoden der Künstlichen Intelligenz (KI), humanzentrierte exemplarische Lösungen entwickelt werden, die dem Mittelstand in OWL den Zugang zu KI-Methoden erleichtern. ImpliKIt steht in diesem Kontext exemplarisch für eine KI-gestützte Lösung zur Unterstützung der Produktionsplanung in komplexen Fertigungsumgebungen. Ziel des Leuchtturmprojekts ImpliKIt war es, mithilfe von KI-Methoden die Auslastung von Arbeitsplätzen, Maschinen und Mitarbeitenden realitätsnah zu simulieren.

F. Wortmann (✉) · C. Ewering · A. Röchter
Fachhochschule der Wirtschaft, Paderborn, Deutschland
E-Mail: Florian.Wortmann@fhdw.de

C. Ewering
E-Mail: Christian.Ewering@fhdw.de

M. Kohlhase
Hochschule Bielefeld, Bielefeld, Deutschland

M. Mönikes
Bette GmbH & Co. KG, Delbrück, Deutschland

L. Vollenkemper
Neotechnik Fördersysteme GmbH & Co.KG, Bielefeld, Deutschland

R. Dumitrescu (Hrsg.), *KI für die Arbeitswelt von morgen*,
Intelligente Technische Systeme – Lösungen aus dem Spitzencluster it's OWL,
https://doi.org/10.1007/978-3-662-73053-9_10

Das Praxis-Partnerunternehmen Bette stellt seit 1952 Badelemente aus glasiertem Titan-Stahl her. Sein Produktsortiment umfasst Badewannen, Duschflächen, Duschwannen, Waschtische sowie passende Installationssysteme. Die Fertigung vereint hochautomatisierte Industrieproduktion mit manuellen Fertigungsschritten. Mehr als 50 % der Produkte werden heute nach individueller Kundenanforderung gefertigt. Durch hohe Variantenvielfalt können über 35 Mio. Produktkonfigurationen erzeugt werden. Die Produktion ist darauf ausgerichtet, diese Varianten als Einzelfertigung (Losgröße 1) in einem hohen Automatisierungsgrad umzusetzen. Gesteuert über eine rechnerbasierte Förderanlage, durchlaufen die Produkte die Fertigungsschritte in individuell festgelegter Reihenfolge. Maschinen und Arbeitsplätze werden dadurch unterschiedlich lange beansprucht. Zusätzlich wirken Faktoren wie Nacharbeit und Ausschuss auf den Produktionsfluss ein. Diese Komplexität erschwert eine gleichmäßige Auslastung der Fertigung. Konventionelle Methoden der Arbeitsvorbereitung stoßen hier an ihre Grenzen: Es kommt regelmäßig zu Staus an einzelnen Maschinen oder Arbeitsplätzen sowie zu Belastungsspitzen, welche die Beschäftigten fordern.

Aus der Ausgangssituation beim Praxispartner sowie der arbeitswissenschaftlichen Analyse ergaben sich folgende Anforderungen an die technische Lösung:

- Humanzentriertheit: Das entwickelte System musste die Belastung der Beschäftigten berücksichtigen. Die in identifizierten Belastungssituationen sollten vorausschauend vermieden werden. Dazu musste das System die dafür relevanten Informationen erfassen, abbilden und den Nutzenden zur Verfügung stellen.
- Dynamische Anpassung: In einer variantenreichen Fertigungsumgebung entstehen fortlaufend neue Prozessoptionen und Anpassungsbedarfe. Zudem verändert sich durch kontinuierliche Prozessoptimierung die Eintrittswahrscheinlichkeit von Belastungssituationen. Das System musste daher in der Lage sein, sich regelmäßig selbstständig, ohne eine manuelle Nachprogrammierung, zu aktualisieren. Dies wird durch stetiges zyklisches Training der Modelle basierend auf den aktuellen Daten gewährleistet. Strukturelle Änderungen der Daten, kann Nacharbeit dem System nach sich ziehen.
- Stochastikfähigkeit: Viele relevante Einflussfaktoren auf die Belastung der Mitarbeitenden sind stochastischer Natur – etwa Maschinenausfälle oder Qualitätsabweichungen, die zu Nacharbeit führen. Diese Zufallsereignisse mussten im System realitätsnah abgebildet werden. Für jede mögliche Produktspezifikation war dabei eine Wahrscheinlichkeitsverteilung für Nacharbeiten an relevanten Prüfstationen zu ermitteln.
- Zeithorizont: Aufgrund des hohen Automatisierungsgrads sind kurzfristige Eingriffe in den laufenden Produktionsprozess nur begrenzt möglich. Belastungssituationen mussten daher bereits bei der Produktionsplanung antizipiert werden. Da es in der Regel ca. fünf Stunden dauert, bis ein neues Produkt die letzten Stationen im Fertigungsprozess erreicht, musste das System in der Lage sein, mindestens fünf Stunden im Voraus eine belastbare Simulation durchzuführen.

2 Vorgehen und Umsetzung

Das Ziel des Projekts ImpliKIt war die Erstellung eines KI-gestütztes Assistenzsystem für die Fertigungsplanung und -steuerung entwickelt, das auf Methoden des Machine Learning (ML) basiert. Als Datengrundlage dienten die vom Partnerunternehmen systematisch erhobenen Produktionsdaten. In diesem Bereich hatte der Projektpartner bereits erheblichen Entwicklungsaufwand investiert, sodass im Projekt auf eine größtenteils zentral gepflegte Datenquelle zurückgegriffen werden konnte. Für jedes Produkt wurden unter einer individuellen Seriennummer Informationen wie Arbeitsvorräte, Maschinendaten und Prozessparameter gespeichert. Diese umfangreichen und in Echtzeit vorliegenden Fertigungsdaten ermöglichten nicht nur eine aktuelle Zustandsanalyse, sondern bildeten auch die Basis für die Modellierung und das Training des KI-integrierten-Simulationssystems.

Im Zentrum des Assistenzsystems standen zwei miteinander verknüpfte Prozesse:

- Ein Trainingsprozess, in dem auf Basis historischer Fertigungsdaten ML-Modelle trainiert und ein strukturierter Fertigungsgraph aufgebaut wurden. Dieser Prozess ist rechenintensiv und wurde in größeren zeitlichen Abständen durchgeführt (Kirste, M., & Schürholz, M.).
- Darauf aufbauend wurde ein Vorhersageprozess entwickelt, bei dem eine ereignisdiskrete Simulation mit KI-Integration auf Basis des aktuellen Produktionsplans und der momentanen Belegung durchgeführt wird. So ließ es sich prognostizieren, wie Produkte die Fertigung durchlaufen und welche Stationsbelastungen zu erwarten waren.

Um diese Anforderungen zu erfüllen, wurde ein System entwickelt, welches dynamisch auf Grundlage von Daten ein KI-gestütztes Simulationsmodell für die Fertigungsprozesse des Praxispartners generiert. Dieses Simulationsmodell wurde anschließend in den Workflow der Produktionsplanenden integriert. Hier kann ein Planer einen Simulationslauf für eine Produktionsplanung direkt im gewohnten Interface anstoßen. Der bisherige Workflow entsprach der klassischen Produktionsplanung: Eine Abteilung von Produktionsplanenden erstellt einen Produktionsplan (Reihenfolgeplan) aus den Kundenaufträgen, welcher dann in der Fertigung ausgeführt wird. Der Ziel-Workflow ist in Abb. 1 dargestellt. Der bestehende Workflow wurde durch ein Assistenzsystem erweitert, das auf Basis historischer Produktionsdaten eine Simulation generiert. Das Simulationstool informiert die Planenden über mögliche Engpässe oder Überlastungen der Beschäftigten, welche innerhalb der nächsten 5 h auftreten können. Anschließend sollten die Planenden das Simulationstool nutzen, um den von ihnen erstellten Plan nachzubilden und feedbackbasiert anzupassen.

Die Fertigung liefert sowohl Live-Daten als auch historische Daten an das Simulationsmodell. Letztere werden verwendet, um das Simulationsmodell in einem

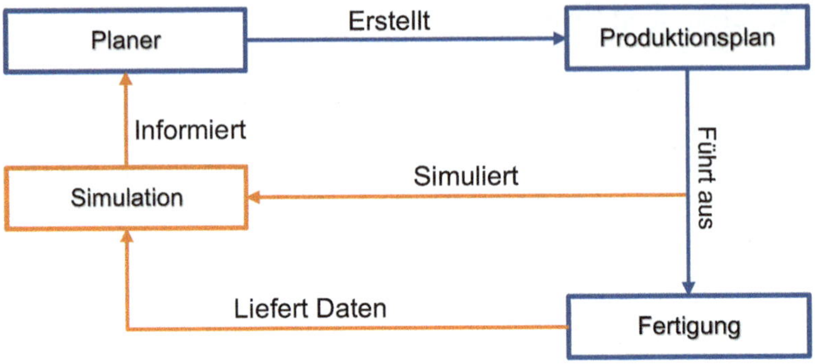

Abb. 1 Workflow der Produktionsplaner mit dem Simulationstool. Schwarz markiert ist der bestehende Workflow und in orange markiert ist der neue Feedback-Loop, welcher in ImpliKIt entwickelt wurde

Trainingslauf zu initialisieren und die wichtigen Parameter zu lernen. Live-Daten werden während der Nutzung verwendet, um die KI-integrierte Simulation mit der aktuellen Belegung der Arbeitsplätze sowie den sich gerade in Produktion befindlichen Produkten zu berücksichtigen.

Um Belastungsspitzen gezielt zu vermeiden, ist neben der Vorhersage der Gesamtbelastung auch eine präzise Prognose ihrer zeitlichen Verteilung erforderlich. Die Schätzungen des Simulationsmodells sind bereits zufriedenstellend und lassen sich durch weiteres Training in Zukunft noch verbessern. Abb. 2 zeigt für etwa 1000 hintereinander aufgegebene Produkte, wann sie einen Knotenpunkt in der Produktion erreicht haben.

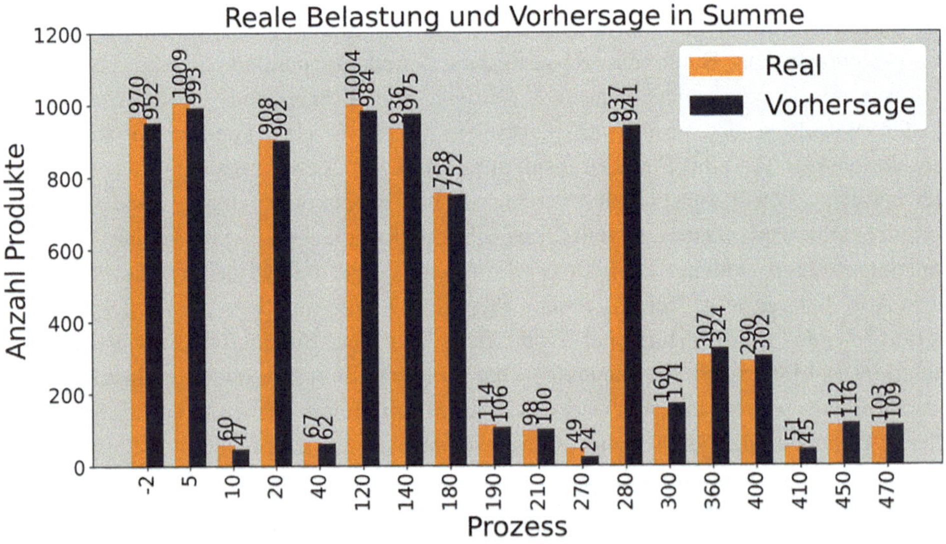

Abb. 2 Vorhersage der Wege von 1000 Produkten durch den Produktionsprozess

Dies entspricht der Menge an Produkten, die in den betrachteten fünf Stunden in den Produktionsprozess eingespeist wurden. Die Differenz beträgt dabei max. 800 s (etwa 13 min). Um den Knotenpunkt zu erreichen, brauchen die Produkte ca. eine Stunde. Der Abb. 3 ist zu entnehmen, dass Vorhersage-Fehler regelmäßig auftreten. Diese entstehen durch ungeplante Änderungen der Taktzeit einzelner Anlagen.

Die korrekte Abbildung der Steuerung wurde getestet, indem 1000 Produkte mithilfe der entsprechenden Modelle simuliert wurden. Die Ergebnisse wurden mit den realen Pfaden der Produkte verglichen. Die Vorhersage der Belastung fällt insgesamt präzise aus, wobei die Abweichung in fast allen Punkten unter 10 % liegt. Insbesondere für die Punkte durch Nacharbeit belastet werden, ist die Vorhersage ausreichend genau.

Das System wurde speziell für Produktionsumgebungen mit automatischer Fördertechnik konzipiert, lässt sich jedoch ebenso auf andere Fertigungsformen übertragen. Es wurde angenommen, dass sich die Fertigung in logische Abschnitte (Arbeits- oder Transportprozesse) unterteilen lässt. Diese wurden im Projekt ImpliKIt als Streckenabschnitte oder Sektoren bezeichnet. Die KI-integrierte Simulation verfolgt einzelne Produkte durch die Abschnitte unter Berücksichtigung ihrer individuellen Konfiguration. Dabei müssen die Produkte durchgängig identifizierbar sein, und es müssen Eintrittsmeldungen aus allen Abschnitten vorliegen.

Die aus der KI-integrierten Simulation gewonnenen Erkenntnisse fließen direkt in die Arbeitsvorbereitung ein, insbesondere bei der Erstellung von Produktionsplänen. Auf Basis der prognostizierten Auslastung der Fertigungsanlage können Produkte so eingeplant werden, dass kritische Bearbeitungsschritte vermieden oder zeitlich entkoppelt durchlaufen werden. Dadurch lässt sich die Arbeitsplatzauslastung gezielt nivellieren. Folglich wird die Wahrscheinlichkeit für Staus an Maschinen oder Überlastungen einzelner Arbeitsstationen signifikant reduziert. Für die Mitarbeitenden entsteht eine messbare

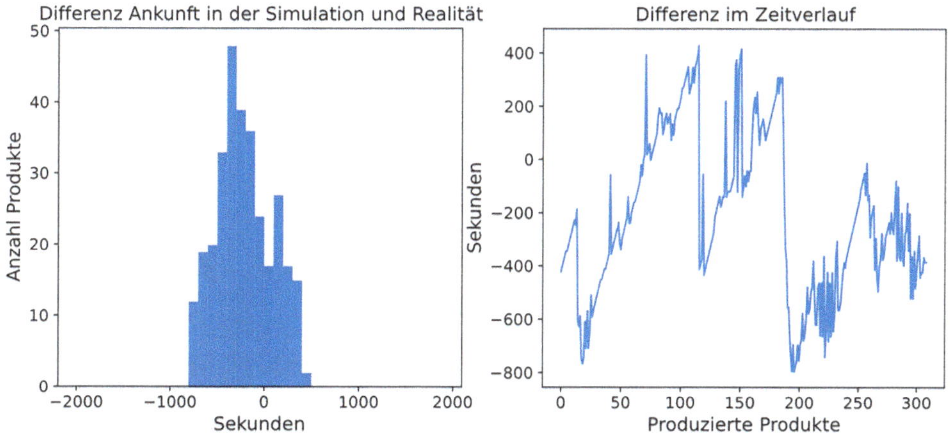

Abb. 3 Für 300 Produkte der Frühschicht wurde die Ankunftszeit der Produkte an einem Knotenpunkt in Simulation und Realität verglichen

Entlastung durch seltener auftretende Belastungsspitzen und eine gleichmäßigere, planbare Arbeitsgestaltung.

Abb. 4 zeigt die beiden Prozesse und ihre wesentlichen Teilschritte. Im Zentrum steht die Datenbank als Quelle für die wesentlichen Informationen.

Der *Trainingsprozess* startet mit dem Auslesen der Eventlogs für einzelne Produkte. Dabei werden für jedes Produkt die angefahrenen Sektoren im Transportsystem, der angestrebte Fertigungsschritt und der jeweilige Zeitstempel mitgeschrieben. So kann die Grundlage für die gesamte Lösung aufgebaut werden: ein gerichteter Graph, welcher den Fertigungsprozess beschreibt. Der Graph bildet Kombinationen aus Sektor und Fertigungsschritt als Knoten ab, die über Kanten miteinander verbunden sind. Zunächst werden in allen Eventlogs Kombinationen von Sektor und Fertigungsschritt gesucht und als Knoten abgespeichert. Anschließend wird eine Matrix erstellt, die für jede Kombination von Knoten festhält, wie viele Produkte von einem Knoten zu den anderen Knoten transportiert wurden. So entsteht eine Übersicht über das Transportsystem und die einzelnen Fertigungsschritte. Abb. 5 illustriert diesen Prozess beispielhaft für zwei Produkte. Das extrahierte Log enthält zusammengesetzte Ereignisse (Prozessnummer: Sektornummer). So kann für jede Kombination dieser Einträge als Knoten etabliert werden. Die Kanten zeigen aufeinanderfolgende Einträge in den Logs. Für jede Kante ist bekannt, wie häufig sie in den Logs des Trainingsdatensatzes vorkommt. Zusätzlich können für die Knoten weitere Attribute festgehalten werden. Es wird gespeichert, wie oft ein Knoten von einem Produkt angefahren werden kann. Wenn eine Liste mit Fertigungsschritten für das Produkt vorliegt, kann überprüft werden, ob der angefahrene Fertigungsschritt im Plan enthalten war. Umgekehrt kann festgestellt werden, ob alle

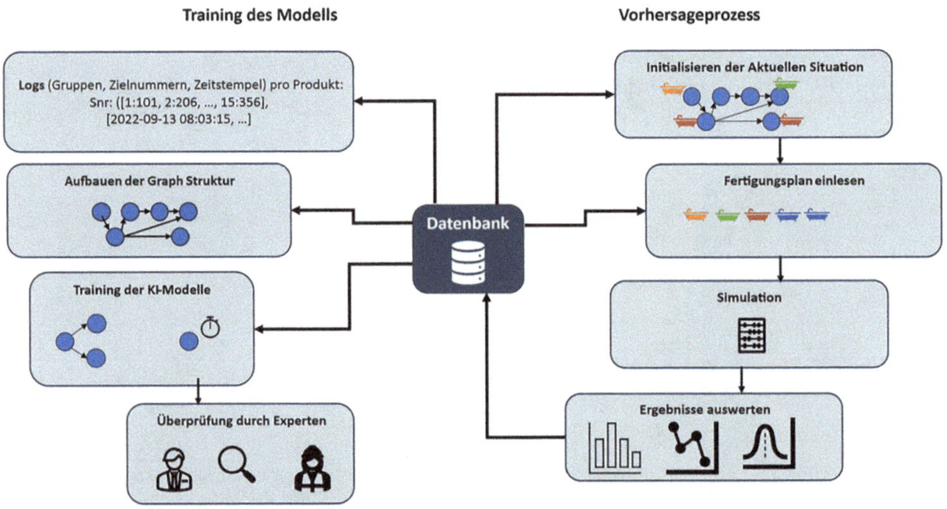

Abb. 4 Übersicht über die zwei wesentlichen Prozesse der ImpliKIt Lösung. Links der Trainingsprozess, rechts der Vorhersageprozess

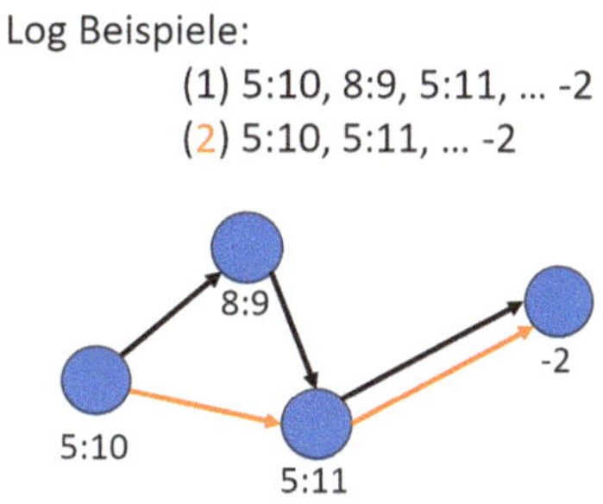

Abb. 5 Beispiel der Graph Erstellung

Schritte im Fertigungsplan tatsächlich angefahren wurden. So werden die Fertigungsschritte in Kategorien ‚Muss', ‚Kann' und ‚Kann-Immer' eingeteilt. Ein Fertigungsschritt wird als ‚Muss'-Schritt deklariert, wenn der Anteil der Produkte, welche den Schritt sowohl im Fertigungsplan haben als auch angefahren sind, hoch ist. Ein ‚Kann'-Status liegt vor, wenn viele Produkte diesen Schritt im Fertigungsplan vorgesehen haben, ihn jedoch nicht durchlaufen. ‚Kann-Immer' sind Schritte, die häufig angefahren werden, obwohl sie nicht im Fertigungsplan stehen. Das entstandene Modell wird anschließen bereinigt, um Datenfehler und abgeschnittene Logs zu kompensieren, wobei selten genutzte Knoten und Kanten gelöscht werden.

Der Graph wird durch ML-Modelle ergänzt. Diese übernehmen die Steuerung der Produkte im Graphen und die Einschätzung der zeitlichen Dauer einzelner Fertigungsschritte. Es wurden zwei Arten von Modellen genutzt: Klassifizierungsmodelle und Regressionsmodelle.

Für die Steuerungslogik werden an einzelnen Knoten Klassifizierungsmodelle eingesetzt, welche auf Grundlage von Produkteigenschaften und der Fertigungssituation den nächsten besuchten Knoten bestimmen. Die Optionen ergeben sich aus der Struktur des Graphen als alle Nachfolgerknoten des aktuellen Knotens. Die Lösung ist modular aufgebaut, sodass alle auf tabellarischen Daten basierenden Klassifizierungsmodelle des ML genutzt werden können. Innerhalb des ImpliKIt Projekts wurden Cat-Boost Modelle verwendet[1]. Das Modell wird an Beispielen aus den gesammelten Logs trainiert. Nach dem Training geben die Modelle für jedes Produkt an, mit welcher Wahrscheinlichkeit es als Nächstes zu einem bestimmten anderen Knoten wechselt. So können stochastische Einflüsse wie Qualitätsmängel abgebildet werden.

Bei Regressionsmodellen werden Produkteigenschaften genutzt, um die Aufenthaltsdauer eines Produkts im Knoten zu bestimmen. Die Schätzung findet auf Grundlage der Produkteigenschaften und des Füllstands des Knotens statt. Damit lässt sich abbilden, ob Prozesse bei bestimmten (z. B. größeren) Produkten längere Durchlaufzeiten aufweisen als bei anderen. Auch der Einfluss von Warteschlangen kann durch den Füllstand abgebildet werden. Die Modelle werden anhand der Eventlogs trainiert. Da Logdaten auch

[1] https://catboost.ai/

Stillstandzeiten (z. B. über Nacht oder während Pausen) enthalten, werden diese vorab bereinigt. Zur Modellierung wurde im Rahmen des ImpliKIt-Projekts ebenfalls die CatBoost-Bibliothek verwendet.

Anschließend können die Ergebnisse der Modelle durch Expert:innen verifiziert werden. Hierzu wird eine Visualisierung des Graphen bereitgestellt, die ML-Modelle auf einem Testdatensatz ausgeführt und deren Ergebnisse grafisch aufbereitet.

Der zweite Prozess ist der *Vorhersageprozess.* Dieser Prozess läuft regelmäßig, wenn die KI-integrierte-Simulation genutzt werden soll. Um die Simulation zu initialisieren, werden die Positionen aller im Transportsystem befindenden Produkte ausgelesen und der aktuelle Produktionsplan kopiert. Mithilfe dieser Informationen kann das Fertigungssystem simuliert werden. Als KI-integrierte-Simulationsumgebung wurden im Projekt Streckenabschnitte und ihr Verhalten im Python-Framework Simpy implementiert. Für jeden Sektor im Graphen wird dynamisch ein solcher Streckenabschnitt instanziiert und mit den sich bereits darin befindenden Produkten befüllt. Im Graphen wird außerdem ein Knoten als Startknoten definiert, in den in regelmäßigen Abständen die Produkte aus dem Produktionsplan eingehen. Die KI-integrierte Simulation setzt am definierten Startzeitpunkt an und bildet die Produktbewegungen im Transportsystem nach. Für jedes Produkt werden in den einzelnen Sektoren die Zeitmodelle ausgewertet, um die Aufenthaltsdauer im jeweiligen Sektor zu schätzen. Nach dieser Aufenthaltsdauer bewegt sich das Produkt im Graphen zum nächsten Knoten. Die Wahrscheinlichkeiten für den nächsten Knoten werden durch die Entscheidungsmodelle am Knoten bestimmt. Das nächste Ziel wird zufällig aus dieser Wahrscheinlichkeitsverteilung gezogen, um unwahrscheinliche oder seltene Ereignisse in der KI-integrierte Simulation zu berücksichtigen.

Anschließend werden die Ergebnisse der KI-integrierten Simulationsläufe gespeichert und in die Datenbank geschrieben. Aus den Ereignisprotokollen lassen sich vielfältige analytische Auswertungen ableiten.

Abb. 6 zeigt einen Streckenabschnitt in der KI-integrierte Simulation. Diese Streckenabschnitte werden aus dem zuvor erstellten Graphen abgeleitet. Produkte durchlaufen den Streckenabschnitt, indem sie drei Prozesse beenden. Zunächst werden sie der Eingangswarteschlange angehängt. Diese kontrolliert den Zufluss in den Streckenabschnitt,

Abb. 6 Visualisierung des Ablaufs in einem Streckenabschnitt in der Simulation. Jeder Streckenabschnitt hat einen Eingangs- und Ausgangsprozess, sowie den eigentlichen Arbeitsprozess. Produkte mit unterschiedlichen Zielen (farbig markiert) durchlaufen die einzelnen Streckenabschnitte

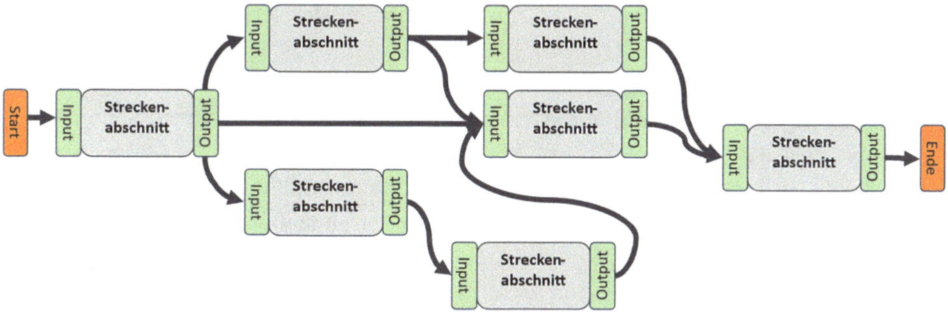

Abb. 7 Aufbau einer Simulation aus den einzelnen Streckenabschnitten. Die Verbindung der einzelnen Abschnitte entspricht den Kanten im gelernten Graphen. Es werden zusätzlich ein Start und Endpunkt hinzugefügt, wo Produkte in die Simulation ein- und ausgehen

um Sektorkapazität und Produktaufkommen zu begrenzen. Bei der Simulation eines Streckenabschnitts gilt das FIFO-Prinzip (First In, First Out). Ein nachfolgendes Produkt kann mit dem Arbeitsprozess beginnen, sobald genügend Kapazität vorhanden ist und seit der Bearbeitung des letzten Produkts eine Mindestzeit vergangen ist. Die Dauer des eigentlichen Arbeitsprozesses wird durch das hinterlegte Zeitmodell bestimmt. Nach Abschluss des Prozesses gelangt das Produkt in die Output-Warteschlange. Es kann den Sektor verlassen, sobald seit dem letzten Ausgang eine Mindestzeit vergangen ist, und wird anschließend an den nächsten Sektor übergeben.

Abb. 7 zeigt eine Simulation mit mehreren Streckenabschnitten. Diese kann dynamisch aus dem Graphen erstellt und mit jedem Trainingslauf automatisch angepasst werden. Neue Streckenabschnitte oder Änderungen im Produktionsablauf werden durch den Trainingslauf in das Simulationsmodell übernommen. Produkte, die sich bereits in der Produktion befinden, können direkt in die Streckenabschnitte eingesetzt werden. Dabei wird die Eingangswarteschlange übersprungen, und die bereits vergangene Zeit seit dem Eintritt in den Sektor wird berücksichtigt. Produkte, die im Produktionsplan vorgesehen sind, werden in festen Zeitabständen gestartet und dem ersten Streckenabschnitt übergeben.

3 Ergebnisse und Mehrwert

Um den Mehrwert des Projekts ImpliKIt zu ermitteln, wurde eine mehrstufige Evaluation durchgeführt. Um eine Einschätzung der initialen Belastungssituation in der Produktion des Praxispartners zu erhalten, wurde zu Beginn des Projekts eine quantitative Befragung Beschäftigten in der Produktion durchgeführt. Diese Befragung fokussierte die Stausituation in verschiedenen Arbeitsbereichen und die damit verbundene Wahrnehmung von körperlichen und psychischen Anforderungen sowie Belastungen der Beschäftigten. Ergänzend wurden Daten zur Einschätzung des (sozialen) Arbeitsumfelds sowie der Arbeitszufriedenheit erhoben.

Insgesamt konnten 35 Fragebögen ausgewertet werden, was einer Teilnahmequote von 50 % entspricht, ausgewählter Arbeitsstationen. Die Befragten waren im Durchschnitt seit über 10 Jahren im Unternehmen tätig; 40 % verfügten über eine Betriebszugehörigkeit von mehr als 20 Jahren; das Durchschnittsalter lag zwischen 40 und 49 Jahren. Die Untersuchung hat ergeben, dass eine erhöhte Belastung in Form körperlicher Erschöpfung und in einem erhöhten Stresslevel wahrgenommen wurde. Die körperliche Belastung wurde im Durchschnitt mit 6,0 auf einer Skala von 1 bis 10 eingeschätzt; 52 % der Befragten bewerteten sie mit 7 oder höher. Das Stresslevel unterlag einer durchschnittlichen Bewertung von 6,9 auf einer Skala von 1 bis 10: 57 % der Mitarbeitenden eine 7 oder einen höheren Wert an. Ein Faktor, der zu einem erhöhten Stressniveau führe, sei der Zeitdruck: 60 % der Befragten gaben an, oft oder immer unter hohem Zeitdruck zu arbeiten.

Die am Arbeitsplatz empfundene Anstrengung korrelierte mit dem empfundenen Stauaufkommen sowie mit der Anzahl der bearbeiteten Produkte und dem Nacharbeitsaufkommen, die aus dem Prozessdaten der Fördertechnik entnommen werden konnte. Das Stressempfinden stieg mit der Anzahl der bearbeiteten Produkte und der Anstrengung.

Das Stauaufkommen spielte eine erhebliche Rolle in Bezug auf die Belastungssituation in der Produktion. 66 % der Befragten gaben an, mindestens täglich einen Stau wahrzunehmen, 20 % nahmen Staus mehrmals täglich wahr (Abb. 8).

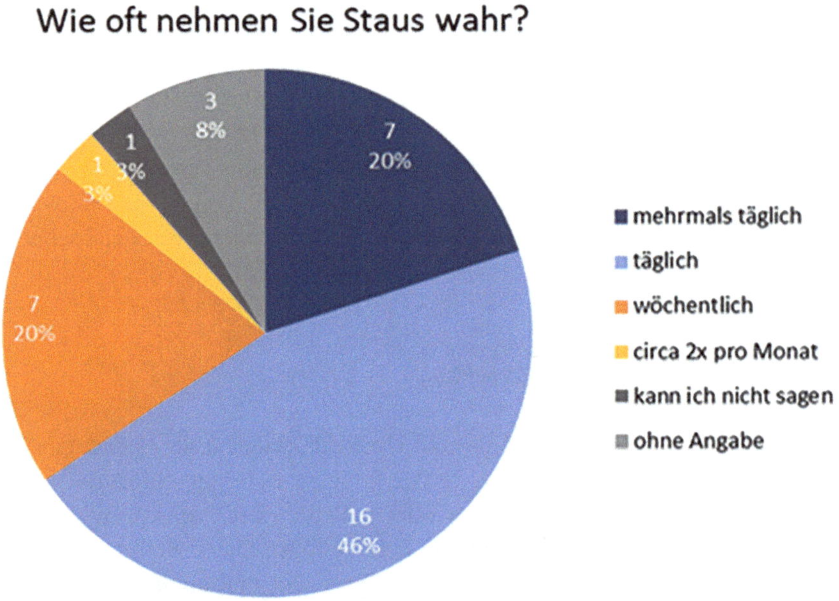

Abb. 8 Wahrnehmen von Staus durch die Mitarbeitenden

Die Staus beeinflussen nach Aussage von 51 % der Mitarbeitenden die Arbeit "oft" oder "immer". Ein Drittel der Teilnehmenden gab an, dass diese Beeinflussung "sehr stark" oder "stark" sei. Als wahrgenommene Ursachen für die Staus wurden u. a. eine nicht ausbalancierte Planung sowie technische Probleme genannt.

Zur differenzierten Erfassung der staubedingten Belastungssituation im Werk im zeitlichen Verlauf wurde im Zeitraum vom 27.09.2021 bis zum 15.10.2021 täglich eine Kurzbefragung über die an einzelnen Arbeitsplätzen installierten Terminals an 29 Stationen der Produktion durchgeführt. In deren Rahmen wurden zu Schichtende drei Fragen aus einem Pool von 17 Fragen per Zufallsprinzip ausgewählt und am Bildschirm beantwortet. Die Fragen bezogen sich auf die direkte Belastungswahrnehmung (z. B. Stress) sowie auf die indirekte Einschätzung des Arbeitsvolumens (z. B. Taktzeitbewertung). Insgesamt wurden 2058 Antworten ausgewertet. Zusätzlich wurde ein Knopf zur Staumeldung an jeder Station installiert, wodurch in diesem Zeitraum 86 Staumeldungen verzeichnet werden konnten. Die Öfen wiesen besonders häufig Staumeldungen per Knopfdruck auf (Abb. 9).

Die tägliche Kurzbefragung bestätigte die Kernergebnisse der vorangegangenen quantitativen Befragung. Die Anstrengung des Arbeitstages wurde insgesamt auf mittlerem

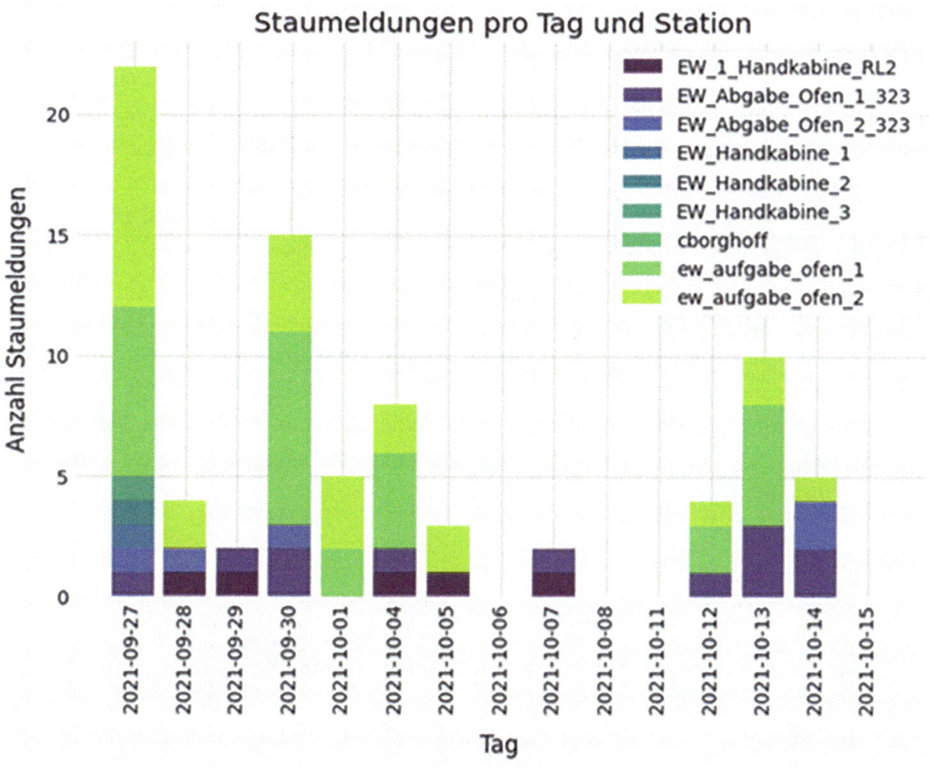

Abb. 9 Häufigkeiten von Staumeldungen an verschieden Stationen

Niveau mit einer Tendenz zu „eher anstrengend" angegeben. Außerdem führten die Staus zufolge häufig zu einer zusätzlichen Belastung der Produktionsmitarbeitenden.

Schließlich wurde die grundlegende Einstellung gegenüber neuen Technologien und KI wurde basierend auf einer Selbst- und Fremdeinschätzung erfragt. Grundsätzlich wurde die Einstellung der Belegschaft gegenüber neuen Technologien von den Befragten als positiv eingeschätzt. Ihre eigene Einstellung gegenüber neuen Technologien bewertete die Hälfte der Mitarbeitenden als aufgeschlossen (Selbsteinschätzung), die Einstellung der Belegschaft als neutral (Fremdeinschätzung). Bezogen auf die Einstellung gegenüber dem Einsatz von KI fiel die Bewertung insgesamt neutral aus. 30 % bezeichneten sich selbst als aufgeschlossen für den Einsatz von KI. Um die Auswirkung der Einführung von KI auf die Arbeitssituation und speziell die Wahrnehmung von körperlichen und physischen Belastungen der Mitarbeitenden ermitteln zu können, ist eine vergleichende Befragung nach Einführung der KI geplant und erforderlich.

Aus arbeitswissenschaftlicher Sicht bestätigten die Ergebnisse der quantitativen Mitarbeitendenbefragung die eingangs formulierten Annahmen: Die Produktionsmitarbeitenden sind nahezu täglich einer erhöhten körperlichen und psychischen Belastung ausgesetzt, die unter anderem durch das regelmäßige Auftreten von Staus im Fertigungsablauf verstärkt wird. Auch das berichtete Stresslevel lag deutlich über dem Durchschnitt.

Die im Anschluss durchgeführte Kurzbefragung stützte diese Erkenntnisse. Die nahezu täglich auftretenden Staus wurden von den Beschäftigten wahrgenommen und häufig als belastend empfunden. Auch wenn sich keine eindeutigen Korrelationen zwischen den erfassten technischen Prozessdaten und den subjektiven Einschätzungen erkennen ließen, zeigen sich deutliche Unterschiede in der Belastungsverteilung zwischen den einzelnen Arbeitsstationen: So sind beispielsweise die Bereiche rund um die Öfen signifikant häufiger von Staus und Nacharbeiten betroffen als andere Abschnitte der Fertigung.

Als zentrale Maßnahmen zur Reduktion der empfundenen Belastung wurden in der ersten Befragung eine ausgewogenere Produktionsplanung sowie die Vermeidung technischer Störungen identifiziert. Diese Rückmeldungen aus der Belegschaft bekräftigten die Notwendigkeit eines KI-gestützten Assistenzsystems zur Unterstützung der Planungsverantwortlichen, um Überlastungen zu vermeiden und eine gleichmäßigere Produktionsauslastung zu realisieren.

4 Ausblick

Das System wurde in enger Abstimmung mit einem Unternehmen entwickelt, das über eine automatisierte, sequenzielle Fertigung mit hoher Variantenvielfalt verfügt. Produkte können innerhalb des Systems unterschiedliche Verzweigungen durchlaufen oder bei Bedarf Schleifenbewegungen ausführen. Eine Übertragung des entwickelten Modells auf andere Produktionsumgebungen ist grundsätzlich möglich, erfordert jedoch eine differenzierte Betrachtung. Besondere Herausforderungen ergeben sich etwa bei der Konfiguration der ML-Modelle, wenn keine ausreichend große Variantenvielfalt oder keine lückenlose Rückverfolgbarkeit der Produkte vorliegt. Bei Bette stehen über Monate hinweg strukturierte Planungs- und Produktionsdaten zur Verfügung, die eine präzise Modellierung ermöglichen. Diese Datenbasis ist ein entscheidender Erfolgsfaktor für die Qualität der KI-integrierten-Simulationsergebnisse.

Für eine erfolgreiche Adaption auf andere Produktionssysteme ist daher im Vorfeld zu prüfen, ob vergleichbare Daten in ausreichender Qualität und Granularität vorhanden sind – oder ob sie durch geeignete Erfassungsmechanismen erst aufgebaut werden müssen.

Darüber hinaus eröffnet das entwickelte Assistenzsystem auch innerhalb der Pilotumgebung weiteres Potenzial für Verbesserungen. Durch das kontinuierliche Training mit neuen Produktions- und Planungsdaten kann die Genauigkeit der Vorhersagen fortlaufend gesteigert werden. Künftige Erweiterungen könnten zudem zusätzliche Einflussfaktoren berücksichtigen, wie etwa saisonale Schwankungen oder geplante Wartungszyklen, um die Simulation noch realistischer zu gestalten.

Langfristig bietet sich die Möglichkeit, das System um Funktionen für automatisierte Planungsvorschläge oder Optimierungsläufe zu erweitern. So könnte das Assistenzsystem nicht nur Engpässe aufzeigen, sondern auch aktiv Handlungsempfehlungen für eine belastungsärmere und effizientere Produktionsplanung geben.

Literatur

Chmielnicki, W., & Stapor, K. (2016). Using the one-versus-rest strategy with samples balancing to improve pairwise coupling classification. International Journal of Applied Mathematics and Computer Science, 26(1), 191–201. https://doi.org/10.1515/amcs-2016-0013

Hastie, T., Tibshirani, R., & Friedman, J. H. (2009). The Elements of Statistical Learning: Data Mining, Inference, and Prediction (2nd ed.). Springer. https://doi.org/10.1007/978-0-387-84858-7

He, H., & Garcia, E. A. (2009). Learning from imbalanced data. IEEE Transactions on Knowledge and Data Engineering, 21(9), 1263–1284. https://doi.org/10.1109/TKDE.2008.239

Kirste, M., & Schürholz, M. (2019). Einleitung: Entwicklungswege zur KI. In M. Kirste & M. Schürholz (Hrsg.), Künstliche Intelligenz: Technologie | Anwendung | Gesellschaft (S. 21–35). Springer Vieweg. https://doi.org/10.1007/978-3-658-24936-3_1

Lunze, J. (2013). Ereignisdiskrete Systeme (7. Aufl.). Oldenbourg Wissenschaftsverlag. https://doi.org/10.1524/9783486718950

Röchter, A. (2021). Mitarbeiterbefragung Bette. Unveröffentlichte Studie, FHDW Paderborn, Paderborn.

KI-gestützte Assistenz für Wartung und Service

Sahar Deppe, Gudrun Tschirner-Vinke, Jörg Papenkordt, Daniel Vollmers, Luca Isenberg und Alexander Krebs

1 Motivation und Ausgangslage

Die zunehmende Komplexität technischer Produkte und Produktionsprozesse stellt Unternehmen vor erhebliche Herausforderungen – insbesondere in den Bereichen Inbetriebnahme, Wartung und Fehlerbehebung von Maschinen und Anlagen (Apt et al. 2018; Deppe et al. 2022). Gleichzeitig wird es immer schwieriger, qualifiziertes Fachpersonal für diese Aufgaben zu finden. Der Einsatz von ungelerntem Personal gewinnt daher zunehmend an Bedeutung. Dies zeigt sich auch im Schaltschrankbau. Die Weidmüller Interface GmbH & Co. KG, ein etablierter Anbieter elektrischer Verbindungstechnik, bietet ihren Kunden dort neben Komponenten auch Arbeitsplatzlösungen zur Optimierung der Fertigung an. Das Portfolio reicht von Handwerkzeugen über Industriedrucker bis hin zu halb- und vollautomatisierten Maschinen. Obwohl diese technisch anspruchsvollen Lösungen im Hinblick auf ihre Bedien- und Wartungsfreundlichkeit

S. Deppe (✉)
Fraunhofer IOSB-INA, Lemgo, Deutschland
E-Mail: sahar.deppe@iosb-ina.fraunhofer.de

G. Tschirner-Vinke · A. Krebs
Atos Secure Digital GmbH, München, Deutschland

J. Papenkordt · D. Vollmers
Universität Paderborn, Paderborn, Deutschland

L. Isenberg
Weidmüller, Detmold, Deutschland

R. Dumitrescu (Hrsg.), *KI für die Arbeitswelt von morgen*,
Intelligente Technische Systeme – Lösungen aus dem Spitzencluster it's OWL,
https://doi.org/10.1007/978-3-662-73053-9_11

entwickelt wurden, erfordern unerwartete Ausfälle oder Instandsetzungsmaßnahmen häufig eine Recherche in der Betriebsanleitung oder tiefergehendes Fachwissen. Besonders ungelernte Mitarbeitende sind in solchen Situationen schnell überfordert und greifen auf den Telefonsupport zurück. In diesen Fällen fehlt es dem Produktionspersonal an zielgerichteter, kontextbezogener digitaler Unterstützung.

Vor diesem Hintergrund verfolgte das Projekt das Ziel, ein KI-gestütztes Assistenzsystem zu entwickeln, das Anlagenbediener:innen bei der eigenständigen Problemlösung unterstützt. Durch den Einsatz intelligenter Informationsverarbeitung auf Basis von existierenden technischen Dokumentationen des Anlagenherstellers, einer daraus aufgebauten strukturierten und erweiterbaren Wissensbasis sowie einer multimodalen webbasierten Assistenzanwendung, die u. a. Augmented-Reality-Elemente und Videos beinhaltet, soll das System Nutzer:innen darin unterstützen, in komplexen Situationen schnell die relevanten Informationen zu erhalten und darauf basierende adäquate Entscheidungen zu treffen.

Das Assistenzsystem adressiert dabei mehrere Herausforderungen:

- Effizienter Zugang zu relevantem Wissen: Sowohl dokumentiertes als auch nicht dokumentiertes (Experten-)Wissen wird durch das System leichter zugänglich gemacht.
- Reduktion von Informationsüberflutung: Durch adaptive, nutzerzentrierte Informationsaufbereitung wird die Menge an verfügbaren Informationen gezielt auf die Bedürfnisse der Nutzer:innen zugeschnitten.
- Unterstützung unterschiedlicher Qualifikationsniveaus: Das System ist darauf ausgelegt, Nutzer:innen mit unterschiedlichen Erfahrungsgraden optimal zu unterstützen.

Ziel des Projekts war es, die Handlungsfähigkeit der Anlagenbediener:innen zu stärken, Ausfallzeiten zu reduzieren und langfristig die Wissenssicherung im Unternehmen zu fördern. Durch die Bereitstellung ad-hoc verfügbarer, relevanter Informationen, Expertenwissen und Erfahrungswerte wird eine signifikante Verbesserung in der Inbetriebnahme von Maschinen und Anlagen sowie in der Prozessdurchführung und Problembehandlung angestrebt.

2 Stand der Technik

In der industriellen Praxis wurden in den letzten Jahren verstärkt digitale Assistenzsysteme entwickelt, um Mitarbeitende bei komplexen Aufgaben wie der Inbetriebnahme, Wartung und Störungsbehebung zu unterstützen. Diese Systeme reichen von einfachen interaktiven Handbuchern bis hin zu kontextsensitiven Augmented-Reality (AR) Lösungen. In der Literatur werden verschiedene Ansätze beschrieben, die z. B. auf regelbasierten Systemen, mobilen Assistenzanwendungen oder teilautomatisierten Wissensdatenbanken basieren (Büttner et al. 2017; Brünninghaus und Deppe 2022)

Ein typisches Beispiel ist der Einsatz von mobilen Assistenzsystemen in der beruflichen Bildung und im technischen Service, etwa durch die strukturierte Darstellung von

Arbeitsanweisungen oder Schritt-für-Schritt-Anleitungen per Tablet oder Smart Glasses. Zudem gibt es Entwicklungen, die durch projektionsbasierte AR oder visuelle Marker die Interaktion mit Maschinen erleichtern (Büttner et al. 2017). Forschungsseitig liegt ein Fokus auf semantischer Wissensmodellierung, z. B. in Form von Wissensgraphen, die es ermöglichen, komplexe technische Informationen zu strukturieren und zu verknüpfen. Damit können nicht nur Arbeitsanleitungen, sondern auch Problemlösungen und Kontextinformationen effizient zugänglich gemacht werden (Brünninghaus und Deppe 2022). Ebenso werden Assistenzsysteme mit AR entwickelt, die eine besonders intuitive Informationsdarstellung ermöglichen. AR-Anwendungen können Bauteile visuell hervorheben, virtuelle Anweisungen direkt in das Sichtfeld einblenden oder interaktive Trainingsumgebungen schaffen (Büttner et al. 2017).

Trotz dieser Fortschritte bestehen in der Praxis zahlreiche Einschränkungen, die den Mehrwert bisheriger Lösungen begrenzen:

- Begrenzte Kontextsensitivität: Viele Systeme bieten statische Inhalte und berücksichtigen nicht den konkreten Nutzungskontext oder das Vorwissen der Nutzer:innen.
- Informationsüberflutung: Die mangelnde Priorisierung und Filterung von Informationen führen häufig zu Überforderung, insbesondere bei zeitkritischen Aufgaben (Bawden und Robinson 2009)
- Mangel an Integration technischer Begriffe: Klassische Sprachmodelle (Large Language Models – LLM) sind auf allgemeine Sprache trainiert und erfassen fachspezifische Ausdrücke oder domänenspezifisches Wissen nur unzureichend, was die Effektivität bei der Informationssuche reduziert (Tai et al. 2020; Kurenkov 2021).
- Geringe Flexibilität und Nachvollziehbarkeit: Viele bestehende Systeme sind schwer an neue Maschinen, Prozesse oder Inhalte anpassbar, da sie keine nutzerfreundlichen Werkzeuge zur Wissenspflege bieten (Klapper et al. 2019).
- Geringe Partizipation der Nutzer:innen: In vielen Fällen fehlt die Einbindung von Beschäftigten in Design, Entwicklung und Einführung – was die Akzeptanz und Alltagstauglichkeit der Assistenzsysteme beeinträchtigen kann (Keller et. al. 2021).

Das im Rahmen des Projekts entwickelte KI-gestützte Assistenzsystem wurde konzipiert, um bestehende Schwächen klassischer Lösungen zu überwinden. Es kombiniert automatisierte Wissensstrukturierung mit intelligenter, kontextsensitiver Informationsbereitstellung. Hierfür werden Inhalte aus technischen Dokumentationen des Anlagenherstellers, wie Handbüchern, extrahiert, in einem Wissensgraphen strukturiert und über eine semantische Suche zugänglich gemacht. Die Wissensbasis des Assistenzsystems kann kontinuierlich angepasst und erweitert werden, u. a. basierend auf dem Feedback der Nutzer:innen. Diese Anpassungsmöglichkeiten sind vor allem für die Expertinnen und Experten der Anlagenhersteller von Vorteil, die die Wissensbasis gezielt optimieren können, um den Kunden einen noch besseren Service zu bieten.

Ergänzt wird das System durch eine multimodale Nutzeroberfläche, die Informationen je nach Bedarf als Text, Bild, Video oder AR-Szene darstellt. Dank der modularen

Architektur ist das System auf andere Anwendungsbereiche und Branchen übertragbar, z. B. in der Instandhaltung oder technischen Schulung.

3 Vorgehen und Umsetzung

3.1 Wissenschaftliches Vorgehen und eingesetzte Technologien

Im Rahmen des Leuchtturmprojekts wurde ein nutzerzentriertes, KI-basiertes Assistenzsystem für Wartung und Problemlösung entwickelt. Der Entwicklungsprozess folgte einem iterativen, praxisnahen Vorgehen, das auf interdisziplinären Methoden der Informatik, Mensch-Technik-Interaktion und Arbeitsforschung basiert.

Zentraler Bestandteil des Systems ist ein domänenspezifischer semantischer Suchindex, der auf einer Vektordatenbank basiert und automatisch aus technischen Handbuchern generiert wird. Die Extraktion relevanter Inhalte (z. B. Anleitungen, Hinweise) erfolgt mittels Natural Language Processing (NLP), insbesondere den Einsatz neuronaler Netze auf Basis von Transformermodellen zur Klassifikation und kontextbasierten Textanalyse. Zur Strukturierung der Inhalte wird ein multi-label Klassifikationsansatz verwendet, mit dem einzelne Inhalte spezifischen Kontexten zugewiesen werden.

Die semantische Suche basiert auf modernen Sprachmodellen wie BERT und GPT, die für technische Inhalte angepasst wurden (z. B. mithilfe von exBERT (Tai, W. et al. 2020)). Nutzer:innen können über eine intuitive Benutzeroberfläche auf mobilen Endgeräten (z. B. Tablets) gezielt nach Problemlösungen suchen. Die Ergebnisse werden nach Relevanz sortiert angezeigt – inklusive der Möglichkeit, zwischen unterschiedlichen Informationsformaten zu wählen: Textpassagen, Bilder, Videos oder AR-Szenen. Ein besonderes Merkmal des Systems ist die Integration einer AR-App, mit der visuelle Inhalte kontextbezogen direkt am Arbeitsplatz eingeblendet werden können (Abb. 1). Die Verknüpfung zwischen textbasierten Anleitungen und AR-Inhalten erfolgt über mobile Deep Links, was einen nahtlosen Wechsel zwischen Informationsquellen erlaubt. Darüber hinaus wurde eine Feedbackfunktion integriert. Nutzer:innen können zu den angezeigten Inhalten Rückmeldungen geben, z. B. bei Unklarheiten oder Verbesserungsvorschlägen. Dieses Feedback wird an die verantwortlichen Expert:innen weitergeleitet und kann genutzt werden, um Inhalte gezielt zu optimieren oder zu ergänzen – was langfristig zur Qualitätssicherung und Weiterentwicklung des Systems beiträgt (Abb. 1).

Partizipative Entwicklung mit den Benutzern

Zur Sicherstellung einer hohen Praxistauglichkeit wurden die späteren Nutzer:innen von Beginn an aktiv in den Entwicklungsprozess einbezogen. Zu Projektstart und -ende wurden qualitative Experteninterviews mit Mitarbeitenden des Anwendungspartners Weidmüller durchgeführt. Die Experteninterviews zum Start des Projektes dien-

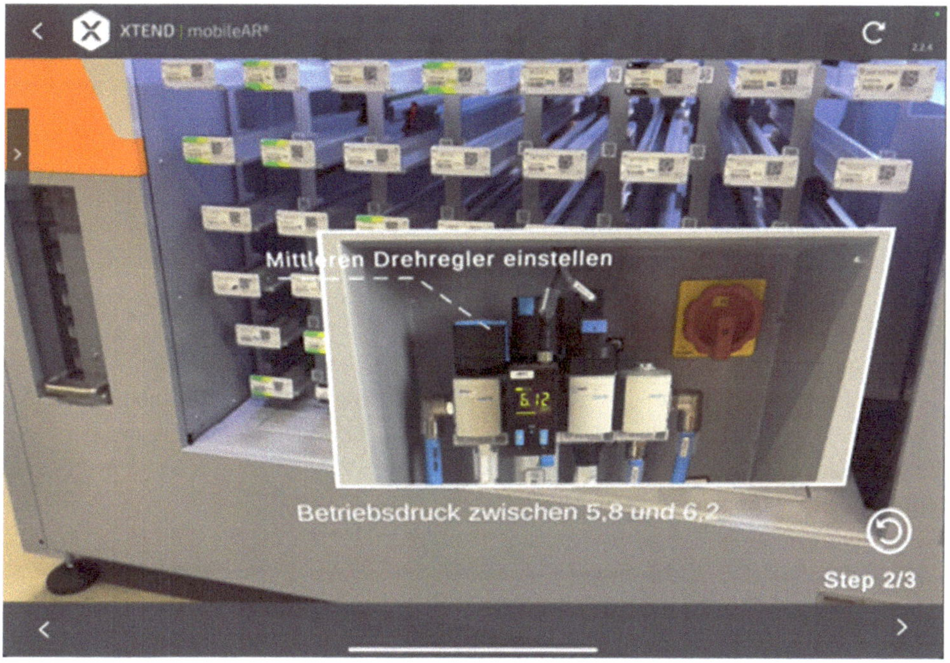

Abb. 1 Unterstützung bei der Fehlerbehebung in AR über das Assistenzsystem

ten zur Abbildung der Ausgangssituation, indem mögliche Herausforderungen sowie Erwartungen aus der Endnutzer:innensicht an das Arbeitsassistenzsystem abgefragt und analysiert wurden. Dadurch konnten wichtige Implikationen hinsichtlich der Anforderungen, Funktionsweisen und des Designs des Arbeitsassistenzsystems abgeleitet werden. Ein zentrales Ergebnis der durchgeführten Interviews ist die Wahrnehmung der hohen Komplexität des bestehenden Produktionssystems, welche mit vielfältigen Herausforderungen einhergeht – insbesondere im Hinblick auf Anpassungsprozesse und Fehlerbehebung. Vor diesem Hintergrund wird die Einführung eines intelligenten Assistenzsystems von allen befragten Personen durchweg positiv bewertet. Ein weiteres Ergebnis besteht darin, dass die Expertinnen und Experten eine kaskadierende Informationsverarbeitung innerhalb des Assistenzsystems präferieren, um einer potenziellen Informationsüberlastung vorzubeugen (Bawden und Robinson 2009; Samsel et al. 2014). Darüber hinaus ließen sich weitere gestaltungsrelevante Präferenzen identifizieren.

Am Ende des Projekts wurden erneut Experteninterviews durchgeführt, um Nutzerfeedback zum entwickelten Arbeitsassistenzsystem einzuholen und den Projekterfolg zu evaluieren.

3.2 Zusammenarbeit und Rollen der Projektpartner

Die Umsetzung des Projekts erfolgte im Rahmen einer engen Zusammenarbeit zwischen mehreren Partnern aus Industrie und Forschung, die jeweils unterschiedliche Rollen einnahmen:

- Anwendungsunternehmen (Weidmüller): Es stellte den konkreten Anwendungsfall, das Produktionsumfeld sowie relevante Handbucher und Erfahrungswissen zur Verfügung. Darüber hinaus waren Mitarbeitende aktiv in die Anforderungsanalyse und Evaluation eingebunden.
- Forschungspartner und Befähiger (Fraunhofer IOSB-INA, Universität Paderborn, Atos): Diese entwickelten das technische Konzept, die Systemarchitektur und die Algorithmen zur Wissensverarbeitung und übernahmen die Implementierung der App-Komponenten. Zudem führten sie wissenschaftliche Vorstudien durch und evaluierten die Systemkomponenten.
- Beteiligung von IG Metall/Betriebsrat: Der Betriebsrat von Weidmüller sowie die IG Metall begleiteten das Projekt im Sinne guter digitaler Arbeit. Sie achteten insbesondere auf Aspekte wie Transparenz, Partizipation und die Wahrung von Interessen der Beschäftigten bei der Einführung KI-gestützter Assistenzsysteme.

4 Ergebnisse und Mehrwert

Die im Leuchtturmprojekt entwickelte Lösung ermöglicht eine zielgerichtete, kontextabhängige Bereitstellung technischer Informationen, die aus bestehenden Handbuchern des Anlagenherstellers extrahiert, durch Erfahrungswissen von Experten:innen ergänzt in einer Wissensbasis strukturiert werden. Durch eine intelligente Suchfunktion können Nutzer:innen konkrete Probleme beschreiben oder direkt einen Fehlercode eingeben und erhalten passende Lösungsvorschläge – ergänzt durch visuelle Inhalte in einer AR-App.

Die betriebliche Pilotanwendung des Assistenzsystems erfolgte im Unternehmenskontext von Weidmüller unter realen Bedingungen und wurde durch qualitative Experteninterviews zum Ende des Projekts flankiert. Die zentrale Erkenntnis dieser Interviews besteht darin, dass das Assistenzsystem von den befragten Personen überwiegend positiv wahrgenommen wird. Insbesondere wurde hervorgehoben, dass das System es auch weniger erfahrenen Bedienenden ermöglicht, Fehlermeldungen selbstständig zu beheben. Dies wird dadurch erreicht, dass das System die Nutzer:innen schrittweise durch den Lösungsprozess führt. Darüber hinaus bietet das Assistenzsystem die Möglichkeit, zwischen verschiedenen Darstellungsformaten (Videos, Bildern, AR-Szenen oder textbasierten Anleitungen) zu wählen, sodass die jeweilige Problemlösung im bevorzugten Informationsmedium der Nutzer:innen individuell aufbereitet werden kann. Ein weiterer Vorteil liegt in der Reduktion der Reparaturzeiten. Anlagenbediener:innen müssen keine umfangreichen Handbucher mehr nach den benötigten Informationen durchsuchen, sondern erhalten unmittelbar eine passgenaue Lösung. Die Fehlersuche gestaltet sich somit deutlich schneller, intuitiver und effizienter. Insgesamt stellt das System aus Arbeitnehmenden-Sicht ein wirksames Werkzeug zur digitalen Selbsthilfe am Arbeitsplatz dar.

Insgesamt bestätigt die Pilotphase, dass das System eine spürbare Entlastung im Arbeitsalltag ermöglicht. Es fördert nicht nur die technische Problemlösung, sondern auch das Vertrauen der Anlagenbediener:innen in ihre eigenen Fähigkeiten.

Wirtschaftlicher, organisatorischer und sozialer Mehrwert

Das hier vorgestellte KI-gestützte Assistenzsystem bietet einen umfassenden Mehrwert auf verschiedenen Ebenen: wirtschaftlich, organisatorisch und sozial. Diese Dimensionen sind miteinander verknüpft und tragen gemeinsam dazu bei, die Effizienz und Zufriedenheit der Anlagenbediener:innen zu steigern sowie die Wettbewerbsfähigkeit der die Anlagen im Produktionsprozess einsetzenden Unternehmen zu sichern. Im Folgenden werden die spezifischen Vorteile, die sich aus der Implementierung des Systems ergeben, näher erläutert.

- Wirtschaftlich: Das System trägt zur Reduktion von Stillstandzeiten und zur Steigerung der Prozesssicherheit bei. Durch den schnelleren Zugang zu relevanter Information lassen sich Rüstzeiten, Störungen und Fehlbedienungen reduzieren.
- Organisatorisch: Wissen wird systematisch dokumentiert, zugänglich gemacht und bleibt auch bei Personalwechsel in den Kundenunternehmen erhalten. Das Assistenzsystem erleichtert zudem die Einarbeitung neuer Mitarbeitender.
- Sozial: Die Anlagenbediener:innen erleben eine Stärkung ihrer Handlungskompetenz im Umgang mit digitalen Systemen. Der Ansatz fördert ein modernes Arbeitsumfeld, in dem Hilfe zur Selbsthilfe ermöglicht wird, ohne Kontrolle oder Überwachung.

Limitationen und kritische Reflexion

Trotz der positiven Ergebnisse bestehen auch Einschränkungen, die in einer kritischen Reflexion zu berücksichtigen sind:

- Die Wirksamkeit des Systems hängt stark von der Qualität, Aktualität und Struktur der vorhandenen Dokumentation (z. B. Handbücher) ab. In Bereichen mit unzureichender oder unvollständiger technischer Dokumentation kann der automatisierte Wissensaufbau seine volle Wirkung nicht entfalten.
- Die initiale Erstellung und Pflege der Wissensbasis sowie die Verknüpfung mit AR-Inhalten erfordern Zeit und Fachexpertise aufseiten des Anlagenherstellers – insbesondere bei Systemen mit hohem Variantenreichtum.

5 Ausblick

Die entwickelte Lösung verdeutlicht, wie KI-gestützte Assistenzsysteme dazu beitragen können, die Handlungsfähigkeit von Mitarbeitenden im industriellen Umfeld zu stärken. Besonders bei komplexen, selten auftretenden oder zeitkritischen Problemen zeigt das System seine Stärken durch schnellen, kontextbezogenen Zugang zu relevantem Wissen.

Die entwickelte Systemarchitektur basiert auf modularen Komponenten wie Wissensgraphen, NLP-gestützter Informationsverarbeitung, intelligenter Suche und multimodaler Nutzeroberfläche (inkl. AR). Diese Komponenten sind grundsätzlich unabhängig vom konkreten Anwendungsfall und können daher auf andere Maschinen, Arbeitsbereiche oder Branchen übertragen werden – etwa in der Instandhaltung, im technischen Kundendienst oder in der Aus- und Weiterbildung.

Besonders in Branchen mit komplexen technischen Produkten (z. B. Maschinenbau, Energieversorgung, Medizintechnik) besteht ein hohes Potenzial zur Nutzung solcher Systeme. Die zugrunde liegenden Methoden – insbesondere der domänenspezifische Wissenstransfer durch automatische Textverarbeitung – bieten zudem eine hohe wissenschaftliche Generalisierbarkeit und bilden eine valide Grundlage für weitere Forschungsarbeiten im Bereich Mensch-KI-Interaktion, erklärbare KI oder adaptiven Systeme.

Für die Weiterentwicklung des Systems lassen sich mehrere Ansatzpunkte identifizieren:

- Einbindung zusätzlicher Datenquellen: Neben technischen Handbuchern sollen künftig auch Service-Tickets und Support-Logs systematisch erfasst und integriert werden. So kann die Wissensbasis zusätzlich stetig erweitert und aktualisiert werden.
- Selbstlernende Systeme: Durch maschinelles Lernen können Nutzungsmuster analysiert und das System laufend an die Bedürfnisse der Nutzer:innen angepasst werden – z. B. durch personalisierte Empfehlungen oder automatische Aktualisierung von Inhalten.

Langfristig können solche Systeme dazu beitragen, betriebliches Wissen zu sichern, Kompetenzverluste abzufedern und die Qualität technischer Arbeit nachhaltig zu verbessern – sowohl wirtschaftlich als auch sozial.

Literatur

Apt, W., Schubert, M., & Wischmann, S. (2018). Digitale Assistenzsysteme: Perspektiven und Herausforderungen für den Einsatz in Industrie und Dienstleistungen. Stuttgart: Fraunhofer IAO.

Bawden, D., & Robinson, L. (2009). The dark side of information: Overload, anxiety and other paradoxes and pathologies. Journal of Information Science, 35(2), 18–91.

Brünninghaus, M., & Deppe, S. (2022). Advancements in vocational training through mobile assistance systems. In Human-Technology Interaction. Springer Nature.

Büttner, S., Sand, O., & Röcker, C. (2017). Exploring design opportunities for intelligent worker assistance. In European Conference on Ambient Intelligence. Springer, Cham.

Deppe, S., Brandt, L., Brünninghaus, M., Papenkordt, J., Heindorf, S., & Tschirner-Vinke, G. (2022). AI-based assistance system for manufacturing. In 2022 IEEE 27th International Conference on Emerging Technologies and Factory Automation (ETFA) (pp. –). IEEE. https://doi.org/10.1109/ETFA52439.2022.9921603.

Keller, A., Weber, S. M., Rentzsch, M., et al. (2021). Lern- und Assistenzsysteme partizipativ integrieren – Entwicklung einer Systematik zur Prozessgestaltung auf Basis eines organisationspädagogischen Ansatzes. Zeitschrift für Arbeitswissenschaft, 75(6), 45–69. https://doi.org/10.1007/s41449-021-00279-2.

Klapper, J., Gelec, E., Pokorni, B., Hämmerle, M., & Rothenberger, R. (2019). Potenziale digitaler Assistenzsysteme. Fraunhofer IAO. https://doi.org/10.24406/publica-fhg-299758.

Kurenkov, A. (2021). GPT-3 is no longer the only game. Last Week in AI. Abgerufen von https://lastweekin.ai/p/gpt-3-is-no-longer-the-only-game

Samsel, C., Beul-Leusmann, S., Wiederhold, M., Krempels, K. H., Ziefle, M., & Jakobs, E. M. (2014). Cascading information for public transport assistance. In WEBIST (1) (pp. 41–22).

Tai, W., Kung, H. T., Dong, X. L., Comiter, M., & Kuo, C. F. (2020). exBERT: Extending pre-trained models with domain-specific vocabulary. In Findings of the Association for Computational Linguistics: EMNLP 2020 (pp. 143–439).

Intelligente Personaleinsatzplanung in der Produktion

Humanzentrierte KI-Gestaltung

Stefan Gabriel, Dominik Bentler, Michael Bansmann, Benedikt Latos, Günter Maier und Roman Dumitrescu

1 Motivation und Ausgangslage

Ein zentraler Erfolgsfaktor produzierender Unternehmen ist der effiziente Einsatz von Produktionsressourcen – insbesondere der Ressource Personal. Diese stellt nicht nur einen erheblichen Kostenfaktor dar, sondern kann auch einen strategischen Wettbewerbsvorteil bieten. Die Personaleinsatzplanung nimmt deshalb eine wichtige Rolle ein (Burggräf et al. 2021), (Gabriel et al. 2023). Der Planungsprozess lässt sich wie in Abb. 1 dargestellt gliedern.

In der ersten Phase erfolgt die Zuweisung konkreter Arbeitszeiten und -aufgaben für eine Planungsperiode unter Berücksichtigung des globalen Optimums. Dies wird auch unter dem Begriff „Schichtplanung" verstanden (vgl. Gärtner et al. 2021). In der zweiten Phase wird auf unvorhergesehene Änderungen (z. B. Krankheitsausfälle) reagiert, wobei ein lokales Optimum angestrebt wird, um Anpassungen möglichst gering zu halten (Scherf 2005), (Gabriel et al. 2023).

S. Gabriel (✉) · R. Dumitrescu
Fraunhofer IEM, Paderborn, Deutschland
E-Mail: stefan.gabriel@iem.fraunhofer.de

D. Bentler · G. Maier
Universität Bielefeld, Bielefeld, Deutschland

M. Bansmann
Miele, Gütersloh, Deutschland

B. Latos
TH OWL, Lemgo, Deutschland

R. Dumitrescu (Hrsg.), *KI für die Arbeitswelt von morgen*,
Intelligente Technische Systeme – Lösungen aus dem Spitzencluster it's OWL,
https://doi.org/10.1007/978-3-662-73053-9_12

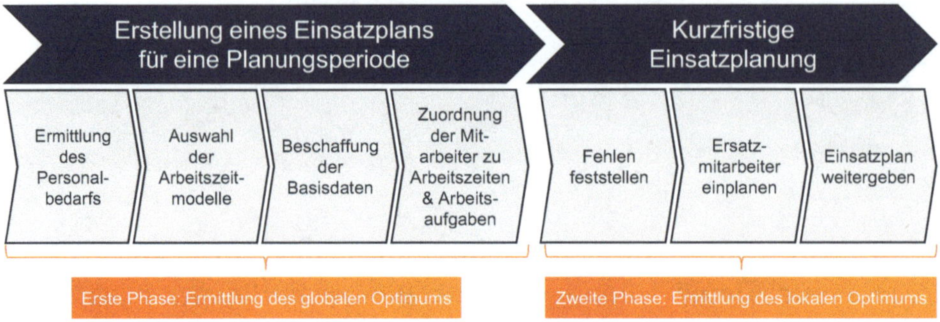

Abb. 1 Personaleinsatzplanungsprozess (Burggräf et al. 2021, Scherf 2005 und Gabriel et al. 2023)

Aufgrund zahlreicher interner und externer Einflüsse ist die Personaleinsatzplanung jedoch komplex und unsicher. Beispielsweise müssen die gesamtwirtschaftliche Entwicklung, das optimale Produktionsprogramm oder mögliche Fehlzeiten von Mitarbeitern berücksichtigt werden (Burggräf et al. 2021), (Gabriel et al. 2023). Künstliche Intelligenz (KI) bietet hierbei Nutzenpotentiale zur Optimierung der Personaleinsatzplanung.

1.1 Optimierung durch KI

Es bestehen unterschiedliche Definitionen und Abgrenzungen des Begriffs KI. Im Kontext des Themenfelds Personaleinsatzplanung wird eine Differenzierung in vier KI-Stufen mit steigendem Intelligenzgrad nach Mockenhaupt (2021) und der DIN KI-Roadmap genutzt. Diese ist in Abb. 2 dargestellt und um Anwendungsbeispiele für die Einsatzplanung ergänzt. Aktuell dominiert Stufe 1, der Einsatz heuristischer Systeme, etwa durch einfache digitale Tools wie Excel zur Erstellung von Schichtplänen. In Stufe 4 werden automatisch erhobene Daten und manuelles Wissen kombiniert, um Planungsvorschläge und kurzfristige Anpassungen zu ermöglichen (Gabriel et al. 2023).

Ziel ist nicht die vollständige Automatisierung der Personaleinsatzplanung, sondern die unterstützende Rolle der KI in der Entscheidungsfindung. Mensch und KI bringen dabei komplementäre Stärken ein – etwa eine Datenanalyse durch KI und eine flexible Reaktion auf unerwartete Ereignisse durch den Menschen – was zu besseren Entscheidungen führt (Jarrahi 2018), (Gabriel et al. 2023).

1.2 Humanzentrierte Gestaltung einer KI

Die fortschreitende Digitalisierung führt zu tiefgreifenden Veränderungen in der Arbeitswelt (Kauffeld und Maier 2020). Für die unmittelbare Gestaltung von KI-Systemen existieren bereits zahlreiche Normen (Bankins und Formosa 2021) sowie Handlungs-

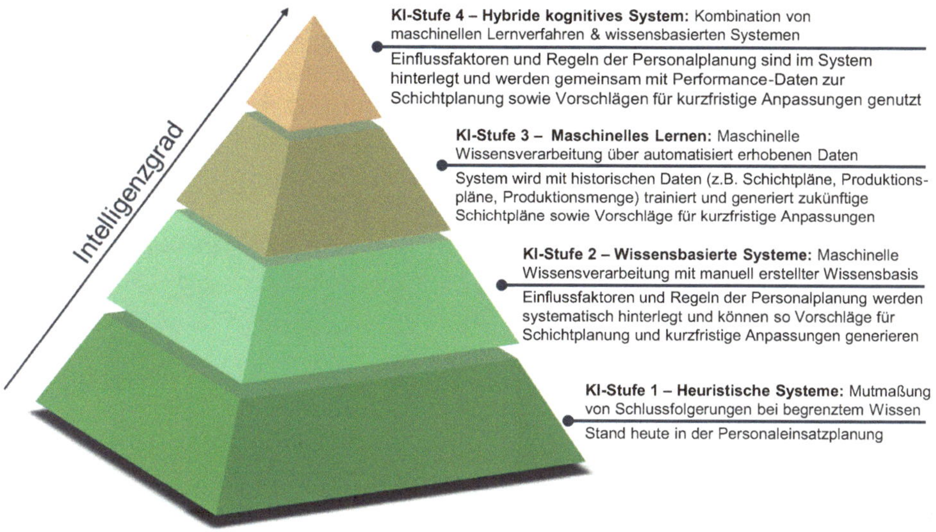

Abb. 2 Mögliche Nutzenversprechen von KI in der Personaleinsatzplanung (Gärtner et al. 2021, Mockenhaupt 2021, Gabriel et al. 2023)

empfehlungen (Gabriel et al. 2022). Doch je stärker KI-Systeme in betriebliche Arbeitsprozesse eingreifen, desto weniger reichen diese unmittelbaren technischen Leitlinien für die Gestaltung soziotechnischer Systeme aus. Das in diesem Beitrag vorgestellte partizipative Vorgehen zielt darauf ab, insbesondere jene Beschäftigtengruppen einzubeziehen, die direkt von Entscheidungen einer KI-basierten Personaleinsatzplanung betroffen sind. Im Rahmen von Prozessoptimierungen werden zunehmend menschliche Entscheidungsprozesse auf KI-Systeme übertragen – etwa in der Produktionsplanung auf Grundlage prognostizierter Vertriebskennzahlen oder bei der Zuordnung von Beschäftigten zu Weiterbildungsmaßnahmen basierend auf Learning-Analytics-Indikatoren. Gerade in Szenarien wie der Personaleinsatzplanung, in denen Führungskräfte vollständig durch KI ersetzt werden könnten, ist das Personal unmittelbar von algorithmisch generierten Entscheidungen betroffen. Solche maschinellen Entscheidungen wirken sich in ähnlicher Weise auf die Zufriedenheit der Mitarbeitenden aus wie menschliche Entscheidungen (Hellwig et al. 2023). Unternehmen stehen daher vor der Herausforderung, die Entscheidungen intelligenter Systeme so zu gestalten, dass sie mit den Bedürfnissen und Erwartungen der Beschäftigten in Einklang stehen (Bentler et al. 2023a).

1.3 Gestaltung einer intelligenten Personaleinsatzplanung beim Unternehmen Miele

Die Miele & Cie. KG erforscht und pilotiert in einem Konsortialprojekt die Potentiale und Einsatzmöglichkeiten einer intelligenten Personaleinsatzplanung, um die hohe Unsicherheit und Komplexität im Planungsprozess besser beherrschbar zu machen und insbesondere beschäftigtenbezogene Einflussfaktoren besser berücksichtigen zu können. Hierzu wird ein partizipativer Gestaltungsprozess unter durchgängiger Einbeziehung des Betriebsrats durchgeführt. Die beteiligten Akteure sind in Abb. 3 dargestellt (Gabriel et al. 2023, Bentler et al. 2023b).

Dieses Vorgehen ermöglicht im Anwendungsfall im Sinne des soziotechnischen Systemansatzes die Berücksichtigung von sowohl technischen, organisationalen sowie menschlichen Anforderungen und gewährleistet somit ein multiperspektivisches Vorgehen bei der Einführung innovativer und intelligenter Technologien (Bentler et al. 2023b).

2 Stand der Technik

2.1 Optimierung der Personaleinsatzplanung

Völker et al. (2009) stellen einen technischen Ansatz zur simulationsbasierten Personaleinsatzplanung in komplexen Montagesystemen vor, bei dem regelbasierte Algorithmen eingesetzt werden. Spath et al. (2013) integrieren Mitarbeitende über ein cyber-physisches System in die Planung. Rischmeyer (2021) beschreibt Vorteile, Herausforderungen und Komponenten automatisierter Planung im Gesundheitswesen. Alle Ansätze zeigen den Nutzen digitaler Technologien, gehen jedoch nicht auf konkrete Methoden zur Anforderungserhebung und soziotechnischen Gestaltung ein (Gabriel et al. 2022).

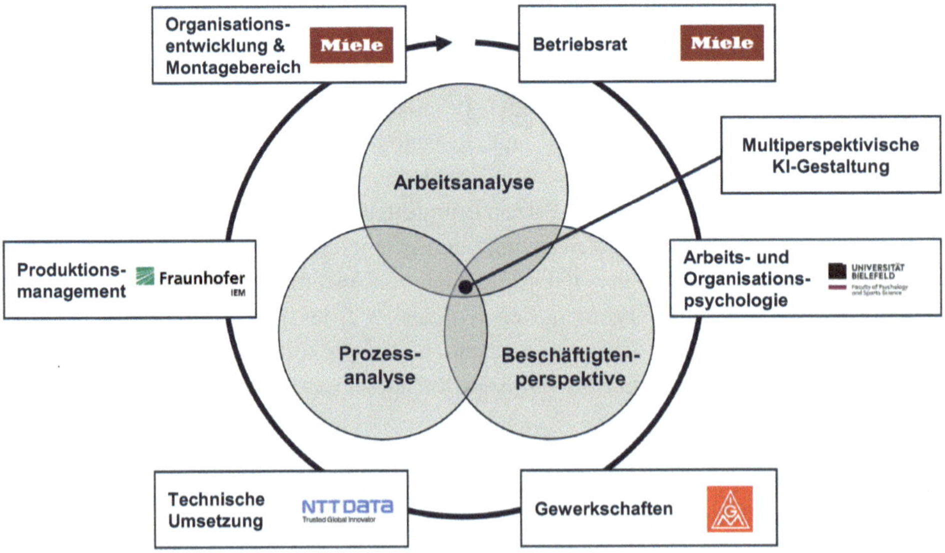

Abb. 3 Zusammenarbeit im Leuchtturmprojekt (Bentler et al. 2023b)

2.2 Humanzentrierte Gestaltung einer künstlichen Intelligenz

Derzeit werden Entscheidungen über den Personaleinsatz meist von Führungskräften getroffen, die im Zuge dessen häufig auf ihr implizites Wissen über die Beschäftigten zurückgreifen (Zheng et al. 2020). Diese Entscheidungen betreffen zentrale Aspekte der Arbeitsgestaltung – etwa Arbeitszeit, -ort, Teamzusammensetzung und Aufgabeninhalte – und haben damit direkten Einfluss auf die erlebte Arbeit (Lysova et al. 2019). Arbeitsgestaltung umfasst u. a. Aufgabenmerkmale (z. B. Autonomie), Wissensanforderungen (z. B. Komplexität), soziale (z. B. Unterstützung) und kontextuelle Merkmale (z. B. physische Belastung) (Stegmann et al. 2010). Diese wirken sich wiederum auf relevante Personenmerkmal wie Zufriedenheit, Motivation und Beanspruchung der verplanten Beschäftigten aus (Humphrey et al. 2007). Für eine Übertragung menschlicher Entscheidungsmuster auf KI-Systeme ist dieser Wirkmechanismus zu berücksichtigen. Studien zeigen, dass faire Entscheidungen – unabhängig davon, ob sie von Menschen oder KI getroffen werden – zu höherer Arbeitszufriedenheit, Kooperationsbereitschaft und organisationaler Bindung führen (Ötting & Maier 2018). Auch Latos (2020) belegt, dass gerechte Führung positiv mit Zusammenarbeit und Gruppenleistung zusammenhängt. Daher müssen bei der Entwicklung intelligenter Systeme zur Personaleinsatzplanung die Bedürfnisse der Beschäftigten systematisch berücksichtigt werden. Wie diese Humanzentrierung gelingen kann, wird im folgenden Kapitel beschrieben.

3 Vorgehen und Ergebnisse

3.1 Prozessanalyse

Im ersten Schritt wurde der Personaleinsatzplanungsprozess mithilfe der objektorientierten Methode zur Geschäftsprozessmodellierung und -analyse (OMEGA) (vgl. Gausemeier et al. 2014) erfasst. Die Prozessmodellierung dient dazu, Verbesserungsmöglichkeiten durch den Einsatz von KI an den einzelnen Prozessschritten gezielt zu identifizieren (Gabriel et al. 2022). Dabei wurden wie schematisch in Abb. 4 dargestellt die eng miteinander verknüpften Prozesse der Kapazitätsplanung (oberer Strang) sowie der Personalplanung (unterer Strang) in der Montage betrachtet.

Wie in der Abbildung unten dargestellt, liegen beispielhafte Anwendungspotentiale von KI in langfristigen Forecasts, automatisierten Empfehlungen zur Mitarbeiterzuordnung oder der Vermeidung von Medienbrüchen (Gabriel et al. 2022).

3.2 Interviewreihe zur Erfassung aller Stakeholdergruppen

Im zweiten Schritt erfolgte die Durchführung einer Interviewreihe zur Erfassung der verschiedenen Stakeholdereinschätzungen sowie der Erhebung von Anforderungen. Das

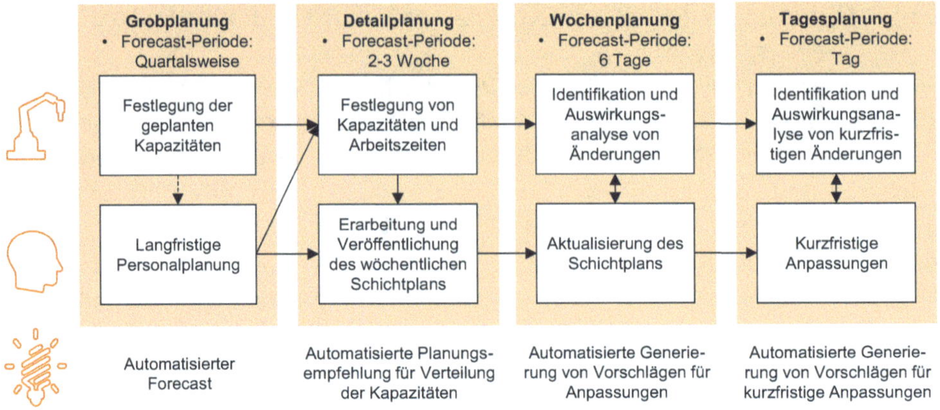

Abb. 4 Schematische Darstellung der Prozessaufnahme (Gabriel et al. 2022)

Vorgehen ist an die Inhaltsanalyse nach Mayring und den zirkulären Forschungsprozess im Rahmen der qualitativen Sozialforschung angelehnt (Weber und Wernitz 2021), (Mayring 1991). Die insgesamt 37 Leitfaden-gestützten Interviews mit direkt beteiligten Rollen im Montagebereich (z. B. Teamleiter, Meister, Montagesekretariat) als auch indirekt beteiligte Rollen mit Schnittstellen zur Personaleinsatzplanung im Montagebereich (z. B. Logistik, Vorfertigung, HR, Werks-IT, Betriebsarzt) sind über eine Dauer von ca. 45 Minuten geführt worden und manuell protokolliert sowie anschließend manuell transkribiert worden. Die aggregierten Ergebnisse der Auswertung sind in Abb. 5 dargestellt und werden zusammen mit ihren Implikationen für die Gestaltung und Umsetzung einer intelligenten Personaleinsatzplanung im Folgenden kurz vorgestellt. Hierbei sind die Kategorien in 4 Dimensionen geclustert worden, in denen jeweils die 5 meistgenannten Kategorien abgebildet sind (Gabriel et al. 2023).

Abb. 5 Aggregierte Ergebnisse der Interviewreihe (in Klammern: Anzahl der Nennung) (Gabriel et al. 2023)

Bei den Einflussfaktoren sind sowohl „harte" (z. B. Verfügbarkeit, körperliche Einschränkungen) als auch „weiche" Faktoren (z. B. zwischenmenschliche Beziehungen) zu berücksichtigen. Es ist individuell zu klären, wie relevante Daten – etwa Kompetenzprofile und Qualifikationen – im System hinterlegt werden können, um sowohl die notwendige Datenpflege gewährleisten zu können als auch Rahmenbedingungen wie den Datenschutz zu berücksichtigen. Verbesserungspotenzial liegt vor allem in der besseren Verfügbarkeit und Übermittlung von Informationen über verfügbare und qualifizierte Mitarbeitende. Einen zentralen Erfolgsfaktor sehen die befragten Personen darin, das intelligente System zur Entscheidungsunterstützung und nicht zur vollständigen Automatisierung zu nutzen. Während Digitalisierungserfahrung vorhanden ist, besteht bei KI noch Unsicherheit – eine frühzeitige Einbindung der Mitarbeitenden kann hier helfen, Wissen aufzubauen und Vorbehalte abzubauen (Gabriel et al. 2023).

3.3 Humanzentrierte KI-Gestaltung

Im dritten Schritt erfolgte eine personalorientierte Gestaltung der KI-Anwendungen anhand eines dreistufigen Modells. Im ersten Schritt erfolgte die Identifikation personalbezogener Entscheidungsinhalte, zweitens die Übertragung der Entscheidungsinhalte auf KI-Systeme sowie drittens die Anwendung durch die KI (Bentler et al. 2023a).

3.3.1 Identifikation von Entscheidungsinhalten der Führungskräfte

Im ersten Schritt des Vorgehensmodells wird analysiert, welchen Einfluss Führungskräfte über ihre Entscheidungen auf die Arbeitsgestaltung und damit auf die Beschäftigten ausüben. Diese psychologische Arbeitsgestaltung wird verstanden als Summe motivationaler, sozialer und kontextueller Merkmale einer Tätigkeit (Parent-Rocheleau und Parker 2022). Dazu zählen unter anderem Handlungsspielraum, Aufgabenvielfalt, soziale Unterstützung sowie physische und ergonomische Anforderungen. Wie in Abb. 6 dargestellt, wirken sich Entscheidungen zu Arbeitszeit, Einsatzort, Teamzugehörigkeit und Tätigkeit direkt auf diese Merkmale aus. So verändert z. B. die Entscheidung über den Einsatz in Linien- oder Inselfertigung die Aufgabenvielfalt, während die Teamzugehörigkeit die soziale Unterstützung beeinflusst (Latos 2020). Auch die wahrgenommene Bedeutsamkeit einer Tätigkeit kann durch die Zuweisung beeinflusst werden. Diese Effekte bleiben auch dann bestehen, wenn Entscheidungen nicht mehr von Menschen, sondern künftig durch KI-Systeme getroffen werden – was ein großes Potenzial für humanzentrierte Technologiegestaltung bietet (Parker und Grote 2020), (Bentler et al. 2023a).

3.3.2 Transformation der Entscheidungsinhalte für die KI-Nutzung

Im zweiten Schritt werden die zuvor identifizierten psychologischen Wirkmechanismen für ein KI-basiertes System nutzbar gemacht. Dazu müssen Ausprägungen der relevanten Konstrukte quantifiziert und in eine Datenstruktur übertragen werden. Anschließend werden die Zusammenhänge zwischen diesen Merkmalen und den Arbeits-

Abb. 6 Psychologischer Wirkmechanismus von Entscheidungen in der Personaleinsatzplanung (Bentler et al. 2023a)

einstellungen der Beschäftigten statistisch analysiert. Um den Entscheidungsprozess von Führungskräften in der Personaleinsatzplanung auf ein intelligentes System zu übertragen, ist es notwendig, Daten zur bestehenden Arbeitsgestaltung verschiedener Tätigkeiten zu erheben und zu bewerten. Dabei gilt es, die Beziehungen zwischen Merkmalen der Arbeitsgestaltung und Aspekten wie Arbeitsmotivation, -zufriedenheit und psychischem Wohlbefinden zu berücksichtigen. Ziel dieses Prozessschritts ist es, jene arbeitsgestaltungsbezogenen Informationen zu identifizieren, die für die personalbezogenen Entscheidungen des KI-Systems relevant sind (Bentler et al. 2023a).

So wurde auch im Leuchtturmprojekt InTime eine quantitative Datenerhebung mit denjenigen Beschäftigten durchgeführt, die zukünftig von den Entscheidungen der KI betroffen sein werden. Insgesamt haben $N = 69$ Beschäftigte ($M_{Alter} = 42{,}97$ Jahre, $SD_{Alter} = 12{,}12$, $Min._{Alter}$ 18 Jahre, $Max._{Alter}$ 60 Jahre; 34,3 % weiblich, 65,7 % männlich) aus dem Fertigungs- und Montagebereich der Miele & Cie. KG Werke in Oelde und Gütersloh an der Befragung teilgenommen. Es wurden Fragebögen zur Messung der integrativen Arbeitsgestaltung (Stegmann et al. 2010), der Arbeitszufriedenheit (Neuberger und Allerbeck 1978), der Arbeitsmotivation (Gagné et al. 2015) sowie des Wohlbefindens (Mohr et al. 2005) eingesetzt. Relevante Zusammenhänge zwischen den Kriterien der Arbeitsgestaltung sowie den Arbeitseinstellungen wurden analysiert. Wie in Tab. 1 dargestellt, haben im beschriebenen Fallbeispiel 13 von insgesamt 21 Kriterien der Arbeitsgestaltung statistisch bedeutsame Zusammenhänge zu den Arbeitseinstellungen der Beschäftigten. Sowohl die motivationalen, sozialen sowie kontextuellen Eigenschaften der Arbeitsgestaltung zeigen bedeutsame Zusammenhänge zu den Arbeitseinstellungen (s. o.), wobei deutliche Schwerpunkte im motivationalen Bereich der Aufgaben-und Wissensmerkmale liegen. Dieses Vorgehen dient dazu, die bedeutsamsten Kriterien für den jeweiligen Anwendungsfall zu diagnostizieren, auf deren Basis spezifische Lösungen für den Einsatz des intelligenten Systems entwickelt werden. Es wurden diejenigen Kriterien ausgewählt, die hohe Korrelationswerte oder mit mindestens drei Maßen der Arbeitseinstellungen zusammenhängen (Bentler et al. 2023a).

Tab. 1 Statistische Korrelationen zwischen Arbeitsgestaltung und Arbeitseinstellungen (Bentler et al. 2023a)

Arbeitsgestaltung		Arbeitseinstellungen				
		Extrinsische Arbeitsmotivation	Intrinsische Arbeitsmotivation	Kognitive Beanspruchung	Emotionale Beanspruchung	Arbeitszufriedenheit
Aufgabenmerkmale	Autonomie – Planung	,14	**,37****	–,22	**–,38****	**,34****
	Autonomie – Entscheidung	,12	**,33****	–,24	**–,33****	**,28***
	Autonomie – Methode	,08	**,30***	**–,31****	**–,36****	**,27***
	Aufgabenvielfalt	**,27***	**,56****	–,04	–,21	**,42****
	Wichtigkeit	,14	**,37****	–,15	**–,27***	,16
	Ganzheitlichkeit	–,07	–,03	–,02	,03	–,18
	Rückmeldung durch Tätigkeit	,02	,05	–,18	–,05	,12
Wissensmerkmale	Komplexität	–,05	**–,26***	–,03	,13	–,03
	Informationsverarbeitung	,07	**,54****	–,07	–,19	**,34****
	Problemlösen	,11	**,51****	–,13	–,21	**,36****
	Anforderungsvielfalt	,21	**,47****	**–,27***	–,14	**,36****
	Spezialisierung	**,29***	,17	–,03	,13	,13
Soziale Merkmale	Soz. Unterstützung	**,28***	,20	–,09	–,09	**,49****
	Init. Interdependenz	,05	–,19	,06	,22	,04
	Rezip. Interdependenz	–,14	–,10	,15	**,28***	–,08
	Interaktion Außerhalb der Org.	,10	,17	,04	,04	,13
	Rückmeldung Andere	,15	,05	-,04	–,06	,14
Kontextuelle Merkmale	Ergonomie	,00	**,24***	**–,24***	–,20	**,25***
	Physische Anforderungen	,09	–,00	,15	,17	–,20
	Arbeitsbedingungen	,17	–,08	**–,05**	–,02	,07
	Technikgebrauch	,10	,16	,04	–,01	,04

*. Die Korrelation ist auf dem Niveau von.05 (2-seitig) signifikant.
**. Die Korrelation ist auf dem Niveau von.01 (2-seitig) signifikant.

Im vorliegenden Fall wurden aus diesem Grund die Planungs-, Entscheidungs- sowie Methodenautonomie, die Aufgaben- sowie Anforderungsvielfalt, die Wichtigkeit, die Informationsverarbeitung, das Problemlösen und die soziale Unterstützung ausgewählt. Im KI-basierten System müssen demnach Informationen über die Ausprägung dieser Kriterien hinterlegt sein, damit diese in den KI-gesteuerten Entscheidungsprozessen durch das System berücksichtigt werden können (Bentler et al. 2023a).

3.3.3 Nutzung der Entscheidungsinhalte durch das KI-System

Im letzten Prozessschritt werden die zuvor identifizierten Zusammenhänge zwischen relevanten Konstrukten in konkrete Anforderungen für die KI-Entwicklung überführt. Ziel ist es zu definieren, wie diese Informationen in das System integriert und von der KI berücksichtigt werden können. Im vorliegenden Fallbeispiel wurden auf Grundlage der Datenerhebung spezifische Anforderungen an die KI-gestützte Personaleinsatzplanung abgeleitet. Das bedeutet, dass die KI Informationen über verschiedene Ausprägungen arbeitsgestaltungsrelevanter Kriterien enthalten muss, welche algorithmisch verarbeitet werden können. So muss das System beispielsweise bewerten können, ob eine Tätigkeit eine geringe oder hohe Aufgabenvielfalt aufweist. Tab. 2 listet die zentralen Anforderungen für die wichtigsten Merkmale der Arbeitsgestaltung auf. Diese Anforderungen sind essenziell für die technische Umsetzung und müssen bei der Entwicklung des KI-Systems zur Personaleinsatzplanung gezielt berücksichtigt werden (Bentler et al. 2023a).

3.4 Konzipierung und Umsetzung

Aus der Prozessaufnahme, der Interviewreihe sowie der quantitativen Befragung zur Arbeitsgestaltung konnten Anforderungen an ein intelligentes System zur Personaleinsatzplanung abgeleitet werden. Diese Anforderungen wurde zunächst aus verschiedenen Perspektiven geprüft und diskutiert, beispielsweise mit Vertreter:innen der Betriebsräte. Die infolge der Diskussion angepassten Anforderungen sind in mehreren Workshops mit Expert*innen der Miele & Cie. KG ein Soll-Konzept überführt worden, in dem der Ablauf, beteiligte Rollen sowie Daten und Datenquellen dargestellt sind. Es umfasst vier Planungshorizonte (Grob-, Fein-, Wochen- und Tagesplanung), wobei die Feinplanung exemplarisch in Abb. 7 dargestellt ist (Gabriel et al. 2023).

Die Modellierung orientiert sich an der Business Process Model and Notation (BPMN) und wurde um zusätzliche Lanes für Daten, Datenquellen und ein „Intelligentes System" erweitert, um KI-gestützte Prozesse besser abbilden zu können. Das intelligente System agiert als unterstützender Akteur, der Vorschläge liefert, während Entscheidungen weiterhin durch menschliche Verantwortliche (z. B. Team- oder Montageleiter) getroffen werden. Die Vielzahl an Daten verdeutlicht den hohen Aufwand für deren Pflege, weshalb auch diese Aufgabe – durch Mensch oder System – in einer eigenen Lane modelliert ist (Gabriel et al. 2023).

Tab. 2 Anforderung an Gestaltung der KI auf Basis des Zusammenhangs von Arbeitsgestaltung und Arbeitseinstellungen (Bentler et al. 2023a)

Autonomie – Planung, Methode und Entscheidung	**Anforderung an KI:** Es besteht ein positiver Zusammenhang von Autonomie mit Arbeitsmotivation und Arbeitszufriedenheit. Das KI-basierte System muss demnach den Beschäftigten einen hohen Spielraum im Bereich der Personaleinsatzplanung gewährleisten.	**Lösungsmöglichkeit:** Über eine App-basierte Lösung wird den Beschäftigten eine Einbeziehung ermöglicht. Die Beschäftigten können ihre eigenen zeitlichen und örtlichen Verfügbarkeiten hinterlegen, sodass sie Einfluss auf die Schichtzuordnung haben.
Aufgaben- und Anforderungsvielfalt	**Anforderung an KI:** Sowohl Aufgaben- als auch Anforderungsvielfalt gehen mit einer erhöhten intrinsischen Arbeitsmotivation sowie Arbeitszufriedenheit einher. Die KI-Lösung muss demnach eine hohe Abwechslung der Arbeitstätigkeiten gewährleisten können.	**Lösungsmöglichkeit:** Mittels Rotationsmethoden können den Beschäftigten heterogene Aufgaben mit unterschiedlichem Beanspruchungsniveau zugewiesen werden.
Wichtigkeit	**Anforderung an KI:** Die wahrgenommene Wichtigkeit der Tätigkeit steigert die intrinsische Arbeitsmotivation. Das KI-System sollte demnach in der Lage sein, den Beschäftigten die Bedeutsamkeit der zugeordneten Tätigkeit zu verdeutlichen.	**Lösungsmöglichkeit:** Um die Wichtigkeit der jeweiligen Tätigkeit zu verdeutlichen, können über eine App Informationen abgerufen werden, wie die Tätigkeit in den Produktionsprozess eingegliedert ist.
Informationsverarbeitung	**Anforderung an KI:** Informationsverarbeitung hängt positiv mit der Arbeitsmotivation und Arbeitszufriedenheit zusammen. In der Lösung sollten demnach Daten hinterlegt sein, die über den Umfang der zu verarbeitenden Informationen der Tätigkeit Aufschluss geben.	**Lösungsmöglichkeit:** Die Menge an Informationsverarbeitung kann über zyklische Rotationsmechanismen variiert werden. Die KI sollte die Beschäftigten zwischen Tätigkeiten mit einem hohen und geringen Maß an Informationsverarbeitung rotieren lassen.
Problemlösen	**Anforderung an KI:** Das Ausmaß an Problemlöseaktivitäten hängt mit der intrinsischen Arbeitsmotivation sowie der Arbeitszufriedenheit zusammen. Das KI-System sollte zwischen Tätigkeiten mit geringen und hohen Problemlöseaktivitäten unterscheiden können.	**Lösungsmöglichkeit:** Informationen, inwieweit für die erfolgreiche Ausführung einer Tätigkeit Problemlösekompetenzen der Beschäftigten benötigt werden, sollen in der KI-Datenbank hinterlegt werden. Über Rotationsmechanismen wird Abwechslung ermöglicht.

(Fortsetzung)

Tab. 2 (Fortsetzung)

Soziale Unterstützung	**Anforderung an KI:** Die soziale Unterstützung hängt maßgeblich mit der extrinsischen Arbeitsmotivation sowie der Arbeitszufriedenheit zusammen. Informationen über Kooperationsmöglichkeiten sowie in der Zusammensetzung von Teams müssen hinterlegt sein.	**Lösungsmöglichkeit:** Das KI-System benötigt Informationen über das Ausmaß an Zusammenarbeit der einzelnen Tätigkeiten. Darüber hinaus sollten die Beschäftigten über die App Bedarfe nach der Zusammenarbeit mit spezifischen Kollegen hinterlegen.

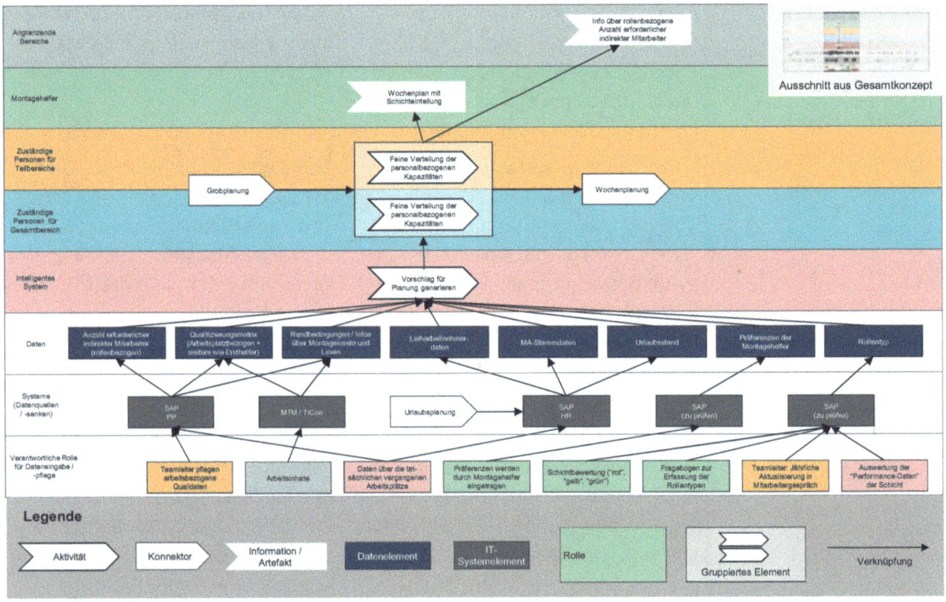

Abb. 7 Vereinfachter und aggregierter Ausschnitt des Soll-Konzepts der intelligenten Personaleinsatzplanung für die Feinplanung (Gabriel et al. 2023)

Das Konzept wurde iterativ unter Erprobung verschiedener Ansätze pilotweise umgesetzt – unter Einsatz der SAP Digital Manufacturing Cloud, einer PowerApp sowie der Erweiterung bestehender Personaleinsatzplanung-Tools. Derzeit erfolgt die Pilotierung im Miele-Werk Oelde.

4 Zusammenfassung und Ausblick

Die Ergebnisse des Projekts verdeutlichen die Chancen und Herausforderungen einer intelligenten Personaleinsatzplanung für das Unternehmen Miele. Künstliche Intelligenz birgt das Potential, die menschlichen Planer deutlich zu entlasten, gleichzeitig mitarbeiterbezogene Einflussfaktoren besser berücksichtigen zu können und somit die Arbeitsgestaltung zu verbessern. Die Umsetzung ist jedoch komplex. Besonders die Integration und Pflege relevanter Daten (z. B. Qualifikationsmatrix, Auftragsdaten) in ein KI-gestütztes System birgt Herausforderungen. Die vereinfachte Darstellung in Abb. 7 veranschaulicht die Vielfalt der erforderlichen Daten und Quellen, woraus eine hohe Komplexität resultiert. Um eine möglichst hohe Akzeptanz in der Belegschaft zu erreichen, ist Transparenz über die zugrunde liegenden Kriterien der Entscheidungen der Personaleinsatzplanung nötig. Außerdem sollte eine realistische Erwartungshaltung geschaffen werden, weil beispielsweise nicht auf alle Präferenzen bzw. Wünsche der Mitarbeitenden eingegangen werden kann. Ebenso müssen die Aufgaben sowie Verantwortlichkeiten der menschlichen Planer angepasst werden und diese für die Grenzen der KI sensibilisiert werden, damit Vorschläge kritisch geprüft und bei Bedarf angepasst werden. Auf Grundlage des in diesem Beitrag vorgestellten Konzepts sowie der Pilotierung ist mittelfristig die Einführung einer Lösung in der Breite möglich.

Literatur

Bankins S, Formosa P (2021). Ethical AI at Work: The Social Contract for Artificial Intelligence and Its Implications for the Workplace Psychological Contract. In: Coetzee, M., Deas, A. (eds) Redefining the Psychological Contract in the Digital Era. Springer, Cham. https://doi.org/10.1007/978-3-030-63864-1_4

Belani H, Vukovic M, Car Z (2019). Requirements Engineering Challenges in Building AI-Based Complex Systems. 27th International Requirements Engineering Conference Workshops (REW), IEEE, pp. 252–255

Bentler D, Gabriel S, Latos BA, Maier GW (2023a). Prozessmodell personalorientierter Entscheidungsgestaltung einer künstlichen Intelligenz. Personal Quarterly (2), 18–23.

Bentler D, Gabriel S, Latos, BA, Dietrich O, Dumitrescu R, Maier GW (2023b). Partizipatives Gestaltungsvorgehen bei der Einführung Künstlicher Intelligenz in produzierenden Unternehmen. GfA-Frühjahrskongress, Hannover

Bentler D, Gabriel S, Meyer zu Wendischhoff D, Bansmann M, Latos B, Maier GW (2022). Gestaltung humanzentrierter Entscheidungen einer künstlichen Intelligenz für Personaleinsatzplanungsprozesse produzierender Unternehmen. GfA-Frühjahrskongress, Magdeburg.

Burggräf P, Dannapfel M, Esfahani ME, Pulz C, Attig P (2021). Fertigungsmittel- und Personaleinsatzplanung. In: Burggräf P, Schuh G (Eds.). Fabrikplanung – Handbuch Produktion und Management 4, 2. Auflage, Springer Vieweg, Berlin, pp. 273–364

Gabriel S, Bentler D, Grote EM, Junker C, Meyer zu Wendischhoff D, Bansmann M, Latos B, Hobscheidt D, Kühn A, Dumitrescu R (2022). Requirements analysis for an intelligent workforce planning system: a socio-technical approach to design AI-based systems. Procedia CIRP, 109, 431–436. https://doi.org/10.1016/j.procir.2022.05.274

Gabriel S, Bentler D, Bansmann M, Latos B, Kühn A, Dumitrescu R (2023). Soziotechnische Gestaltung einer intelligenten Personaleinsatzplanung. Zeitschrift für wirtschaftlichen Fabrikbetrieb (ZWF), De Gruyter, 118, 1–2, 64–68, https://doi.org/10.1515/zwf-2023-1009

Gagné M, Forest J, Vansteenkiste M, Crevier-Braud L, van den Broeck A, Aspeli AK, Bellerose J, Benabou C, Chemolli E, Güntert ST, Halvari H, Indiyastuti DL, Johnson PA, Molstad MH, Naudin M, Ndao A, Olafsen AH, Roussel P, Wang Z, Westbye C (2015). The Multidimensional Work Motivation Scale: Validation evidence in seven languages and nine countries. European Journal of Work and Organizational Psychology, 24, 178–196.

Gärtner J, Kundi M, Wahl S, Siglär R, Boonstra-Hörwein K, Arlinghaus A (2021). Handbuch Schichtpläne – Planungstechnik, Entwicklung, Ergonomie, Umfeld. vdf, 3. Auflage, Zürich

Gausemeier J, Plass C (2014). Zukunftsorientierte Unternehmensgestaltung. Carl Hanser Verlag, 2. Auflage, München

Hellwig P, Buchholz V, Kopp S, Maier GW (2023). Let the user have a say - voice in automated decision-making. Computers in Human Behavior, 107446. https://doi.org/10.1016/j.chb.2022.107446

Humphrey SE, Nahrgang JD, Morgeson FP (2007). Integrating motivational, social, and contextual work design features: A meta-analytic summary and theoretical extension of the work design literature. Journal of Applied Psychology 92:1332–1356.

Jarrahi M (2018). Artificial intelligence and the future of work: Human-AI symbiosis in organizational decision making. Business Horizons, Vol. 61, No. 4, pp. 577–586

Kauffeld S, Maier GW (2020). Schöne digitale Arbeitswelt – Chancen, Risiken und Herausforderungen. Gruppe. Interaktion. Organisation. Zeitschrift für Angewandte Organisationspsychologie (GIO), 51, 3, 255–258. https://https://doi.org/10.1007/s11612-020-00532-y

Latos BA (2020). Auswirkungen von Komplexität auf die Performance von Produktionsgruppen. Düren: Shaker Verlag.

Lysova EI, Allan BA, Dik BJ, Duffy RD, Steger MF (2019). Fostering meaningful work in organizations: A multi-level review and integration. Journal of Vocational Behavior 110:374–389.

Mayring P (1991). Qualitative Inhaltsanalyse. In: Flick U, Kardoff E, Keupp H, Rosenstiel L, Wolff S. Handbuch qualitative Forschung – Grundlagen, Konzepte, Methoden und Anwendungen. Beltz – Psychologie Verl. Union, S. 209–213

Mlekus L, Maier GW (2021). More hype than substance? A meta-analysis on job and task rotation. Frontiers in Psychology, 12, 633530. https://doi.org/10.3389/fpsyg.2021.633530

Mockenhaupt A (2021). Digitalisierung und Künstliche Intelligenz in der Produktion – Grundlagen und Anwendung. Springer Vieweg, Wiesbaden

Mohr G, Rigotti T, Müller A (2005). Irritation – ein Instrument zur Erfassung psychischer Beanspruchung im Arbeitskontext. Skalen- und Itemparameter aus 15 Studien. Zeitschrift für Arbeits- und Organisationspsychologie, 49, 44–48.

Neuberger O, Allerbeck M (1978). Messung und Analyse von Arbeitszufriedenheit. Bern: Huber.

Ötting SK, Maier GW (2018). The importance of procedural justice in human-machine interactions: Intelligent systems as new decision agents in organizations. Computers in Human Behavior 89:27–39.

Papenkordt J, Gabriel S, Thommes K, Dumitrescu R (2022). Künstliche Intelligenz in der industriellen Arbeitswelt – Studie zum Status Quo in der Region OstWestfalenLippe. Working-Paper-Reihe des Kompetenzzentrums Arbeitswelt.Plus, Paderborn, Nr. 2, 2022, https://doi.org/10.55594/TMAO3234

Parent-Rocheleau X, Parker SK (2022). Algorithms as work designers: How algorithmic management influences the design of jobs. Human Resource Management Review, 32, 3, 100838

Parker SK, Grote G (2022). Automation, algorithms, and beyond: Why work design matters more than ever in a digital world. Applied Psychology, 71, 1171 – 1204. https://doi.org/10.1111/apps.12241

Rischmeyer N (2021). Machine Learning as Key Technology of AI: Automated Workforce Planning. In: Glauner P, Plugmann P, Lerzynski G. Digitalization in Healthcare, pp. 235–244

Scherf B (2005). Ein Vorgehensmodell zur Personaleinsatzplanung. In: Fank M, Scherf B (Eds.). Handbuch Personaleinsatzplanung. Datakontext Fachverlag GmbH, Frechen, pp. 15–52

Spath D, Gerlach S, Hämmerle M, Schlund S, Strölin T (2013). Cyber-Physical System For Self-Organized And Flexible Labour Utilisation. 22nd International Conference on Production Research

Stegmann S, van Dick R, Ullrich J, Charalambous J, Menzel B, Egold N, Wu TTC (2010). Der Work Design Questionnaire. Vorstellung und erste Validierung einer deutschen Version. Zeitschrift für Arbeits- und Organisationspsychologie, 54, 1–28.

Völker M, Carl S, Rose O (2009). Simulationsbasierte Personaleinsatzplanung für komplexe Montagesysteme. Wissenschaftliche Zeitschrift der Technischen Universität Dresden, 58, 1–2, pp. 39–44

Weber ST, Wernitz F (2021). Die Inhaltsanalyse nach Mayring als Auswertungsmethode für wissenschaftliche Interviews. IUBH Discussion Papers – Business & Management, No. 6

Zheng J, Kobayashi Y, Takahashi Y, Yanagida T, Sato T, Hitaka, D (2020) MLCP: A Framework Integrating with Machine Learning and Optimization for Planning and Scheduling in Manufacturing and Services. Proceedings of the 15th International Conference of System of Systems Engineering (SoSE). Budapest, Hungary.

KI-Use-Cases im Personalmanagement – Ein Vorgehensmodell zur Identifikation, Beschreibung und Umsetzung

Ansprechpartner: Denkfabrik Digitalisierte Arbeitswelt

Malte Wattenberg, Christoph-Alexander Holst, Nina Mauritz, Christopher Zock, Alena Hansmann, Swetlana Franken, Volker Lohweg und Sascha Armutat

1 Motivation und Ausgangslage

Lenze zählt zu den führenden Spezialisten für Antriebs- und Automatisierungstechnik im Maschinen- und Anlagenbau. Seit über 78 Jahren begleitet das Familienunternehmen mit Hauptsitz in Aerzen seine Kunden als Partner bei der Optimierung von Produktions- und Logistikprozessen. Mit einem ganzheitlichen Ansatz, der Elektromechanik, Elektronik und Software vereint, unterstützt Lenze den digitalen Wandel in der Industrie. Die Lenze Gruppe ist in 45 Ländern weltweit vertreten.

Wie in vielen Unternehmen befindet sich auch das Personalwesen bei Lenze derzeit noch in einer frühen Phase der Auseinandersetzung mit den Möglichkeiten, die Künstliche Intelligenz (KI) bietet. Prozesse und methodische Ansätze, um solche Anwendungsfälle gezielt zu identifizieren, zu bewerten und umzusetzen befinden sich derzeit noch im Aufbau. Dies erschwert eine strategisch fundierte Nutzung von KI im Personalwesen und birgt das Risiko, dass vielversprechende Potenziale ungenutzt bleiben.

M. Wattenberg (✉) · N. Mauritz · S. Franken · S. Armutat
Hochschule Bielefeld, Bielefeld, Deutschland
E-Mail: malte.wattenberg@hsbi.de

C.-A. Holst · V. Lohweg
TH OWL, Lemgo, Deutschland

C. Zock · A. Hansmann
Lenze SE, Aerzen, Deutschland

R. Dumitrescu (Hrsg.), *KI für die Arbeitswelt von morgen*,
Intelligente Technische Systeme – Lösungen aus dem Spitzencluster it's OWL,
https://doi.org/10.1007/978-3-662-73053-9_13

Gemeinsam mit der **Hochschule Bielefeld** (HSBI) als konzeptionellem Sparringspartner und der **Technischen Hochschule Ostwestfalen-Lippe** (TH OWL) als technischem Implementierungspartner war es das **Ziel,** ein Vorgehensmodell zu entwickeln, dass die Identifikation und Umsetzung von KI-Use-Cases im Personalwesen ermöglicht. Besonderer Wert wird auf die Übertragbarkeit gelegt, sodass das Modell auch in anderen organisationalen Kontexten anwendbar ist. Um seine Praxistauglichkeit zu überprüfen, wird das Vorgehensmodell an einem realen Anwendungsfall erprobt, der anhand der im Modell definierten Kriterien ausgewählt wurde. Dadurch können sowohl die theoretische Fundierung als auch die praktische Relevanz des Modells überprüft und weiterentwickelt werden.

Im Folgenden wird der **Bezugsrahmen** mit der Verortung im Personalmanagement erläutert (2). Daraufhin wird das **Vorgehensmodell** vorgestellt, welches als methodische Herangehensweise für die Generierung dieser Use-Cases (Praxisbeispiel) verwendet wurde (3). Im Abschnitt **Umsetzung** wird die technische Realisierung und deren Herausforderungen detailliert beschrieben (4). Abschließend werden die Erkenntnisse hinsichtlich der Anwendbarkeit des Vorgehensmodells in der Praxis in **Diskussion und Ausblick** analysiert (5).

2 Bezugsrahmen

Der Einsatz von **KI im Personalwesen** stellt ein dynamisch wachsendes Anwendungsfeld dar und gilt als zukunftsweisend (Palos-Sánchez et al. 2022). Sei es in der Personalgewinnung, der Personalentwicklung oder Einsatzplanung: KI hält zunehmend in zentrale Funktionsbereiche des Human Resource Managements Einzug und greift tiefgreifend in bestehende Abläufe einer Vielzahl operativer HR-Prozesse ein (Tambe et al. 2019). Im Recruiting-Kontext reicht das Anwendungsspektrum bspw. von KI-gestützten Tools zur Optimierung von Stellenanzeigen bis hin zur Unterstützung bei der Vorauswahl und finalen Auswahl von Bewerberinnen und Bewerbern. Die Personalentwicklung wiederum kann von KI-gestützten Schulungsempfehlungen und Lernplattformen mit individualisierten Lerninhalten profitieren. Ebenso werden zur Reduzierung von Engpässen oder zur Vermeidung von Überkapazitäten ressourcenoptimierte Vorhersagen zum Personalbedarf durch KI-Systeme ermöglicht (u. a. Helmold 2024; Armutat et al. 2023).

Die erfolgreiche Einführung von KI-Anwendungsfällen im Personalwesen erfordert allerdings ein strukturiertes und methodisch fundiertes Vorgehen. Angesichts der Komplexität technischer, organisatorischer, rechtlicher und ethischer Fragestellungen reicht ein rein technikzentrierter Ansatz nicht aus. Vielmehr benötigen Unternehmen ein **Vorgehensmodell,** das die Identifikation, Bewertung und Umsetzung von KI-Use-Cases systematisch unterstützt. Ein solches Modell schafft Orientierung, fördert interdisziplinäre Zusammenarbeit und erhöht die Erfolgswahrscheinlichkeit von KI-Initiativen im Personalwesen nachhaltig.

Im Rahmen einer umfassenden Literatur- und Internetrecherche konnten über 60 bestehende Vorgehensmodelle zur Einführung von KI-Use-Cases identifiziert werden. Ein Großteil dieser Modelle stammt dabei aus praxisnahen Forschungseinrichtungen oder der Managementberatung. Beispielhaft angeführt sind dies die Modelle von Gartner (2019), Plattform Lernende Systeme (2021) oder Upwork (2024). Insgesamt bestehen identifizierte Modelle in der Regel aus drei bis zehn Phasen und bieten nützliche Impulse für die strukturierte Umsetzung von KI-Projekten, richten sich jedoch primär an nicht weiter spezifizierte Anwendungsbereiche in Unternehmen. Keines der über 60 identifizierten Vorgehensmodelle adressierte dabei explizit das Personalwesen. Diese Forschungslücke adressieren wir gezielt durch die Entwicklung eines eigenen, auf die Anforderungen und Besonderheiten des HR-Kontexts ausgerichteten Modells.

3 Vorgehensmodell

Der methodische Rahmen zur Entwicklung des Vorgehensmodells beruht auf einem partizipativen Ansatz des Design Science Research, bei dem organisationales Wissen durch die Entwicklung von Artefakten zur Lösung eines spezifischen Problems erweitert wird (Hevner et al. 2004; vom Brocke et al. 2020).

Die folgende Abb. 1 zeigt das so entstandene Modell aus fünf konsekutiven Modulen:

Die systematische Analyse der Unternehmensprozesse ist ein bewährter **erster Schritt,** um einen Überblick über potenzielle Use-Cases zu gewinnen. Dabei gilt es, für das Unternehmen oder die Abteilung relevante Themen und Ziele, aber auch Unterstützungsbedarfe zu eruieren. Die vornehmlich managementorientierte Literatur empfiehlt dazu die Verwendung von Kreativitätstechniken, insbesondere im Rahmen von Design-Thinking und interdisziplinären Workshops, um Lösungsansätze zu fördern (Vocke et al. 2020). Darüber hinaus erweisen sich umfassende Recherchen zu Technologietrends, die Teilnahme an Branchenveranstaltungen sowie strukturierte Wettbewerbsanalysen und Befragungen als hilfreich.

Der **zweite Schritt** reduziert die gesammelten KI-Use-Cases deutlich. Ein zentrales Kriterium ist der Wertbeitrag (added value), der im Rahmen von „Was-wäre-wenn-Storys“

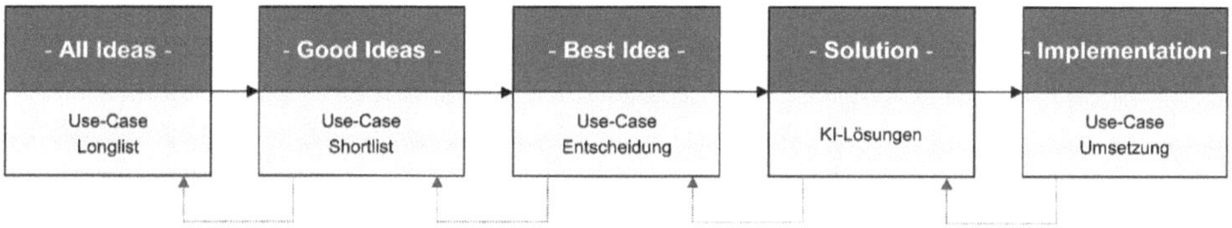

Abb. 1 Vorgehensmodell zur systematischen Identifikation und Umsetzung von KI-bezogenen Use-Cases (eigene Darstellung)

entwickelt werden kann und anhand einer Business-Impact-Analyse priorisiert wird. Diese Analyse bezieht KPIs sowie Faktoren wie Effizienzsteigerung und Kostenreduktion ein. Insbesondere in Use-Cases aus dem Bereich der Personalarbeit, aber auch in anderen administrativen Bereichen, fungiert KI als bei Entscheidungen unterstützendes Assistenzsystem. Die endgültige Entscheidung verbleibt jedoch bei den Mitarbeitenden. In solchen Szenarien resultiert der Mehrwert meist in der Erhöhung der Ergebnisqualität, während ein Return on Investment (ROI) schwer qualifizierbar ist. Daher sollte die Business-Impact-Analyse neben direkten monetären Beiträgen um weitere für den Geschäftserfolg relevante Kriterien erweitert werden. Dazu können u. a. qualitative Verbesserungen, strategische Vorteile sowie Beiträge zur Mitarbeiterzufriedenheit und -engagement zählen.

Im **dritten Schritt** fällt eine Entscheidung für einen KI-Use-Case auf Basis der Umsetzbarkeit. Zentral hierfür sind technische und organisatorische Ressourcen, die sich vor allem in der Verfügbarkeit erforderlicher Daten widerspiegeln. Insbesondere im Kontext der Personalarbeit sind die Themen Datenschutz, IT-Sicherheit und IT-Infrastruktur relevant. Als geeignetes Hilfsmittel zur Auswahl des Use-Cases bietet sich ein Datensteckbrief je Use-Case an, der die wesentlichen Ergebnisse zusammenfasst. Darüber hinaus ist zu berücksichtigen, dass die Einführung von KI-Systemen Veränderungen an den Kompetenzprofilen der bisher involvierten Rollen nach sich ziehen können. Daher sind sowohl eine frühzeitige Einbindung der Belegschaft sowie effektive Change-Management-Maßnahmen essenziell.

Der Fragestellung, welche Technik sich für die Umsetzung des KI-Use-Cases am besten eignet, widmet sich der **vierte Schritt.** Ein zentrales Erfolgsmerkmal dieses Prozessschrittes ist die Integration und Einschätzung von IT-Experten, die durch Recherche zu Best-Practices oder einer Kosten-Nutzen-Analyse der jeweiligen Technologien Unterstützung erfahren.

Als **fünfter und letzter Schritt** wird der gewählte KI-Use-Case umgesetzt und in die Unternehmensprozesse integriert. Als wirksames Instrument erweist sich an dieser Stelle eine ggf. manuelle Pilotierung des Anwendungsfalls. Dazu wird dieser in einem kontrollierten Rahmen ohne vollautomatische Abläufe umgesetzt, um so die Funktionalität und Effizienz der KI-Lösung unter realen Bedingungen zu überprüfen und potenzielle Herausforderungen oder Anpassungsbedarfe zu identifizieren.

Das vorgestellte Modell weist abschließend einen **iterativen Charakter** auf. Dieser erlaubt die kontinuierliche Evaluierung und Anpassung der identifizierten Use-Cases, um diese fortlaufend an neue Anforderungen sowie technologische Entwicklungen im Bereich der KI anzupassen und zugleich veränderte unternehmensspezifische Rahmenbedingungen adäquat zu berücksichtigen.

4 Exemplarische Umsetzung

Die **erste Phase** des Vorgehensmodells diente der systematischen Sammlung und Entwicklung potenzieller KI-bezogener Use-Cases bei Lenze. Ziel war es, erste Use-Case-Ideen zu generieren, die zwar noch auf einem abstrakten Niveau formuliert sind, jedoch bereits eine gewisse Konkretheit aufweisen, um in nachfolgenden Phasen hinsichtlich ihres Mehrwerts und ihrer Umsetzbarkeit bewertet werden zu können.

Ausgangspunkt bildete so zunächst eine theoretisch-konzeptionelle Auseinandersetzung der Denkfabrik Digitalisierte Arbeitswelt mit potenziellen Anwendungsszenarien aus Forschung und Praxis, aktuellen Trends sowie technologischen Entwicklungen im Hinblick auf den Einsatz von KI im Personalmanagement. Durch diese Vorüberlegungen sollte vor allem ein abstrahiertes Verständnis möglicher Anwendungsfelder entwickelt werden, das nicht primär von bestehenden Problemen („Pain Points") bei Lenze ausgeht, sondern bewusst zukunftsorientiert und lösungsoffen gedacht ist. Ergebnisse der Recherchearbeiten wurden in einer Onlinesitzung den beteiligten Partnern präsentiert und hinsichtlich einer ersten Verwertbarkeit diskutiert. Darauf aufbauend wurden in mehreren Brainstorming-Sitzungen konkrete Ideen entwickelt. Der Fokus lag darauf, ein breites Spektrum potenzieller Anwendungsfälle zu generieren, das sowohl technologische Möglichkeiten als auch unternehmensspezifische Rahmenbedingungen berücksichtigt. Das Ergebnis dieses gemeinsamen Prozesses war die Erstellung einer Longlist möglicher KI-Use-Cases, die als Ausgangsbasis für die nachfolgenden Bewertungs- und Auswahlphasen diente.

Somit bestand das Ziel der **zweiten Phase** zunächst darin, die initiale Longlist potenzieller KI-Use-Cases systematisch auf eine fokussierte Shortlist zu verdichten. Diese umfasst jene Anwendungsfälle, welche den höchsten erwarteten Wertbeitrag für Lenze aufweisen. Auch wenn sich in dieser Phase eine umfassende Business-Impact-Analyse grundsätzlich anbietet, wurde aus pragmatischen Gründen ein vereinfachter Ansatz gewählt, der auf die Einschätzungen unternehmensinterner Experten zurückgreift.

Zur Bewertung der Use-Cases wurde in weiteren Onlinemeetings unter den Partnern für jede Idee ein standardisierter „Use-Case-Steckbrief" erstellt. Dieser enthielt vier zentrale Bestandteile: Erstens eine abstrakt formulierte „Was-wäre-wenn?"-Frage, die ein Zukunftsbild im Falle der erfolgreichen Umsetzung entwirft. Zweitens eine Beschreibung der potenziellen Mehrwerte, die aus der Implementierung des Use-Cases resultieren könnten. Drittens eine Stakeholder-Perspektive mit der Identifikation betroffener interner oder externer Kundengruppen. Und viertens ein erster grober Überblick über den benötigten Dateninput, der für die technische Realisierbarkeit erforderlich ist. Auf Basis dieser Informationen wurden die Use-Cases gemeinsam entlang einer Skala hinsichtlich ihres erwarteten Wertbeitrags eingeschätzt und entsprechend priorisiert.

→ **erforderliche Dokumente**	Use-Case-Steckbrief, Use-Case-Canvas

In einem weiteren Schritt wurden für die priorisierten Use-Cases detaillierte Beschreibungen mithilfe eines „Use-Case-Canvas" erarbeitet. Dieses strukturierte Instrument umfasst zwölf Felder (Data, Realisation, Integration, Value Proposition, Business Impact, Stakeholders, Skills, Customers, Cost, Revenue, Opportunities, Risks) und diente der systematischen Vertiefung des Verständnisses für die jeweiligen Anwendungsfälle. Die erneute Auseinandersetzung mit den Details erlaubte es, den erwarteten Wertbeitrag zu präzisieren und gegebenenfalls anzupassen, was der iterativen Logik des Vorgehensmodells Rechnung trägt und zugleich die Entscheidungsgrundlage für die nächste Phase stärkte.

In der **dritten Phase** stand die Auswahl eines Use-Cases anhand seiner praktischen Umsetzbarkeit im Mittelpunkt. Ausschlaggebend war hierbei insbesondere die Verfügbarkeit der für die Realisierung erforderlichen Daten. Diese wurde differenziert betrachtet: Zum einen aus fachlicher Perspektive, dass die Erhebung oder Nutzung der relevanten Daten nicht nur inhaltlich sinnvoll, sondern zusätzlich betrieblich akzeptabel ist. Zum anderen aus technischer Perspektive, d. h., ob die vorhandene IT-Infrastruktur die benötigten Daten erfassen, bereitstellen bzw. verarbeiten kann.

Zur systematischen Analyse dieser Dimensionen wurden in gemeinsamen Workshops Datensteckbriefe für jeden Use-Case der Shortlist erstellt. Diese beinhalteten drei zentrale Kategorien: Erstens „Supplier“, also die Personen oder Einheiten, die als Ansprechpartner für die jeweilige Datenquelle fungieren. Zweitens „Owner“, also die organisatorische Zuordnung bzw. Datenhoheit innerhalb des Unternehmens. Und drittens „Channel“, worunter der technische Zugangskanal zu den Daten verstanden wird.

→ erforderliches Dokument	Datensteckbrief

Die resultierenden Datensteckbriefe wurden im Anschluss auf einer Skala hinsichtlich ihrer Machbarkeit durch die beteiligten Fachexperten bewertet. Sowohl technische als auch organisatorische Faktoren fanden hierbei Berücksichtigung. Durch diese strukturierte Einschätzung der Datenverfügbarkeit konnte letztlich ein Use-Case identifiziert werden, der nicht nur einen hohen Wertbeitrag verspricht, sondern auch mit Blick auf die Datenlage realistisch und effizient umsetzbar erschien **(Phase vier und fünf)**.

Gewählter Anwendungsfall: KI-basiertes Project Recommendation System
Die Auswertung abgeschlossener Projekte ist ein zentraler Bestandteil des Projektcontrollings. Sie dient der Analyse des Projekterfolgs und kann genutzt werden, um die Zusammensetzung zukünftiger Projektteams systematisch zu optimieren. Erfahrungen bei Lenze legen nahe, dass bestimmte Eigenschaften eines Projekts – wie etwa die Anzahl der Teammitglieder oder deren Qualifikationen – mit einer höheren Erfolgswahrscheinlichkeit korrelieren. Erste explorative Analysen zeigen zudem, dass spezifische Merkmale von Projektleitern und Mitarbeitenden den Projekterfolg signifikant beeinflussen können.

Vor diesem Hintergrund wurde ein Use-Case identifiziert, der auf den Aufbau eines KI-gestützten Empfehlungssystems zur optimalen Teamzusammenstellung zielt. Ziel ist es, auf Basis historischer Projekt- und Personaldaten Teamkonstellationen zu identifizieren, die in der Vergangenheit besonders erfolgreich waren, um daraus Vorschläge für zukünftige Projektteams abzuleiten. Der erwartete Nutzen liegt in dem passgenaueren Mitarbeitendeneinsatz, der Förderung von Synergien, der Steigerung von Innovationskraft durch divers zusammengesetzte Teams sowie höherer Projektperformance.

In der **vierten Phase** sind für den gewählten Use-Case die technischen KI-Lösungen zu sichten und zu definieren. Für das Project Recommendation System wurde eine vierschrittige Datenverarbeitungskette entworfen, die auf maschinellem Lernen (ML) basiert. Dabei werden Zusammenhänge zwischen Teamkonstellationen und Projekterfolg erlernt. Die erarbeitete ML-Lösung orientiert sich an Vorgehensweisen des *Team Recommendation* aus dem Stand der Technik (Tuarob et al. 2021). Die Datenverarbeitungskette ist in Abb. 2 dargestellt.

Zuerst wird ein ML-Modell auf Basis historischer Projektdaten trainiert (Schritt 1), um darauf aufbauend Vorhersagen über den Erfolg neuer Projekte mit spezifischen Teamkonstellationen treffen zu können (Schritt 2). Hierbei kommen bewährte Algorithmen des überwachten Lernens zum Einsatz, etwa neuronale Netze, Support Vector Machines, baumbasierte Modelle oder Transformer-Architekturen.

In Schritt 3 erfolgt eine Analyse des trainierten Modells, um erfolgreiche Muster und Merkmale von Teams zu identifizieren – insbesondere solche, die in bestimmten Projektarten zu hohen Erfolgsraten führten. Für diese erklärungsorientierte Analyse eignen sich vor allem White-Box-Modelle wie Entscheidungsbäume, da sie eine transparente Interpretation der Entscheidungspfadlogik ermöglichen.

Auf Basis dieser Erkenntnisse wird in Schritt 4 schlussendlich ein weiteres ML-Modell entwickelt, das nun konkret als Empfehlungssystem für zukünftige Projekte eingesetzt wird. Dieses Modell wird gezielt auf die identifizierten Erfolgsfaktoren hin optimiert.

In **Phase fünf** wurde der ausgewählte Use-Case des Project Recommendation über die entwickelte ML-basierte Datenverarbeitungskette beim Partnerunternehmen Lenze implementiert. Die dabei gewonnenen Erkenntnisse und Erfahrungen bezogen sich primär auf die notwendigen Anforderungen und die reale Verfügbarkeit historischer Trainingsdaten.

Wie in vielen ML-Anwendungen stellt die Verfügbarkeit geeigneter Trainingsdaten eine zentrale Herausforderung dar. Für den vorliegenden Use-Case sind drei Datengrundlagen erforderlich: (1) eine Projektdatenbank inklusive Bewertungen der Projekterfolge, (2) eine Mitarbeitendendatenbank mit Hard- und Soft Skills sowie (3) eine Zuordnung der Mitarbeitenden zu den jeweiligen Projekten. Besonders die retrospektive Erhebung des Projekterfolgs stellt im Projektcontrolling eine Herausforderung dar; entsprechende Datengrundlagen sind somit als sehr wertvoll zu betrachten.

Grundsätzlich benötigen ML-Modelle zum Training allerdings nicht nur qualitativ wertvolle Daten, sondern auch in ausreichend großer Menge. Neben der Datenqualität ist auch die Datenmenge ein entscheidender Erfolgsfaktor. In der ML-Community gilt eine Stichprobengröße von unter 500 Instanzen gemeinhin als kritisch („scarce data") und problematisch für ein belastbares Modelltraining (Knauer et al. 2024). Sprich: Für den Anwendungsfall des Project Recommendation Systems würde es mindestens 500 historische, in ihrem Erfolg bewertete Projekte benötigen, um ein System einigermaßen komfortabel antrainieren zu können. Ein solcher Umfang erscheint für ein einzelnes Unternehmen im Bereich interner Projekte allerdings kaum realistisch.

Um dennoch tragfähige Modelle entwickeln zu können, wird eine gezielte Datenanreicherung durch Methoden der Datenaugmentation diskutiert (Maharana et al. 2022). Dabei können synthetische Variationen realer Datensätze helfen, das Modell robuster zu machen. Wichtig ist dabei: Eine überwiegende oder sogar ausschließliche Nutzung synthetischer Daten birgt das Risiko, dass die erlernten Zusammenhänge nicht mit realen Projektkontexten übereinstimmen. Die Verfahren der Datenaugmentation können daher lediglich als ergänzende Maßnahme dienen – nicht als Ersatz realer Trainingsdaten. Ob und inwiefern eine Datenaugmentation die Herausforderung knapper (aus ML-Sicht) Projektdaten lindern kann, ist im einzelnen Anwendungsfall zu überprüfen. Dies kann zum Beispiel durch eine manuelle Überprüfung der im Schritt 3 der Datenverarbeitungskette (siehe Abb. 2) gelernten Schlüsselfaktoren und kausalen Zusammenhänge erfolgen.

Der Anwendungsfall der Project Recommendation verdeutlicht somit einerseits die Chancen, andererseits aber auch die Herausforderungen bei der Implementierung **(Phase fünf)** eines KI-gestützten Empfehlungssystems im HR-nahen Kontext. Neben technischen Fragestellungen spielen insbesondere die Verfügbarkeit und Qualität der Daten eine zentrale Rolle für die Realisierbarkeit des Use-Cases, die nicht unterschätzt werden darf.

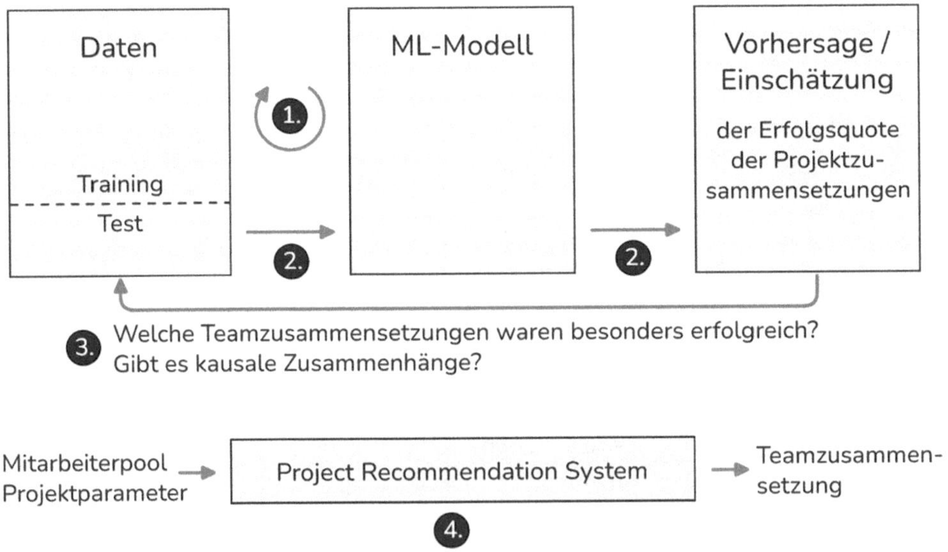

Abb. 2 Datenverarbeitungs- und Trainingskette für das ML-basierte Project Recommendation System (eigene Darstellung)

5 Diskussion und Ausblick

Die systematische Erfassung und Priorisierung wertschöpfender KI-Anwendungsfälle stellt eine zentrale Voraussetzung dar, damit Unternehmen KI gezielt zur Weiterentwicklung ihrer Geschäftsprozesse einsetzen können. Ein methodisch strukturierter Ansatz ermöglicht es, technologische Potenziale, betriebliche Anforderungen sowie organisationale Rahmenbedingungen systematisch und ressourceneffizient zu integrieren. Das entwickelte Vorgehensmodell trägt diesen Anforderungen Rechnung und wurde so konzipiert, dass es insbesondere auf den HR-Kontext anwendbar ist. Seine Praxistauglichkeit wurde bei Lenze im Rahmen eines Proof of Concept validiert: Das Modell wurde exemplarisch an einem realen Anwendungsfall aus dem Personalwesen angewendet und konnte dabei seine Wirksamkeit und Relevanz im Unternehmenskontext unter Beweis stellen.

In der praktischen Anwendung wurde jedoch auch deutlich, dass insbesondere die Sicherstellung einer ausreichenden Datenquantität eine zentrale Herausforderung im Personalwesen darstellt. Für viele potenzielle KI-Anwendungsfälle – wie der gewählte Use-Case des Project Recommendation Systems – erweist sich die Verfügbarkeit historischer, strukturierter und qualitativ hochwertiger Daten als kritischer Erfolgsfaktor. Im vorliegenden Anwendungsfall war die Projektdatenbasis auch nicht über Datenaugmentationsverfahren in ausreichender Menge sicherzustellen. Diese Erkenntnis unterstreicht die Notwendigkeit, bereits frühzeitig in Entwicklungsprozessen die Datenlage systematisch zu analysieren und gegebenenfalls Maßnahmen zur Datenaufbereitung oder -anreicherung einzuplanen.

Unternehmen sollten das entwickelte Vorgehensmodell als praxisorientierte Grundlage für die Einführung von KI-Use-Cases im Personalwesen nutzen. Gleichzeitig ist zu prüfen, inwieweit unternehmensspezifische Anpassungen erforderlich sind – etwa im Hinblick auf bestehende Strukturen, strategische Zielsetzungen oder kulturelle Rahmenbedingungen.

Dokumente

Die aus dem Leuchtturmprojekt entstandenen Dokumente finden Sie auch zum Download auf den Seiten von Arbeitswelt.Plus https://arbeitswelt.plus/leuchtturmprojekte/lenze/

Literatur

Armutat, S., Mauritz, N., Wattenberg, M., & Bormann, F. (2023). Digitalisiertes Lernen in der betrieblichen Weiterbildung – zielgruppenorientierte Akzeptanz-Anforderungen an virtuelle Produktschulungen am Beispiel der Weidmüller Interface GmbH & Co. KG. bwp@ Berufs- und Wirtschaftspädagogik – online, 45, S. 1–22. https://www.bwpat.de/ausgabe45/armutat_etal_bwpat45.pdf, (10.03.2025).

Armutat, S., Wattenberg, M., & Mauritz, N. (2026, in prep.). From Ideas to Implementation: A Data Driven Process Model for Identifying and Realizing AI Use Cases.

Gartner (2019). 5 Steps to Practically Implement AI Techniques. https://www.gartner.com/en/doc/5-steps-to-practically-implement-ai-techniques, (12.06.2025).

Helmold, M. (2024). Digitalisierung und KI im Personalmanagement. In Erfolgreiche Transformation zum digitalen Champion (S. 179–185). Springer Fachmedien Wiesbaden. https://doi.org/10.1007/978-3-658-44020-6_18

Hevner, A. R., March, S. T., Park, J., & Ram, S. (2004). Design science in information systems research. MIS Quarterly, 28 (1), S. 75–105.

Knauer, R., Grimm, M. & Rodner, E. (2024). PMLBmini: A Tabular Classification Benchmark Suite for Data-Scarce Applications. In: arXiv preprint arXiv:2409.01635.

Maharana, K., Mondal, S., & Nemade, B. (2022). A review: Data pre-processing and data augmentation techniques. In: Global Transitions Proceedings, 3(1), S. 91–99.

Palos-Sánchez, P. R., Baena-Luna, P., Badicu, A., & Infante-Moro, J. C. (2022). Artificial Intelligence and Human Resources Management: A Bibliometric Analysis Applied Artificial Intelligence, 36(1), Article 2145631. https://doi.org/10.1080/08839514.2022.2145631

Plattform Lernende Systeme (2021). KI im Mittelstand. Potenziale erkennen, Voraussetzungen schaffen, Transformation meistern. https://www.plattform-lernende-systeme.de/files/Downloads/Publikationen/PLS_Booklet_KMU.pdf, (12.06.2025).

Tambe, P., Cappelli, P., & Yakubovich, V. (2019). Artificial Intelligence in Human Resources Management: Challenges and a Path Forward, California Management Review, 61(4), S. 15–42. https://doi.org/10.1177/0008125619867910

Tuarob, S., Assavakamhaenghan, N., Tanaphantaruk, W., Suwanworaboon, P., Hassan, S. U., & Choetkiertikul, M. (2021). Automatic team recommendation for collaborative software development. In: Empirical Software Engineering, 26(4), 64.

Upwork (2024). How To Implement AI for Businesses. https://www.upwork.com/resources/ai-implementation, (12.06.2025).

Vocke, C., Constantinescu, C., & Popescu, D. (2020). Status quo and quo vadis: creativity techniques and innovation methods for generating extended innovation processes. Procedia CIRP, 91, S. 39–42. https://doi.org/10.1016/j.procir.2020.02.148

vom Brocke, J., Hevner, A., & Maedche, A. (2020). Introduction to Design Science Research. In Progress in IS (S. 1–13). Springer International Publishing. https://doi.org/10.1007/978-3-030-46781-4_1

Fit durch KI: Befähigung von Beschäftigten für neue Technologien durch nutzerzentrierte LMS-Weiterentwicklung

Nina Mauritz, Sahar Deppe, Malte Wattenberg, Frank Bormann, Swetlana Franken und Sascha Armutat

1 Motivation und Ausgangslage

Die Digitalisierung verändert Prozesse, Strukturen und Geschäftsmodelle in Industrieunternehmen grundlegend. Neue Technologien wie Künstliche Intelligenz (KI) eröffnen enorme Potenziale, stellen Unternehmen aber gleichzeitig vor die Herausforderung, ihre Belegschaft kontinuierlich weiterzubilden. In diesem Kontext gewinnt betriebliche Weiterbildung – insbesondere durch digitale Formate – an strategischer Bedeutung.

Die Personalentwicklung wird dabei nicht nur zum Befähiger für digitale Kompetenzen, sondern auch zum Experimentierfeld für neue Lernformate (Armutat 2021). Learning-Management-Systeme (LMS) bieten die Chance, Weiterbildungsmaßnahmen orts- und zeitunabhängig, individuell und bedarfsorientiert anzubieten – vorausgesetzt, sie sind entsprechend nutzerzentriert gestaltet.

Das global agierende Industrieunternehmen **Weidmüller Holding AG & Co. KG** mit Stammsitz in Detmold in Ostwestfalen-Lippe, welches in den Märkten Elektrifizierung, Automatisierung, Digitalisierung, elektrische Verbindungstechnik und erneuerbare Ener-

N. Mauritz (✉) · M. Wattenberg · S. Franken · S. Armutat
Hochschule Bielefeld, Bielefeld, Deutschland
E-Mail: nina.mauritz@hsbi.de

S. Deppe
Fraunhofer IOSB-INA, Lemgo, Deutschland

F. Bormann
Weidmüller, Detmold, Deutschland

R. Dumitrescu (Hrsg.), *KI für die Arbeitswelt von morgen*,
Intelligente Technische Systeme – Lösungen aus dem Spitzencluster it's OWL,
https://doi.org/10.1007/978-3-662-73053-9_14

gien zu Hause ist, hat seit 2018 ein LMS im Einsatz, das diesen Anspruch operationalisiert: Es ermöglicht den rund 5.700 Mitarbeitenden, sich gezielt und praxisnah weiterzubilden. Über 480 Kurse und mehr als 39.000 Lernstunden im Jahr 2024 verdeutlichen die hohe Nutzung. Dennoch stellte sich die Frage, ob neben der Quantität auch die Qualität, Passgenauigkeit und Wirksamkeit des Lernens verbessert werden konnten.

Das Projekt verfolgte einen ganzheitlichen Ansatz zur Weiterentwicklung des LMS. Dabei standen folgende Ziele im Fokus:

- Partizipative Kompetenzermittlung und -entwicklung im Umgang mit Digitalisierung und KI,
- Verbesserung des selbstgesteuerten Lernens über Web Based Trainings (WBT),
- Integration von Nutzerfeedback in die Erstellung und Revisionierung der Kurse,
- schnellere Auffindbarkeit relevanter Kurse sowie gezielte Verweise auf weiterführende Inhalte
- und die Entwicklung individueller Lernpfade für verschiedene Zielgruppen.

Adaptive Lernumgebungen mit KI-basierter Individualisierung haben das Potenzial, Lernprozesse effektiver und motivierender zu gestalten (Kulik und Fletcher 2016; van Lehn 2011) – sofern sie transparent, datenschutzkonform und nutzerfreundlich implementiert werden. Das Projekt setzte daher auf eine integrative Betrachtung von Technik, Didaktik und Nutzerperspektive, um das betriebliche Lernen wirksam, akzeptiert und zukunftsfähig zu gestalten.

2 Stand der Technik und Forschung

Obwohl Learning-Management-Systeme mittlerweile als zentrale Infrastruktur für betriebliche Weiterbildung gelten, zeigen Studien, dass ihre Potenziale bislang nur eingeschränkt ausgeschöpft werden (Kerres 2020; Ifenthaler und Yau 2020). In der Praxis dominieren standardisierte Kursangebote, die primär auf effiziente Skalierung und Content-Bereitstellung ausgerichtet sind. Die individuelle Passung an heterogene Kompetenzstände und Lernpräferenzen der Mitarbeitenden wird dagegen nur selten adressiert (Sitzmann und Weinhardt 2019). Diese Diskrepanz zwischen Angebot und Bedarf führt nachweislich zu geringerer Motivation und reduzierter Wirksamkeit selbstgesteuerter Lernprozesse (Kulik und Fletcher 2016).

Die Akzeptanz solcher Systeme wird häufig mit klassischen Modellen wie dem Technologieakzeptanz-Modell (TAM) erklärt, die primär Nützlichkeit und Benutzerfreundlichkeit betrachten (Cavus et al. 2022). Aspekte wie partizipative Mitgestaltung oder individuelle Lernbedarfe werden jedoch kaum einbezogen. Deshalb bildet das Modell der teilnehmerorientierten Technologieakzeptanz nach Armutat et al. (2023) die theoretische Grundlage, welches zwar auf dem TAM nach Davis et al. (1989) aufbaut, jedoch um eine stärkere Teilnehmerorientierung ergänzt. Diese richtet Lehr-Lernprozesse an den Voraussetzungen, Interessen und Erfahrungen der Lernenden aus und eröffnet ihnen aktive Mitgestaltungsmöglichkeiten.

Demnach müssen Lernarrangements folgende Anforderungen erfüllen:

- Wahrnehmbarer, praxisbezogener Nutzen für den Kompetenzaufbau,
- didaktische Aufbereitung abgestimmt auf Vorkenntnisse und Lernbedarfe,
- intuitive und nutzerfreundliche technische Gestaltung
- sowie Möglichkeiten zur aktiven Beteiligung und Feedbackgabe.

Auf Basis dieses Bezugsrahmens wurde ein Fragebogen entwickelt, der den Grad der teilnehmerorientierten Technologieakzeptanz beim Einsatz des LMS im internationalen Kontext erhebt. Ziel war es, sowohl partizipative Gestaltungsmöglichkeiten für die Lernenden zu schaffen als auch konkrete Hinweise zur Optimierung der Lernumgebung abzuleiten.

3 Vorgehen und Umsetzung

Das Projekt wurde interdisziplinär konzipiert und umgesetzt, um die Herausforderungen bei der Weiterentwicklung von LMS unter realen Bedingungen praxisnah zu adressieren. Beteiligt waren: Weidmüller als anwendendes Industrieunternehmen und Praxisfeld für die Erprobung, die Hochschule Bielefeld (HSBI) als wissenschaftlicher Partner mit Schwerpunkt auf Nutzerperspektive und Kompetenzentwicklung sowie Fraunhofer IOSB-INA als forschungsbasierter Technologiepartner mit Fokus auf Datenanalysen und KI-Integration. Durch die Kombination von Forschung und Unternehmenspraxis konnte ein ganzheitlicher Transferansatz sichergestellt werden, bei dem technologische, didaktische und organisatorische Perspektiven miteinander verzahnt wurden.

Die Projektumsetzung folgte einem iterativen Vorgehen, das sowohl partizipativ als auch nutzerzentriert ausgerichtet war.

Ein wesentlicher Schritt (siehe Abb. 1) war eine **Status quo-Analyse** des bestehenden LMS (SAP SuccessFactors) in Form einer internationalen Onlinebefragung mit $N = 458$ Beschäftigten im April 2022. Die Onlinebefragung basiert auf einem Fragebogen, der die theoretischen Konstrukte des Bezugsrahmens (Armutat et al. 2023) in drei zentralen Dimensionen erfasst:

Abb. 1 Projektablauf (eigene Darstellung)

1. Wahrgenommene Nützlichkeit (operationalisiert über Items zum wahrgenommenen Kompetenzzuwachs durch die WBTs sowie deren Praxisbezug (Venkatesh und Davis 2000)).
2. Wahrgenommene Benutzerfreundlichkeit (erfasst durch Items zur intuitiven Bedienbarkeit und Interaktionsfreundlichkeit des LMS (Davis 1989)).
3. Teilnehmerorientierung (abgebildet durch sieben Items zu didaktischer Aufbereitung, inhaltlichem Umfang, Qualität und Multimedialität der WBTs sowie zur Passung der Inhalte zu den Erwartungen der Lernenden (Kerres 2020; Ifenthaler und Yau 2020)).

Zur weiterführenden Analyse wurden diese Skalen mit demografischen Merkmalen (Geschlecht, Alter, Betriebszugehörigkeit) sowie Indikatoren der Lernnutzung (Zufriedenheit, Nutzungsfrequenz) in Beziehung gesetzt. Auf die Ergebnisse der Befragung wird im nächsten Kapitel kurz eingegangen.

Die darauffolgende Weiterentwicklung des LMS erfolgte auf zwei parallelen Wegen: zum einen die **didaktisch-technische Weiterentwicklung,** in welcher bspw. die Kurse hinsichtlich Umfang, Interaktivität und Darstellung überarbeitet und Feedbackmechanismen zur kontinuierlichen Kursverbesserung integriert wurden. Die überarbeiteten und neu entwickelten Webinare wurden von den Auszubildenden in einer Follow-Up-Befragung evaluiert. Ein zentrales Element zur Kompetenzentwicklung war ein Workshop mit Auszubildenden. Mithilfe der Kompetenzarchitektur 4.0 (Franken et al. 2022) wurden Bedarfe analysiert und soziale, kognitive sowie technologische Kompetenzen definiert.

Der zweite Weg der Weiterentwicklung des LMS bezog sich auf die **technologische Umsetzung mit Datenanalyse,** bei der ein Empfehlungsalgorithmus entwickelt und evaluiert wurde, der Nutzenden individuelle Kursvorschläge basierend auf ihrer Lernhistorie, ihrem Arbeitsbereich und dem Verhalten ähnlicher Nutzergruppen anbietet.

4 Ergebnisse und Mehrwert

Die Ergebnisse der Befragung zeigen eine insgesamt hohe Technologieakzeptanz sowie besonders positive Bewertungen der Teilnehmerorientierung und Nützlichkeit des bestehenden LMS (ausführlich in: Armutat et al. 2023). Zugleich verdeutlichen die Analysen, dass vor allem die wahrgenommene Nützlichkeit maßgeblich die Zufriedenheit und Nutzungsintensität beeinflusst, während die Teilnehmerorientierung nur geringe zusätzliche Effekte liefert. In den offenen Angaben und Rangordnungen der gewünschten Funktionen des LMS wurde deutlich, dass Mitarbeitende vor allem adaptiv personalisierte Lernempfehlungen und praxisnahe Inhalte priorisieren. Außerdem zeigt sich, dass das LMS allein nicht alle für die Arbeit relevanten Kompetenzen vermitteln kann, was ergänzende Formate wie Präsenz-Workshops erfordert. Auf dieser Grundlage wurden drei Maßnahmen abgeleitet: ein Workshopformat zur Kompetenzentwicklung, die didaktisch-technische Weiterentwicklung und die KI-basierte Erweiterung des LMS.

Workshop zur Kompetenzentwicklung
Im Rahmen des Workshops wurde zunächst eine umfassende Analyse aktueller und zukünftiger Kompetenzbedarfe durchgeführt. Grundlage bildete die **Kompetenzarchitektur 4.0** (Franken et al. 2022), die mithilfe der folgenden Fragen bearbeitet wurde: „Wie verändern sich Aufgaben bei der Arbeit mit KI?“, „Welche Kenntnisse und Fähigkeiten brauchen wir dafür?“ sowie „Erfolgskritische Situationen – welche Kompetenzen haben mir gefehlt?“. In Kleingruppen wurden praxisnahe Erfahrungen reflektiert und gemeinsam Anforderungen an zukünftige berufliche Kompetenzen erarbeitet. Ergänzend dazu wurden die Ergebnisse der **DIKOMP-App** der DAA Deutsche Angestellten-Akademie GmbH (2025) ausgewertet, über die eine Selbsteinschätzung der digitalen Kompetenzen erfolgte.

Aus den Ergebnissen entstand die **Persona** „Azubi Robin“, die ein typisches Kompetenzprofil abbildet. Dazu zählen digitale Fähigkeiten wie Programmierkenntnisse, Umgang mit KI und Prompt-Engineering, Datenkompetenz, Cybersecurity sowie der sichere Umgang mit neuen Systemen. Auf kognitiver Ebene wurden unter anderem Problemlösekompetenz, Selbstreflexion, Veränderungsbereitschaft und Prozessdenken betont. Soziale Kompetenzen wie digitale Kommunikation, Teamfähigkeit und interdisziplinäre Zusammenarbeit wurden ebenfalls als zentral hervorgehoben.

Auf dieser Basis entwickelten die Teilnehmenden weitere Maßnahmen zum gezielten **Kompetenzaufbau.** Vorgeschlagen wurden u. a. Workshops zur funktionsübergreifenden Fehlerreflexion sowie Aktivitäten zur Förderung der Teamfähigkeit, Kommunikationsfähigkeit, interdisziplinären Zusammenarbeit, kritischen Reflexion und des systemischen Denkens. So soll die Entwicklung eines zukunftsorientierten Kompetenzprofils für Auszubildende aktiv gefördert werden.

Didaktisch-technische Weiterentwicklung des LMS

Im Rahmen der Weiterentwicklung des digitalen Lernangebots wurden verschiedene Maßnahmen zur Qualitätsverbesserung der Schulungsinhalte umgesetzt. Zur besseren Veranschaulichung komplexer Themen und zur Unterstützung des individuellen Lernprozesses erfolgte die **Integration kurzer Erklärvideos,** die gezielt zur Ergänzung der bestehenden Lerninhalte eingesetzt werden. Parallel dazu wurden die Kurse hinsichtlich ihres **Umfangs, der Interaktivität sowie der visuellen und inhaltlichen Darstellung** umfassend überarbeitet, um das Nutzererlebnis zu verbessern und die Motivation der Lernenden zu steigern. Ein weiterer Schwerpunkt lag auf der Optimierung der **Lernerfolgskontrollen.** Diese wurden so angepasst, dass Wissenslücken gezielter identifiziert und durch passende Inhalte geschlossen werden können.

Ein konkretes Beispiel für gelungene Umsetzung war die Neugestaltung eines Kurses zu digitalen Kompetenzen. Ursprünglich als einstündiger Frontalvortrag konzipiert, wurde der Kurs mithilfe von Nutzerfeedback und KI überarbeitet: Der neue Kurs umfasst kurze Erklärvideos, Quiz-Elemente zur Lernerfolgskontrolle und eine interaktive Simulation – bei gleichzeitiger Reduzierung der Gesamtdauer auf 30 Minuten. Das Ergebnis: Deutlich höhere Abschlussquote, besseres Feedback und intensivere Nachnutzung.

Ergänzend dazu wurden systematische **Feedbackmechanismen** implementiert, um Rückmeldungen der Teilnehmenden kontinuierlich in die Weiterentwicklung und Verbesserung der Kurse einfließen zu lassen. So wird ein dynamisches und adaptives Lernsystem geschaffen, das sich fortlaufend an die Bedürfnisse der Lernenden anpasst.

KI-basierte Weiterentwicklung des LMS

Im Rahmen der Weiterentwicklung des digitalen Lernangebots wurde auch ein prototypisches **Empfehlungssystem** für die betriebliche Weiterbildung entwickelt, das auf Methoden des maschinellen Lernens basiert und im realen Kontext der Weidmüller Holding AG & Co. KG erprobt wurde. Ziel war es, die Relevanz und Personalisierung von Lerninhalten innerhalb des bestehenden LMS zu verbessern.

Zentrale Herausforderung war dabei die Auswahl passender Lernangebote für unterschiedliche Nutzergruppen bei gleichzeitig wachsender Kursvielfalt. Auf Basis der Lernhistorie, des Tätigkeitsbereichs und des Verhaltens ähnlicher Nutzergruppen wurden individuelle Kursvorschläge generiert. Der zugrunde liegende Algorithmus basiert auf modellgestütztem Collaborative Filtering, bei dem mithilfe eines Clustering-Verfahrens (k-Means) Nutzende mit ähnlichem Lernverhalten gruppiert wurden. Aus diesen Clustern wurden anschließend die am häufigsten genutzten, für den jeweiligen Nutzenden aber noch unbekannten, Kurse empfohlen.

Die technische Umsetzung erfolgte mit anonymisierten, historischen Nutzungsdaten aus der Weiterbildung bei Weidmüller (2018–2023). Insgesamt wurden rund 15.000 Datensätze analysiert, die mehr als 3.200 unterschiedliche Schulungen umfassten. In internen Tests zeigte das Empfehlungssystem eine hohe Genauigkeit bei der Kursauswahl: In vielen Fällen konnten passende Weiterbildungsangebote vorgeschlagen werden, die dem Profil und bisherigen Lernverhalten der Nutzenden entsprachen. Die Präzision variierte je nach Datengrundlage und Nutzergruppe. Erste Praxistests mit Mitarbeitenden bestätigten die Nützlichkeit des Systems.

Da das genutzte LMS nur begrenzte Eingriffsmöglichkeiten bot, wurde eine externe Reporting-Lösung (Power BI) entwickelt, die dem Personalbereich gezielte Lernempfehlungen für individuelle Mitarbeitende zur Verfügung stellt. So konnte auch ohne direkte LMS-Integration ein funktionaler Prototyp zur KI-gestützten Personalisierung von Weiterbildungsangeboten geschaffen werden.

Das System berücksichtigt dabei ausschließlich implizite Nutzerdaten und gewährleistet so einen datensparsamen und **DSGVO-konformen Einsatz.** In zukünftigen Iterationen könnten zusätzliche Parameter – wie Lernziele, Kompetenzbedarfe oder Nutzerbewertungen – integriert werden, um die Empfehlung noch stärker auf individuelle Lernpfade auszurichten.

5 Kritische Reflektion und Ausblick

Das Projekt zeigt, wie neue Technologien und didaktische Konzepte zusammengedacht werden können, um betriebliche Weiterbildung im digitalen Zeitalter nutzerzentriert, effizient und wirksam zu gestalten. Ein zentrales Gestaltungsprinzip war dabei die kontinuierliche Partizipation der Zielgruppen: Mitarbeitende wurden sowohl in der Bedarfsanalyse als auch in der Evaluation aktiv einbezogen. Dieses partizipative Vorgehen trug wesentlich zur Passgenauigkeit der entwickelten Maßnahmen sowie zur Akzeptanz der Lösungen bei.

Das Empfehlungssystem ist in mehreren Aspekten besser als bisherige Kursempfehlungen oder eine manuelle Auswahl durch die Nutzer. Während traditionelle Systeme häufig standardisierte Vorschläge liefern, bietet das neue System personalisierte Empfehlungen, die auf der individuellen Lernhistorie und dem Verhalten der Nutzer basieren. Dadurch steigen die Relevanz und Genauigkeit der vorgeschlagenen Kurse deutlich.

Auf Basis der Befragung wurde das Konzept der teilnehmerorientierten Technologieakzeptanz weiterentwickelt und diente als Grundlage für die abgeleiteten Maßnahmen. Die Lernangebote wurden stärker an individuelle Anforderungen ausgerichtet und das LMS wurde technisch und didaktisch erweitert, um KI-basierte Funktionen wie personalisierte Lernempfehlungen zu integrieren.

Trotz der positiven Ergebnisse im Rahmen des Projekts zeigen sich auch klare Grenzen in Bezug auf die Wirksamkeit und Skalierbarkeit der eingesetzten Methoden. Eine zentrale Limitation bestand in der begrenzten Datenqualität und -tiefe: Da das Empfehlungssystem ausschließlich auf impliziten Nutzungsdaten basierte (z. B. absolvierte Kurse, Jobtitel, Abteilung), blieben individuelle Lernziele, Präferenzen oder Motivation der Mitarbeitenden unberücksichtigt. Dies reduzierte die Differenzierungsmöglichkeiten in den Empfehlungen.

Das Ergebnis für Weidmüller ist u. a. eine datenbasierte, personalisierte Weiterbildung mit hoher Nutzerakzeptanz. Zukünftig bietet die Integration weiterer Merkmale, wie Standort oder Beschäftigungsdauer, zusätzliches Potenzial. Die Erkenntnisse und entwickelten Werkzeuge bieten auch anderen Organisationen wertvolle Orientierung für moderne, nachhaltige Lernsysteme und lebenslanges Lernen.

Literatur

Armutat, S. (2021). Performance-orientierte Personalentwicklung. In: Haag, P. (Hrsg.): KMU- und Start-up-Management. Wiesbaden, 461–478. https://doi.org/10.1007/978-3-658-34700-0_21.

Armutat, S., Mauritz, N., Wattenberg, M., & Bormann, F. (2023). Digitalisiertes Lernen in der betrieblichen Weiterbildung – zielgruppenorientierte Akzeptanz-Anforderungen an virtuelle Produktschulungen am Beispiel der Weidmüller Interface GmbH & Co. KG. bwp@ Berufs- und Wirtschaftspädagogik – online, 45, 1–22. https://www.bwpat.de/ausgabe45/armutat_etal_bwpat45.pdf (12.06.2025).

Cavus, N., Omonayajo, B., & Mutizwa, M. (2022). Technology Acceptance Model and Learning Management Systems: Systematic Literature Review. International Journal of Interactive Mobile Technologies (iJIM). 16. 109-124. https://doi.org/10.3991/ijim.v16i23.36223.

DAA Deutsche Angestellten-Akademie GmbH (2025). DIKOMP-App. https://app.digitalekompetenzen.org (12.06.2025).

Davis, F.D., Bagozzi, R.P., & Warshaw, P.R. (1989). User Acceptance of Computer Technology: A Comparison of Two Theoretical Models. In: Management Science, 35(8), 982–1003. https://doi.org/10.1287/mnsc.35.8.982.

Franken, S., Mauritz, N., & Prädikow, L. (2022). Kompetenzen für KI-Anwendungen – Theoretisches Modell und partizipative Erfassung und Vermittlung in Unternehmen. In: GfA, Sankt Augustin (Hrsg.): Frühjahrskongress 2022. Magdeburg.

Ifenthaler, D., & Yau, J.Y.-K. (2020). Utilising learning analytics for study success: Reflections on current empirical findings. Interactive Technology and Smart Education, 17(4), 438–454. https://doi.org/10.1108/ITSE-07-2020-0101

Kerres, M. (2020). Mediendidaktik: Konzeption und Entwicklung digitaler Lernangebote (6. Aufl.). De Gruyter Oldenbourg.

Kulik, J.A., & Fletcher, J.D. (2016). Effectiveness of Intelligent Tutoring Systems. In: Review of Educational Research 86(1), 42–78. https://doi.org/10.3102/0034654315581420.

Sitzmann, T., & Weinhardt, J.M. (2019). Approaching evaluation from a multilevel perspective: A comprehensive analysis of the indicators of training effectiveness. In: Human Resource Management Review, 29(2), 253–269. https://doi.org/10.1016/j.hrmr.2017.04.001

Tietgens, H. (2001). Teilnehmerorientierung. In: Arnold, S., Nolda, S., Nuissl, E. (Hrsg.): Wörterbuch Erwachsenenpädagogik. Bad Heilbrunn, 304–305.

van Lehn, K. (2011). The Relative Effectiveness of Human Tutoring, Intelligent Tutoring Systems, and Other Tutoring Systems. In: Educational Psychologist 46(4), 197–221. https://doi.org/10.1080/00461520.2011.611369.

Venkatesh, V., & Davis, F.D. (2000). A theoretical extension of the technology acceptance model: Four longitudinal field studies. Management Science, 46(2), 186–204.

Einführung von KI – Mitarbeiter:Innen richtig vorbereiten

Bildung als selektionsinstrument

Marcel Ellermann, Jörg Papenkordt und Kirsten Thommes

1 Motivation und Ausgangslage

Die WAGO Gruppe zählt zu den international führenden Anbietern der Verbindungs- und Automatisierungstechnik sowie der Interface Elektronik. Im Bereich der Federklemmtechnik ist das familiengeführte Unternehmen Weltmarktführer. Seit seiner Gründung 1951 ist WAGO stetig gewachsen und beschäftigt heute weltweit etwa 9000 Mitarbeitende, davon rund 4200 in seinem deutschen Stammsitz im ostwestfälischen Minden. Im Jahr 2024 betrug der Umsatz des Unternehmens 1,24 Mrd. Euro.

Das Unternehmen beschäftigt sich in einigen Bereichen bereits seit längerer Zeit mit Künstlicher Intelligenz (KI); insbesondere im Bereich Finance, aber auch in der Qualitätssicherung wurden KI Anwendungen früh erprobt und eingesetzt. Allerdings fehlte es dem Unternehmen an einer KI-Strategie, einzelne Lösungen wurden eher unsystematisch eingeführt. In den Jahren 2019/20 stand WAGO wie viele andere Unternehmen vor der Frage, wie künftig strategisch und nachhaltig mit KI-Technologien umgegangen werden soll. Aus unternehmerischer Sicht bestand ein mehrfaches Entscheidungsproblem: Zum einen stellte sich die Frage, in welchen Bereichen KI nutzbringend eingesetzt werden könnte. Daneben stellte sich aber auch die Frage, wie viel und zu welchem Zeitpunkt WAGO in den Auf-

M. Ellermann (✉)
WAGO, Minden, Deutschland
E-Mail: Marcel.Ellermann@wago.com

J. Papenkordt · K. Thommes
Universität Paderborn, Paderborn, Deutschland

K. Thommes
E-Mail: kirsten.thommes@uni-paderborn.de

R. Dumitrescu (Hrsg.), *KI für die Arbeitswelt von morgen,*
Intelligente Technische Systeme – Lösungen aus dem Spitzencluster it's OWL,
https://doi.org/10.1007/978-3-662-73053-9_15

bau eigener Kompetenzen im Bereich KI investieren sollte. Wie bei allen Technologien bestanden im Wesentlichen dabei zwei Möglichkeiten, nämlich zum einen komplett auf Off-the-Shelf Lösungen zu setzen, also die KI Entwicklung an professionelle Dienstleister auszulagern, oder aber selber Kompetenzen aufzubauen, das heißt KI Lösungen auch selbst zu erstellen. In beiden Fällen ist es wichtig zu erfahren, inwieweit sofort in eigene Kompetenzen investiert werden muss. Auch beim Einkauf von Lösungen bei externen Dienstleistern müssen Mitarbeitende von WAGO in die Lage versetzt werden, die Qualität der Dienstleistung ex ante und ex post zu überprüfen, daher ist ein eigener Kompetenzaufbau unerlässlich. Falls sich WAGO sogar vorwiegend auf Eigenerstellung verlassen wollte, müssten gegebenenfalls sogar Rekrutierungsstrategien geändert werden. In beiden Fällen stellte sich somit die Frage des optimalen Timings der Investitionen.

WAGO entschied sich dazu, zunächst weiter eigene Erfahrungen mit KI zu sammeln um später eine fundiertere Entscheidung treffen zu können. Beim Versuch, Anwendungsfälle für eine weitere Exploration der Technologie im Unternehmen zu finden, zeigte sich ein sich wiederholendes Muster: Einerseits war das Wissen über die Technologie (in den Jahren 2019/2020) nicht tief genug, um die Chancen und Risiken, die Möglichkeiten und Grenzen der Technologie fundiert einschätzen zu können. Es fanden sich in einigen Bereichen offene und experimentierfreudige deren Aktivitäten allerdings unabhängig voneinander und nicht vernetzt umgesetzt wurden.

Aus WAGO-Sicht war es daher wichtig zu erfahren, wie kleinere Technologieexperimente innerhalb der Organisation so gebündelt und die Erfahrungen damit so gesammelt werden können, dass es der Organisation insgesamt möglich ist, mehr über die Technologie zu lernen, den Dialog dazu zu fördern und im besten Fall Synergien zu kreieren und zu nutzen. Im Fokus standen dabei zwei Hauptaufgaben: Erstens musste das Unternehmen das bereits bestehende Wissen aus etablierten Anwendungsfällen systematisch sammeln und analysieren. Im weiteren Verlauf sollten geeignete Anwendungsfälle und Mitarbeitende mit Interesse und Freude an KI-Technologie identifiziert werden, um den Wissensfundus zu erweitern. Auf dieser Basis sollte dann eine KI-Strategie für das ganze Unternehmen formuliert werden., Außerdem sollten alle Mitarbeitenden flächendeckend besser in die Lage versetzt werden, über mögliche Einsatzmöglichkeiten nachdenken zu können. Auch hierzu sollte das im ersten Schritt gewonnene Wissen genutzt werden.

2 Stand der Forschung

KI eröffnet ein breites Spektrum an Anwendungsmöglichkeiten, mit deren Hilfe Unternehmen ihren Unternehmenswert steigern können. Dennoch scheitern viele Organisationen bei der Implementierung von KI und somit der Ausschöpfung ihres vollen Potenzials häufig an mangelndem Verständnis oder ablehnenden Reaktionen seitens der Mitarbeitenden (Enholm et al. 2022; Papenkordt und Thommes 2022; Dietvorst et al. 2018; Jussupow et al. 2020).

Im Mittelpunkt dieser Untersuchung stand die aktive Einbindung der Mitarbeitenden mit dem Ziel, KI als Unterstützung zur Selbsthilfe zu positionieren. Dabei ging es insbesondere darum, sowohl die Chancen als auch die Grenzen der Technologie aufzuzeigen und so eine fundierte und differenzierte Auseinandersetzung über die Einsatzmöglichkeiten von KI im Unternehmen zu ermöglichen. Die Einführung von KI betrifft nicht nur ausgewiesene Fachkräfte, sondern auch KI-Neulinge, da KI das Potenzial besitzt, zahlreiche bislang von Menschen ausgeführte Tätigkeiten zu automatisieren oder zu unterstützen (Leinen et al. 2020). Die Perspektiven nicht-fachkundiger Mitarbeitenden bleiben im Kontext KI leider häufig unbeachtet, obwohl KI zunehmend alle Unternehmensbereiche durchdringt (Laupichler et al. 2022; Ng et al. 2021). Dadurch kommen auch zunehmend weniger KI-affine Mitarbeitende mit der neuen Technologie in Berührung, werden mit der Nutzung von KI konfrontiert oder müssen in der Ko-Kreation von Algorithmen eingebunden werden, weil sie wichtiges Domänenwissen besitzen (Kornowicz und Thommes 2025; Heid et al. 2024).

Verschiedene Studien zeigen, dass eine frühzeitige Einbindung der Belegschaft das Vertrauen in und die Einstellung gegenüber neuer Technologie positiv beeinflusst und fördert (Tajeddini et al. 2020; Ore und Sposato 2022). Ein aktuelles Review von Oludapo et al. (2024) belegt, dass das Scheitern digitaler Transformationsprojekte meist nicht auf technologische, sondern auf organisatorische Ursachen zurückzuführen ist. Drei von vier identifizierten Hauptproblemen betreffen Defizite im Management, insbesondere mangelnde Vorbereitung, unzureichende Koordination, sowie fehlende Veränderungsbereitschaft der Mitarbeitenden. Auch Khaw et al. (2023) betonen in ihrer Analyse zur Reaktion von Mitarbeitenden auf Veränderungsprozesse die zentrale Bedeutung transparenter Information und Kommunikation zur Reduktion negativer Reaktionen. Dennoch scheitern Transformationsprojekte häufig an wenigen aber einflussreichen SkeptikerInnen, die weniger an konstruktiver Kritik als an der Bewahrung des Status quo interessiert sind. Zur Reduktion des Risikos eines solchen Scheiterns lassen sich zwei zentrale Handlungsansätze unterscheiden:

1. *Die Identifikation potenzieller Change Agents durch Selbstselektionseffekte in Bildungsmaßnahmen*

Die erste wirksame Strategie zur erfolgreichen Umsetzung von Veränderungsprozessen liegt in der gezielten und systematischen Identifikation und Aktivierung sogenannter „Change Agents“ innerhalb der Organisation. Dabei handelt es sich um Mitarbeitende, die Veränderungsvorhaben intern unterstützen und als Promotoren wirken. Zwei Ansätze zur Identifikation solcher Personen finden in der Literatur besondere Beachtung: Zum einen die Analyse informeller Netzwerke, bei der vor allem solche Mitarbeitenden als geeignet gelten, die über viele formelle und insbesondere informelle Beziehungen verfügen – etwa weil sie häufig um Rat gefragt werden oder über spezifisches Fachwissen und soziale Beliebtheit verfügen (Battilana und Casciaro 2012, 2013). Zum anderen rückt die Betrachtung individueller Persönlichkeitsmerkmale in den Fokus. Hierbei wurde bereits bewiesen, dass vor allem resiliente (Nikolaou et al. 2007) oder selbstmotivierte (Peansupapund Walker 2005) Mitarbeitende als potenzielle Change Agents geeignet sein könnten.

Beide Methoden sind jedoch mit hohem Aufwand verbunden und greifen potenziell stark in die Persönlichkeitsrechte der Mitarbeitenden ein. Eine alternative, weniger invasive Möglichkeit ergibt sich aus dem sogenannten Selbstselektionseffekt. Der Selbstselektionseffekt beschreibt das Phänomen, dass bestimmte Personen mit höherem Vorwissen oder größerem Interesse mit höherer Wahrscheinlichkeit an freiwilligen Angeboten teilnehmen (Kawaguchi 2006). Einige Studien kommen sogar zu dem Schluss, dass Unterschiede in Kompetenzzuwächsen zwischen Teilnehmenden und Nichtteilnehmenden ausschließlich auf Selbstselektion zurückzuführen sind und ein tatsächlicher Bildungseffekt kaum nachweisbar ist (Gauly und Lechner 2019). In diesen Fällen beruhte die Selektion meist auf bestehendem Vorwissen, während die untersuchten Trainingsprogramme relativ umfassend waren und eine Vielzahl an Vorkenntnissen erforderten.

Freiwillige Bildungsangebote könnten also nicht nur der Wissensvermittlung dienen, sondern gleichzeitig dazu genutzt werden, besonders interessierte und engagierte Mitarbeitende zu identifizieren.

2. *Erhöhung der KI-Kompetenz zur Förderung rationaler Auseinandersetzungen bei der Implementierung von KI durch niederschwellige Bildungsangebote*

Die zweite zentrale Maßnahme zur erfolgreichen Gestaltung des Transformationsprozesses besteht in der gezielten Informationsvermittlung, um eine rationale, weniger emotional geführte Auseinandersetzung über die Implementierung der Technologie zu ermöglichen. Im Bereich von KI bieten sich dafür bestimmte Weiterbildungsmaßnahmen an, um den Wissenstand aller Mitarbeitenden zu verbessern (z. B. Lee et al. 2011). Im konkreten Anwendungsfall wurde bewusst auf ein niedrigschwelliges Bildungsangebot gesetzt, und klar kommuniziert, dass keine Vorkenntnisse erforderlich sind und reines Interesse an der Technologie für die Teilnahme genügt. Damit sollte sichergestellt werden, dass auch Mitarbeitende erreicht werden, die bisher keine formale Schulung im Bereich KI erhalten hatten.

Diese Vorgehensweise verfolgt zwei zentrale Ziele. Erstens erlaubt der beobachtbare Selbstselektionseffekt in freiwilligen Bildungsmaßnahmen Rückschlüsse auf die Identifikation potenzieller, bislang unentdeckter Promotoren für den Technologieeinsatz innerhalb der Organisation. Zweitens soll ein breiter, niedrigschwelliger Zugang zu Wissen über KI geschaffen werden, um auf diese Weise das Verständnis von KI zu erhöhen, damit emotionale Reaktionen reduziert und eine sachliche, rationale Diskussion über den Einsatz von KI im Unternehmen gefördert wird.

3 Vorgehen und Umsetzung

Zur Untersuchung ob die Ziellerreichung erfolgreich ist, verwendete das Projekt ein quasiexperimentelles Forschungsdesign. Quasi-experimentelle Designs sind eine zu selten verwendete Methodik in der Organisationsforschung und können dazu genutzt werden, kausale Schlussfolgerungen zu verstärken, ethische Dilemmata zu minimieren und eine produktive Zusammenarbeit mit Praxispartnern zu fördern (Grant und Wall 2009).

Das Projekt teilt sich in drei unterschiedliche Phasen, die in den nachfolgenden Abschnitten kurz erläutert werden. Zusammenfassend lässt sich sagen, dass die Wirkung des Treatments anhand der Prä- und Post-Messzeitpunkte evaluiert wurde. Die Daten zur Wahrnehmung von KI der Belegschaft wurden im Januar und Februar 2022 (7 Monate vor dem Treatment, Prä-Intervention) und im Juni und Juli 2023 (1 Monat nach dem Treatment, Post-Intervention) in einem Querschnitt durch die gesamte Organisation erhoben. Die Prä- und Post-Erhebungen waren hinsichtlich des Inhalts und der Struktur identisch, um eine Vergleichbarkeit der Studien zu gewährleisten. (Abb. 1).

Um die Umfragen miteinander verknüpfen zu können, wurden die Mitarbeitenden vor jeder Befragung gebeten, einen persönlichen Code (Matching-Code) zu erstellen. Der persönliche Code dient dazu das Matching der Umfragen zu ermöglichen ohne die Anonymität der Mitarbeitenden unmittelbar zu gefährden (Schnell et al. 2006; Pöge 2005, 2008, 2011; Kearney et al. 1984). Eine Gefährdung der Anonymität verstößt häufig gegen Datenschutzrichtlinien und wirkt sich negativ auf die Rücklaufquote aus (Pöge 2005, 2008, 2011). Die Entwicklung eines Matching-Codes ist im wissenschaftlichen Kontext ein übliches Verfahren, um Längsschnittdaten vergleichbar zu machen. Die einzelnen Fragen, die zur Code-Generierung genutzt werden, sollten auf persönlichen und zeitlich konsistenten Merkmalen der Probanden beruhen, wobei darauf geachtet werden sollte, dass der Code dennoch eine angemessene Länge aufweist (Schnell et al. 2006). Die Universität Paderborn übernahm die Verwaltung und Speicherung der generierten Codes und leitete diese nicht an das Unternehmen weiter.

3.1 Treatment

Zwischen der Prä- und Post-Intervention wurde die sogenannte „Treatment-Phase" durchgeführt. Zwischen dem 27. Oktober 2022 und dem 27. April 2023 fanden in diesem Rahmen insgesamt sechs sogenannte „KI-Lernreisen" statt, an denen die Mitarbeitenden

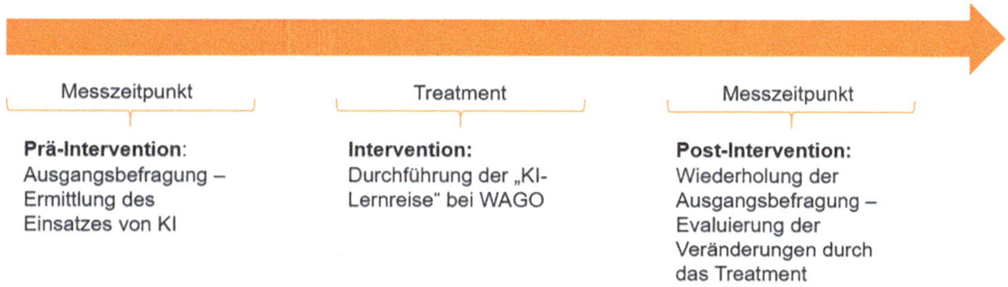

Abb. 1 Studienaufbau

des Unternehmens WAGO auf freiwilliger Basis teilnehmen konnten. Die Veranstaltungen wurden als Online-Formate über Microsoft Teams realisiert.

Die „KI-Lernreisen“ wurden planmäßig jeweils am letzten Donnerstag des Monats angeboten, mit Ausnahme einer Unterbrechung während der Weihnachtszeit. Diese regelmäßige Terminierung verfolgte das Ziel, über einen längeren Zeitraum hinweg eine kontinuierliche Auseinandersetzung mit dem Thema KI im Arbeitsalltag der Belegschaft zu verankern. Gleichzeitig ermöglichte der feste Rhythmus den Mitarbeitenden, die Teilnahme frühzeitig in ihre Terminplanung zu integrieren.

Zur Förderung der Teilnahmebereitschaft wurden die Veranstaltungen als reguläre Arbeitszeit angerechnet. Zudem erfolgte eine wiederholte Ankündigung und Bewerbung der einzelnen Termine über das firmeninterne Intranet mittels gezielter Newsbeiträge. Die inhaltliche Gestaltung der Lernreisen setzte bewusst auf eine thematische Vielfalt und kombinierte unterschiedliche Vortragsformate und Perspektiven rund um das Thema KI. Die KI-Lernreise setzte sich aus den folgenden sechs Vorträgen zusammen: zwei wissenschaftlichen Vorträgen (Vortrag 1 und 4), zwei Praxisbeispielen aus anderen Unternehmen (Vortrag 2 und 5), und zwei Vorträgen von internen Mitarbeitenden, die bei WAGO bereits KI-Lösungen etabliert hatten (Vortrag 3 und 6).

Durch die Heterogenität der Vorträge sollte ein Eindruck von KI aus unterschiedlichen Perspektiven vermittelt werden, um einen anschließenden fachlichen Austausch über MS Teams gezielt zu fördern. Insgesamt haben bei allen Lernreiseterminen aggregiert 744 Teilnehmer partizipiert. Zusätzlich wurden die Teilnehmenden der KI-Lernreise gebeten, vor und nach der Bildungsmaßnahme in einem kurzen Fragebogen ihren persönlichen Code anzugeben, damit auch hier ein Matching stattfinden konnte.

3.2 Messinstrumente

In der ersten Phase des Projektes wurde zusammen mit den Betriebsräten eine Ausgangsbefragung konzipiert und durchgeführt. Die Ausgangsbefragung sollte vor allem die aktuellen Einstellungen gegenüber KI, das Verständnis von KI, die wahrgenommene Bedeutung von KI, sowie das Vertrauen gegenüber KI im Unternehmen erfassen. Um ein möglichst ganzheitliches Bild der gemessenen Variablen zu erhalten, richtete sich die Befragung an alle Mitarbeitenden des Unternehmens der Standorte Minden, Päppinghausen sowie Sondershausen. Die Umfrage fand über ein Online-Tool statt. Um allerdings auch den Mitarbeitenden in der Produktion die Teilnahme zu ermöglichen, wurden zusätzlich Fragebögen in Papierform bereitgestellt, die anonym an die Betriebsräte weitergeben werden konnten (Tab. 1).

In der letzten Phase des Projektes (Post-Intervention) wurde die Ausgangsbefragung wiederholt, um Veränderungen bezüglich der Wahrnehmung von KI innerhalb der Belegschaft zu messen.

Der Fragebogen orientiert sich an der Erhebung von Papenkordt et al. (2022). Die hier verwendeten Konstrukte sowie die entsprechenden Quellen sind in der obigen Tabelle abgebildet.

Tab. 1 Inhaltliche Darstellung des Fragebogens in Anlehnung an Tab. 1 von Papenkordt et al. (2022)

Item	Quelle
Matching Code	Schnell et al. (2006); Pöge (2008); Kearney et al. (1984)
Demografische Daten	Im Austausch mit dem Forschungspartner und dem Betriebsrat entstanden
Einstellungen/ Bedeutung gegenüber/von KI	Bitkom Research et al. (2020) und im Austausch mit den Forschungspartner weiterentwickelt
Nutzungsphase von KI (Filterfrage)	Bauer et al. (2019) sowie im Austausch mit den Forschungspartner entstanden und weiterentwickelt
Verständnis/ Vertrauen von/gegenüber KI	Im Austausch mit den Forschungspartner entstanden

4 Ergebnisse und Mehrwert

4.1 Sample

Bevor auf die beiden Ziele der Untersuchung eingegangen wird, wird das Sample der Studie beschrieben. Insgesamt nahmen 608 Mitarbeitende an der Ausgangsbefragung teil. Durch das Matching mittels des persönlichen Codes konnte festgestellt werden, dass 118 von den 608 Teilnehmenden spätere KI-Lernreise besuchten und das freiwillige Bildungsangebot wahrnahmen. Die nachfolgende Tab. 2 zeigt einen Überblick der Teilnehmenden sowie der Samplecharakteristika. Ebenso wird für die spätere Analyse zusätzlich zwischen Teilnehmenden und Nicht-Teilnehmenden der KI-Lernreise differenziert.

Tab. 2 Samplecharakteristika

Charakteristika	Prä-Erhebung Insgesamt	Prä-Erhebung ohne KI-Lernreise	Prä-Erhebung mit KI-Lernreise
Anzahl der Teilnehmenden	608	490	118
Durchschnittsalter (in Jahren)	38,92	38,96	38,76
Geschlecht (Anteil Männer in %)	67,76 %	65,71 %	76,27 %
Position (Anteil in %)			
• Top-Management	0,82 %	0,82 %	0,85 %
• Gehobenes Management	4,61 %	4,49 %	5,08 %
• Mittleres Management	10,03 %	9,80 %	11,02 %
• Mitarbeitende	82,40 %	83,06 %	79,66 %
• Keine Angaben	2,14 %	1,84 %	3,39 %

4.2 Selektionseffekt: Wen erreichen wir mit unseren Lernangeboten?

Das erste zentrale Ziel der Studie bestand in der Identifikation potenzieller Change Agents durch Selbstselektionseffekte im Rahmen freiwilliger Bildungsmaßnahmen. Zu diesem Zweck wurden die Stichproben mit und ohne Teilnahme an der KI-Lernreise zunächst hinsichtlich verschiedener demografischer Merkmale miteinander verglichen (vgl. Tab. 3).

Die Analyse zeigt, dass ein geringer Unterschied in der Geschlechterverteilung zwischen den beiden Gruppen besteht. Andere Merkmale wie Alter und hierarchische Position weisen hingegen keine signifikanten Unterschiede auf, sodass von einem weitgehend homogenen demografischen Profil ausgegangen werden kann.

Auffällig ist jedoch, dass Teilnehmende der KI-Lernreise bereits häufiger erste Berührungspunkte mit KI-Technologien hatten. Dies zeigt sich insbesondere daran, dass der Anteil an Mitarbeitenden ohne vorherige KI-Aktivitäten in der Gruppe der Lernreise-Teilnehmenden signifikant geringer ist. Dieser Befund unterstützt die Annahme eines Selbstselektionseffekts, indem Personen mit Vorerfahrung mit höherer Wahrscheinlichkeit an freiwilligen Bildungsangeboten teilnehmen.

Neben demografischen Merkmalen wurde in einem nächsten Schritt untersucht, ob auch unterschiedliche Einstellungen und Wahrnehmungen von KI einen Einfluss auf die spätere Teilnahme an der KI-Lernreise haben. Dabei lag der Fokus zunächst auf der wahrgenommenen Bedeutung von KI für das Unternehmen, den eigenen Funktionsbereich sowie den persönlichen Arbeitsalltag (vgl. Abb. 2).

Die Ergebnisse verdeutlichen, dass solche Mitarbeitenden signifikant häufiger an der KI-Lernreise teilnahmen, die KI eine höhere Bedeutung für das Unternehmen (alle Mann–Whitney U-Test, $p < 0{,}05$), den eigenen Funktionsbereich ($p < 0{,}01$) und den eignen Arbeitsalltag ($p < 0{,}05$) zuschreiben. Ergänzend dazu wurden auch die allgemeinen Einstellungen gegenüber KI sowie das Vertrauen in KI zwischen den beiden Gruppen verglichen. Bezüglich der Einstellungen zeigten sich keine signifikanten Unterschiede zwischen den beiden Gruppen. Unabhängig von der späteren Teilnahme an der KI-Lernreise gaben die meisten Befragten an, KI grundsätzlich aufgeschlossen gegenüberzustehen. Beim Vertrauen hingegen zeigte sich, dass spätere Teilnehmende der KI-Lern-

Tab. 3 Vergleich von demografischen Merkmalen zur Ermittlung von Selektionseffekten

	Ohne KI-Lernreise	Mit KI-Lernreise	Signifikanztest
Geschlecht (Anteil Männer in %)	65,71 %	76,27 %	$p < 0{,}05$ ($p = 0{,}029$)
Alter (Durchschnitt in Jahren)	38,96	38,76	$p > 0{,}1$
Manager (in %)	15,45 %	17,54 %	$p > 0{,}1$
Angabe keine KI Aktivitäten (in %)	46,52 %	37,29 %	$p < 0{,}1$ ($p = 0{,}080$)

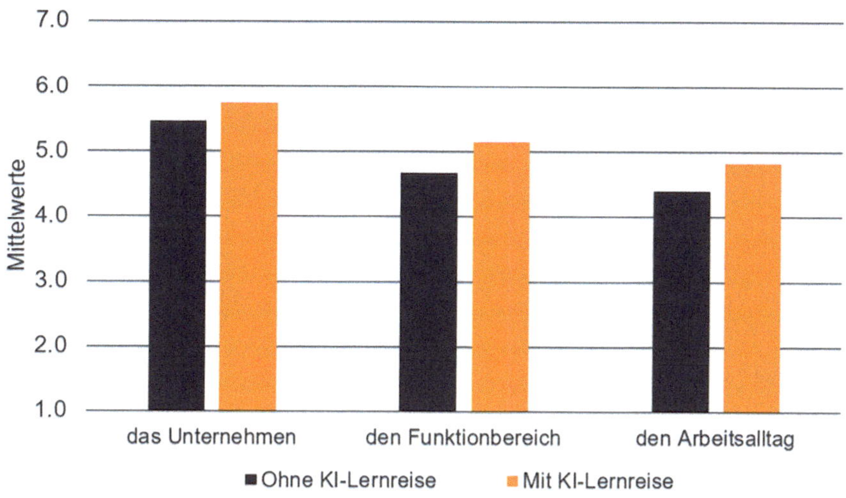

Abb. 2 Wahrgenommene Bedeutung von KI

reise bereits in der Ausgangsbefragung ein höheres Vertrauen in KI (Messung in [0;100]; ∅ = 67,72, $p < 0{,}01$) aufwiesen als jene, die nicht teilnahmen (∅ = 60,17). Insgesamt deuten die Ergebnisse darauf hin, dass nicht nur Vorerfahrungen mit KI, sondern auch die wahrgenommene Bedeutung und das Vertrauen in die Technologie Einfluss auf die freiwillige Teilnahme an der KI-Lernreise nehmen. Diese Ergebnisse unterstreichen die Annahme eines Selbstselektionseffekts.

4.3 Bildungseffekt: Was erreichen wir mit unseren Lernangeboten?

Zur Bewertung des Bildungseffekts unserer Lernangebote *(Ziel 2)* wurde untersucht, inwieweit sich das Verständnis von KI bei den Teilnehmenden durch die KI-Lernreise verändert hat. Dafür wurden die Ergebnisse der Ausgangs- und Endbefragung verglichen. Mittels eines Matching-Codes konnten 55 Personen identifiziert werden, die an beiden Befragungszeitpunkten teilgenommen haben. Diese 55 Personen werden nun mit 26 Teilnehmenden verglichen, die zusätzlich noch an Formaten der KI-Lernreise teilgenommen haben (Tab. 4).

Im Zentrum dieser Analyse stehen die beiden Items, die das wahrgenommene Verständnis von KI auf organisationaler Ebene („wahrgenommenes Verständnis von KI bei WAGO“) sowie auf individueller Ebene („persönliches Verständnis von KI“) erfassen (vgl. Abb. 3).

In der Gruppe ohne Teilnahme an einer KI-Lernreise zeigte sich für beide Items eine tendenzielle Abnahme des wahrgenommenen Verständnisses – sowohl bezogen auf das Unternehmen als auch auf das persönliche Verständnis. In der Gruppe der

Tab. 4 Samplecharakteristika von (Nicht-)Teilnehmenden der KI-Lernreise

Charakteristika	Teilnahme Prä- & Post Erhebung (Ohne KI-Lernreise)	Teilnahme Prä- & Post Erhebung (Mit KI-Lernreise)
Anzahl der Teilnehmenden	55	26
Alter (Durchschnitt in Jahren)	38,53	41,03
Geschlecht (Anteil Männer in %)	76,36 %	69,23 %
Position (Anteil in %)		
• Top-Management	0,00 %	3,85 %
• Gehobenes Management	0,00 %	11,54 %
• Mittleres Management	16,36 %	7,69 %
• Mitarbeitende	83,64 %	76,92 %

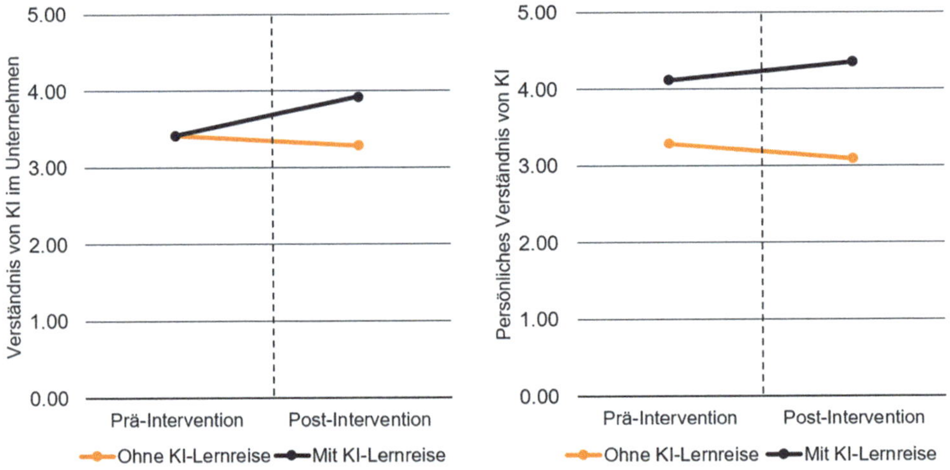

Abb. 3 Entwicklung des Verständnisses von KI im Unternehmen und bei sich persönlich (Mittelwerte)

Teilnehmenden der KI-Lernreise hingegen wurden signifikante positive Entwicklungen festgestellt. Das wahrgenommene Verständnis von KI im Unternehmen stieg signifikant an ($p < 0{,}05$), ebenso wie das persönliche Verständnis von KI ($p < 0{,}1$). Diese Ergebnisse deuten auf einen positiven Bildungseffekt der KI-Lernreise hin. Die Teilnahme an der KI-Lernreise führte nicht nur zu einer höheren subjektiven Kompetenzwahrnehmung hinsichtlich des Verständnisses von KI, sondern stärkte offenbar auch die Wahrnehmung in das kollektive KI-Verständnis der Organisation.

5 Ausblick

Aus Forschungssicht ist das Ergebnis relevant, weil in der Transformationsforschung häufig diskutiert wird, wie Mitarbeitende identifiziert werden können, die sich als Change Agents eignen *(Ziel 1)*. Eine Identifikation zentraler Akteure im informellen Netzwerk ist kaum möglich, eine Auswahl über spezifische Eigenschaften ebenfalls nicht, ohne unzulässig zu stereotypisieren. Wir zeigen am Beispiel einer sehr günstigen und einfachen Intervention, dass Selbstselektion von Mitarbeitenden in Maßnahmen durchaus eine mögliche Alternative ist. Dieser Selektionseffekt ermöglichte es WAGO die geeigneten Mitarbeitenden und Gruppen im Unternehmen zu identifizieren, um sie miteinander zu vernetzen und darauf aufbauend eine strukturierte KI-Strategie zu entwickeln. Zudem legen die Ergebnisse nahe, dass bereits niederschwellige Bildungsangebote zu einer Steigerung des wahrgenommenen Verständnisses von KI sowohl auf individueller als auch auf organisationaler Ebene beitragen können *(Ziel 2)*. Dies kann wiederum eine differenzierte und reflektierte Auseinandersetzung bei zukünftigen KI-Integrationen begünstigen und rationale Entscheidungsprozesse bei KI-Transformationen im Unternehmen fördern.

Für WAGO war die KI-Lernreise daher der Startpunkt für eine organisationale Transformation inklusive der Entwicklung einer KI-Strategie. Aufgrund des Momentums der KI-Lernreise und durch die Identifizierung der Mitarbeitenden, die bereits an KI-Themen gearbeitet haben oder grundsätzlich dem Thema gegenüber offen waren, konnte WAGO sowohl eine KI-Strategie formulieren als auch eine geeignete Organisationsform etablieren. Abb. 4) zeigt das initiale KI-Netzwerk, dass innerhalb WAGOs nach der

Abb. 4 WAGO AI Center of Excellence

Bildungsreise entstanden ist. Die AICE (Hub) dient als zentrale Anlauf- oder Kontrollstelle. Sie trägt in der Regel die Hauptverantwortung für die Entscheidungsfindung,, Führung, Anleitung und Überwachung der Gesamtausrichtung der KI-Strategie bei WAGO. Sie koordiniert und vernetzt verschiedene Unternehmensbereich (z. B. Steering, Office, Communities, Technology und Business), legt Strategien fest und entwickelt Richtlinien, wie zum Beispiel die Entwicklung einer Datenstrategie als notwendige Vorbedingung vor einer KI Strategie.

Von besonderer Bedeutung sind die AI Communities, die das kollektive Lernen und den Wissensaustausch ermöglichen. Zu den praktischen Instrumenten zählen neben Projektarbeiten und der weitergeführten KI-Lernreise auch ein neu konzipierter Ideenmarktplatz, der das Interesse an KI nachhaltig fördern soll und es Mitarbeitenden ermöglicht sich in dieser Thematik weiterzubilden. Ein systematischer Austausch über Projekte, der auch das Lernen aus Fehlschlägen ermöglichen soll, findet in AI Business statt, in dem Use Cases kreiert und begleitet werden.

Die organisationale Transformation WAGOs von einem Unternehmen, in dem nur vereinzelt und unstrukturiert mit der neuen Technologie experimentiert wurde, hin zu einer kollektiv KI lernenden Organisationsstruktur ermöglicht systematische und effiziente Exploration und Exploitation.

Literatur

Bauer W, Ganz W, Hämmerle M, Renner T (Eds.) (2019). Künstliche Intelligenz in der Unternehmenspraxis. Fraunhofer Verlag, Stuttgart.

Battilana, J., & Casciaro, T. (2012). Change agents, networks, and institutions: A contingency theory of organizational change. Academy of Management Journal, 55(2), 381–398.

Battilana, J., & Casciaro, T. (2013). The network secrets of great change agents. Harvard business review, 91(7), 62–68.

Bitkom Research & TATA Cosultancy Service (2020). Deutschland lernt KI. Wie Unternehmen digitale Technologien einsetzen. Trendstudie-Digitalisierung. Verfügbar unter: https://www.bitkom-research.de/de/Trendstudie-Digitalisierung-2020

Dietvorst, B. J., Simmons, J. P., & Massey, C. (2018). Overcoming algorithm aversion: People will use imperfect algorithms if they can (even slightly) modify them. Management science, 64(3), 1155–1170.

Enholm, I. M., Papagiannidis, E., Mikalef, P., & Krogstie, J. (2022). Artificial intelligence and business value: A literature review. Information Systems Frontiers, 24(5), 1709–1734.

Gauly, B., & Lechner, C. M. (2019). Self-perfection or self-selection? Unraveling the relationship between job-related training and adults' literacy skills. PloS one, 14(5), e0215971.

Grant, A. M., & Wall, T. D. (2009). The neglected science and art of quasi-experimentation: Why-to, when-to, and how-to advice for organizational researchers. Organizational Research Methods, 12(4), 653–686.

Heid, S., Kornowicz, J., Hüllermeier, E., & Thommes, K. (2024). Human-AI Co-Construction of Interpretable Predictive Models: The Case of Scoring Systems. KIT Scientific Publishing

Jussupow, E., Benbasat, I., & Heinzl, A. (2020). Why are we averse towards algorithms? A comprehensive literature review on algorithm aversion.

Kawaguchi, D. (2006). The incidence and effect of job training among Japanese women. Industrial Relations: A Journal of Economy and Society, 45(3), 469–477.
Kearney KA, Hopkins RH, Mauss AL, Weisheit RA (1984). Self-generated identification codes for anonymous collection of longitudinal questionnaire data. Public Opinion Quarterly, 48(1B), 370–378.
Khaw, K. W., Alnoor, A., Al-Abrrow, H., Tiberius, V., Ganesan, Y., & Atshan, N. A. (2023). Reactions towards organizational change: a systematic literature review. Current Psychology, 42(22), 19137–19160.
Kornowicz, J., & Thommes, K. (2025). Algorithm, expert, or both? Evaluating the role of feature selection methods on user preferences and reliance. PloS one, 20(3), e0318874.
Laupichler, M. C., Aster, A., Schirch, J., & Raupach, T. (2022). Artificial intelligence literacy in higher and adult education: A scoping literature review. Computers and Education: Artificial Intelligence, 3, 100101.
Lee, Y. H., Hsieh, Y. C., & Hsu, C. N. (2011). Adding innovation diffusion theory to the technology acceptance model: Supporting employees' intentions to use e-learning systems. Journal of Educational Technology & Society, 14(4), 124–137.
Leinen, P., Esders, M., Schütt, K. T., Wagner, C., Müller, K. R., & Tautz, F. S. (2020). Autonomous robotic nanofabrication with reinforcement learning. Science advances, 6(36).
Ng, D. T. K., Leung, J. K. L., Chu, S. K. W., & Qiao, M. S. (2021). Conceptualizing AI literacy: An exploratory review. Computers and Education: Artificial Intelligence, 2, 100041.
Nikolaou, I., Gouras, A., Vakola, M., & Bourantas, D. (2007). Selecting change agents: Exploring traits and skills in a simulated environment. Journal of Change Management, 7(3-4), 291–313.
Oludapo, S., Carroll, N., & Helfert, M. (2024). Why do so many digital transformations fail? A bibliometric analysis and future research agenda. Journal of Business Research, 174, 114528.
Ore, O., & Sposato, M. (2022). Opportunities and risks of artificial intelligence in recruitment and selection. International Journal of Organizational Analysis, 30(6), 1771–1782.
Papenkordt, J., Gabriel, S., Thommes, K. & Dumitrescu, R. (2022): Künstliche Intelligenz in der industriellen Arbeitswelt – Studie zum Status Quo in der Region OstWestfalenLippe. Working-Paper-Reihe des Kompetenzzentrums Arbeitswelt.Plus, Nr. 2, https://doi.org/10.55594/TMAO3234.
Papenkordt, J., & Thommes, K. (2022). Determinants of trust in smart technologies. In Human-Technology Interaction: Shaping the Future of Industrial User Interfaces (pp. 335–359). Cham: Springer International Publishing.
Peansupap, V., & Walker, D. (2005). Exploratory factors influencing information and communication technology diffusion and adoption within Australian construction organizations: a micro analysis. Construction Innovation, 5(3), 135–157.
Pöge, A. (2005). Persönliche Codes bei Längsschnittstudien: Ein Erfahrungsbericht. ZA-Information/Zentralarchiv für Empirische Sozialforschung, (56), 50–69.
Pöge A (2008). Persönliche Codes 'reloaded'. Methoden, Daten, Analysen (mda), 2(1), 59–70.
Pöge, A. (2011). Persönliche Codes bei Längsschnittuntersuchungen III: fehlertolerante Zuordnung unverschlüsselter und verschlüsselter selbstgenerierter Codes im empirischen Test. Methoden, Daten, Analysen (mda), 5(1), 109–134.
Schnell R, Bachteler T, Reiher J (2006). Die Anwendung statistischer Record-Linkage-Methoden auf selbstgenerierte Codes bei Längsschnitterhebungen. ZA-Information /Zentralarchiv für Empirische Sozialforschung, 59, 128–142.
Tajeddini, K., Martin, E., & Altinay, L. (2020). The importance of human-related factors on service innovation and performance. International Journal of Hospitality Management, 85, 102431.

Kooperation von KI und Mensch in der integrierten Planung (MKIFusion)

Maschinelles Lernen für die Absatzprognose

Christoph-Alexander Holst, Anton Pfeifer, Jan Ehlenbröker und Volker Lohweg

1 Motivation und Ausgangslage

Die zunehmende Volatilität und Komplexität von Märkten und Nachfragebedingungen stellen Unternehmen vor immer größere Herausforderungen in der Absatz- und integrierten Businessplanung (IBP). Insbesondere in der Lebensmittelindustrie, in der saisonale Schwankungen und kurze Reaktionszeiten den Planungsalltag prägen, gewinnen datenbasierte und adaptive Prognosemethoden zunehmend an Bedeutung. Im produzierenden Gewerbe der Lebensmittelindustrie stellt sich zunehmend die Frage, wie moderne Verfahren der Künstlichen Intelligenz (KI) – insbesondere maschinelles Lernen (ML) – die Genauigkeit und Belastbarkeit von Prognosen verbessern und dabei zugleich die Arbeit der Mitarbeiter:innen sinnvoll unterstützen können.

Im Leuchtturmprojekt „MKIFusion" entwickeln und untersuchen das Unternehmen Dr. Oetker als Transfernehmer und das Institut für industrielle Informationstechnik (inIT) der Technischen Hochschule Ostwestfalen-Lippe, unterstützt durch das Fraunhofer IEM und den Bezirk NRW der IG Metall, KI-Methoden für die integrierte Businessplanung.

Die traditionelle Absatzplanung bei Dr. Oetker basiert bisher primär auf statistischen Analyseverfahren und Erfahrungswerten. Schnelllebige Marktveränderungen, hohe Produktvielfalt, saisonale Schwankungen sowie externe Einflussgrößen wie Wetterbedingungen oder Werbeaktionen führen allerdings zu komplexen, schwer

C.-A. Holst (✉) · A. Pfeifer · J. Ehlenbröker · V. Lohweg
Institut für industrielle Informationstechnik (inIT), Technische Hochschule Ostwestfalen-Lippe (TH OWL), Lemgo, Deutschland
E-Mail: christoph-alexander.holst@th-owl.de

R. Dumitrescu (Hrsg.), *KI für die Arbeitswelt von morgen*,
Intelligente Technische Systeme – Lösungen aus dem Spitzencluster it's OWL,
https://doi.org/10.1007/978-3-662-73053-9_16

vorhersehbaren Bedarfsentwicklungen. Gleichzeitig sollen Planungssysteme künftig nicht nur präzise, sondern auch transparent, nachvollziehbar und kooperativ sein, um die Akzeptanz bei den Anwender:innen zu sichern.

Ziel des Projekts MKIFusion ist es, nachvollziehbare und kooperative ML-basierte Forecasting-Methoden zu entwickeln, die in die bestehende Planungslandschaft von Dr. Oetker integriert werden können. Dabei steht nicht nur die Verbesserung der Prognosegenauigkeit im Fokus, sondern insbesondere die transparente Gestaltung der KI-gestützten Entscheidungen. Damit adressiert MKIFusion zentrale Anforderungen von Dr. Oetker: eine schnellere Reaktion auf Nachfrageschwankungen, eine höhere Verlässlichkeit bei Promotions- und Saisongeschäften sowie eine bessere Nachvollziehbarkeit der Prognosen für die Fachabteilungen.

Vor diesem Hintergrund stehen die folgenden zentralen Ziele und Lösungsansätze im Projekt MKIFusion im Fokus:

- *Integration und Vergleich moderner Forecasting-Methoden:* Auf Basis multidimensionaler Daten (z. B. historische Verkaufszahlen, Wetterdaten, Marketingaktivitäten) werden ML-Modelle entwickelt, die Absatzverläufe präzise vorhersagen und dabei relevante Einflussfaktoren berücksichtigen. Die Modellierung basiert dabei auf wissenschaftlichen Vorarbeiten des inITs insbesondere zur Robustheit von ML-Modellen unter Scarce-Data-Bedingungen.
- *Demonstratorentwicklung:* In einem praxisnahen Software-Demonstrator werden die Prognoseergebnisse nutzerfreundlich visualisiert. Dabei liegt ein besonderer Fokus auf der Interaktion. Der Demonstrator erlaubt es Nutzer:innen, Prognosen zu interpretieren und mit ihren eigenen Erfahrungswerten zu vergleichen. Gerade diese Interaktivität ist für den Praxispartner entscheidend, da Planungsverantwortliche Prognosen bislang stark mit Erfahrungswissen angereichert haben. MKIFusion schafft damit eine Brücke zwischen datengetriebener KI und menschlicher Expertise.

Im engen Zusammenspiel mit dem wissenschaftlichen Forschungsthema zur Bewertung von ML-basierten Forecasting-Methoden im Kontext knapper Daten (vgl. Kapitel „Forecasting zwischen Statistik und Künstlicher Intelligenz") liefert MKIFusion einen praktischen Anwendungsnachweis für die Machbarkeit und den Mehrwert dieser Ansätze im betrieblichen Alltag. Durch die Kombination aus Informationsfusion, maschinellem Lernen, algorithmischer Modellierung und nutzerzentrierter Visualisierung wird deutlich, wie Künstliche Intelligenz in der industriellen Planungsarbeit sinnvoll und mehrwertbringend integriert werden kann.

Dieses Kapitel wird auf den aktuellen Stand der Technik von Forecasting-Methoden eingehen (mit einem Fokus auf Metastudien und international ausgerufenen Challenges) und den im Projekt entwickelten Software-Demonstrator zur ML-basierten Absatzprognose vorstellen.

2 Stand der Technik

Absatzprognosen sind seit Jahrzehnten ein zentrales Element der betrieblichen Planung und werden sowohl in der Wissenschaft als auch in der Praxis vielfältig untersucht und angewendet. In Unternehmen dominieren dabei nach wie vor qualitative Methoden, die auf Fach- und Domänenwissen, Marktforschung sowie Erfahrungswerten basieren. Sie kommen vor allem dann zum Einsatz, wenn historische Daten nicht vorhanden sind – etwa bei neuen Produkten, Märkten oder Technologien (vgl. Petropoulos et al. 2022).

Quantitative Verfahren hingegen greifen auf historische Daten zurück und nutzen statistische Modelle, um Muster zu erkennen und zukünftige Entwicklungen zu prognostizieren. Seit Beginn der 2020er Jahre gewinnt der Einsatz von maschinellen Lernverfahren in der wissenschaftlichen Community zunehmend an Bedeutung. Diese gehören ebenfalls zu den quantitativen Verfahren, unterscheiden sich jedoch durch ihre Fähigkeit, komplexe Zusammenhänge in großen, multivariaten Datensätzen zu erfassen.

Ein bedeutender Indikator für den Wandel innerhalb der Prognosemethodik sind die sogenannten Makridakis Competitions (M-Competitions), die seit 1982 regelmäßig veranstaltet werden. In der ersten M1-Competition (Makridakis et al. 1982) wurden 24 klassische statistische Methoden (u. a. naive Modelle, lineares exponentielle Glättung, autoregressive gleitende Mittelwerte) auf 1001 Zeitreihen aus Bereichen wie Demografie, Industrie und Wirtschaft angewandt. Die zentralen Erkenntnisse dieser und späterer Wettbewerbe waren (Makridakis und Hibon 2000):

(1) Komplexere Modelle führen nicht automatisch zu besseren Prognosen.
(2) Die Rangfolge der Leistungsfähigkeit der Methoden hängt stark vom verwendeten Genauigkeitsmaß ab.
(3) Die Kombination mehrerer Modelle liefert oft robustere Ergebnisse als Einzelmodelle.
(4) Die Prognosequalität ist stark abhängig vom Horizont der Vorhersage.

Die M2- (Makridakis et al. 1993) und die M3-Competition (Makridakis und Hibon 2000) erweiterten den Umfang (Anzahl Zeitreihen, Teilnehmerkreis), bestätigten jedoch weitgehend die Ergebnisse von M1. Es folgte eine lange Phase geringer Innovation im Feld – häufig als „Forecasting Winter" bezeichnet.

Mit der M4-Competition (Makridakis et al. 2020) kam es zu einem Paradigmenwechsel. Erstmals wurden ML-Methoden in den Wettbewerb integriert und auf 100.000 Zeitreihen mit klassischen statistischen Methoden verglichen. Allerdings konnten ML-Modelle keine generelle Überlegenheit gegenüber klassischen Verfahren zeigen. Hingegen bestätigte sich der Vorteil kombinierter Methoden. Der M4-Wettbewerb sah sich jedoch auch Kritik hinsichtlich seiner Datenbasis ausgesetzt (Fry und Brundage 2020). Die verwendeten Daten seien ausschließlich univariat, enthielten keine exogenen Variablen und seien zu simpel und realitätsfern, weshalb ML-Methoden ihre Stärken nicht ausspielen könnten. Zudem entsprächen die eingesetzten ML-Methoden nicht dem Stand der Technik.

Diese Schwächen adressierte die M5-Competition mit einem realitätsnäheren Datensatz aus dem Walmart-Konzern: 42.480 Artikel, multivariate Informationen mit wechselwirkenden Einflüssen, exogene Variablen (Makridakis et al. 2022). Hier zeigten ML-Modelle ihr Potenzial: die besten Ansätze übertrafen klassische Verfahren um bis zu 15–20 % in der Prognosegenauigkeit. Gleichzeitig wurde deutlich, dass nur ein kleiner Teil (7,5 %) der eingereichten ML-Modelle diesen Vorsprung auch tatsächlich erreichte. Dies unterstreicht, dass auch bei ML weiterhin Expertenwissen, Domänenverständnis und methodisches Feingefühl entscheidend für den Erfolg sind.

Weitere Metaanalysen wie der Monash Forecasting Report (Godahewa et al. 2021) bestätigen die Erkenntnisse aus den M4- und M5-Competitions. ML-Verfahren seien nicht per se überlegen. Bei einfachen, univariaten Zeitreihen mit stabilen, saisonalen Mustern arbeiteten klassische Methoden nach wie vor zufriedenstellend. Ihre Vorteile verlören sie allerdings bei wachsender Komplexität – wenn wechselwirkende Korrelationen, externe Einflussgrößen und nichtlineare Effekte auftreten. In diesen Fällen entfalteten ML-Modelle ihre volle Leistungsfähigkeit (Godahewa et al. 2021).

Diese Erkenntnisse spiegeln sich auch in den Ergebnissen des Projekts MKIFusion wider. Studien des inITs, die im Projekt auf unternehmenseigenen, zur Verfügung gestellten Daten durchgeführt wurden, zeigen, dass ML-Modelle insbesondere dann einen Mehrwert bieten, wenn sie mit domänenspezifischem Wissen kombiniert werden und unter realitätsnahen Bedingungen – also mit komplexen, multivariaten Datensätzen – eingesetzt werden. Der Absatz von Produkten mit schlechter Datenbasis aufgrund von sporadischen bzw. unregelmäßigen Verkäufen lässt sich hingegen über klassische Methoden besser vorhersagen. (Pfeifer et al. 2023) (Pfeifer et al. 2024). Eine detaillierte Herleitung dieser Ergebnisse findet sich neben den zitierten Werken im Kapitel „Forecasting zwischen Statistik und Künstlicher Intelligenz".

3 Der MKIFusion Forecasting-Demonstrator

Auf Basis der Recherchearbeiten bezüglich relevanter Forecasting-Methoden wird im Projekt MKIFusion ein Demonstrator (Abb. 1) entwickelt, der aktuelle und traditionelle Forecasting-Methoden auf jedweden Absatzdaten eines Unternehmens anwenden kann. Nutzer können über den Demonstrator einerseits Absätze auf Wochen- oder Monatsbasis über verschiedene Modelle prognostizieren, aber gleichzeitig auch deren Performance analysieren. Neben der eigentlichen Prognose werden klassische Analysen über Absatzkategorien angeboten, wie eine Analyse der Absätze in ABC- und XYZ-Produktklassen (Abb. 2), und die Wirkweise einzelner Modelle näher erläutert, um Transparenz zu schaffen.

Im Demonstrator stehen verschiedene Prognosemodelle zur Verfügung, die auf Basis der Ergebnisse der M5-Competition und der Expertise der Projektpartner ausgewählt

Abb. 1 Willkommensbild des MKIFusion Forecasting Demonstrators

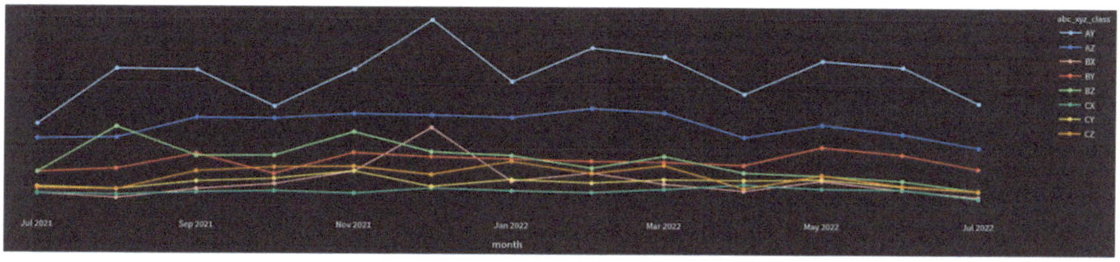

Abb. 2 Kategorisierung der monatlichen Absätze nach ABC-XYZ Klassen (Darstellung auf Basis von fiktiven Beispieldaten)

sind. Das Spektrum umfasst klassische statistische Verfahren wie *Seasonal Naive, Automatic Exponential Smoothing (AutoETS)* oder *ADIDA* (Nikolopoulos et al. 2011) sowie ML-Verfahren wie *Light Gradient Boosting Machine (LGBM)* und *Prophet.* Der modulare Aufbau des Demonstrators ermöglicht eine einfache Erweiterung um weitere Modelle.

Abb. 3 zeigt exemplarisch eine Prognoseansicht für ein fiktives Produkt. Der tatsächliche Absatzverlauf (blau) wird durch die gewählten Prognosemodelle ergänzt, deren Vorhersagen für unterschiedliche Zeiträume dargestellt werden können. Nutzer:innen haben die Möglichkeit, einzelne Modelle ein- oder auszublenden, Prognosehorizonte und die Aggregationsebene (Woche/Monat) flexibel anzupassen sowie Produkte gezielt auszuwählen.

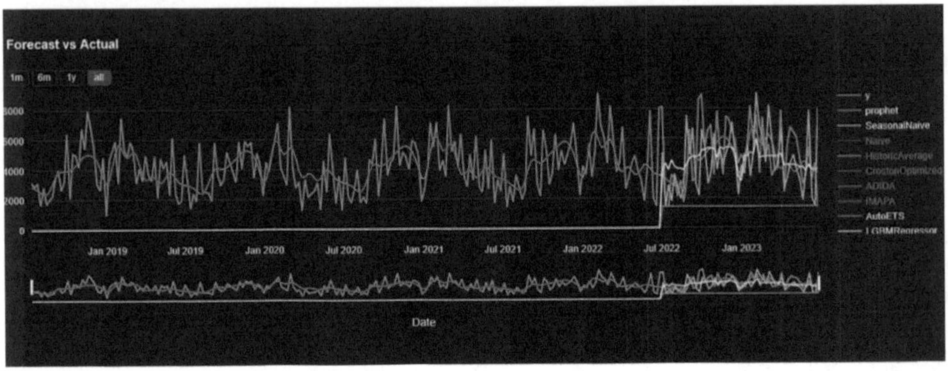

Abb. 3 Übersicht über die Prognosen der eingesetzten Modelle auf ausgewählten (fiktiven) Beispieldaten. In diesem Beispiel wird der bisherige Absatz (y, blau) ab Juli 2022 durch die Modelle vorhergesagt. Für dieses Beispiel wurde ein Prognosehorizont gewählt, für den bereits der erfolgte Absatz vorliegt (ab Juli 2022). Dadurch lassen sich die Vorhersagen mit dem tatsächlichen Absatz vergleichen und auf diese Weise Bewertungsmetriken wie der MAE und der sMAPE-Wert ableiten

Alle dargestellten und berücksichtigten Prognosemodelle können in weiteren Detailansichten näher analysiert werden. Dazu gehören eine Ansicht über den prognostizierten Absatz pro Woche bzw. pro Monat und eine Performanceanalyse. Zur Performanceanalyse bietet der Demonstrator zwei etablierte Bewertungsmetriken an: den *Mean Absolute Error (MAE)*

$$MAE(\boldsymbol{y},\widehat{\boldsymbol{y}}) = \frac{1}{n}\sum_{T=1}^{n} |y - \widehat{y}|$$

und den *symmetric Mean Absolute Percentage Error (sMAPE)*

$$sMAPE(\boldsymbol{y},\widehat{\boldsymbol{y}}) = \frac{200}{n}\sum_{T-1}^{n} \frac{|y - \widehat{y}|}{(|y| + |\widehat{y}|)}$$

(Hyndman & Athanasopoulos 2021). Während der MAE leicht zu interpretieren ist, bietet der sMAPE durch seinen normierten Wertebereich Vorteile in Szenarien mit stark variierenden Absatzmengen. Der sMAPE gewichtet zudem Absätze mit kleinem Volumen weniger, was aus betriebswirtschaftlichen Gründen relevant sein kann. Abb. 4 zeigt eine entsprechende Detailansicht der Performancebewertung.

Die Auswahl und Implementierung der Modelle spiegelt den Stand der Technik zum Projektende im September 2023 wider. Dazu gehören Prognosemodelle, die auf der Transformer-Technologie basieren (Zeng et al. 2023), aber auch ein Neudenken von bekannten Netzstrukturen mit neuen Aktivierungsstrategien, wie z. B. *Kolmogorov-Arnold Netzwerke,* die eine erhöhte Interpretierbarkeit, weniger Speicherbedarf und

Prognosefehler (MAE, sMAPE):

	model	mae	sMAPE
0	prophet	1542.870760	33.460139
1	SeasonalNaive	1830.256354	39.226457
2	Naive	3131.791191	54.133375
3	HistoricAverage	1788.407231	38.582614
4	CrostonOptimized	1733.453253	37.279068
5	ADIDA	1733.453253	37.279068
6	IMAPA	1733.453253	37.279068
7	AutoETS	3539.475279	99.887021
8	LGBMRegressor	1573.386575	34.410128
9	LinearRegression	2241.924444	45.077660

Abb. 4 Eine der Detailansichten bzgl. der Performancebewertung der eingesetzten Modelle. Zu sehen sind die für die ausgewählten Daten erzielten MAE und sMAPE-Werte. Der sMAPE-Wert bietet eine leichte Interpretierbarkeit durch seinen begrenzten Wertebereich. In diesem Beispiel bewerten MAE und sMAPE dieselben Modelle als am besten und am schlechtesten

kompetitive Performance versprechen (Vaca-Rubio et al. 2024; Bakschik et al. 2025). Darüber hinaus weisen aktuelle Arbeiten bezüglich eines Transfereinsatzes von Sprachmodellen auf Forecasting-Aufgaben darauf hin, dass diese mit Ensemble-Methoden konkurrieren können (Gruver et al. 2023). Es besteht jedoch weiterer Forschungsbedarf, um diese Behauptung zu stützen.

Insgesamt stellt der Forecasting-Demonstrator ein praxisnahes Werkzeug dar, das es Fachanwender:innen ermöglicht, verschiedene Prognoseverfahren interaktiv zu erkunden, ihre Stärken und Schwächen kennenzulernen und auf konkrete Fragestellungen der Absatzplanung anzuwenden.

4 Zusammenfassung und Ausblick

Im Leuchtturmprojekt MKIFusion sind die Forschungsarbeiten der TH OWL zur ML-basierten Absatzplanung (vgl. Kapitel „Forecasting zwischen Statistik und Künstlicher Intelligenz“) exemplarisch auf den Anwendungsfall der Bedarfsplanung bei Dr. Oetker übertragen worden.

Ein wesentliches Ziel des Projekts bestand darin, zu analysieren, ob und an welchen Stellen der Einsatz maschineller Lernverfahren in der Bedarfsplanung einen konkreten Vorteil bietet. Die im Rahmen des Projekts gewonnenen Erkenntnisse liefern dafür wertvolle Hinweise und bilden eine fundierte Basis für die Weiterentwicklung der Planungsprozesse. Durch die Integration maschineller Lernverfahren in bestehende Planungsprozesse soll die Prognosegenauigkeit erhöht werden und zugleich soll Akzeptanz, Transparenz und Kooperationsfähigkeit der eingesetzten Systeme gesichert werden.

Hierzu wurde im Rahmen des Projektes ein softwarebasierter Demonstrator entwickelt, der es Anwender:innen ermöglicht, verschiedene Prognosemethoden interaktiv zu vergleichen.

Die aufbereiteten Ergebnisse und der Quellcode des Demonstrators wurde dem Transfernehmer zur Verfügung gestellt. Jedoch erfordert der operative Einsatz den Aufbau eines eigenständigen Tools, das in die Systemlandschaft bei Dr. Oetker integriert werden kann. Auf Basis der Projektergebnisse arbeitet Dr. Oetker daher nun daran, ein Tool aufzubauen, dass KI-gestützte Forecasts generiert und in das aktuell genutzte Absatzplanungssystem überführt.

Die Projektergebnisse fließen darüber hinaus in das nachfolgende Transferprojekt *PROMOT (Prognosemodelle für eine effiziente Ressourcenplanung unter Berücksichtigung von Menschen, Organisation und Technik)* ein. Dort werden sie erfolgreich auf die Absatzstrukturen der Wöhler Technik GmbH übertragen. Dies unterstreicht die Übertragbarkeit und Relevanz der im Leuchtturmprojekt erzielten Ergebnisse auch für andere Branchen und Anwendungsbereiche.

Literatur

Bakschik, R., Holst, C.-A., & Lohweg, V. (2025). A New Approach to Time Series Anomaly Detection using the wavKAN Architecture. In: 2025 IEEE 30th International Conference on Emerging Technologies and Factory Automation (ETFA), S. 1–8.

Fry, C., & Brundage, M. (2020). The M4 forecasting competition–a practitioner's view. In: International Journal of Forecasting, 36(1), S.156–160.

Godahewa, R., Bergmeir, C., Webb, G. I., Hyndman, R. J., & Montero-Manso, P. (2021). Monash time series forecasting archive. In: arXiv preprint arXiv:2105.06643.

Gruver, N., Finzi, M. Qiu, S. & Wilson, A. G. (2023). Large Language Models are zero-shot time series forecasters. In: Advances in Neural Information Processing Systems 36, S. 19622-19635.

Hyndman, R.J., & Athanasopoulos, G. (2021) Forecasting: principles and practice, 3rd edition, OTexts: Melbourne, Australia.

Makridakis, S. et al. (1982). The accuracy of extrapolation (time series) methods: Results of a forecasting competition. In: International Journal of Forecasting, 1(2), S. 111–153.

Makridakis, S., Chatfield, C., Hibon, M., Lawrence, M., Mills, T., Ord, K., & Simmons, L. F. (1993). The M2-competition: A real-time judgmentally based forecasting study. In: International Journal of Forecasting, 9(1), S. 5–22.

Makridakis, S., & Hibon, M. (2000). The M3-Competition: results, conclusions and implications. In: International Journal of Forecasting, 16(4), S. 451–476.

Makridakis, S., Spiliotis, E., & Assimakopoulos, V. (2020). The M4 Competition: 100,000 time series and 61 forecasting methods. In: International Journal of Forecasting, 36(1), S. 54–74.

Makridakis, S., Spiliotis, E. & Assimakopoulos, V. (2022). M5 accuracy competition: Results, findings, and conclusions. In: International Journal of Forecasting, 38(4), S. 1346–1364.

Nikolopoulos, K., Syntetos, A. A., Boylan, J. E., Petropoulos, F., & Assimakopoulos, V. (2011). An aggregate–disaggregate intermittent demand approach (ADIDA) to forecasting: An empirical proposition and analysis. In: Journal of the Operational Research Society, 62(3), 544–554.

Petropoulos, F. et al. (2022). Forecasting: Theory and practice. In: International Journal of Forecasting, 38(3), S. 705–871.

Pfeifer, A., Brand, H., & Lohweg, V. (2023). A comparison of statistical and machine learning approaches for time series forecasting in a demand management scenario. In: 2023 IEEE 21st International Conference on Industrial Informatics (INDIN), S. 1–6.

Pfeifer, A., Knaup, J., Holst, C.-A., & Lohweg, V. (2024). Evaluation of time series forecasting strategies for demand management. In: 2024 IEEE 29th International Conference on Emerging Technologies and Factory Automation (ETFA), S. 1–8.

Vaca-Rubio, C. J., Blanco, L., Pereira, R., & Caus, M. (2024). Kolmogorov-Arnold networks (KANs) for time series analysis. In: arXiv preprint arXiv:2405.08790.

Zeng, A., Chen, M., Zhang, L., & Xu, Q. (2023). Are transformers effective for time series forecasting? In: Proceedings of the AAAI conference on artificial intelligence, 37(9), S. 11121–11128.

Künstliche Intelligenz sozialpartnerschaftlich gestalten – Vom Bedarf zur praktischen Umsetzung

Oliver Dietrich, Svenja Budde und Markus Dempki

1 Motivation und Gestaltungsansatz

Für die Mitgestaltung der Anwendung Künstlicher Intelligenz (KI) durch Betriebsräte und Gewerkschaften gibt es einen umfassenden Bedarf. Frühzeitig hat der Deutsche Gewerkschaftsbund (DGB) mit dem Konzept „Gute Arbeit by Design“ (DGB 2020) die Orientierung hierfür beschrieben. Das Ziel der IG Metall: Künstliche Intelligenz von der Planung über die Entwicklung bis zur Einführung beteiligungsorientiert so zu gestalten, dass menschenwürdige Arbeit entsteht.

Bereits bei der Zieldefinition und Konsequenzen-Abschätzung müssen Beschäftigte und Betriebsräte aktiv eingebunden werden, um Belastungen, Qualifikationsanforderungen und Auswirkungen auf Beschäftigungsbedingungen zu klären. Der Ansatz betont Transparenz bei Zielen, Datenverwendung und Systemeigenschaften und verlangt Pilotphasen sowie stetige Evaluierung und Korrekturmöglichkeiten. Ergänzend enthält das Konzept einen 10-Punkte-Plan zur Schaffung rechtlicher Rahmenbedingungen, darunter verpflichtende Zertifizierung, Beschäftigtendatenschutz, Mitbestimmungs- und

O. Dietrich (✉)
IG Metall NRW Bezirksleitung Nordrhein-Westfalen, Düsseldorf, Deutschland
E-Mail: oliver.dietrich@igmetall.de

S. Budde · M. Dempki
Technologieberatungsstelle beim DGB NRW e. V., Regionalstelle Bielefeld, Bielefeld, Deutschland
E-Mail: svenja.budde@tbs-nrw.de

M. Dempki
E-Mail: markus.dempki@tbs-nrw.de

R. Dumitrescu (Hrsg.), *KI für die Arbeitswelt von morgen*,
Intelligente Technische Systeme – Lösungen aus dem Spitzencluster it's OWL,
https://doi.org/10.1007/978-3-662-73053-9_17

Schulungsrechte sowie Anti-Diskriminierungsschutz (DGB 2020). Ziel ist, KI in der Arbeitswelt nicht lediglich rechtlich zulässig, sondern förderlich für die Arbeitsqualität, Gesundheit, Eigenverantwortung und Weiterbildung der Beschäftigten zu gestalten.

Ausgehend von diesem Konzept sowie den bisherigen Erfahrungen bei der Gestaltung digitalisierter Arbeitswelten in Ostwestfalen-Lippe (vgl. Dumitrescu, 2022) starteten die IG Metall Bezirksleitung Nordrhein-Westfalen (IG Metall NRW) und die Technologieberatungsstelle beim DGB NRW e. V. (TBS NRW) ihre Zusammenarbeit im Projekt, um Künstliche Intelligenz (KI) gemeinsam mit den beteiligten Betriebsräten der Projektunternehmen, zu gestalten.

Die Umsetzungen der Projekte erfolgten im Rahmen einer überwiegend engen und vertrauensvollen Zusammenarbeit zwischen den verschiedenen Partnern aus Industrie, Forschung & Wissenschaft, IG Metall NRW und der Betriebsräte.

Der Auftrag und die Rolle der IG Metall NRW bezog sich auf die Beratung und die Unterstützung der in den betrieblichen Projekten beteiligten Betriebsräte. Wesentliche Themen waren die Mitbestimmung und Mitgestaltung von KI in der Arbeitswelt und die Kompetenzentwicklung von Betriebsräten. Zudem galt es, die gewerkschaftlichen Perspektiven in die Gespräche mit den beteiligten Stakeholdern einzubringen, um konkrete, am Menschen orientierte Gestaltungsoptionen von KI-Lösungen einzubringen. Darüber hinaus achteten IG Metall NRW und TBS NRW sowie die Betriebsräte auf die Einhaltung von Aspekten, wie z. B. Datenschutz, Transparenz von KI-Systemen, bestehende Tarifverträge und Betriebsvereinbarungen, Partizipation und die Interessen der Beschäftigten bei der Entwicklung von KI.

Mit dem Beratungs- und Gestaltungsauftrag der IG Metall NRW im Rahmen von Arbeitswelt.Plus waren nachfolgende Ziele verbunden:

- KI ist für die Beschäftigten fair zu gestalten. Fair bedeutet, dass KI-Systeme so entwickelt, ausprobiert, eingesetzt und kontrolliert werden, dass sie die Würde, Rechte und Interessen der Beschäftigten respektieren und schützen. Folgende Kriterien sollten Bestandteil einer fairen KI-Gestaltung sein:
  - Transparenz: Beschäftigte müssen nachvollziehen können, wie KI-Entscheidungen entstehen.
  - Nichtdiskriminierung: KI darf keine Gruppen oder Einzelpersonen aufgrund von Geschlecht, Herkunft, Alter o. Ä. benachteiligen.
  - Kontrolle und Verantwortung: Beschäftigte müssen jederzeit die Kontrolle über das KI-System behalten und es muss klar geregelt sein, wer für Fehler und Schäden haftet.
  - Förderung guter Arbeit: KI soll Arbeitsbedingungen durch Entlastung oder Unterstützung verbessern. Es soll nicht zu einer Überwachung, Druck oder Entwertung von menschlicher Arbeit führen.
- Die betriebliche Mitbestimmung als zentralen Mitgestaltungsfaktor zu entwickeln und zu fördern. Die Betriebsräte frühzeitig und umfassend in die betriebliche KI-Gestaltung als aktiven Gestaltungs- und Mitbestimmungsakteur einzubinden.

- Die Interessen und Bedarfe der Beschäftigten sind bei der Entwicklung von KI zu berücksichtigen. Hierbei ist die Heterogenität in den Beschäftigtengruppen und den daraus resultierenden unterschiedlichen Interessen zu beachten. Daraus abzuleitende unterschiedliche Anforderungen und Bedarfe müssen bei der KI-Gestaltung mit in den Blick genommen werden.
- Die Chancen und Entwicklungsmöglichkeiten für die Beschäftigten und Unternehmen durch KI zu identifizieren, zu gestalten und für den Transfer aufzubereiten.

Diese Ziele leiteten die Arbeitsprozesse der IG Metall NRW und TBS NRW gemeinsam mit den Betriebsräten, um KI in den betrieblichen Projekten mitzugestalten. Die Erkenntnisse hieraus sollten zudem für einen betriebsübergreifenden Transfer für weitere Betriebsräte aufbereitet werden.

Die aktive Projektbeteiligung der IG Metall NRW wurde somit zu einem starken Signal für die Betriebsräte und Beschäftigten in den Projektbetrieben. Dies bot die Chance, KI ganz im Sinne einer fairen, transparenten und sicheren Arbeitsgestaltung zu realisieren.

2 Ausgangssituation und Bedarfsermittlung

2.1 Rahmenbedingungen zum Projektstart

Zum Start des Projektes Arbeitswelt.Plus war KI eher ein Thema für Spezialist: innen, Wissenschaftler: innen und Technologiebegeisterte. ChatGPT hatte das Licht der Welt noch nicht erblickt und der betriebliche Diskurs hinsichtlich der Entwicklung oder den Einsatz eigener oder zugekaufter KI-Systeme war, zumindest in der vordergründigen Diskussion, deutlich weniger wahrnehmbar als jetzt, im Jahr 2025. Zu Projektbeginn im Jahr 2020 gab es allerdings auch schon andere Wahrnehmungen im öffentlichen und betrieblichen Kontext. So spielten in der öffentlichen Debatte außer der KI auch die Begriffe Big Data, maschinelles Lernen und Autonome Systeme bereits eine wichtige Rolle (Gerst, 2019).

Somit stand zu Projektbeginn eine überschaubare Themenbasis mit dem vorsichtigen Blick auf KI zur Verfügung. Der Start in das Projekt war gekennzeichnet durch die Auswirkungen der COVID-19-Pandemie. Im Zuge dessen lag der Fokus der Betriebsräte größtenteils auf den betrieblichen Herausforderungen der Pandemie. Dieser Umstand sorgte dafür, dass Vorgehensweisen und Durchführungsmöglichkeiten durch die IG Metall NRW und die TBS NRW angepasst werden mussten. Schulungen, Vernetzungsaktivitäten und betriebliche Workshops mussten auf digitale Formate umgestellt werden.

2.2 Beteiligung und Einbindung der Betriebsräte in die Projektarbeit

Die beteiligten Betriebsräte standen den betrieblichen Projekten teilweise eher skeptisch gegenüber, denn nicht in allen Unternehmen wurden sie frühzeitig über Inhalte, Vorgehensweisen und Ziele informiert oder eine gemeinsame Beteiligungs- und Mitgestaltungslinie vereinbart. Gerade in einzelnen Projektkonzepten mit vordergründig nur technologischen Dimensionen waren die Zugänge zur Rolle und Verantwortung von IG Metall, Betriebsräten und Beschäftigten zunächst schrittweise zu entwickeln. Es war das Ziel der IG Metall NRW und der TBS NRW, die Betriebsratsgremien für diese inhaltliche Auseinandersetzung mit dem Thema KI und Mensch zu gewinnen. Im Dialog miteinander gelang es so, die jeweils spezifischen Perspektiven, Rechte und Möglichkeiten von Mitgestaltung und Mitbestimmung zu erarbeiten. Dafür war es wichtig, die Beschäftigten in diese Prozesse einzubinden sowie klare und transparente Kommunikationskanäle zu schaffen und zu nutzen. Es ging somit um Fragen der Akzeptanz und Zufriedenheit mit den zu entwickelnden Lösungen. „Top-down“ Lösungen sollten dadurch vermieden werden (Hudeck & Mc Auley 2019).

Grundvoraussetzung für betriebliche Mitgestaltung ist die notwendige KI-Kompetenz von Betriebsräten. Zum Start des Projektes und der betrieblichen Prozesse ermittelten die IG Metall NRW und die TBS NRW die Herausforderungen sowie die Bedarfe für die Betriebsratsarbeit im Projekt und Themenfeld KI. Das Projekt-Kick-off mit den beteiligten Projektbetriebsräten wurde genutzt, um Themen und Bedarfe zu identifizieren und zu priorisieren. Praktisch umgesetzt wurde dies u. a. durch eine Bedarfsermittlung mit folgenden Fragestellungen und den daraus resultierenden Ergebnissen:

Welche Themen zu Künstlicher Intelligenz sind euch im Projekt wichtig?

- Qualifizierung (z. B. Methodenkompetenz, Fachwissen)
- Datenschutz
- Leistungs- und Verhaltenskontrolle
- Beteiligung und Einbindung von Betriebsräten
- Mitbestimmungsrechte (z. B. IT, Arbeitsschutz, Arbeitsorganisation)
- Gesamtüberblick zu KI (z. B. Chancen, Risiken)
- Beteiligung und Einbindung der Beschäftigten
- „Gute Arbeit by Design“ (Fokus auf KI)
- Ethische Aspekte zu KI in der Arbeitswelt

Was benötigt ihr für eure Betriebsratsarbeit im Projekt?

- Vernetzung und Austausch mit Betriebsräten (Best-Practice)
- Orientierungscheck – „Ist es KI oder nicht?“
- Vermittlung von Methodenkompetenz
- Seminare, Workshops zu KI
- Einbindung von Experten (z. B. Forschungspartnern oder Fachexperten)
- Vernetzung und Austausch mit Experten der IG Metall

Basierend auf diesen Antworten, konnte der Beratungs- und Qualifizierungsauftrag spezifiziert werden. Mit besonderer Relevanz wurde die kontinuierliche Vernetzung bewertet.

3 Bedarfsorientierte Qualifizierung und Beratung

Im Anschluss an die Projekt-Kick-off-Veranstaltung wurde deshalb eine digitale Schulungsreihe mit vier Modulen entwickelt und umgesetzt. Die Module waren so aufgebaut, dass ein niedrigschwelliger Einstieg sichergestellt wurde. Das erste Modul „KI verstehen“ schuf die Grundlage, um Betriebsräten eine grundlegende Verstehens-Basis für KI zu vermitteln mit dem Ziel, ihr das betriebliche Projekt begleiten zu können. Das zweite Modul „KI einordnen“ hatte das Ziel, Betriebsräte zu sensibilisieren, um KI und die Projekte nach ihrer Ausgestaltung einzuordnen und in den Kontext ihrer betriebsverfassungsrechtlichen Aufgaben zu setzen. Das Modul „KI mitbestimmen“ vermittelte erste Mitbestimmungsaspekte und deren Anwendung, damit diese in die jeweiligen Aufgabenkontexte von Betriebsräten gesetzt werden konnten. Das vierte Modul „KI gestalten“, baute auf den bisherigen Lernerfahrungen auf und bildete für die beteiligten Betriebsräte die Basis, um als professioneller Akteur die betrieblichen Projekte im Sinne der Beschäftigten mitzugestalten. Weitere Online-Formate, wie z. B. die betriebsverfassungs-rechtlichen Mitbestimmungsaspekte und die Ausgestaltung von Kommunikationsmöglichkeiten für Betriebsräte zu dem Thema KI, rundeten das Online-Angebot ab.

Aufgrund der hohen Nachfrage durch die Betriebsräte zum Schulungsangebot zu KI entstand die Notwendigkeit, die Qualifizierungsreihe als zweitägiges Präsenzseminar „KI-Kompakt“ wiederholt durchzuführen. Damit konnten die IG Metall und die TBS NRW gleichzeitig den aktuellen Stand der Technik mit einfließen lassen. Nach Auslaufen der ersten Projektphase wurde dieses Seminar als Transferangebot weiteren Interessierten zugänglich gemacht. Das Schulungskonzept wird in die Bildungsangebote der IG Metall NRW integriert.

4 Vorgehen der IG Metall NRW im Projekt

Um die Betriebsräte in ihren Mitbestimmungs- und Mitgestaltungsaufgaben zielorientiert zu unterstützen und zu begleiten, wurden projektbegleitende, betriebliche Workshops mit den Betriebsräten vereinbart. Trotz der unterschiedlichen inhaltlichen Herausforderungen der Projekte, konnten die IG Metall NRW und die TBS NRW eine Vorgehensweise entwickeln und anwenden, um eine strukturierte Befähigung der Betriebsräte zur Mitgestaltung der betrieblichen KI-Anwendungen sicherzustellen. Dazu zählten u. a. Orientierungsarbeit zur Verortung der eigenen KI-Kenntnisse, Erarbeitung einer eigenen strukturierten Vorgehensweise zur Mitgestaltung von KI-Anwendungen oder auch neu entwickelte Tools, wie z. B. die Arbeit mit einem KI-Kriterienkatalog. Die genannten Tools wurden darüber hinaus auch für den nachgelagerten Transfer der Erkenntnisse angewendet und fortlaufend angepasst.

Bei der Praxisbegleitung aktiver Projektbetriebsräte wurde der Fokus auf deren Entwicklung und Befähigung gelegt. Dabei hat sich eine aufeinander aufbauende Vorgehensweise bewährt (Abb. 1):

1. Schritt: Kontaktaufnahme und Auftragsklärung durch die IG Metall NRW mit den beteiligtem BR-Gremium oder BR-Arbeitsgruppe.
2. Schritt: Teilnahme des Gremiums an den kollektiven Qualifizierungsangeboten der IG Metall NRW und TBS NRW.
3. Schritt: Mehrfache individuelle Inhouse-Workshops für das Gremium (ca. 3–7 Workshops pro Gremium).
4. Schritt: Kompetenzerwerb und Transfer für die KI-Gestaltung in der Betriebsratspraxis durch Anwendung des Erlernten im eigenen Unternehmen (inkl. begleitendes Coaching durch die IG Metall NRW).
5. Schritt: Herstellung von Präsenz, Dialogfähigkeit und Augenhöhe des Betriebsrats bei der KI-Gestaltung im eigenen Unternehmen (inkl. begleitendes Coaching durch die IG Metall NRW).
6. Schritt: überbetriebliche Vernetzung der Gremien mit anderen Betriebsräten und Nutzung von Synergieeffekten für die Betriebsratsarbeit (Expertennetzwerk).

Weiterhin wurde die konkrete Vernetzung mit regionalen und bundesweit tätigen Wissenschaftsakteur: innen gefördert und regionale als auch überregionale Aktivitäten in gemeinsamen Kooperationen geplant sowie umgesetzt. Die konkrete Einbindung in

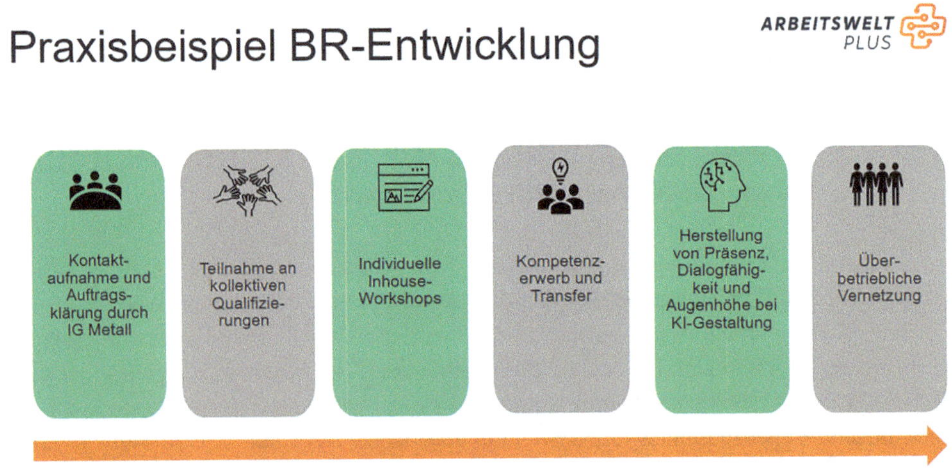

Abb. 1 Kernelemente der BR-Begleitung und -Befähigung

betriebliche und überbetriebliche Workshops zeigte, dass die wissenschaftlichen Impulse wichtig für ein tiefergehendes KI-Verständnis der Betriebsräte waren. Unter anderem konnten Fragestellungen rund um ethische Rahmenbedingungen oder neuer Entwicklungsansätze wie die sog. Graswurzelinitiative „Human Friendly Automation" mit in die Arbeit der Betriebsräte integriert werden. Hierzu zählte auch die überbetriebliche Zusammenarbeit von Betriebsräten, um einen gemeinsamen Wissens- und Gestaltungstransfer sicherzustellen (Expertennetzwerk). Es galt für die IG Metall NRW und die TBS NRW, den Wissensvorsprung der erfahrenen Projektbetriebsräte für Einsteiger aufzubereiten und transferfähig in Qualifizierungsangebote umzusetzen. Hierbei wurden z. B. die beteiligten Projektbetriebsräte zum Wissenstransfer in Seminare und Workshops eingebunden. Mit dieser Vorgehensweise wurde sichergestellt, dass ein Gestaltungstransfer von Betriebsräten für Betriebsräte stattfand.

5 Ergebnisse und Mehrwert betrieblicher Mitgestaltung

Erkenntnisse und die daraus resultierenden Ergebnisse und Mehrwerte sind im Projekt Arbeitswelt.Plus in unterschiedlicher Ausprägung festzustellen. Es sind zukunftsfähige interdisziplinäre Netzwerke entstanden, Betriebsräte konnten der technologischen Entwicklung gestaltungssicher folgen und sich als handelnde Akteur: innen im Unternehmen weiterentwickeln und etablieren. Die zentralen Erkenntnisse werden nachfolgend beschrieben.

5.1 Betriebsrats-Netzwerk entwickelt Gestaltungs- und Regelungsvorschläge für den Einsatz von KI im Betrieb

Im Zuge der Workshops und durchgeführten Seminare entstand bei einigen der Teilnehmenden der Wunsch, sich über diesen Rahmen hinaus zu vernetzen und im Themenfeld KI zusammenzuarbeiten. Nach gegenseitigen Betriebsbesuchen konnte die IG Metall NRW die Grundlage für eine gemeinsame Arbeit an Mustertexten für (Rahmen)-Betriebsvereinbarungen oder betriebliche Guidelines legen. Hierzu wurden die Erfahrungen aus IT und KI-Anwendungen zusammengeführt, extrahiert und auf insgesamt 20 Mustertexte zugeschnitten. Dieses Ergebnis ist für eine überbetriebliche Zusammenarbeit herausragend und darf an dieser Stelle auch gerne als Musterbeispiel für das Zusammenwirken von IG Metall NRW, TBS NRW und beteiligten Betriebsräten genannt werden. Die Mustertexte stehen als Broschüre alle Interessierten zur Anwendung zur Verfügung und sollen Orientierung und Hilfestellung bei den betrieblichen Regelungen zu KI bieten (Abb. 2).

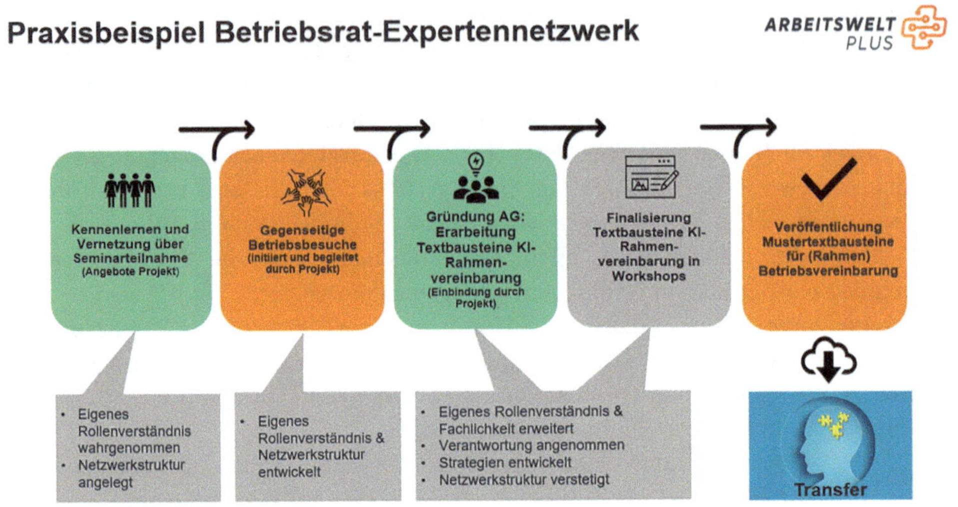

Abb. 2 Vorgehensmodell Betriebsrat-Expertennetzwerk

5.2 Betriebsräte frühzeitig als Befähiger zur fairen KI-Gestaltung in die Entwicklung einbinden

Deutlich wurde, dass die frühzeitige Einbindung und Mitgestaltung auf Augenhöhe ein „Winning Point" bei der Entwicklung von KI-Lösungen war. Es schafft Vertrauen und Akzeptanz, beugt möglichen Fehlentwicklungen vor und sorgt für effizientere Entwicklungsprozesse. Es lässt sich feststellen, dass eine frühzeitigere Einbindung von Betriebsräten für eine solidere Beteiligungsgrundlage, im Sinne von „Gute Arbeit by Design" sorgt. Dieses gilt es, zukünftig bei der Entwicklung von betrieblichen KI-Projekten zu berücksichtigen und sicherzustellen, sodass die Mitwirkung und Mitgestaltung von Betriebsräten eine essenzielle Gelingens-Grundlage bei der betrieblichen Umsetzung dieser Technologie darstellen.

5.3 Qualifizierung schafft bessere Ergebnisse und sorgt für Mitgestaltung auf Augenhöhe

Die notwendige Qualifizierung und Kompetenzerweiterung von Betriebsräten ist ein weiterer Erfolgsfaktor, um KI beschäftigtenorientiert, fair und gerecht zu entwickeln und umzusetzen. Eine Wissensbasis, die notwendige Skills, technologische Entwicklungen und den genauen Blick für die Risiken und Chancen von KI abbildet, sorgt für gute Gestaltungsmöglichkeiten. Dazu konnten die IG Metall NRW und die TBS NRW passgenaue Kompetenz- und Qualifizierungsangebote entwickeln. Die starke Nachfrage nach

Informations- und Qualifizierungsmöglichkeiten zeigte, dass der Bedarf mit der eigentlichen KI-Entwicklung Schritt halten muss, damit Betriebsräte auf der Höhe der Zeit bleiben können.

5.4 Erkenntnis- und Wissenstransfer als wichtiger Faktor der betrieblichen KI-Mitgestaltung

Netzwerken, voneinander lernen und einen Transfer der gemachten Erfahrungen und Vorgehensweisen zur KI-Gestaltung herzustellen, wurde zu einem weiteren wichtigen Baustein für die Betriebsräte. Es galt, von Expert: innen zu lernen, gleichzeitig aber auch einen wechselseitigen Erfahrungsaustausch so zu gestalten, dass die unterschiedlichen Expertisen und fachlichen Kenntnisse ebenfalls für die weniger erfahrenen Betriebsräte nachvollziehbar und anwendbar wurden. Gleichzeitig wurde deutlich, dass sich die Betriebsräte mit differenzierten und unternehmensspezifischen Anforderungen an KI auseinanderzusetzen hatten. In einigen Unternehmen wurden KI-Anwendungen schon eingesetzt und auf Basis einer KI-Strategie in die betrieblichen Abläufe integriert. In anderen Unternehmen wurden KI-Anwendungen noch zum Teil als „Stand Alone" Lösungen verstanden. Dies Unterschiedlichkeiten bedurften somit auch einen angepassten Wissenstransfer auf Betriebsratsseite, ohne dabei die grundlegenden Transferrahmen zu vernachlässigen.

6 Ausblick

Die Übertragbarkeit der entwickelten, erprobten und evaluierten Tools, Seminar- und Workshopkonzepte konnten, auch durch die iterativen Anwendungs- und Überprüfungsschleifen mit den Betriebsräten, sichergestellt werden. Der Transfer erfolgte z. B. in:

- Die IG Metall NRW Bildungslandschaft
- Die Beratungspraxis der IG Metall NRW und der TBS NRW
- bestehende Transfernetzwerke und deren Strukturen.

Weiterführend wird eine Notwendigkeit zur Qualifizierung und Weiterentwicklung von Betriebsräten bestehen. Eine Verstetigung der Beratungsleistungen mit den im Projekt erzielten Ergebnissen und Erfahrungen wird als essenziell und zukunftsweisend erachtet. Neue Formen und Vorgehensweisen in der betrieblichen Beratung, wie z. B. Anwendung von Team- und Einzelcoachingelementen werden zukünftig, auch durch die komplexeren Anforderungen in der KI-Gestaltung, erforderlich sein. Die Herausforderungen liegen hierbei auch in der persönlichen Entwicklung von Betriebsräten, um die immer schneller werden Veränderungen für die Beschäftigten auf Augenhöhe mitzugestalten.

Um die Expertise von Betriebsräten im Themenfeld KI aktuell zu halten, sind weiterhin Transferstrukturen zu initiieren, auszubauen und zu begleiten. Hierbei sollten z. B. die Wissenschafts- und Forschungspartner als auch weitere regionale und überregionale Netzwerke genutzt und eingebunden werden.

Es bleiben Fragen zukünftiger KI-Anwendungen und deren Gestaltung offen.

- Welche betrieblichen Herausforderungen entstehen durch die hochkomplexe und immer schneller voranschreitende KI-Entwicklung?
- Wie sehen die passenden Strukturen zur Umsetzung neuer Qualifizierungsanforderungen aus?
- Wie sind z. B. Netzwerke für Betriebsräte zu gestalten, damit aktuelle Technologieentwicklungen für die unterschiedlichen Wissensstände aufbereitet werden können?
- Welche betrieblichen Expert: innen braucht es zukünftig, um KI so mitgestaltend und beteiligungsorientiert zu entwickeln und einzuführen, dass diese Technologie unterstützend für die eigene Arbeit eingesetzt werden kann.

Als Fazit aus der fünfjährigen betrieblichen Entwicklungs- und Anwendungspraxis bleibt zu konstatieren, dass der Mensch die finale Instanz in der Beurteilung von KI gestützten Entscheidungsvorschlägen sein muss. Die Technologie soll die Menschen bei ihren Entscheidungen unterstützen und Hilfestellung bieten. Hierzu sind Qualifizierung der Beschäftigten und Transparenz zu KI-Systemen Erfolgsfaktoren in der betrieblichen Einführung und Umsetzung von KI. Der EU AI ACT schreibt genau diese Anforderungen an Hersteller und Betreiber von KI-Systemen rechtlich fest. Diese Anforderungen müssen konsequent in den Unternehmen umgesetzt und angewendet werden. Künstliche Intelligenz ist die Schlüsseltechnologie des 21.Jahrhunderts. Sie ist gestaltbar. Durch Menschen für Menschen.

Literatur

Deutscher Gewerkschaftsbund (DGB) (2020). DGB-Konzept: Künstliche Intelligenz für Gute Arbeit. DGB-Konzept-Kuenstliche-Intelligenz-KI-fuer-Gute-Arbeit.pdf (30.04.2025)

Dumitrescu, R. (2022). Gestaltung digitalisierter Arbeitswelten. Handlungsfelder und Praxisbeispiele zur Umsetzung digitalisierter Arbeit.

Gerst, D. (2019). Autonome Systeme und Künstliche Intelligenz. Herausforderungen für die Arbeitssystemgestaltung. In: Autonome Systeme und Arbeit. Hirsch-Kreinsen, H. & Karaĉić, A. (Hrsg.) 2019, S. 104.

M.Hudeck, M. & Mc Auley,S. (2019) Die Nutzung von KI in Unternehmen aus Sicht der Selbstbestimmungstheorie. In: Künstliche Intelligenz in Wirtschaft & Gesellschaft. Auswirkungen, Herausforderungen & Handlungsempfehlungen. Buchkremer, R.& Heupel, T. & Koch, O. (Hrsg.). Seite 71

Transfer

Transferprojekte – wie KI im Mittelstand ankommt

Dieser Teil zeigt, wie aus Forschung und Leuchtturmprojekten greifbarer Nutzen für den Mittelstand wird. Zehn ausgewählte Transferprojekte, unter anderem mit Baumhüter, IP Adelt, Lödige Industries und Wächter, machen sichtbar, wie auch kleine und mittelere Unternehmen KI, digitale Assistenzsysteme und datengetriebene Analysen Schritt für Schritt in den Arbeitsalltag integrieren. Ergänzend kommen die DAA, Atos und NTT als Enabler für Themen wie Schulungen oder technische Schnittstellen zu Wort.

Im Mittelpunkt stehen die Gestaltung und Bewertung der Schulungs- und Implementierungskonzepte, die Lessons Learned aus der Praxis sowie Optionen für die Skalierung in weitere Standorte und Unternehmen. Die Projekte zeigen, wie Unternehmen KI nutzen können, um Arbeit effizienter und flexibler zu gestalten und gleichzeitig die Menschen in den Mittelpunkt zu stellen.

Leserinnen und Leser erhalten einen Einblick, wie der Technologietransfer im Rahmen des Kompetenzzentrums Arbeitswelt.Plus funktioniert: Unternehmen erproben KI-Technologien gemeinsam mit Forschungseinrichtungen direkt in der betrieblichen Umgebung. So entstehen praxistaugliche Lösungen, die Effizienz steigern, Arbeitsbedingungen verbessern und neue Qualifikationswege für Fachkräfte eröffnen.

Wie lässt sich die Lücke zwischen technologischer Innovation und betrieblicher Anwendung von KI schließen?

Kerstin Eller

Der Einsatz von Künstlicher Intelligenz (KI) bietet kleinen und mittleren Unternehmen (KMU) großes Potenzial zur Optimierung von Produkten, Prozessen und Arbeitsweisen. Gleichzeitig stehen sie vor erheblichen Herausforderungen wie Fachkräftemangel, demografischem Wandel, fehlender technischer und organisatorischer Infrastruktur sowie unklaren Ansätzen zur Identifikation konkreter KI-Anwendungen. Um diese Herausforderungen als Chance zu begreifen, bedarf es eines Umdenkens in den Unternehmen und zugleich der Transformation ihrer Arbeitsbedingungen (Cernavin & Goschin 2023). Eine enge Zusammenarbeit zwischen Unternehmen und Forschungseinrichtungen hat daher in den letzten Jahren an Bedeutung gewonnen (Stifterverband 2022). Unternehmen profitieren vom aktuellen Forschungsstand, während die Wissenschaft umgekehrt durch praktische Erfahrungen wichtige Impulse für weitere Entwicklungen erhält. Um diese Potenziale systematisch zu erschließen, fördert das Bundesministerium für Forschung, Technologie und Raumfahrt (BMFTR) deutschlandweit Regionale Kompetenzzentren der Arbeitsforschung mit dem Ziel „die Gestaltungspotenziale neuer Technologien auf die Arbeitswelt zu untersuchen, den Wandel zu begleiten und den Transfer der Forschungsergebnisse in die betriebliche Praxis zu fördern." (Bundesministerium für Bildung und Forschung 2019).

Arbeitswelt.Plus, eines dieser Kompetenzzentren, fokussiert auf den industriellen Mittelstand in Ostwestfalen-Lippe. Zu Beginn der Projektlaufzeit im Oktober 2020 wurde KI in der betrieblichen Praxis im industriellen Mittelstand in der Region fast ausschließlich als technologische Innovation verstanden. Ein fundiertes Verständnis ihrer

K. Eller (✉)
it's OWL Clustermanagement GmbH, Paderborn, Deutschland
E-Mail: k.eller@its-owl.de

R. Dumitrescu (Hrsg.), *KI für die Arbeitswelt von morgen*,
Intelligente Technische Systeme – Lösungen aus dem Spitzencluster it's OWL,
https://doi.org/10.1007/978-3-662-73053-9_18

sozio-technischen Dimensionen sowie der daraus resultierenden Gestaltungsbedarfe im Zusammenspiel von Mensch, Organisation und Technologie war kaum vorhanden. Ebenso fehlte eine arbeitswissenschaftlich fundierte, mittelstandstaugliche Forschungsperspektive. Hier setzt der Projektverbund an: Ziel ist der Aufbau eines regional verankerten, gleichzeitig überregional sichtbaren Kompetenzzentrums *KI in der Arbeitswelt des industriellen Mittelstands*. Dieses fungiert als zentrale Anlaufstelle für Unternehmen sowie weitere Akteurinnen und Akteure der industriellen Arbeitswelt.

Im Rahmen der Transferaktivitäten hat sich das Kompetenzzentrum zum Ziel gesetzt, die Arbeitsforschung enger mit der Arbeitsgestaltung in der betrieblichen Praxis sowie der Hochschulausbildung zu verzahnen um dadurch eine „gesellschaftliche relevante Wirkung zu entfachen". (Bundesministerium für Bildung und Forschung 2019).

Das operative Fundament von Arbeitswelt.Plus basiert auf den Bereichen KI-Anwendung, Arbeitsforschung und Transfer. Es ist eingebettet in das Innovationsökosystem des Spitzenclusters it's OWL, wo Wissenschaft und Industrie eng kooperieren und die Integration arbeitswissenschaftlicher Perspektiven gezielt vorangetrieben wird. Die enge Vernetzung im Cluster ermöglicht Zugang zu einem starken Netzwerk aus Multiplikatoren, etwa Branchennetzwerken und Kammern, und beschleunigt den Transfer der Forschung in die betriebliche Praxis. (Gabriel et al. 2023).

1 Strukturelle Verankerung der Transferaktivitäten im Kompetenz-zentrum Arbeitswelt.Plus

Um die konkreten Ergebnisse aus den Bereichen *KI-Anwendung* und *Arbeitsforschung* zielgerichtet für Unternehmen des produzierenden Mittelstands verfügbar zu machen und eine breite Wirkung zu entfalten, war ein ganzheitliches Transferkonzept notwendig. Das dem Kompetenzzentrum zugrunde liegende Transferkonzept basiert auf den in Abb. 1 dargestellten Dimensionen *„Strukturierung der Formate"*, *„Strukturierung der Akteure"*, sowie *„Strukturierung der Inhalte"*, die im Rahmen einer übergeordneten *Strategie* aufeinander abgestimmt sind. Der Ansatz orientiert sich eng an den Prinzipien der Gestaltung des Wissens- und Technologietransfers in komplexen Ökosystemen angelehnt. (Fechtelpeter 2022).

Er folgt der Annahme, dass erfolgreicher Transfer sowohl für die Industrie hochrelevante Inhalte als auch qualifizierte und motivierte Akteure sowie mittelstandsgerechte Formate erfordert. (Gabriel et al. 2023).

Abb. 1 Dimensionen des Transferkonzept für das Kompetenzzentrum

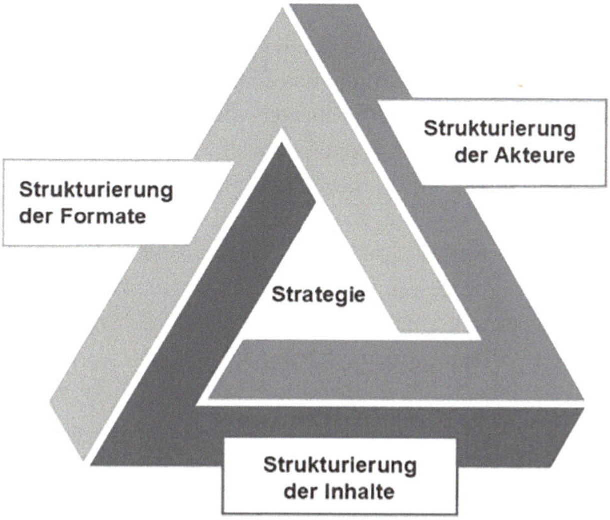

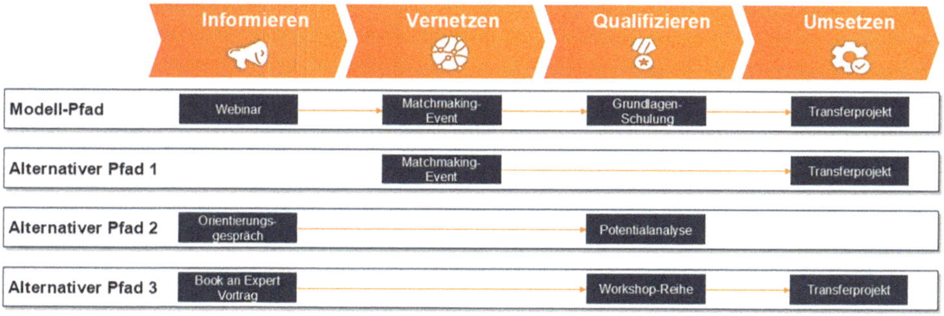

Abb. 2 Beispielhafte Pfade zum Durchlaufen der Befähigungskette im Kompetenzzentrum Arbeitswelt.Plus

2 Was bedeutet das konkret für den Transfer im Kompetenzzentrum?

Strukturierung der Formate

Um KMUs trotz der komplexen Herausforderungen der KI-Integration den Zugang zu aktuellen arbeitswissenschaftlichen und technischen Forschungsergebnissen zu ermöglichen, werden die Formate bedarfsorientiert im Rahmen projektbezogener Kooperationen entwickelt. Die Formate sind Teil einer strukturierten Befähigungskette und bilden die Grundlage der praxisorientierten Transferstrategie des Kompetenzzentrums.

Diese gliedert sich in die vier Handlungsfelder *Informieren, Vernetzen, Qualifizieren* und *Umsetzen* (siehe Abb. 2). Entlang dieser Struktur werden konkrete, aufeinander aufbauende Leistungsangebote entwickelt, die darauf ausgerichtet sind, die sozio-technischen Herausforderungen der KI-Einführung in den Dimensionen Mensch, Organisation und Technik zu bewältigen und Unternehmen schrittweise an die Potenziale und Herausforderungen der KI-Einführung im betrieblichen Kontext heranzuführen. Auf diese Weise entstanden praxisnahe Transferformate, die einen wirksamen Wissenstransfer in die betriebliche Anwendung ermöglichen.

Im Handlungsfeld ***Informieren*** kommen niederschwellige Formate wie beispielsweise Informationen auf der Website und in Social-Media-Kanälen, Einstiegsvideos, ein quartalsweise erscheinender Newsletter, Webinare, Impulsvorträge, Broschüren oder einer Working-Paper-Reihe zum Einsatz, die insbesondere der Sensibilisierung und dem initialen Wissensaufbau dienen.

Als wirksam hinsichtlich eines schnellen Wissenstransfers in die Breite erwiesen sich die Website des Kompetenzzentrums, die auch eine reichweitenstarke Working-Paper-Reihe mit insgesamt 12 Veröffentlichungen beinhaltet, sowie der LinkedIn-Kanal. Formate wie der quartalsweise erscheinende Newsletter konnten sich über die Dauer der Projektlaufzeit über stetig zunehmende Abonnentenzahlen freuen.

„Book-an-Expert"-Formate ermöglichen es Unternehmen, Expertinnen und Experten des Kompetenzzentrums gezielt für individuelle Fragestellungen in Seminaren und Vorträgen einzubinden und dadurch praxisorientiertes Fachwissen zu akquirieren. Bis zum Ende der Projektlaufzeit wurden diese Formate mehr als 100 Mal genutzt. Die Nutzungsfrequenz unterstreicht die hohe Bedeutung und Effektivität des Angebots im Kontext der Transferaktivitäten und trägt signifikant zur Skalierung des Wissenstransfers aus dem Kompetenzzentrum bei. Darüber hinaus ermöglichte das umfangreiche Feedback der Teilnehmenden eine kontinuierliche Anpassung und Optimierung der Inhalte, wodurch die Transferwirkung fortlaufend gesteigert wird.

Das Handlungsfeld ***Vernetzen*** fördert durch moderierte Austauschformate den Erfahrungs- und Wissensdialog zwischen Unternehmen, Forschungseinrichtungen und weiteren Stakeholdern. Dazu zählen neben Matchmaking-Veranstaltungen auch die Präsentation auf Messen, wie der Hannover Messe oder der jährlich stattfindenden FMB (Fachmesse für Maschinenbau), sowie die Einbindung in etablierte Netzwerkveranstaltungen – wie die it's OWL-Strategietagung oder der it's OWL-Transfertag, an dem im Schnitt 120 Teilnehmende vertreten sind. Zuletzt konnte das Kompetenzzentrum mit der Veranstaltung „Arbeitswelt.Plus Summit" im Mai 2025 insgesamt 250 Teilnehmende, vorrangig aus der Wirtschaft, erreichen.

In diesem Kontext ist auch die KI-Reise des Projektpartners FHDW (Fachhochschule der Wirtschaft) zu nennen. Diese wurde im Jahr 2025 bereits zum zweiten Mal durchgeführt und setzte im aktuellen Durchlauf neue thematische Schwerpunkte. Neben einem KI-Wissens-Update für Personen mit Leitungsfunktionen wurden erstmals auch spezifische Inhalte zu KI im Bereich Human Ressource, Cyber-Security, sowie für die Medien- und Kreativbranche angeboten. Die Veranstaltungen stießen auf ein derart großes Interesse, dass kurzfristig Wiederholungstermine organisiert wurden.

Das Handlungsfeld ***Qualifizieren*** fokussiert den Aufbau praxisrelevanter Kompetenzen und fundierter Methodenkenntnisse, die Unternehmen befähigen, KI-Projekte eigenständig zu planen, kritisch zu bewerten und nachhaltig zu implementieren. Der Qualifizierungsschwerpunkt liegt auf der Vermittlung arbeitswissenschaftlich fundierter Ansätze zur Gestaltung sozio-technischer Systeme sowie auf der Förderung eines reflektierten Umgangs mit den Implikationen von KI für Arbeitsprozesse, Arbeitsbedingungen und betriebliche Aushandlungsprozesse.

Ein zentrales Instrument bilden Potenzialanalysen, die unternehmensspezifische KI-Anwendungsfelder systematisch erfassen, priorisieren und dokumentieren und damit eine belastbare Grundlage für strategische Entscheidungsprozesse zur Einführung von KI schaffen. Ergänzend bieten Gestaltungsworkshops die Möglichkeit, betriebliche Einsatzfelder frühzeitig zu identifizieren und anhand arbeitswissenschaftlicher Kriterien zu bewerten. Von über 50 durchgeführten Workshops entfielen etwa ¾ auf Formate der IG Metall mit dem thematischen Fokus „Künstliche Intelligenz und Mitbestimmung im Betrieb“. Diese zielgruppenspezifischen Angebote adressieren Betriebsräte und bieten eine differenzierte Aufbereitung arbeitswissenschaftlicher Inhalte. Sie vermitteln insbesondere Kenntnisse über die arbeitsorganisatorischen und sozialen Auswirkungen von KI-Systemen sowie über die Gestaltungskriterien menschorientierter Lösungen. Ziel ist es, Betriebsräte in die Lage zu versetzen, betriebliche Aushandlungsprozesse kompetent und zukunftsorientiert zu begleiten.

Im Jahr 2024 wurde eine von mehreren Projektpartnern entwickelte Schulungsreihe durchgeführt, mit dem Ziel, den Teilnehmenden ein ganzheitliches Verständnis soziotechnischer Systeme und praxisrelevanter Methoden für die Konzeption und Umsetzung von KI- und Digitalisierungsprojekten zu vermitteln. Diese umfasste fünf aufeinander aufbauende Module und wurde über einen Zeitraum von fünf Monaten in einem Blended-Learning-Format mit Präsenzphasen, Online-Einheiten und Selbstlernmodulen durchgeführt. Von 14 Teilnehmenden schlossen sieben die Modulreihe mit einem Praxisprojekt im eigenen Unternehmen erfolgreich ab. Die inhaltliche Qualität wurde von den Teilnehmenden überwiegend als „sehr gut“ bis „gut“ bewertet; zugleich bewerteten sie den Nutzen für den Transfer in den betrieblichen Kontext als „ziemlich hilfreich“ bis „sehr hilfreich“. In der Folge konnten Kontakte zu sechs KMU gezielt intensiviert werden, die im Anschluss an die Schulungsreihe ein Transferprojekt initiierten (vgl. Abschnitt *Umsetzen*).

Die Präsenzangebote des Handlungsfelds *Qualifizieren* werden durch modulare Selbstlerneinheiten ergänzt, die eine flexible, niedrigschwellige und individualisierte Auseinandersetzung mit den Grundlagen von Industrie 4.0 und KI ermöglichen. Ein Beispiel stellt die Lernplattform der Deutschen Angestellten-Akademie (DAA) dar, die eine kontinuierliche Kompetenzentwicklung unterstützt.

Das Handlungsfeld leistet einen wesentlichen Beitrag zur Stärkung unternehmensinterner Kompetenzen, zur aktiven Gestaltung des digitalen Strukturwandels und zur nachhaltigen Verankerung humanzentrierter KI-Anwendungen in der Arbeitswelt. Durch die Verknüpfung praxisnaher Qualifizierungsangebote mit strategischen Methodenansätzen entsteht ein kohärentes Transferkonzept, das Unternehmen befähigt, KI nicht nur technologisch, sondern auch sozial nachhaltig einzuführen.

Im Handlungsfeld ***Umsetzen*** werden schließlich konkrete Transferprojekte realisiert, in denen Unternehmen gemeinsam mit Forschungspartnern anwendungsnahe Lösungen über einen Zeitraum von 6 bis 12 Monaten entwickeln. Diese Projekte ermöglichen die konkrete Entwicklung von Strategien und Lösungen zur humanzentrierten KI-Einführung und eröffnen dadurch einen praktischen Einstieg in die Transformation betrieblicher Prozesse durch KI. Einige prägnante Best-Practice-Beispiele aus den insgesamt 22 durchgeführten Transferprojekten (siehe Tab. 1), werden im Rahmen dieses Kapitels die Vielfalt der Ansätze und Erfahrungen sichtbar machen.

Tab. 1 Überblick aller im Projekt durchgeführten Transferprojekte

Kurze Beschreibung	Transfer-Unternehmen	Forschungspartner
Entwicklung datenbasierter Prognosemodelle zur ganzheitlichen und effizienteren Ressourcenplanung in Unternehmen	Wöhler Technik GmbH	TH OWL
Analyse von Kompetenzarchitektur und Organisationsentwicklung, um gezielt auf den digitalen Wandel vorzubereiten	Garant Holding GmbH	HSBI
Aufbau von digitalen Kompetenzen bei Mitarbeitenden zur erfolgreichen Umsetzung digitaler Projekte	AVANCO GmbH	HSBI
Einsatz von KI zur automatischen Kontrolle der korrekten Beklebung von Musterkollektionen zur Fehlerreduktion	IP Adelt GmbH	Universität Bielefeld
Entwicklung von Methoden zur strukturierten Sicherung und Verfügbarkeit von Wissen im Unternehmen	ARGUS Additive Plastics GmbH	FHDW
Entwicklung eines KI-Assistenten zur Unterstützung von Mitarbeitenden bei datengetriebenen Analysen	Felix Schoeller GmbH & Co. KG	Fraunhofer IEM
KI-gestützte Zuordnung von Coaching-Partnern basierend auf individuellen Anforderungen und Eigenschaften	MöglichZeiten GbR	Universität Bielefeld
Nutzung von KI zur vorausschauenden Kapazitätsplanung, um Mehrarbeit zu vermeiden und Ressourcen besser auszubalancieren	ELHA Maschinenbau Liemke KG	HSBI

(Fortsetzung)

Tab. 1 (Fortsetzung)

Kurze Beschreibung	Transfer-Unternehmen	Forschungspartner
Entwicklung eines KI-Systems zur effizienten und mitarbeitendenorientierten Einsatzplanung von Personal	Neotechnik Fördersysteme GmbH & Co.KG	Universität Bielefeld
Prognose von Nutzendenverhalten zur Optimierung von Abläufen und Reduzierung von Wartezeiten in Parksystemen	Lödige Industries GmbH	Fraunhofer IOSB-INA
Systematische Erfassung und Aufbereitung von implizitem Wissen von Expertinnen und Experten zur effizienteren Einarbeitung neuer Mitarbeitender	TEAM GmbH	Universität Paderborn
KI-basierte Auswertung von visuellen Prüfprozessen zur Unterstützung von Mitarbeitenden und Verbesserung der Qualitätssicherung	baumhueter extrusion GmbH	TH OWL
Einsatz von Machine Learning zur optimierten Planung von Sicherheitsbeständen in Lieferketten	OPTANO GmbH	Universität Paderborn
Entwicklung eines KI-gestützten Assistenzsystems zur Entlastung von Pflegepersonal bei der Betreuung von Parkinson-Patientinnen und -Patienten	Klinikum Lippe	TH OWL
Einsatz von KI und Systems Engineering zur frühen und systematischen Validierung von Anforderungen der Kundschaft	Wächter Packautomatik GmbH & Co. KG	Fraunhofer IEM
Entwicklung eines KI-Systems zur Unterstützung komplexer Planungsentscheidungen unter Berücksichtigung mehrerer Kriterien	Josef Schulte GmbH	Fraunhofer IEM
Integration generativer KI zur intelligenten Verarbeitung technischer Dokumentationen für Assistenzsysteme	Delta3 GmbH	Fraunhofer IOSB-INA
Automatisierte Bildauswertung zur Verbesserung der Qualitätskontrolle bei der Herstellung von Präzisionswerkzeugen	Komet Dental – Gebr. Brasseler GmbH & Co. KG	Universität Bielefeld
Intelligente Verarbeitung von Ausschreibungsdokumenten zur Vereinfachung der Angebotserstellung	DAS HÖHENWERK GmbH	FHDW

(Fortsetzung)

Tab. 1 (Fortsetzung)

Kurze Beschreibung	Transfer-Unternehmen	Forschungspartner
Aufbau eines Systems zur strukturierten Speicherung und Nutzung von Unternehmenswissen	Mitschke Health + Life GmbH	FHDW
Analyse von Daten der Kundschaft zur Ableitung KI-gestützter Vertriebsansätze entlang der Customer Journey	Teckentrup GmbH & Co. KG	Universität Paderborn
Einsatz von KI zur Beschleunigung komplexer Angebotsprozesse durch intelligente Auswahl passender Referenzprojekte	HDO Druckguß- und Oberflächentechnik GmbH	Fraunhofer IOSB-INA

Die zuvor beispielhaft dargestellte Befähigungskette ist nicht als strikt sequenzieller Prozess zu verstehen. Vielmehr sind verschiedene Einstiegspunkte und individuelle Pfade durch die einzelnen Handlungsfelder möglich – abhängig von den Vorerfahrungen, dem Digitalisierungsgrad sowie den jeweiligen Transferzielen der Unternehmen. Die Formate bauen inhaltlich aufeinander auf, können jedoch auch modular genutzt und kombiniert werden, um das volle Potenzial des Kompetenzzentrums auszuschöpfen. Bestehende Transferinfrastrukturen werden bei Bedarf integriert, um Synergien zu nutzen und Ressourcen effizient einzubinden. (Gabriel et al. 2023).

Strukturierung der Inhalte

Zur Unterstützung eines praxisorientierten Wissenstransfers wurden Inhalte aus den acht Leuchtturmprojekten sowie begleitenden Forschungsergebnissen systematisch aufbereitet und adressatengerecht dokumentiert. Ziel dieser inhaltlichen Strukturierung ist es, Unternehmen eine fundierte Orientierung zu bieten – sowohl hinsichtlich der konkreten Chancen und Herausforderungen der KI-Einführung als auch bezüglich anwendungsnaher Gestaltungsoptionen. Im Zentrum stehen konkrete Use Cases aus den Leuchtturmprojekten, die als praxisnahes Fundament dienen. Ergänzt wird dieses Angebot durch Querschnittsthemen, die je nach unternehmensspezifischem Bedarf unterschiedlich relevant sind – etwa in den Bereichen Technologieakzeptanz, Qualifizierung, Mitbestimmung oder strategische Prozessgestaltung.

Diese thematische Ausdifferenzierung ermöglicht eine ganzheitliche Betrachtung der KI-Einführung, die neben der operativen Umsetzung auch organisationale und strategische Ebenen einbezieht. Der modulare Aufbau der Inhalte erlaubt es, unterschiedliche Unternehmensbedarfe gezielt zu adressieren und die Nutzung entlang individueller Fragestellungen zu gestalten. (Gabriel et al. 2023) (Abb. 3).

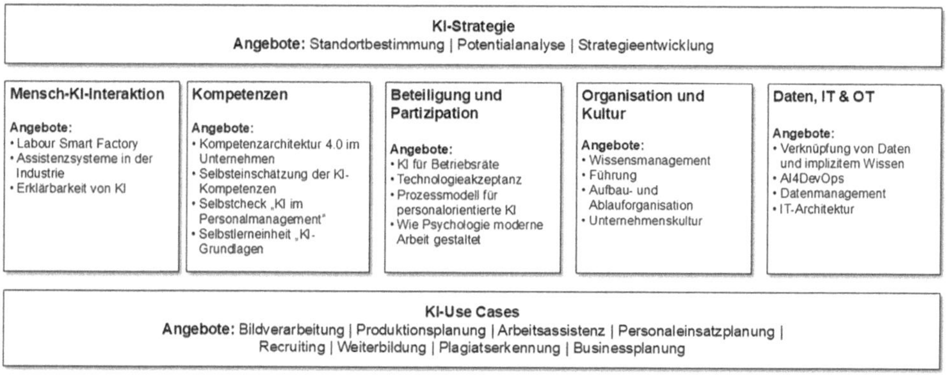

Abb. 3 Inhaltliche Strukturierung der Angebote im Kompetenzzentrum Arbeitswelt.Plus eigene Darstellung in Anlehnung an (Gabriel et al. 2023)

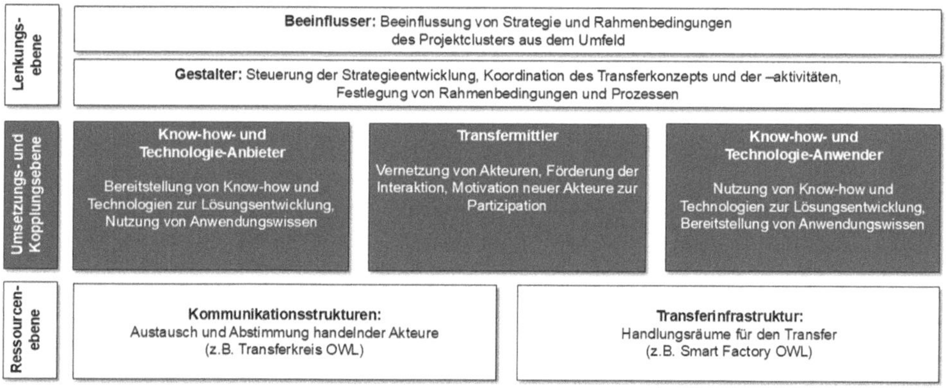

Abb. 4 Akteursgruppen und Strukturen im Kompetenzzentrum Arbeitswelt.Plus. (Eigene Darstellung in Anlehnung an (Gabriel et al. 2023))

Strukturierung der Akteure

Die Strukturierung der Akteure im Transfergeschehen erfolgt entlang eines mehrschichtigen Koordinationsmodells, das in drei Ebenen gegliedert ist: Lenkungsebene, Umsetzungs- und Kopplungsebene sowie Ressourcenebene (siehe Abb. 4).

- **Lenkungsebene:** Strategische Ausrichtung und Einbindung übergeordneter Akteure (Cluster, Politik, Netzwerke)
- **Umsetzungs- und Kopplungsebene:** Akteure der praktischen Arbeit (Unternehmen, Partner, Multiplikatoren wie IHKs)
- **Ressourcenebene:** Kommunikations- und Infrastrukturen für Austausch und Demonstratoren

Die zentrale Koordination steuert das Angebot, strategische Prozesse und interne Abstimmung.

Die dargestellte Struktur ermöglicht ein flexibles, aber zugleich systematisch abgestimmtes Zusammenwirken verschiedener Akteursgruppen entlang der strategischen und operativen Ziele des Kompetenzzentrums. (Gabriel et al. 2023).

Strategie

Die Strategieentwicklung orientiert sich methodisch eng am Vorgehensmodell von Gausemeier et al. (2019). Dieses versteht die strategische Entwicklung als zielgerichtete Transformation von einer gegenwartsbezogenen Ausgangslage hin zu einer Vision. Im Rahmen des konkreten Strategieprozesses wurde daran angelehnt zunächst eine SWOT-Analyse durchgeführt, anschließend eine Vision formuliert sowie daraus abgeleitete Maßnahmen zur operativen Umsetzung entwickelt.

Ein zentraler Baustein dieser Strategie ist der Transfer, dessen Wirksamkeit maßgeblich durch die strukturelle Einbettung des Kompetenzzentrums in das Spitzencluster it's OWL gestützt wird. Die dort etablierten Transferformate sowie die daran angeschlossene Innovationsplattform dienen der zielgerichteten Überführung wissenschaftlicher Erkenntnisse in betriebliche Anwendungskontexte. Die Ausrichtung im Bereich Transfer fokussiert primär auf KMUs, adressiert darüber hinaus jedoch auch relevante Multiplikator*innen (wie Wirtschaftsverbände und IHKs), sowie weitere interessierte Anspruchsgruppen.

Zur Erhöhung der Reichweite und Wirksamkeit des Transferangebots werden sämtliche Leistungen und Formate der Projektpartner öffentlich zugänglich gemacht. Dies erfolgt im Rahmen eines durch die zentrale Koordination gesteuerten Portfoliomanagements, das auf eine systematische Sammlung, Strukturierung und Bündelung der Angebote abzielt. Eine kontinuierliche Dokumentation der Aktivitäten ermöglicht die stetige Evaluation des Transfers sowie die Anpassung und Weiterentwicklung des Leistungsangebots entlang identifizierter Bedarfe. (Gabriel et al. 2023).

3 Nachhaltige Wirkung: Wie kann humanzentrierte KI-Forschung die Arbeitswelt in OWL über das Projekt hinaus prägen?

Der nachhaltige Transfer von Forschungsergebnissen in die Praxis ist entscheidend, um die Chancen einer menschengerechten und wettbewerbsfähigen KI-Nutzung wirksam zu realisieren. Das Kompetenzzentrum Arbeitswelt.Plus strebt an, hierzu auch über die Projektlaufzeit hinaus einen Beitrag zu leisten.

Als strategische Initiative im Clusterprogramm „Arbeitswelt von Morgen" des it's OWL-Technologienetzwerks soll es dabei nach Ende der Laufzeit die Umsetzung der Regionalstrategie Industrie.Zero unterstützen und OWL als Modellregion für nachhaltige Wertschöpfung stärken. Die institutionelle Verstetigung erfolgt über eine Geschäftsstelle und ein Expertengremium aus Forschung, Industrie und Gewerkschaft, die zentrale Aktivitäten koordinieren, weiterentwickeln und nach außen vertreten. Die Partner profitieren dabei von strukturierter Vernetzung, Impulsen zur Drittmittelakquise sowie gezielten Unterstützungsangeboten beim Ergebnistransfer.

Ein zentrales Instrument der nachhaltigen Transferstrategie ist die Fokusgruppe, die vierteljährlich Akteure aus Wissenschaft, Wirtschaft und intermediären Einrichtungen zusammenführt. Sie dient dem strukturierten Austausch zu aktuellen Bedarfen, Herausforderungen und Best Practices rund um die Einführung humanzentrierter KI.

Dort sollen Transferansätze reflektiert, weiterentwickelt und adressatengerecht ausgerichtet werden. Die Fokusgruppe fungiert damit als Impulsgeberin für neue Formate und strategische Weichenstellungen im Kompetenzzentrum und wird fachlich vom Expertengremium begleitet.

Nach Projektende sollen öffentlichkeitswirksame Veranstaltungen mit unterschiedlichen Zielgruppen durchgeführt werden, um Wissen sichtbar, zugänglich und anwendbar zu machen. So entsteht ein tragfähiger Rahmen für den fortlaufenden Transfer, der den Wandel der Arbeitswelt aus der Region OWL heraus aktiv mitgestaltet – insbesondere für den Mittelstand und darüber hinaus.

Literatur

Bundesministerium für Bildung und Forschung (2019): Bekanntmachung – Richtlinie zur Förderung von Zuwendungen für den Forschungsschwerpunkt „Zukunft der Arbeit: Regionale Kompetenzzentren der Arbeitsforschung“ im Rahmen des FuE-Programms „Zukunft der Arbeit“ als Teil des Dachprogramms „Innovationen für die Produktion, Dienstleistung und Arbeit von morgen. Online verfügbar unter https://www.bmbf.de/SharedDocs/Bekanntmachungen/DE/2019/03/2380_bekanntmachung.html.

Cernavin, Oleg; Goschin, Katja-Tabea (2023): Transferkompetenzen Arbeitsforschung. Die Grundkompetenzen für einen wirkungsvollen Transfer der Ergebnisse der Arbeitsforschung. In: Esther Borowski, Oleg Cernavin, Frank Hees und Theresa Joerißen (Hg.): Erfolgreicher Transfer in der Arbeitsgestaltung: Waxmann Verlag GmbH, S. 153–172.

Fechtelpeter, Christian (2022): Rahmenwerk zur Gestaltung des Technologietransfers in mittelständisch geprägten Innovationsclustern. Unter Mitarbeit von Roman Dumitrescu, Jürgen Gausemeier, Elias G. Carayannis und Universitätsbibliothek Paderborn.

Gabriel, Stefan; Fechtelpeter, Christian; Wulf, Jessica; Leßmann, Salome; Dumitrescu, Roman (2023): Transferkonzept eines Kompetenzzentrums der Arbeitsforschung in einer von mittelständischen Unternehmen geprägten Region. In: Esther Borowski, Oleg Cernavin, Frank Hees und Theresa Joerißen (Hg.): Erfolgreicher Transfer in der Arbeitsgestaltung: Waxmann Verlag GmbH, S. 267–278.

Gausemeier, Jürgen; Dumitrescu, Roman; Echterfeld, Julian; Pfänder, Tomas; Steffen, Daniel; Thielemann, Frank (2019): Innovationen für die Märkte von morgen, S. I–XI. https://doi.org/10.3139/9783446429727.fm.

Stifterverband (Hg.) (2022): Transferkompass. Unter Mitarbeit von Marian Burk, Carla Grindel und Pascal Hetze. Stifterverband für die Deutsche Wissenschaft e. V. Essen.

Digitale Medizinische Assistenz zur Betreuung von Parkinson-Patienten (DiMeAs)

Christoph-Alexander Holst, Frauke Wiegräbe, Patrick Gaudl, Christoph Redecker und Volker Lohweg

1 Einleitung und Zielsetzung

Die Gesundheitsversorgung in Deutschland steht vor tiefgreifenden strukturellen Herausforderungen. Insbesondere im Bereich der Pflege verschärfen sich bestehende Problemlagen durch den demografischen Wandel, eine zunehmende Zahl chronisch kranker und pflegebedürftiger Menschen sowie eine anhaltende Belastung des Fachpersonals (Destatis 2024). Der Bedarf an innovativen Lösungen zur Unterstützung medizinischer und pflegerischer Prozesse wächst – insbesondere in der Versorgung komplexer neurodegenerativer Erkrankungen wie Morbus Parkinson.

Die Parkinson-Krankheit ist nach der Alzheimer-Demenz die zweithäufigste neurodegenerative Erkrankung. In Deutschland sind aktuell rund 400.000 Menschen betroffen, Tendenz steigend (DPG 2024). Prognosen deuten zudem auf eine erhebliche Zunahme an Neuerkrankungen in den kommenden Jahrzehnten hin (Dorsey et al. 2018), was nicht nur Patienten, sondern auch das Versorgungssystem insgesamt vor neue Herausforderungen stellt. Die medizinische Betreuung von Parkinson-Erkrankten ist aufwendig: Sie erfordert eine multi- und interdisziplinäre Koordination zwischen verschiedenen Ärz-

C.-A. Holst (✉) · F. Wiegräbe · P. Gaudl · V. Lohweg
Institut für industrielle Informationstechnik (inIT), Technische Hochschule Ostwestfalen-Lippe (TH OWL), Lemgo, Deutschland
E-Mail: christoph-alexander.holst@th-owl.de

C. Redecker
Universitätsklinik für Neurologie und Neurogeriatrie, Klinikum Lippe GmbH, Universitätsklinikum OWL, Detmold, Deutschland

R. Dumitrescu (Hrsg.), *KI für die Arbeitswelt von morgen*,
Intelligente Technische Systeme – Lösungen aus dem Spitzencluster it's OWL,
https://doi.org/10.1007/978-3-662-73053-9_19

ten, Therapeuten und Pflegekräften (Stocchi et al. 2024) (Weise et al. 2024) sowie ein kontinuierliches Monitoring individueller Krankheitsverläufe.

Ein erheblicher Teil der Arbeitsbelastung im Versorgungsalltag entsteht durch zeitintensive Dokumentationspflichten und durch Lücken in der Kommunikation entlang der Versorgungskette (Eggers et al. 2021). Gleichzeitig sind viele Informationen – etwa zu Medikamenteneinnahme, Therapieverläufen oder neurologischen Befunden – schwer zugänglich oder nur in unstrukturierter Form verfügbar. Diese Informationsasymmetrien können nicht nur zu ineffizienten Arbeitsabläufen, sondern auch zu Versorgungsdefiziten führen.

Das Transferprojekt „DiMeAs – Digitale Medizinische Assistenz zur Betreuung von Parkinson-Patienten" zielt darauf ab, die bruchstückhafte Bereitstellung und Verwaltung von Informationen in der Parkinson-Versorgung zu optimieren und Pflegende sowie Behandelnde zu entlasten. DiMeAs wird gemeinsam durch das Institut für industrielle Informationstechnik (inIT) der Technischen Hochschule Ostwestfalen-Lippe sowie die Universitätsklinik für Neurologie und Neurogeriatrie des Klinikum Lippe umgesetzt. Die langfristige Vision ist es, Pflegekräfte und Behandelnde in ihrer Arbeitsbelastung durch intelligente technische Lösungen auf Basis von Sprachmodellen (large language models, LLMs) zu entlasten. Diese Vision umfasst die

- Integration digitaler Dokumentations- und Assistenzfunktionen in einer Smartphone-basierten App, die als lokaler, gesicherter „digitaler Dokumentenschrank" dient (siehe Abb. 1) – mit Zugriff auf ärztliche Berichte, Therapiedokumentationen und Sensordaten – und
- die Entwicklung eines natürlichsprachlichen Interfaces zur Interaktion mit digitalen Patientendokumenten, das auf die Bedürfnisse von Ärzten, Therapeuten und Pflegekräften im Umgang mit Parkinson-Erkrankten abgestimmt ist.

Als erste Näherung an diese Vision wurden im Transferprojekt DiMeAs.

(1) Nutzerkonzepte von Informationsassistenten unter Partizipation aktiver Pflegekräfte geschärft und
(2) die technischen Grundlagen für die Realisierung auf die Parkinsonversorgung hochspezialisierter Sprachmodelle als natürlichsprachliches Interface geschaffen.

Technologisch basiert DiMeAs auf Sprachmodellen der Retrieval Augmented Generation (RAG), um natürliche Sprache als intuitives Interface zu digitalen Gesundheitsdaten (z. B. Arztberichte, Therapieberichte, Medikationsdokumentation, Fachliteratur) nutzbar zu machen. Dabei werden große Sprachmodelle mit gezieltem Dokumentenabruf kombiniert: Nutzer können in natürlicher Sprache Fragen zu Patienten stellen – z. B. „Welche Veränderungen gab es im Medikamentenplan in den letzten sechs Monaten?" – und erhalten fundierte, kontextbezogene Antworten, die auf zuvor gespeicherten Dokumenten, Therapieverläufen oder Sensordaten beruhen. Die Anwendung solcher Methoden auf

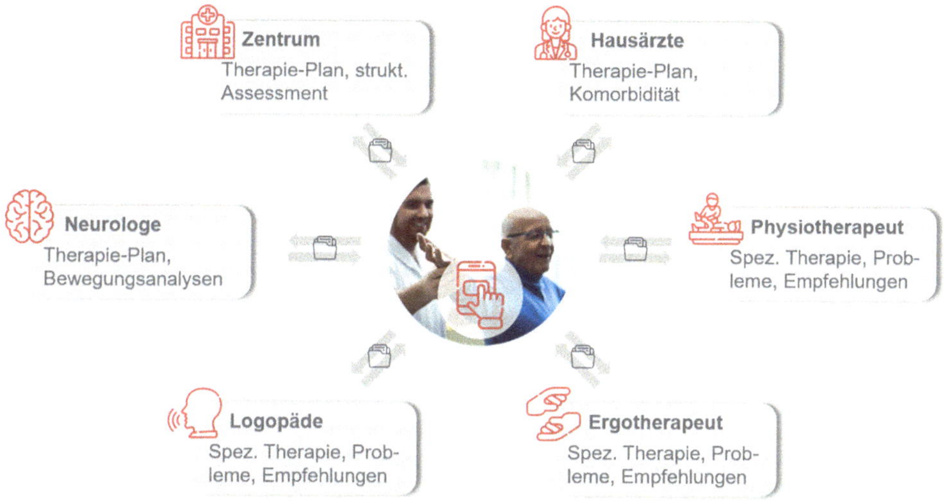

Abb. 1 Smartphones als digitale Schnittstelle in der dezentralen Parkinson-Versorgung

die Versorgung von Parkinson-Patienten ist bislang kaum etabliert, birgt jedoch großes Potenzial zur Verbesserung der Behandlungsqualität und Entlastung der Fachkräfte.

2 Umsetzungsprozess und Herausforderungen

Die Integration großer Sprachmodelle in medizinische und gesundheitsbezogene Anwendungskontexte ist mit vielfältigen Herausforderungen verbunden (vgl. Holst et al. 2025). Diese betreffen neben Aspekten der Datensicherheit – etwa durch Risiken wie *Jailbreaking* (Wei et al. 2023) oder *Prompt Injection* (Greshake et al. 2023) – auch datenschutzrechtliche Fragestellungen sowie die inhärente Nichtdeterministik von LLMs, insbesondere im Hinblick auf deren potenziell halluzinatives Antwortverhalten. Im spezifischen Anwendungskontext der Parkinson-Versorgung ergeben sich darüber hinaus drei zentrale Herausforderungskomplexe, die im Rahmen von DiMeAs adressiert wurden:

(1) **Heterogene Versorgungslandschaft**: Die Versorgung von Parkinson-Erkrankten ist durch eine hohe Heterogenität geprägt – sowohl in Bezug auf die beteiligten Berufsgruppen (Pflege, Therapie, ärztliche Behandlung) als auch hinsichtlich der Schnittstellen zu Patienten und Angehörigen. Diese Vielschichtigkeit führt zu kommunikativen Bruchstellen: zwischen Fachdisziplinen, aber auch zwischen professionellen Behandelnden und Patienten. Eine digitale Assistenz auf LLM-Basis muss in der Lage sein, diese sprachlichen und inhaltlichen Divergenzen zu überbrücken.

(2) **Fehlende Nutzerkonzepte:** Trotz des breiten Interesses an generativer KI in der Medizin fehlen bislang konkretisierte Nutzungskonzepte für den Versorgungsalltag. Weder existieren belastbare User Stories noch klare Rollendefinitionen, wie und in welchen Aufgabenfeldern ein Sprachmodell sinnvoll eingesetzt werden kann. Gerade in der Pflege bedarf es partizipativer, interdisziplinär entwickelter Konzepte, die den tatsächlichen Arbeitsalltag berücksichtigen. Die Erarbeitung solcher Nutzungskonzepte ist deswegen ein Fokus des Transferprojekts. In enger Zusammenarbeit mit Pflegefachkräften, Therapeuten und Ärzten und Unterstützung des Parkinsonnetz OstwestfalenLippe+[1] wurden im Rahmen qualitativer Erhebungen konkrete Bedarfe identifiziert. In strukturierten Workshops wurden diese Erkenntnisse in prototypische User Stories überführt, die den Einsatzrahmen, den Handlungsspielraum und die Erwartungen an einen LLM-basierten Assistenten definieren.

(3) **Fehlende fachspezifische Datenbasis:** Bestehende große Sprachmodelle sind primär auf allgemeine Sprachverwendung trainiert und bilden die hochspezialisierte medizinisch-pflegerische Fachsprache – insbesondere aber nicht ausschließlich im Bereich Parkinson – nur unzureichend ab. Ihre Antwortqualität ist stark abhängig von der Repräsentation fachlicher Inhalte in den Trainingsdaten. Um diese Lücke zu schließen, wurde parallel zur Nutzerkonzeptentwicklung eine digitale Plattform, über die medizinisches Fachpersonal Fragen und Antworten zum Krankheitsbild Parkinson beitragen konnte. Ziel war die Generierung strukturierter Frage-Antwort-Paare, die als Basisinstruktionen für ein späteres Feintuning dienen sollen (vgl. Zhang et al. 2023). Die Dissemination der Plattform erfolgte gezielt über das Parkinsonnetz OstwestfalenLippe+ und das Klinikum selbst.

3 Erfahrungen und Erkenntnisse

Im Rahmen der qualitativen Interviews mit Fachkräften des Parkinsonnetz OstwestfalenLippe+ konnten potenzielle Anwendungsszenarien für den Einsatz generativer Sprachmodelle identifiziert und priorisiert werden. Drei konkrete Nutzungskonzepte haben sich dabei als besonders vielversprechend herauskristallisiert:

(1) **Sprachmodell-gestützte Pflegedokumentation:** Die Dokumentation pflegerischer Leistungen stellt einen signifikanten zeitlichen Aufwand im Arbeitsalltag von Parkinson-Pflegekräften dar. Ein digitaler Assistent auf Basis eines Sprachmodells kann hier substanzielle Entlastung schaffen, indem er die freie, unstrukturierte Eingabe von Informationen in Text- oder Sprachform verarbeitet, zentral erfasst und automatisch strukturiert. Dies umfasst die Identifikation relevanter Schlüsselereignisse, die Formatierung gemäß vorgegebenen Standards sowie – optional – das ak-

[1] Das Parkinsonnetz OstwestfalenLippe+: https://www.pnowlp.de/, (13.06.2025).

tive Nachfragen bei fehlenden Angaben. Derartige Funktionen adressieren unmittelbar die Bedarfe von Pflegefachpersonen und Parkinson Nurses und bieten das Potenzial für eine signifikante Reduktion von Dokumentationsaufwand bei gleichzeitiger Qualitätssicherung.

(2) **Aufbereitung medizinischer Fachinformationen:** Gerade vor dem Hintergrund zunehmend komplexer und umfangreicher Leitlinien – wie z. B. der zuletzt im Jahr 2023 überarbeiteten Parkinson-Leitlinie (vgl. Höglinger & Trenkwalder 2023) – wurde der Bedarf an technischer Unterstützung bei der Sichtung, Bewertung und Zusammenfassung medizinischer Fachliteratur deutlich. Ein Sprachmodell kann hier als intelligenter Assistent zur individuellen Informationsfilterung, Textextraktion und Vereinfachung eingesetzt werden. Hauptnutzergruppen sind Klinikärzte, Hausärzte sowie Therapeuten, für die eine zeitökonomische Fort- und Weiterbildung durch den Assistenten realisiert werden würde.

(3) **Unterstützung im Patientenmonitoring:** Die kontinuierliche Sammlung, Archivierung und Verfügbarmachung patientenbezogener Dokumente – etwa Therapieberichte oder Medikationspläne – ist ein weiterer zentraler Anwendungsfall. Die alleinige Digitalisierung führt zwar zu einer besseren Verfügbarkeit, birgt jedoch das Risiko einer Informationsüberflutung. Ein digitaler Assistent kann hier als intelligente Schnittstelle fungieren, die relevante Informationen priorisiert, Zusammenfassungen anbietet oder Rückfragen ermöglicht. Von diesem Einsatz profitieren sowohl Behandelnde als auch Patienten.

Neben diesen inhaltlichen Erkenntnissen konnten im Projektverlauf erste technische Fortschritte erzielt werden. Es wurde mit dem Aufbau eines kuratierten Trainingsdatensatzes begonnen, der als Grundlage für die spätere Spezialisierung eines Sprachmodells auf die Parkinson-Erkrankung dienen soll. Zum gegenwärtigen Zeitpunkt umfasst der Datensatz 85 qualitätsgesicherte Frage-Antwort-Paare, bestehend aus Freitext- und Multiple-Choice-Formaten. Die Datensätze wurden in enger Zusammenarbeit mit medizinischem Fachpersonal erstellt und inhaltlich validiert. Ein exemplarisches Frage-Antwort-Paar ist in Abb. 2 dargestellt.

```
Q: Welche pharmakologischen Therapieempfehlungen können, falls die logopädische Therapie nicht
anschlägt, bei verringerter Schluckfrequenz empfohlen werden? Wählen Sie die Antwortmöglichkeiten
aus den Möglichkeiten A-D. Es können eine oder mehrere Antworten richtig sein.

(A) (wenn möglich) Absetzen von Clozapin, Amitriptylin, transdermales Scopolamin,
    Glycopyrroniumbromid, Botulinumtoxin-Injektion und externe Bestrahlung der Speicheldrüsen.
(B) Clozapin, Protonenpumpeninhibitoren, NSAR, SRIs und Botulinumtoxin-Injektionen.
(C) Amantadin, L-Dopamin, Protonenpumpeninhibitoren und Amitriptylin.
(D) Externe Bestrahlung der Speicheldrüsen, L-Dopamin, Amantadin und Alprazolam.

GT: Antwort (A) ist richtig.
```

Abb. 2 Beispielfrage in Form einer Multiple-Choice-Antwort aus dem erstellten Trainingsdatensatz zum Feintuning von Sprachmodellen (Q- Frage, GT-Ground Truth Antwort)

Ziel ist die sukzessive Erweiterung des Datensatzes auf 200–300 sogenannte Frage-Antwort-Paare. Basierend auf aktuellen Erkenntnissen aus dem Stand der Technik (vgl. Zhang et al. 2023) lässt sich mit einem solchen Korpus – in Kombination mit einem leistungsfähigen Teacher-Modell (z. B. GPT4o) – ein Basismodell (z. B. Mistral 7B) in ein hochspezialisiertes kleines Sprachmodell nachtrainieren. Die kontinuierliche Pflege und Erweiterung dieses Korpus stellt somit eine zentrale Grundlage für die erfolgreiche Spezialisierung und spätere Anwendung dar.

4 Zukunftsaussichten und Weiterentwicklung

Die im Transferprojekt DiMeAs geleisteten Arbeiten bilden den Grundstein für die Entwicklung eines digitalen, sprachmodellbasierten Assistenzsystems, das als natürlichsprachliches Interface den Zugang zu und die Interaktion mit digitalen Patientendokumenten in der Parkinson-Versorgung erleichtern soll. Mit der partizipativen Ausarbeitung von Nutzerkonzepten sowie dem Aufbau eines fachspezifischen Trainingsdatensatzes für ein Parkinson-spezialisiertes Sprachmodell wurden erste zentrale Meilensteine erfolgreich erreicht.

Die nächsten Schritte konzentrieren sich auf die technische Weiterentwicklung des Ansatzes. Hierzu zählen insbesondere die Erweiterung und Validierung des bestehenden Datensatzes sowie das Finetuning eines geeigneten Basismodells, orientiert an den im Projekt identifizierten Anwendungsfällen. Ziel ist die Entwicklung eines domänenspezifischen Sprachmodells, das mit hoher Genauigkeit und Kontextsensitivität auf die Anforderungen der Parkinson-Versorgung reagieren kann.

Eine umfassende Evaluation des entwickelten Assistenzsystems steht jedoch noch aus. Zwar wurden mit Unterstützung des Parkinsonnetz OstwestfalenLippe+ zentrale Herausforderungen („Pain Points") erfasst und praxisnahe User Stories gemeinsam mit pflegendem Fachpersonal formuliert – ob diese Konzepte jedoch im klinischen Alltag akzeptiert und als arbeitsentlastend wahrgenommen werden, muss Gegenstand anstehender Folgearbeiten sein.

Darüber hinaus ergeben sich aus den bisherigen Arbeiten eine Reihe wissenschaftlich-technischer Anschlussfragen. Dazu zählt insbesondere die Diskussion über die Integration strukturierter Wissensgraphen als Ergänzung oder Alternative zu Retrieval-Augmented-Generation-Ansätzen (Gilbert et al. 2024). Ebenso sollen Techniken der Modelldestillation (Xu et al. 2024) als Ergänzung zum klassischen Finetuning evaluiert werden.

Ein weiterer Fokus liegt auf der rechtlichen Bewertung der Nutzung von Sprachmodellen im medizinisch-pflegerischen Kontext, insbesondere im Hinblick auf regulatorische Anforderungen, Verantwortlichkeitsfragen und die rechtssichere Verwendung urheberrechtlich geschützter Fachliteratur im Trainingsprozess.

Diese Entwicklungen werden in weiterführenden Kooperationen – etwa im Rahmen der vom Bundesministerium für Bildung und Forschung geförderten Innovationscommunity ISyCARE[2] – kontinuierlich verfolgt, in anwendungsnahen Szenarien validiert und iterativ weiterentwickelt. Langfristiges Ziel ist die nachhaltige Integration intelligenter Assistenzsysteme in die Versorgungsrealität neurodegenerativer Erkrankungen wie Morbus Parkinson.

Literatur

Deutsche Gesellschaft für Parkinson und Bewegungsstörungen (DPG) (2024). Parkinson Update 2024. (13.06.2025)

Dorsey, E. R., Sherer, T., Okun, M. S., & Bloem, B. R. (2018). The emerging evidence of the Parkinson pandemic. In: Journal of Parkinson's disease, 8(s1), S3-S8.

Eggers C., Wellach I., Groppa S., Strothjohann M. & Klucken J. (2021). Care of patients with Parkinson's disease in Germany: Status quo and perspectives as reflected in the digital transition. In: Der Nervenarzt, 92(6), S. 602–610.

Gilbert, S., Kather, J. N., & Hogan, A. (2024). Augmented non-hallucinating large language models as medical information curators. In: NPJ Digital Medicine, 7(1), 100.

Greshake K., Abdelnabi S., Mishra S., Endres C., Holz T. & Fritz M. (2023). Not what you've signed up for: Compromising real-world LLM-integrated applications with Indirect Prompt Injection. In: Proceedings of the 16th ACM Workshop on Artificial Intelligence and Security, S. 79–90.

Höglinger, G., & Trenkwalder, C. (2023). Parkinson-Krankheit – Leitlinien für Diagnostik und Therapie in der Neurologie. In: AWMF online, Registernummer: 030/010, Entwicklungsstufe S2k.

Holst C.-A., Wiegräbe, F., Redecker, C., & Lohweg V. (2025). Die Parkinson-Erkrankung im Zeitalter der KI: Eine Smartphone-App als Schlüssel zur nutzerzentrierten Patientenversorgung. In: Pfannstiel M. A. (Hrsg.). Künstliche Intelligenz im Einsatz für die erfolgreiche Patientenreise: Innovation, Integration und Stärkung. Wiesbaden, Springer Gabler Verlag, S. 253–283.

Statistisches Bundesamt (Destatis) (2024). Pflegekräftevorausberechnung: Berichtszeitraum 2024–2070. (13.06.2025)

Stocchi F., Bravi D., Emmi A. & Antonini A. (2024). Parkinson disease therapy: Current strategies and future research priorities. In: Nature Reviews Neurology, 20, S. 695–707.

Wei A., Haghtalab N. & Steinhardt J. (2023). Jailbroken: How does LLM safety training fail? In: Advances in Neural Information Processing Systems 36, S. 80079–80110.

Weise D., Claus I., Dresel C., Kalbe E., Liepelt-Scarfone I., Lorenzl S., Redecker C. & Urban P. P. (2024). Multidisciplinary care in Parkinson's disease In: Journal of Neural Transmission, 131(10), S. 1217–1227.

Xu, X. et al. (2024). A survey on knowledge distillation of large language models. In: arXiv preprint arXiv:2402.13116.

Zhang, X., Tian, C., Yang, X., Chen, L., Li, Z., & Petzold, L. R. (2023). Alpacare: Instruction-tuned large language models for medical application. In: arXiv preprint arXiv:2310.14558.

[2] ISyCARE: Integrierte sozio-technische Systeme für nutzerzentrierte Versorgung: https://isy-care.de/ (13.06.2025).

Strategische Digitalisierungsprojekte erfolgreich umsetzen durch Beteiligung, Integration und Qualifikation der Mitarbeitenden

Sascha Armutat, Malte Wattenberg, Nina Mauritz, Andreas Sasse und Klaus Voormanns

1 Einleitung und Zielsetzung

Die Transferprojekte im Rahmen des Kompetenzzentrums Arbeitswelt.Plus bieten Unternehmen eine niedrigschwellige Möglichkeit, die Erkenntnisse der Forschungspartner in die betriebliche Praxis zu integrieren und ihre Organisation flexibler, effizienter und menschengerechter zu gestalten.

Die **Denkfabrik Digitalisierte Arbeitswelt** der Hochschule Bielefeld (HSBI) konnte ihre Expertise in zwei Transferprojekte einbringen. Die **AVANCO** Gruppe ist eine Unternehmensgruppe auf dem Gebiet der Entwicklung, Produktion und Veredelung technischer Produkte aus Aluminium und Faserverbundwerkstoffen, insbesondere Rohre und Profile sowie rohrförmige und prismatische Leichtbaukomponenten. Die **GARANT** Gruppe mit Sitz in Rheda-Wiedenbrück ist eine Marketing- und Einkaufsverbundgruppe und bietet Unterstützung für Fachhandels- und Fachhandwerksbetriebe in den Geschäftsfeldern Küchen, Wohnen, Schlafen und Bad+ Haus. Der vorliegende Beitrag kombiniert beide Projekte aufgrund der thematischen Nähe und adressiert die Gemeinsamkeiten.

Der Erfolg der digitalen Transformation beruht weniger auf Technologie als auf der Motivation und Qualifikation der Mitarbeitenden. Der Einsatz von Künstlicher Intelli-

S. Armutat (✉) · M. Wattenberg · N. Mauritz
Hochschule Bielefeld, Bielefeld, Deutschland
E-Mail: sascha.armutat@hsbi.de

A. Sasse
AVANCO Gruppe, Herford, Deutschland

K. Voormanns
GARANT Gruppe, Rheda-Wiedenbrück, Deutschland

R. Dumitrescu (Hrsg.), *KI für die Arbeitswelt von morgen*,
Intelligente Technische Systeme – Lösungen aus dem Spitzencluster it's OWL,
https://doi.org/10.1007/978-3-662-73053-9_20

genz (KI) beschleunigt diesen Wandel und erfordert kontinuierliche Kompetenzentwicklung sowie ein ganzheitliches Verständnis des Veränderungsprozesses (Armutat 2024). Für eine breite Akzeptanz sind Mitarbeitende und Führungskräfte gezielt zu sensibilisieren und anhand konkreter Use-Cases zu qualifizieren. Zudem braucht es eine flexible Organisationsstruktur und eine agile Kultur, die Fehler zulässt und experimentelles Arbeiten fördert.

Auch in beiden Transferunternehmen ist die nachhaltige Wettbewerbsfähigkeit in einer zunehmend dynamischen und von digitalem Wandel geprägten Wettbewerbsumgebung vor allem von neuen digitalen Geschäftsmodellen mit flexiblen Abläufen abhängig. Dabei zeigt sich ein deutlicher Handlungsbedarf sowohl auf Ebene der Führungskräfte als auch innerhalb der Belegschaft, insbesondere im Hinblick auf die Entwicklung digitalisierungsrelevanter Kompetenzen, die Akzeptanz bestehender und künftiger Digitalisierungsprojekte sowie die Integration technischer, organisatorischer und menschlicher Aspekte.

Vor diesem Hintergrund ist **Zielsetzung** der Projekte die Kompetenzentwicklung und Integration der Mitarbeitenden in strategische Digitalisierungsprojekte. Relevante Teilziele sind dabei die Analyse des Status quo hinsichtlich Wissen, Kompetenzen, Kultur und Vision auf individueller und organisationaler Ebene, die bedarfsorientierte und strategisch fundierte Konzeption und Implementierung von Maßnahmen zur Kompetenzentwicklung, die Entwicklung einer nachhaltigen Integrationsstrategie von Mitarbeitenden sowie die kulturelle Weiterentwicklung durch Förderung eines digitalen Mindsets und einer positiven Fehlerkultur.

Im Folgenden stellt der Beitrag zunächst die Implementierung in den Transferunternehmen dar (2). Zuletzt werden die Erfahrungen berichtet und ein Ausblick gegeben (3).

2 Implementierung

2.1 Vorgehen

Theoretischer Ansatzpunkt für das Vorgehen in den Projekten ist das ganzheitliche Akzeptanz- und Integrationsmodell digitaler Transformationsprozesse von Armutat et al. (2025), das die zentralen zusammenhängenden Dimensionen *Partizipation, Sensibilisierung* und *Qualifikation* für eine Akzeptanz von Transformationsprozessen der Mitarbeitenden vereint. Der Dreiklang dieser Elemente adressiert demnach sowohl Fähigkeitsbarrieren infolge unzureichender Qualifikation, Bewusstsein für die Notwendigkeit, Tragweite und Auswirkungen der Transformation sowie zuletzt Beteiligungsverfahren.

In einem partizipativ und systematisch-iterativen Verfahren wurde folgendes **Vorgehensmodell** entwickelt und in den Transferunternehmen ausgerollt (Abb. 1).

Das Implementationsmodell basiert auf sechs aufeinander aufbauenden Stufen, die systematisch aufeinander abgestimmt sind, um digitale Transformationsprozesse in Unternehmen nachhaltig umzusetzen und Akzeptanz bei den Beschäftigten zu fördern.

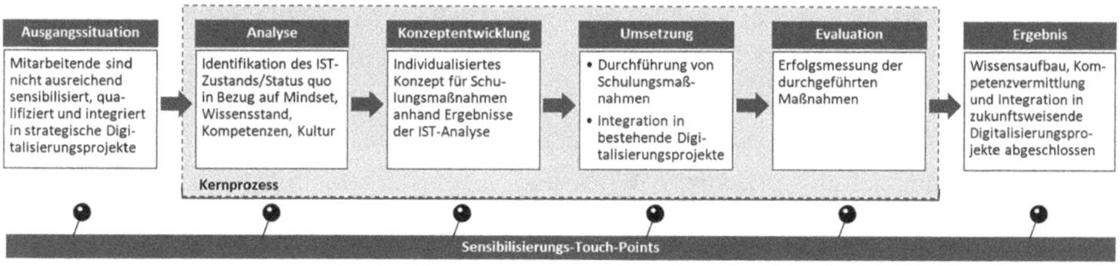

Abb. 1 Implementationsmodell strategischer Digitalisierungsprojekte (Armutat et al., 2025)

2.2 Maßnahmen

Die Umsetzung in den Transferunternehmen zeigt exemplarisch, wie das Modell praxisnah angewandt wurde. Im Folgenden werden die einzelnen Phasen des Modells mit konkreten Ergebnissen und Maßnahmen zusammenfassend dargestellt.

Zu Beginn wurde in beiden Transferprojekten der **digitale Handlungsbedarf** durch das jeweilige Management erhoben – beispielsweise im Zuge der Einführung neuer Software oder KI-gestützter Planungsprozesse. Entscheidend war in dieser Phase eine transparente und frühzeitige Kommunikation, um Orientierung zu geben und Vertrauen aufzubauen. Um dies zu erreichen, wurden neben einer Kick-off-Veranstaltung auch Informationsveranstaltungen für die gesamte Belegschaft durchgeführt, interne Kommunikationskanäle wie Intranet-Seiten oder Aushänge genutzt und Führungskräfte als kommunikative Brücken zu den Mitarbeitenden eingebunden. Dadurch konnte ein gemeinsames Verständnis für die anstehenden Veränderungsprozesse geschaffen werden.

Anschließend erfolgte eine umfassende Bestandsaufnahme u.a. der digitalen Kompetenzen und Einstellungen durch Online-Befragungen bei Mitarbeitenden und Führungskräften. Die Ergebnisse der **Ist-Analyse** beider Unternehmen zeigten eine insgesamt große Offenheit gegenüber Digitalisierung, aber auch relevante Unterschiede je nach Zielgruppe und Branche, in der das jeweilige Unternehmen tätig ist: Mitarbeitende in produktionsnahen Bereichen wiesen tendenziell eine geringere digitale Selbstwirksamkeit auf, während Führungskräfte unterschiedlich stark in ihrer Rolle als Veränderungstreiber agierten. Auffällig war, dass Mitarbeitende ihre digitale Kompetenz deutlich niedriger einschätzten als deren Relevanz. Zudem bestand ein ausgeprägter Wunsch nach praktischen, alltagsnahen Lernangeboten, insbesondere im Umgang mit digitalen Werkzeugen und künstlicher Intelligenz.

In Gruppensitzungen mit ausgewählten Mitarbeitenden und Führungskräften wurden die Befragungsergebnisse reflektiert und konkrete Maßnahmen abgeleitet. Basierend auf diesen Erkenntnissen wurden konkrete, **bedarfsorientierte Qualifizierungsmaßnahmen** für jedes Unternehmen separat entwickelt. Ein zentrales Element war die Differenzierung nach Zielgruppen und Kompetenzniveaus. Es entstanden modulare Lernangebote mit Grundlagen- und vertiefenden Schulungen und Workshops sowohl in digitaler Form als auch im Verwaltungs- und Shop-Floor-Bereich.

In der **Umsetzungsphase** wurden die entwickelten Maßnahmen in den Arbeitsalltag integriert. Dabei kam es sowohl bei GARANT als auch bei AVANCO auf niedrigschwellige Formate und einen direkten Anwendungsbezug an. So wurden unternehmensspezifisch u.a. sogenannte Coffeebreaks, digitale Sprechstunden mit kurzen Wissensimpulsen, Schulungen sowie Workshops (hybrid) eingeführt. Mitarbeitende erhielten Schulungen zu digitalen Technologien (v. a. Künstliche Intelligenz), Projektmanagement, Kommunikation und Resilienz. Für gewerbliche Zielgruppen wurden eigens angepasste Schulungen vor Ort angeboten, um Berührungsängste abzubauen.

Ein zentrales Element des Modells ist die **Einbindung** der Mitarbeitenden in **strategische Digitalisierungsprojekte,** um Akzeptanz durch aktives Mitgestalten zu fördern. Es wurden bereichsübergreifende Arbeitsgruppen etabliert, in denen Mitarbeitende aktiv an der Weiterentwicklung digitaler Prozesse beteiligt sind, z.B. an der Entwicklung einer Digitalisierungs-Roadmap oder an der Erstellung von digitalen Kommunikationsrichtlinien. Darüber hinaus fanden sich digitale Lern- und Entwicklungsziele zunehmend in strategischen Personalentwicklungskonzepten wieder, wodurch eine strukturelle Verankerung gelang.

Die **Evaluation** der Maßnahmen erfolgte mehrstufig und orientierte sich am Modell von Kirkpatrick (1959). Neben Rückmeldungen zur Zufriedenheit mit den Formaten wurden insbesondere Lerntransfer, Verhaltensänderungen und organisationale Effekte erfasst. Es zeigte sich auch hier – mit geringen Unterschieden in den beiden Unternehmen – eine deutlich gesteigerte Selbsteinschätzung der Teilnehmenden bzgl. ihrer digitalen Kompetenzen. Die Evaluation belegte zudem die hohe Zufriedenheit und Akzeptanz der durchgeführten Maßnahmen und bestätigte die Relevanz des partizipativen Ansatzes.

Die Kombination aus quantitativen Befragungen und qualitativen Interviews erlaubte eine differenzierte Erfolgskontrolle und zeigte Potenziale für die Weiterentwicklung auf. Gleichzeitig förderte die Evaluation die Reflexion innerhalb der Organisation und erhöhte die strategische Anschlussfähigkeit zukünftiger Transformationsprojekte.

3 Erfahrungen und Ausblick

Die Umsetzung des Implementationsmodells zeigte, dass gezielte Sensibilisierung, passgenaue Qualifizierung und gelebte Partizipation zentrale Hebel zur Steigerung der Akzeptanz in digitalen Transformationsprozessen sind. Die Kombination aus fundierter Analyse, niedrigschwelligen Lernformaten und struktureller Verankerung ermöglichte nicht nur die Entwicklung individueller Kompetenzen, sondern auch einen kulturellen Wandel im Umgang mit Digitalisierung.

So haben sowohl AVANCO als auch GARANT mit unterschiedlichen Schwerpunkten fachlich und kulturell von dem Prozess profitiert:

Die Evaluationen der Digitalsprechstunde bei AVANCO zeigen eine hohe Akzeptanz und Zufriedenheit unter den Mitarbeitenden. Teilnahmelücken sind meist auf fehlende Gelegenheiten zurückzuführen, nicht auf mangelndes Interesse – dies spricht für eine gezielte Erhebung von Teilnahmehindernissen und eine breitere Ausgestaltung des Formats. Die Mehrheit berichtet von einem spürbaren Wissenszuwachs sowie einer verbesserten Fähigkeit, den Arbeitsalltag und zukünftige digitale Herausforderungen bei AVANCO zu bewältigen, wie bspw. ein ERP-Upgrade oder die Einführung von M365. Um den positiven Effekt zu verstetigen, sollten vertiefende Angebote für künftige Veranstaltungen entwickelt und Impulse aus der Belegschaft aufgegriffen werden. Regelmäßige Evaluationen sind dabei essenziell, um Maßnahmen bedarfsorientiert weiterzuentwickeln und flexibel an neue Anforderungen anzupassen.

Auch bei GARANT konnten erste Verhaltensänderungen bereits während der Projektlaufzeit angestoßen werden – insbesondere durch den Fokus auf Basiskompetenzen und praxisnahe Ergebnisse wie einen einfachen Kommunikationsleitfaden. Auch berichten Mitarbeitende von einer hohen Zufriedenheit mit der Auswahl der Themen, einem deutlichen Wissenszuwachs sowie einer besseren Kenntnis des aktuellen Stands der Digitalisierung bei GARANT. Auch das agile Vorgehen wurde positiv wahrgenommen und zeigte, dass schlanke Maßnahmen oft effektiver sind. Künftig gilt es, die begonnenen Maßnahmen zu verstetigen, Deep Dives auszubauen und weitere Fokusthemen zu ergänzen. Eine stärkere Einbindung und Qualifizierung der Mitarbeitenden sowie die Förderung eines digitalen Mindsets sollen dabei gezielt weitergeführt werden.

Insgesamt haben die Transferprojekte in den beteiligten Unternehmen einen wichtigen Startpunkt für die nachhaltige Verankerung digitaler Kompetenzen und neuer Arbeitsweisen gebildet. Durch die strategische Verankerung von Qualifizierungsmaßnahmen und die nachhaltige Integration von Mitarbeitenden lieferten die Projekte einen entscheidenden Beitrag zur Befähigung der Mitarbeitenden und eine nachhaltige Grundlage für die erfolgreiche Integration zukünftiger KI-gestützter Systeme. Ebenso hat sich das Vorgehensmodell als praxistauglich und übertragbar auf andere Unternehmenskontexte erwiesen. Und nicht zuletzt zeigen beide Transferprojekte, dass die Kombination von wissenschaftlichen Ansätzen und praxisorientierten Zugängen zu konstruktiven Lernergebnissen für alle beteiligten Projektpartner führt.

Literatur

Armutat, S., Wattenberg, M., & Mauritz, N. (2025). Implementationsmodell zur Integration von Mitarbeitenden in strategische Digitalisierungsprojekte im Kontext von KI, In GfA, Sankt Augustin (Hrsg.). Arbeit 5.0: Menschzentrierte Innovationen für die Zukunft der Arbeit. Frühjahrskongress 2025, Aachen. https://doi.org/10.61063/FK2025

Armutat, S. (2024). Personalmanagement für mehr Anpassungsfähigkeit – mit den richtigen Mitarbeiter:innen zur (digitalen) Transformation. In Zeitschrift für das gesamte Insolvenz- und Sanierungsrecht 27(40), S. 1973–1977.

Kirkpatrick, D.L. (1959/1960). Techniques for Evaluating Training Programs Part I, II, II and IV. In Journal of the American Society of Training Directors, 13(11), 13(12), 14(1), 14(2).

Intelligente Personaleinsatzplanung im Dispositions- und Servicebereich

Psychologische Kompetenzmodellierung einer KI

Dominik Bentler, Lukas Vollenkemper, Stephan Kuhlke und Günter W. Maier

1 Einleitung und Zielsetzung

Die Personaleinsatzplanung stellt in Unternehmen eine äußerst komplexe Aufgabe dar, bei der Disponent:innen eine Vielzahl an Daten berücksichtigen müssen (z. B. Verfügbarkeiten und Qualifikationen des Personals, Auftragsdaten sowie Fahrzeiten). Im vorliegenden Beispiel der Firma Neotechnik GmbH werden ca. 120 Techniker:innen von 15 Disponent:innen verplant. Um eine optimale Personaleinsatzplanung garantieren zu können, müssen unter anderem die Art und der Umfang des Kundenauftrags, ob es sich um eine Reparatur oder Wartung handelt, welche Ersatzteile benötigt werden, die Entfernung zwischen den Kunden sowie die speziellen Kompetenzen der Techniker:inen berücksichtigt werden. Die Koordination dieser Abläufe basiert sehr stark auf Erfahrungswissen und der langjährigen Expertise der Disponent:innen. Auf Grund des Umfangs an Daten sowie der schweren Vorhersagbarkeit von Arbeitsumfängen bietet es sich an, die Disponent:innen durch intelligente Assistenzsysteme zu unterstützen. Der Einsatz intelligenter Systeme bietet sich im Bereich der Personaleinsatzplanung aus mehreren Gründen an. Erstens haben intelligente Systeme die Möglichkeit komplexe und umfangreiche Daten zu verarbeiten und miteinander zu verknüpfen. Damit besteht das Potenzial effizientere Personaleinsatzpläne zu erstellen. Zweitens bietet die Unterstützung durch intelligente

D. Bentler (✉) · G. W. Maier
Universität Bielefeld, Bielefeld, Deutschland
E-Mail: dominik.bentler@uni-bielefeld.de

L. Vollenkemper · S. Kuhlke
Neotechnik Fördersysteme, Bielefeld, Deutschland

R. Dumitrescu (Hrsg.), *KI für die Arbeitswelt von morgen*,
Intelligente Technische Systeme – Lösungen aus dem Spitzencluster it's OWL,
https://doi.org/10.1007/978-3-662-73053-9_21

Systeme Möglichkeiten für Arbeitsentlastungen der Disponent:innen. Drittens können lernende Systeme Analogien in Auftragsaufkommen und -abläufen erkennen und bieten demnach auf Basis prognostischer Einsatzplanungen die Möglichkeit, auch weitere Prozesse innerhalb des Unternehmens, z. B. Bestellung von Ersatzteilen, zu verschlanken.

Ziel des Projekts war die Gestaltung eines intelligenten und humanzentrierten Tools für die Personaleinsatzplanung im Bereich der Disponententätigkeit unter Berücksichtigung vielfältiger Einflussfaktoren in diesem Bereich. Der Kompetenzerhalt bei zeitgleicher Entlastung der Disponent:innen wurde in dem Projekt angestrebt. Auch bei kurzfristig notwendigen Anpassungen der Einsatzplanung soll das intelligente System automatisiert Vorschläge generieren können. Das Tool berücksichtigt und gewichtet sowohl ökonomische als auch humanzentrierte Einflussfaktoren für die Erstellung von Entscheidungsvorschlägen in der Personaleinsatzplanung. Wesentliches Ziel war neben den humanzentrierten Effekten auch eine hohe Akzeptanz und Zufriedenheit der betroffenen Mitarbeitenden.

2 Durchführung und Erkenntnisse

Als Grundlage für die Lösungsstruktur dient der soziotechnische Systemansatz, welcher die Komponenten Mensch, Organisation und Technik verknüpft. Da im vorliegenden Beispiel die Interaktion zwischen Personaldisponent:innen und dem intelligenten Assistenzsystem den größten Einfluss auf den Projekterfolg hatte, wurde diese im Projekt fokussiert. Aufbauend auf Ergebnissen der Technologieakzeptanzforschung wurden humanzentrierte Eigenschaften für eine umfassende User Experience im Rahmen der Entwicklung des intelligenten Tools berücksichtigt. Zentrale Herausforderungen für die Technologieakzeptanz sind neben der Vertrauenswürdigkeit in den Algorithmus, auch die Relevanz für die Tätigkeit sowie die Qualität der Ergebnisse. Um diesen Herausforderungen gerecht zu werden, wurden die Disponent:innen intensiv in das Projekt involviert und eine dreistufige konsekutive Vorgehensweise gewählt, welche im Folgenden beschrieben wird.

2.1 Psychologische Anforderungsanalyse

Psychologische Anforderungsanalysen dienen dazu, zu ermitteln, welche Kompetenzen der Tätigkeitsausführenden erforderlich sind, um aktuelle oder zukünftige Arbeitsaufgaben erfolgreich zu bewältigen. Mit arbeitsplatzanalytischen Methoden (z. B. Fragebogen, Beobachtung, standardisiertes Interview, Auswertung schriftlichen Materials) werden Tätigkeitsmerkmale und erfolgreiche Verhaltensweisen an konkreten Arbeitsplätzen erfasst und in ein Kompetenzprofil für ein konkretes Berufsbild übersetzt. Wichtige Informationsquellen können insbesondere die aktuellen Beschäftigten in dem Tätigkeitsbereich sowie dessen Vorgesetzte sein. Der Ablauf einer Anforderungsanalyse beginnt in der Regel mit einer qualitativen Phase, in der Informationen über das interessierende Berufsfeld gesammelt werden, z. B. durch Interviews, Gruppen- oder Dokumentenanalysen. In der anschließenden Übergangsphase wird das Material ausgewertet und in ein quantitatives Verfahren übersetzt. In der quantitativen Phase schließlich findet das Erhebungsinstrument (z. B. Kompetenzfragebogen) Anwendung und ermöglicht statistisch begründete Aussagen (Schuler 2014; Sonntag und Schmidt-Rathjens 2005).

Die zeitliche Perspektive bei Anforderungsanalysen kann zwischen korrektiver (d. h. Behebung arbeitsgestalterischer Mängel nach Veränderung), präventiver (d. h. vorbeugender Anforderungsgestaltung vor Veränderung) sowie prospektiver (d. h. Erweiterung des präventiven Ansatzes um eine langfristige Potentialförderung der Beschäftigen) unterschieden werden (Kato-Beiderwieden et al. 2021). Im vorliegenden Projekt wurde ein präventiv-prospektiver Ansatz gewählt: Bereits vor einer Technologieeinführung sollten die Kompetenzanforderungen geschätzt werden. Auf Basis dieser Ergebnisse sollte ein umfassendes Bild der aktuellen Tätigkeit im Dispositionsbereich ermittelt werden, um im folgenden Schritt ableiten zu können, bei welchen Tätigkeiten ein intelligentes Assistenzsystem die Beschäftigten am nützlichsten unterstützen kann.

Zur Durchführung der psychologischen Anforderungsanalyse wurde die Methode der Task-Analysis-Tools verwendet (TATоo; Koch und Westhoff 2012). Die Durchführung der TAToo ist in drei Schritt unterteilt.

1. In einem ersten Schritt wurden die aktuellen Disponent:innen interviewt, um aktuelle Arbeitsabläufe im Tätigkeitsbereich erfassen zu können. Die aktuellen Beschäftigten im Bereich der Disposition wurden gebeten, ihre aktuellen Aufgaben zu erläutern sowie ihr konkretes Arbeitsverhalten zu beschreiben. Insgesamt wurden 10 Interviews im Rahmen des Transferprojektes durchgeführt. Gemäß den Empfehlungen von Koch und Westhoff (2012) werden mindestens acht Personen benötigt, um ein umfassendes und valides Ergebnis erzielen zu können.
2. Der zweite Schritt der TAToo beschäftigt sich mit der Auswertung der gewonnenen Interviewdaten. Dazu wurden die Tätigkeitsbeschreibungen der Interviewten in kleinste Verhaltenskomponenten unterteilt. Diese konkreten Verhaltensbeispiele wurden aus allen Interviews gesichtet und nach ihrer Ähnlichkeit geclustert. Die so entstandenen Verhaltenscluster bildeten die Grundlage für die Ableitung eines Kompetenzprofils. Im vorliegenden Transferprojekt wurden insgesamt neun Verhaltenscluster gebildet, welche die Anforderungen der Tätigkeit im Personaldispositionsbereich beschreiben (siehe Tab. 1). Die Anforderungsschwerpunkte für die Disponent:innen liegen in kognitiven und sozialen Bereichen. Kognitive Anforderungen sind die Auftragsplanung, Auftragsannahme, kurzfristige Problemlösungen, langfristige Auftragsplanung und Kalkulation der Fahrzeiten. Soziale Kompetenzen von den Disponent:innen werden in Bezug auf Kenntnisse der Techniker:innen und Kunden sowie im Rahmen der Kommunikationsfähigkeit erwartet. Diese qualitativen Ergebnisse bildeten ein ungewichtetes Anforderungsprofil, welches im

Tab. 1 Anforderungen an die Personaldisponent:innen bei Neotechnik

	Anforderung	Definition
Kognitive Anforderungen	**Auftragsplanung**	Auftragsplanung umfasst die Koordination von Techniker:innen in einem Team, die Planung der Aufträge nach Priorität sowie die Berücksichtigung von Abwesenheiten der Techniker
	Auftragsannahme, Auftragsanlegung und Bestellung von Ersatzteilen	Die Auftragsannahme erfolgt in der Regel per Mail und/oder Telefon, woraufhin eine Auftragsanlegung inklusive der Bestellung von Ersatzteilen und Verplanung von Techniker:innen erfolgt
	Kurzfristige Problemlösung	Kurzfristige Problemlösungen sind insbesondere notwendig, wenn bei den Kunden Standgeräte vorhanden sind, Techniker kurzfristig ausfallen oder Ersatzteile nicht geliefert werden können. In diesen Fällen müssen bestehende Einsatzpläne angepasst werden
	Langfristige Auftragsplanung	Die langfristige Auftragsplanung umfasst die Koordination von Wartungsaufträgen, welche mit einer Vorlaufzeit von bis zu einem Monat geplant werden können
	Überwachung der Aufträge	Die Überwachung der Aufträge beinhaltet die Kontrolle der Auftragsabwicklung sowie die Nachkontrolle von Aufträgen
	Kalkulation der Fahrzeiten	Aufträge sollten so angelegt werden, dass möglichst kurze Fahrzeiten für die Techniker anfallen. Ziel ist es, dass die Fahrzeit zwischen den Aufträgen maximal 30 min beträgt
Soziale Anforderungen	**Kenntnis der Techniker und Empathie**	Kenntnis der Techniker und Empathie umfasst sowohl die Berücksichtigung der Qualifikationen der Techniker, um eine Über- und Unterforderung ausschließen zu können sowie die Berücksichtigung von Wünschen der Techniker hinsichtlich Kunden- und Kollegenzuordnung
	Kommunikationsfähigkeit	Kommunikationsfähigkeit ist insbesondere dann notwendig, wenn der Austausch zwischen Kunden und den Technikern reibungslos funktionieren soll
	Kenntnis der Kunden und Empathie	Kenntnis der Kunden und Empathie setzt voraus, dass man die Perspektive der Kunden übernehmen kann und bei der täglichen Arbeit berücksichtigt, damit eine maximale Kundenzufriedenheit entsteht

letzten Schritt über quantitative Bewertungen gemäß ihrer Bedeutung für die Arbeitstätigkeit bewertet wurde.
3. Im dritten und letzten Schritt der TAToo-Methode werden die Ergebnisse aus dem zweiten Schritt an die Interviewteilnehmenden zurückgespiegelt. Aufgabe der Teilnehmenden war es, die ermittelten Anforderungen aus Schritt 2 hinsichtlich ihrer Wichtigkeit für die Arbeitstätigkeit zu bewerten. Um darüber hinaus Anforderungen für das intelligente System ermitteln zu können, wurden die Teilnehmenden zusätzlich zur Wichtigkeitsbewertung gebeten, die Nützlichkeit eines intelligentes Assistenzsystems für die jeweilige Anforderung zu bewerten. Anforderungen die sowohl als sehr wichtig bewertet wurden sowie bei denen auch ein hoher Nutzen zur Unterstützung durch ein intelligentes System durch die Teilnehmenden gesehen wurde, sind zwingend bei der Entwicklung der intelligenten Assistenz zu berücksichtigen. Im vorliegenden Fall wurde die Auftragsplanung, kurzfristige Problemlösungen, Kalkulation der Fahrzeiten sowie die Kenntnisse der Techniker als sehr wichtig bewertet und darüber hinaus noch eine hohe Nützlichkeit des Systems gesehen (siehe Abb. 1). Daher wurden diese Anforderungen ausgewählt, um im folgenden Schritt einen Algorithmus für die Assistenz ableiten zu können.

2.2 Entwicklung Algorithmus und Umsetzung bei Neotechnik

Für die technische Umsetzung bei Neotechnik musste zunächst die Datenlage intern geprüft werden. Eine besondere Herausforderung bestand hier in der Auftragsplanung, da die erwarteten Bearbeitungszeiten von den tatsächlichen Auftragsbearbeitungszeiten deutlich abweichen können. Eine langfristige Planung (mehr als einen Tag) war in der Praxis nicht umsetzbar. Kurzfristige Problemlösungen lassen sich in dem Algorithmus umsetzen, indem für dringende Aufträge freie Techniker vom System vorgeschlagen werden können. Die Kalkulation der Fahrzeiten wird durch eine Schnittstelle mit frei verfügbaren Navigationssystemen in Echtzeit berechnet, wodurch sowohl optimale Fahrwege aber auch in Notfällen, die am nächsten verfügbare Techniker hinzugezogen werden können. Die Kenntnisse der Techniker werden in dem System über formale Qualifikationen hinterlegt, worüber garantiert werden kann, dass das System ausschließlich qualifizierte Techniker für die Arbeiten vorschlägt. Darüber hinaus sind im System die Anzahl der bereits übernommenen Aufträge an dem Gerätetyp bzw. bei dem jeweiligen Kunden hinterlegt, welche eine Aussage darüber treffen, ob bei den Technikern ein Expertenstatus zur Übernahme des Auftrags vorliegt. So kann auch den Bedürfnissen der Kunden entsprochen werden, welche einen Stammtechniker bevorzugen. Diese Optionen sowie die Verknüpfung dieser Daten führt dazu, dass die Disponent:innen eine hohe Nützlichkeit des Assistenzsystems erkennen, was einer Technologieakzeptanz dienlich ist. Das System wurde prototypisch in einer Power App umgesetzt. Hier können Disponenten die ihnen zugeordneten Techniker auswählen und automatisiert für den heuti-

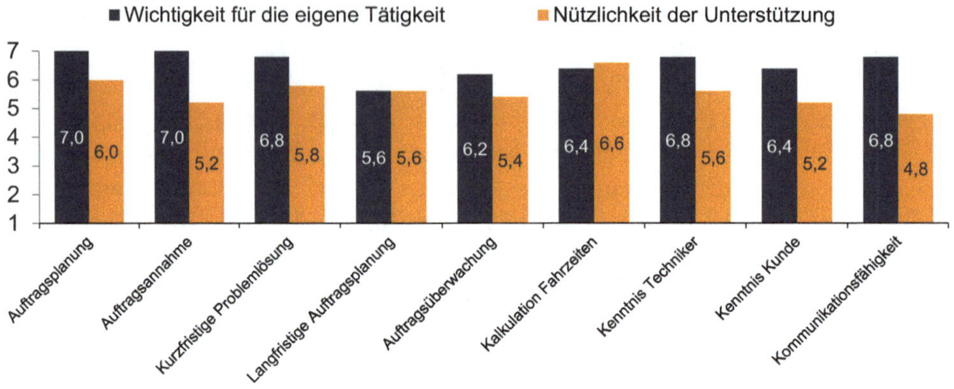

Abb. 1 Wichtigkeit der Anforderungen für die Disposition sowie Nützlichkeit bei der Unterstützung durch ein intelligentes System

gen Tag verplanen. Zur Bestimmung der optimalen Auftragsreihenfolge und -Zuordnung wurde dabei auf einen genetischen Algorithmus zurückgegriffen, der über eine Azure Function bereitgestellt wurde. In ersten Tests konnte eine Reduktion der Fahrtstrecke um bis zu 15 % festgestellt werden. Allerdings muss hier das Ausbalancieren der verschiedenen Zielgrößen noch verbessert werden. Die App hat hier selbständig etwa 300 Aufträge verplant, die aktuell manuell von den Disponenten im ERP-System mit Techniker und Uhrzeit hinterlegt werden müssen. Die App wird nach Projektabschluss von Neotechnik weiterentwickelt, um zusätzliche Daten zu berücksichtigen. Lücken in der Datengrundlage, die während der Entwicklung aufgedeckt wurden, werden systematisch geschlossen. So kann langfristig der Standard geschaffen werden, der für eine abschließende Integration in die Prozesse notwendig ist.

2.3 Zukunftsperspektiven und Weiterentwicklung

Die erzielten Ergebnisse bilden eine ideale Grundlage für die Unterstützung durch intelligente Systeme in der Personaldisposition bei Neotechnik. Durch die Fokussierung auf wichtige Anforderungen, bei denen die aktuellen Stelleninhaber zugleich eine hohe Nützlich des Systems erkennen, wurde eine Grundlage für hohe Unterstützung des Systems sowie eine hohe Technologieakzeptanz erzielt. Diese Ergebnisse sprechen dafür, bei Weiterentwicklungen des Systems sowie der Einführung intelligenter Systeme in anderen Bereichen die Beschäftigten stark in die jeweiligen Vorhaben einzubinden und bestätigen somit bestehende Annahmen des Change-Managements (Mlekus et al. 2022). Der hier verfolgte Ansatz mit einem bestimmten Anwendungsbereich innerhalb eines Unternehmens sich dem Einsatz intelligenter Systeme anzunähern ist als äußerst erfolgreich zu bewerten und wird für zukünftige Vorhaben empfohlen. Darüber hinaus ist auch die Fokussierung auf einige wenige technische Optionen bei der Entwicklung und dem erstmaligen Einsatz intelligenter Systeme zu empfehlen. Dieses Vorgehen erleichtert die Transparenz und Nachvollziehbarkeit für die Beschäftigten. Darüber hinaus erleichtert es die technische Umsetzung und dient somit als ideale Vorlage für analoge Projekte.

Literatur

Kato-Beiderwieden, AL., Schlicher, K.D., Ötting, S.K., Heppner, H. & Maier, G. W. (2021). Prospektive Kompetenzanalyse (ProKA) – Ein Verfahren zur Einschätzung von zukünftigen Kompetenzveränderungen. In: Gruppe Interaktion Organisation (GIO) 52, S. 245–260.

Koch, A. & Westhoff, K. (2012) Task-Analysis-Tools (TATOo) – Schritt für Schritt Unterstützung zur erfolgreichen Anforderungsanalyse. Lengerich: Pabst Science Publishers.

Mlekus, L., Kato-Beiderwieden, A. - L., Schlicher, K., & Maier, G. W. (2022). With a little help from change management: Effects of a short-term change intervention on employee attitudes and behavior. Zeitschrift für Arbeits- und Organisationspsychologie, 66, S. 40–51. https://doi.org/10.1026/0932-4089/a000372

Schuler, H. (2014). Arbeits- und Anforderungsanalyse. In: Schuler, H. & Kanning, U. P. (Hrsg.), Lehrbuch der Personalpsychologie. S. 61–98.

Sonntag, K. & Schmidt-Rathjens, C. (2005). Anforderungsanalyse und Kompetenzmodelle. In: Gonon, P. Klauser, F., Nickolaus, R. & Huisinga, R. (Hrsg.), Kompetenz, Kognition und neue Konzepte der beruflichen Bildung. Wiesbaden: VS Verlag für Sozialwissenschaften/GWV Fachverlage. S. 55–66.

Validierung von Stakeholderanforderungen mithilfe von Systems Engineering und KI-gestützter Kalkulation

Integration der Systemarchitektur in Validierungsprozesse

Lynn Humpert und Jannis Graunke

1 Einleitung und Zielsetzung

Der Maschinen- und Anlagenbau ist für die europäische Wirtschaft von zentraler Bedeutung, wobei Deutschland den größten Beitrag zur europäischen Wertschöpfung leistet (VDMA 2021). Eine wichtige Teildisziplin ist der Sondermaschinenbau, der sich durch eine hohe Variantenvielfalt, geringe Standardisierung und stark individualisierte Kundenanforderungen auszeichnet. Bei Auftragserteilung sind viele dieser Anforderungen noch unvollständig oder unspezifisch, was im weiteren Verlauf zu Anpassungen im Entwicklungsprozess und damit verbundenen Folgekosten führen kann (Gesellschaft Entwicklung, Konstruktion, Vertrieb 1999).

Zur Bewältigung dieser Herausforderungen wurde im Rahmen des Transferprojekts „Menschorientierte Gestaltung eines KI-Assistenten zur frühen Validierung von Kundenwünschen mit Systems Engineering" ein doppelter Fokus gesetzt: Einerseits wurde die kalkulatorische Betrachtung von Sondermaschinen mit generativer Künstlicher Intelligenz adressiert, andererseits lag der Schwerpunkt auf der systematischen und nutzerzentrierten Validierung von Kundenanforderungen bereits in frühen Projektphasen.

Am Projekt beteiligt waren die Wächter Packautomatik GmbH & Co. KG als Anwendungspartner sowie das Fraunhofer-Institut für Entwurfstechnik Mechatronik IEM als wissenschaftliche Einrichtung. Die Projektlaufzeit erstreckte sich von Mai 2024 bis März 2025.

L. Humpert (✉) · J. Graunke
Fraunhofer IEM, Paderborn, Deutschland
E-Mail: lynn.humpert@iem.fraunhofer.de

R. Dumitrescu (Hrsg.), *KI für die Arbeitswelt von morgen*,
Intelligente Technische Systeme – Lösungen aus dem Spitzencluster it's OWL,
https://doi.org/10.1007/978-3-662-73053-9_22

Die langfristige Vision des Transferprojekts besteht darin, Mitarbeitende des Unternehmens durch den gezielten Einsatz digitaler Unterstützungssysteme nachhaltig im Arbeitsalltag zu entlasten. Um diese Unterstützung möglichst spezifisch und gleichzeitig breit wirksam zu gestalten, kommt Künstliche Intelligenz (KI) in ihrer generativen Ausprägung (GenAI) zum Einsatz. Diese Technologien ermöglichen eine adaptive und datenbasierte Unterstützung in komplexen Entscheidungsprozessen.

Das Projekt verfolgt das Ziel, durch eine menschenzentrierte Integration von GenAI, Systems Engineering und Usability Engineering einen ganzheitlichen Lösungsansatz für die frühe Phase der Produktentwicklung zu schaffen. Im Fokus steht die systematische Unterstützung bei der frühzeitigen Validierung von Stakeholderanforderungen, insbesondere in der Angebots- und Konzeptionsphase. Hierfür wurde eine interaktive Nutzerschnittstelle entwickelt, über die der Anwender anhand qualifizierter Fragebögen kontextabhängig geeignete Validierungsmethoden für das eigene Projekt vorgeschlagen bekommt und bei der weiteren Bearbeitung systematisch begleitet wird. Die Kombination aus Systems Engineering zur strukturierten Modellierung, generativer KI zur kalkulatorischen Unterstützung und Usability Engineering zur Gestaltung einer intuitiven Nutzererfahrung bildet das Fundament der entwickelten Lösung.

Für den kalkulatorischen Teil des Projekts wurden zunächst unternehmensinterne Daten extrahiert, maschinenlesbar aufbereitet und anschließend mit Methoden der generativen KI analysiert. Ziel war es, eine Vorhersagemöglichkeit für Aufwand und Struktur zukünftiger Anlagenkonfigurationen zu schaffen, um Planungs- und Angebotsprozesse besser abzusichern.

Die Zusammenarbeit zwischen den Projektpartnern war durch eine enge, kontinuierliche Kommunikation geprägt. Über Microsoft Teams sowie regelmäßige Vor-Ort-Termine wurde ein intensiver Austausch ermöglicht. Der bidirektionale Wissenstransfer erlaubte es, wissenschaftliche Methoden praxisnah zu erproben und gleichzeitig reale Anforderungen aus dem betrieblichen Alltag systematisch in die Entwicklung zurückzuführen.

Die nachfolgenden Kapitel geben einen detaillierten Einblick in die durchgeführten Maßnahmen (Abschn. 2 in „KI-Use-Cases im Personalmanagement: Ein Vorgehensmodell zur Identifikation, Beschreibung und Umsetzung“), eine Übersicht über Erfahrungen und Erkenntnisse des Transferprojekts (Abschn. 3 in „KI-Use-Cases im Personalmanagement: Ein Vorgehensmodell zur Identifikation, Beschreibung und Umsetzung“) sowie einen Ausblick auf die Weiterentwicklung der entwickelten Konzepte und Werkzeuge (Abschn. 4 in „KI-Use-Cases im Personalmanagement: Ein Vorgehensmodell zur Identifikation, Beschreibung und Umsetzung“).

2 Durchführung und Maßnahmen

Im Transferprojekt wird ein Leitfaden zur Validierung in die Praxis in eine webbasierte Support-Plattform überführt und das Thema der Vorkalkulation gezielt mithilfe von GenAI betrachtet. Die Transferstrategie zur Implementierung einer webbasierten

Support-Plattform für die Validierung im B2B-Sektor baut auf der Validierung mithilfe der Systemarchitektur auf. Der Ansatz zur Validierung, basiert auf einem Vorgehensmodell für stakeholder-zentrierte Validierung, welches einen strukturierten und iterativen Validierungsprozess umfasst. Ein zentraler Aspekt ist die Integration von frühen Validierungsprozessen, die Unternehmen helfen, Ressourcen zu sparen und Kosten zu senken, während sie gleichzeitig den Anforderungen an Nachhaltigkeit und Qualität gerecht werden (Humpert et al. 2024). In Abb. 1 wird die Funktionshierarchie der Webseite dargestellt. Die Implementierung erfolgt durch eine benutzerfreundliche Webseite, die als Kommunikationswerkzeug dient und die Validierungsprozesse unterstützt. Diese Plattform nutzt WordPress und verschiedene Plugins, um die Planung, Durchführung und das Management der Validierungsprozesse zu ermöglichen.

Die Validierung erfolgt in mehreren Phasen: Zunächst wird in Phase eins die Vorbereitung des Validierungsprozesses durchgeführt, in der eine Validierungsplanung erstellt wird. Diese Planung bietet dem Systems Engineer einen Überblick über alle zu planenden Validierungsprozesse (siehe. 1), einschließlich der Erstellung erforderlicher Teilmodelle wie Aktivitätsdiagrammen oder Umweltmodelle.

Die zweite Phase des Ansatzes beinhaltet die Planung der Validierung, wobei die relevanten Stakeholder identifiziert und die Validierungsmethoden sowie -artefakte ausgewählt werden. Eine Stakeholder-Map wird verwendet, um alle relevanten Stakeholder zu identifizieren. Anschließend erfolgt die Auswahl der Validierungsmethode, die in Abb. 2 rechts auf der Webseite beispielhaft dargestellt worden ist, durch einen Fragebogen (Humpert et al. 2024).

In der dritten Phase wird die Validierung durchgeführt, wobei die zuvor ausgewählte Validierungsmethode auf zielgerichtete und praktische Weise angewendet wird. Ein Workshop zur Durchführung der Validierung wurde mit dem Unternehmen angegangen, um den Validierungsprozess zu evaluieren. In der vierten Phase sind die Ergebnisse aufbereitet worden und wieder in die Systemarchitektur gespiegelt worden. Diese Phase konzentriert sich auf das Validierungsmanagement, bei dem die Anforderungen basierend

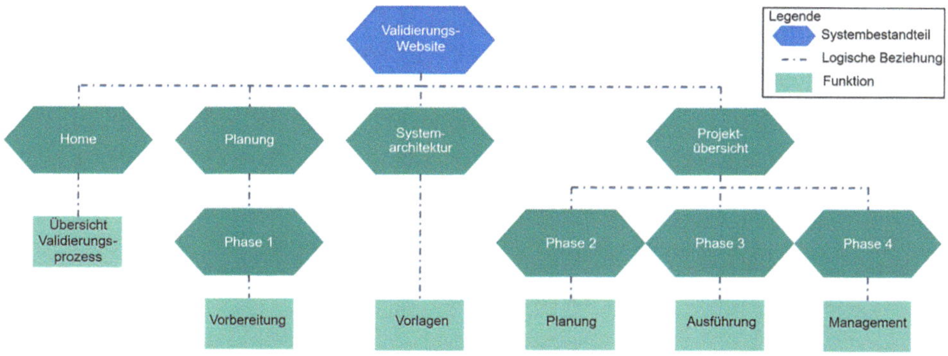

Abb. 1 Funktionshierarchie der Website in Kombination mit den Phasen des Ansatzes

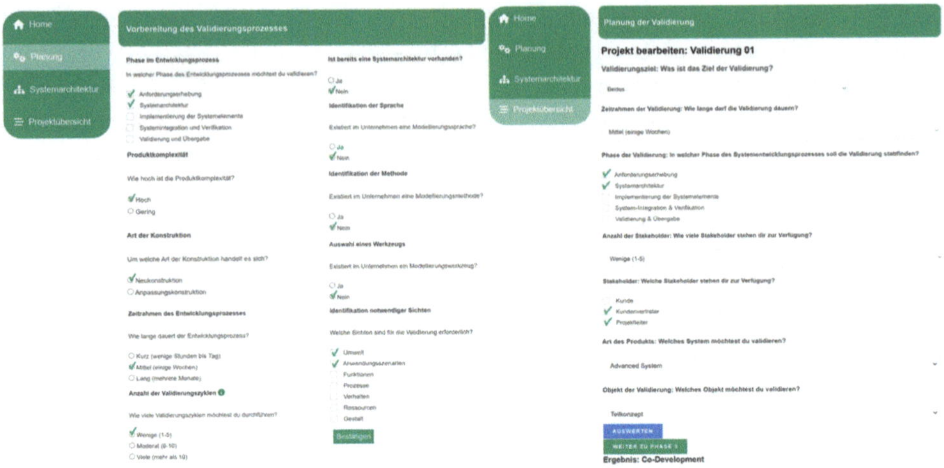

Abb. 2 User Interface für die Planung und der Vorbereitung des Validierungsprozesses

auf den Ergebnissen entwickelt werden, um eine nachvollziehbare System- oder Teilsystemarchitektur zu schaffen. Herausforderungen, die während der Implementierung auftraten, beinhalteten die Integration dynamischer Inhalte und die Verwaltung projektbezogener Daten auf der Webseite.

Der zweite Strang beinhaltet die Integration der Unterstützung der Vorkalkulation im Unternehmen durch GenAI. Dazu wurde zunächst der Prozess der Kalkulation im Unternehmen analysiert und der Ist-Stand bezüglich möglicher Lösungen in diesem Bereich aufgezeigt. Für die Umsetzung ist zunächst eine Datenbasis geschaffen worden. Die Daten für die Verpackungsmaschine sind mit Python bereinigt worden. Herausforderungen war im KMU Bereich vor allem die Qualität und Quantität der verfügbaren Daten. Es gibt oft genau eine Person im Unternehmen, die das Wissen über die verfügbaren Daten hat und die Daten nicht immer einheitlich ablegen kann. Über die Jahre hinweg ändert sich oft auch das Ablageformat, weshalb zunächst eine Umstrukturierung der Daten erforderlich ist und auf genügend Daten für eine verlässliche Vorkalkulation zugegriffen werden muss. Nach der Bereinigung der Daten ist somit ein Testdurchlauf mit verschiedenen Sprachmodellen erfolgt, die eine erfolgreiche Kalkulation als Test ermöglicht haben. Die erfolgreiche Umsetzung der Transferstrategie zeigt sich in der Anwendung bei der Wächter Packautomatik GmbH & Co. KG. Durch die Evaluation der Webseite und Vorkalkulation konnte ein nutzerfreundlicher Validierungsprozess gestaltet werden und erste Erkenntnisse bezüglich der Vorkalkulation gewonnen werden.

3 Erfahrungen und Erkenntnisse

Die Erfahrungen aus dem Transferprojekt zeigen, dass eine strukturierte Validierung von komplexen Systemen im B2B-Bereich entscheidend ist, um Fehler frühzeitig zu erkennen und die Kosten zu minimieren. Im Projektverlauf erwies sich die Usability vieler MBSE-Werkzeuge als Hemmnis. Durch konsequente Anwendung von modellbasierten Sprachen, die Gestaltung klickbarer Prototypen und iteratives Testing auf der finalen Validierungs-Plattform konnte jedoch die Anwenderakzeptanz des Validierungsprozesses deutlich gesteigert werden. Ein pragmatisches Vorgehen nach dem Motto „Anfangen, Ausprobieren, Lernen“ schafft schnelle Feedback-Schleifen und unterstützt das Erwartungsmanagement. Die Webseite wurde umfassend beschrieben und mit Messmethoden des Usability Engineering (System Usability Scale) als nutzerfreundlich beschrieben. Dabei werden sowohl der Mock-up als auch die Webseite evaluiert und schneiden mit einer hohen Punktzahl ab. Die Empfehlungen für die Praxis umfassen die Notwendigkeit, im Kundenwording zu denken und unterschiedliche Sichtweisen zu integrieren, um die Anpassungsfähigkeit der Lösungen zu fördern.

Ein wichtiger Aspekt ist auch das Erwartungsmanagement im Unternehmen, insbesondere im Bereich der Kalkulation, die Notwendigkeit, die Datenlage im Vorfeld zu überprüfen und präzise zu definieren. Auch die Einbindung unterschiedlicher Perspektiven – Wissenschaft und Praktiker, deckt darüber hinaus unerkannte Risiken auf und ermöglicht neue Lösungsansätze. Ein zentrales Learning ist die Herausforderung im Umgang mit Daten von KMU, wobei vorgeschlagen wird, im Vorfeld eine gründliche Datenaufbereitung zu betreiben und auf die Quantität zu achten.

Diese kombinierten Empfehlungen für die Praxis, von strukturierter Validierung über nutzerzentriertes Design bis hin zu interdisziplinärer Zusammenarbeit und präziser Datenvorbereitung, bilden die Basis für erfolgreiche Transferprojekte im Bereich von Systems Engineering und KI.

4 Zukunftsperspektiven und Weiterentwicklung

Die webbasierte Validierungsplattform und Vorkalkulation weisen bedeutende Potenziale für weitere Transfers in unterschiedliche Unternehmenskontexte auf. Die erfolgreiche Umsetzung im kleinen Maßstab könnte durch größere Studien und die Einbindung zusätzlicher KMU vertieft werden, um die Generalisierbarkeit und Robustheit der Erkenntnisse zu erhöhen. Außerdem kann eine Implementierung aufgrund von einem größeren Datensatz und der vollständigen Sondermaschine angestrebt werden. Zudem kann ein Entwicklungspfad sein, den Aufbau einer kontinuierlichen Datenpipeline zu fördern, die eingehende Daten automatisch in Pre-Processing-Schritte einspeist. So lassen sich manuelle Reviews zunehmend minimieren und die Datenqualität frühzeitig sichern.

Zukünftige Entwicklungen der webbasierten Validierungsplattform beinhalten eine höhere Automatisierung und die Integration von Künstlicher Intelligenz, um die Generierung von Systemarchitekturen und die Automatisierung von Validierungsprozessen weiter zu optimieren.

Langfristig kann eine stärkere Automatisierung und KI-Integration geplant werden: KI-gestützte Werkzeuge können aus validierten Systemarchitekturen automatisch Systemarchitektur-Diagramme mit Icons generieren und Validierungsabläufe orchestrieren. Interaktive Anleitungen oder kontextsensitive Tooltips könnten direkt in die Plattform implementiert werden, um Anwender intuitiv durch komplexe Prozesse zu führen.

Für künftige Projekte bleibt die Empfehlung zentral, die Datenlage bereits in der Projektinitiierung durch ein strukturiertes Scoping zu definieren und Verantwortlichkeiten sowie Qualitätssicherungsprozesse festzulegen. Dadurch wird eine belastbare Datenbasis geschaffen und zeitintensive Nacharbeiten vermieden.

Literatur

Gesellschaft Entwicklung, Konstruktion, Vertrieb (1999): Angebotsbearbeitung - Schnittstelle zwischen Kunden und Lieferanten. Kundenorientierte Angebotsbearbeitung für Investitionsgüter und industrielle Dienstleistungen. Berlin: Springer (VDI-Praxis technischer Vertrieb).

Humpert, Lynn; Wilke, Daria; Brueggemann, Sarah; Anacker, Harald; Dumitrescu, Roman (2024): Utilization of the system architecture in the context of validation in the business-to-business (B2B) sector. In: *Proc. Des. Soc.* 4, S. 2605–2614. https://doi.org/10.1017/pds.2024.263.

VDMA (2021): Maschinenbau in Zahl und Bild 2021.

Intelligente Stellplatzvergabe durch Maschine Learning im E-PUZZLE-System

Marc Brünninghaus und Sahar Deppe

1 Einleitung und Zielsetzung

Die Lödige Industries GmbH (Lödige Industries GmbH, 2025) ist ein weltweit tätiger Anbieter automatisierter Logistiksysteme und Aufzugsanlagen. Ein zentrales Geschäftsfeld ist die Entwicklung und der Betrieb vollautomatischer Parksysteme. In diesen Systemen werden Fahrzeuge auf beweglichen Plattformen geparkt, die automatisiert eingelagert und bei Bedarf wieder zur Auslagerungszelle befördert werden. Diese Plattformen können lateral auf zwei Achsen verschoben werden. Je nach Größe und Komplexität des Parksystems wird auf einzelnen Positionen möglicher Plattform eine sogenannte Lücke gelassen, also keine Plattform installiert. Diese Lücken dienen dazu die Plattformen im Betrieb bewegen und somit sortieren zu können. (s. Abb. 1) Die Parksysteme funktionieren dementsprechend nach dem Prinzip eines Schiebepuzzles. (vgl. Pizlo und Li 2005) Dabei gilt es zwischen dem größtmöglichen Parkplatzangebot (= Anzahl Lücken minimieren) und der maximal benötigten Schiebebewegungen (= Ein-/Ausparkzeit minimieren) abzuwägen. Die Steuerung dieser Systeme erfolgt über eigens von Lödige Industries entwickelte heuristische Algorithmen.

Ein wesentliches Optimierungspotenzial liegt in der Reduzierung der Wartezeiten bei der Fahrzeugauslagerung. Diese variiert je nach Lagerposition des Fahrzeugs erheblich und kann bis zu acht Minuten betragen. Besonders kurze Wartezeiten ergeben sich, wenn

M. Brünninghaus (✉) · S. Deppe
Fraunhofer IOSB-INA, Lemgo, Deutschland
E-Mail: marc.bruenninghaus@iosb-ina.fraunhofer.de

R. Dumitrescu (Hrsg.), *KI für die Arbeitswelt von morgen*,
Intelligente Technische Systeme – Lösungen aus dem Spitzencluster it's OWL,
https://doi.org/10.1007/978-3-662-73053-9_23

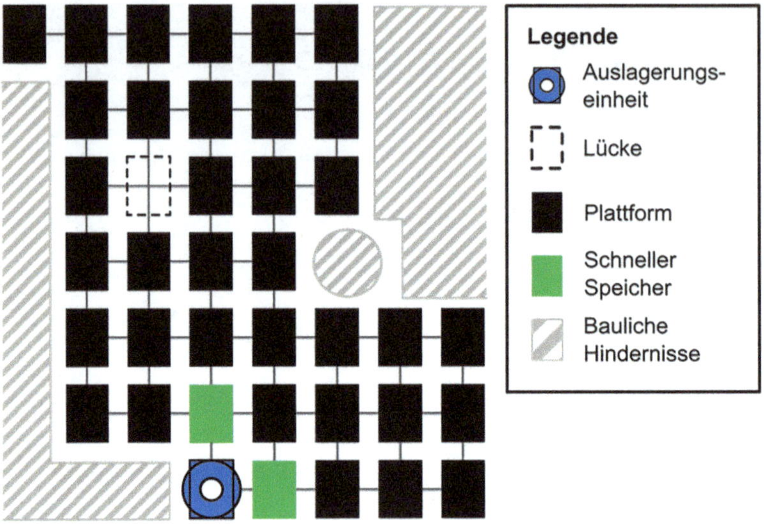

Abb. 1 Schematischer Aufbau eines Parksystems

das Fahrzeug bereits im sogenannten „schnellen Speicherbereich" gelagert ist – einem Bereich mit unmittelbarem Zugang zur Auslagerungseinheit.

Vor diesem Hintergrund entstand die Idee, das Auslagerungsverhalten von Nutzerinnen und Nutzern mithilfe historischer Systemdaten zu prognostizieren. Dieser Ansatz wurde unter Anderem bereits erfolgreich in den Anwendungsbereichen Echtzeit-Verkehrsüberwachung, Sendungsverfolgung, Straßenoberflächenüberwachung und auch Smart Parking erprobt. (Zhang et al., 2019; Wen et al., 2021). Ziel war es, auf Basis von Logdaten die Wahrscheinlichkeit einer Fahrzeugabholung für bestimmte Zeitfenster zu bestimmen. Dadurch sollen Fahrzeuge mit hoher Abholwahrscheinlichkeit vorausschauend umgelagert werden, um die Effizienz des Gesamtsystems zu steigern und die Wartezeit für die Endnutzenden spürbar zu senken.

Als Datenbasis dienten Logdateien zweier Parkhäuser mit unterschiedlichem Nutzungskontext: ein Wohngebäude mit regelmäßigem, überwiegend morgendlichem und abendlichem Verkehrsaufkommen sowie ein Bürogebäude mit stark arbeitszeitabhängigen Nutzungsmustern. Diese Diversität ermöglichte eine realitätsnahe Modellbildung und validierte das System unter variierenden Rahmenbedingungen.

2 Durchführung und Maßnahmen

Die erarbeitete Lösung basiert auf dem Aufstellen und der Inferenz von Bayes'schen Netzen. (Scutari & Denis, 2021).

Diese sind für diesen Anwendungsfall unter anderem gut geeignet, da sie:

- Eine Darstellung von Unsicherheiten in den Daten ermöglichen. Sie können die Wahrscheinlichkeiten für verschiedene Ereignisse modellieren und helfen, die Unsicherheiten in den Vorhersagen zu berücksichtigen
- Aufzeigen können, wie verschiedene Variablen miteinander in Beziehung stehen. Dies ist besonders wichtig, um zu verstehen, wie Faktoren wie Tageszeit, Wochentag oder vorherige Abholmuster die Wahrscheinlichkeit einer Fahrzeugabholung beeinflussen.
- Erlauben, die Einbeziehung von Expertenwissen oder historischen Daten in die Modellierung einzubeziehen, was die Vorhersagen verbessern kann.

Im Detail ist ein Bayes'sches Netz eine kompakte Repräsentation einer multivariaten Wahrscheinlichkeitsverteilung. Es besteht

- aus einer Graphstruktur, deren Knoten Zufallsvariablen sind. Gerichtete Kanten zwischen zwei Knoten modellieren statistische Abhängigkeiten zwischen den Zufallsvariablen der Endpunkte, sowie
- aus einer Menge von Parametern (conditional probability tables, CPTs), die die Verteilung der einzelnen Zufallsvariablen beschreiben.

Bayes'sche Netze sind ein etabliertes Machine-Learning-Tool und haben zahlreiche Anwendungen (Medizinische Diagnostik, Credit Rating, Forensik).

Bayes'sche Netze können automatisiert aus einer Stichprobe von Realisierungen der zugrundeliegenden Verteilung erzeugt werden. Während die Erzeugung der Graphdatenstruktur ein NP-schweres Berechnungsproblem ist, ist es effizient möglich, die CPTs aus der Graphstruktur zu berechnen (Darwiche, 2009). In diesem Arbeitspaket haben wir die Graphstruktur durch Expertenwissen aufgebaut, und lediglich die CPTs aus Trainingsdaten erzeugt.

Implementierungsdetails Zur probabilistischen Modellierung vom Prozessverhalten wurde ein Bayes'sches Netzwerk als Jupyter-Notebook in Python unter Verwendung der Bibliotheken pandas für die Datenverarbeitung sowie pgmpy für die Modellierung und Inferenz im Bayes'schen Netzwerk implementiert (Ankan & Panda, 2015; McKinney, 2022).

Die Netzstruktur wurde manuell spezifiziert und besteht aus diskreten Variablen, die folgende Kategorien abbilden:

- **Zeitinformation:** eine Variable *weekday,* die den Wochentag repräsentiert (numerisch kodiert 0 = Montag bis 6 = Sonntag).
- **Zeitintervalle:** mehrere Variablen, die Auslagerungsanfragen in verschiedenen Zeitintervallen (15/30/60/90-min-Bins) über den Tag verteilt abbilden.
- **Nutzer:** Für jeden Nutzer des Parksystems eine eigene Variable, deren Zustand binär zwischen Auslagerungsanfrage und keiner Auslagerungsanfrage im jeweiligen Zeitintervall unterscheidet.

Die Struktur wurde in *pgmpy.models.BayesianNetwork* als gerichteter Graph mit Kanten definiert, die semantisch den Einfluss z. B. des Wochentags und der Zeitintervalle auf das Nutzerverhalten abbilden.

Zur Schätzung der bedingten Wahrscheinlichkeiten (Conditional Probability Distributions, CPDs) wurde der pgmpy.estimators.*BayesianEstimator* genutzt. Datenbasis sind CSV-Dateien mit aggregierten Aktivitätsdaten, die in Abhängigkeit von Parametern wie *bin_size* (z. B. „60 min") und *threshold* (Gesamtanzahl der Auslagerungsanfragen des Users über den gesamten Datensatz) geladen wurden.

Tabelle1 und Abbildung 2 zeigen Auszüge aus den Daten.

Zur Durchführung der Inferenz kommt das Verfahren der Variablenelimination *(pgmpy.inference.VariableElimination)* zum Einsatz. Dadurch können gezielte Inferenzen unter Evidenzbedingungen durchgeführt werden. Entsprechende Abfragen sind in den Funktionen *predict* und *weekday_inference* gekapselt, um über Nutzer, Wochentage und Zeitintervalle iterieren und Ergebnisse auswerten zu können (STET).

Im entstandenen Prototyp können durch Parametrisierung der Funktionen verschiedene Datenräume (Datensätze unterschiedlicher Parksysteme), Zeitintervalle und

Tab. 1 Auszug der Daten zu Ausparkvorgängen in 60 min Bins

Index	Year	Week	Week-day	60 min Bins	USER 06	USER 15	USER 16	USER 19	USER 20	USER 23
0	2023	2	0	0	0,0	0,0	0,0	0,0	0,0	0,0
1	2023	2	0	1	0,0	0,0	0,0	0,0	0,0	0,0
2	2023	2	0	2	0,0	0,0	0,0	0,0	0,0	0,0
3	2023	2	0	3	0,0	0,0	0,0	0,0	0,0	0,0
4	2023	2	0	4	0,0	0,0	0,0	0,0	0,0	0,0
5	2023	2	0	5	0,0	0,0	0,0	0,0	0,0	0,0
6	2023	2	0	6	0,0	0,0	0,0	0,0	0,0	0,0
7	2023	2	0	7	0,0	0,0	0,0	0,0	0,0	0,0
8	2023	2	0	8	0,0	0,0	0,0	0,0	0,0	1,0
9	2023	2	0	9	0,0	0,0	0,0	0,0	0,0	0,0
10	2023	2	0	10	0,0	0,0	0,0	0,0	0,0	0,0
11	2023	2	0	11	0,0	0,0	0,0	0,0	0,0	0,0
12	2023	2	0	12	0,0	0,0	0,0	0,0	0,0	0,0
13	2023	2	0	13	0,0	0,0	0,0	0,0	0,0	0,0
14	2023	2	0	14	0,0	0,0	0,0	0,0	0,0	0,0
15	2023	2	0	15	0,0	0,0	1,0	0,0	0,0	0,0
16	2023	2	0	16	1,0	0,0	0,0	0,0	0,0	0,0
17	2023	2	0	17	0,0	0,0	0,0	0,0	0,0	1,0
18	2023	2	0	18	0,0	0,0	0,0	0,0	0,0	0,0

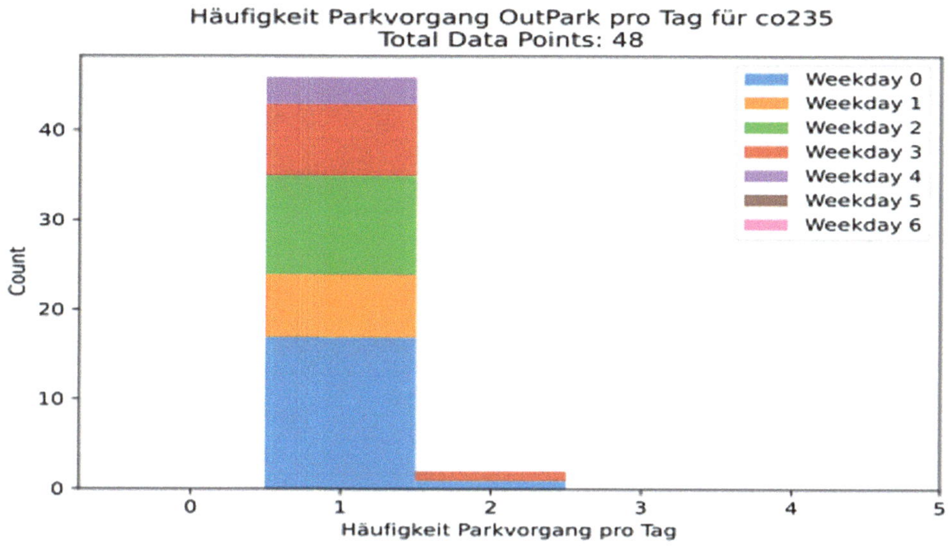

Abb. 2 Darstellung der Häufigkeitsverteilung von Ausparkvorgängen eines Nutzenden pro Tag

Schwellenwerte (Anzahl der mindestens notwendigen Auslagerungsanfragen eines Users) verwendet werden (STET).

3 Erfahrungen und Erkenntnisse

Die Offline-Tests zeigen, dass selbst mit relativ einfachen, strukturierten Modellen eine hohe Vorhersagekraft erreicht werden kann. Besonders hilfreich war die Verfügbarkeit historischer Nutzungsdaten mit hoher Granularität. Herausforderungen lagen vor allem in der Datenvorverarbeitung (z. B. Vereinheitlichung von Nutzer-IDs, Umgang mit Ausreißern) und der manuellen Modellierung der Netzstruktur. Ein zentrales Learning war, dass Nutzerverhalten stark von Kontextfaktoren wie Gebäudetyp und Tageszeit abhängt – ein Aspekt, der bei der Modellbildung berücksichtigt werden muss. Auch zeigte sich, dass die Nutzerakzeptanz durch transparente Kommunikation erwarteter Bereitstellungszeiten deutlich steigt.

Die Ergebnisse des Arbeitspakets entsprechen einer Heatmap entsprechend der Abb. 3. Die Abb. 3 zeigt die User (U1, …, U19), sowie die Stunden (0,…,23) eines Wochentags. Die Stärke der Färbung einer Zelle korrespondiert mit der Wahrscheinlichkeit für einen Ausparkvorgang. Beispielsweise fordert User U5 im Zeitintervall von 15:00 Uhr bis 16:00 Uhr mit einer hohen Wahrscheinlichkeit sein Fahrzeug an.

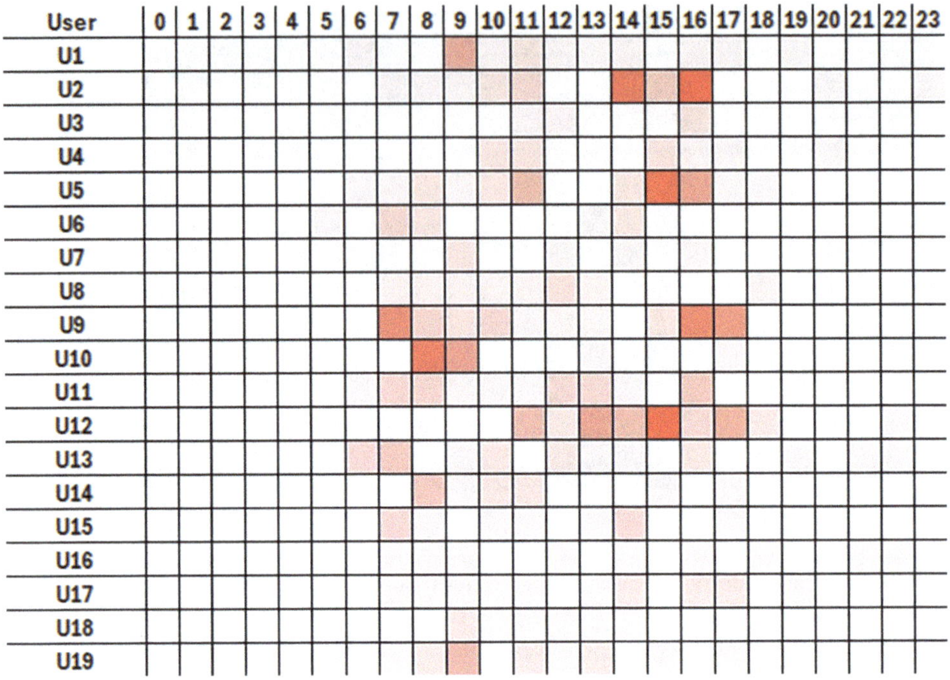

Abb. 3 Heatmap zum Ausparkverhalten der User an Wochentagen

4 Zukunftsperspektiven und Weiterentwicklung

Mit dem entwickelten Prognosemodell eröffnet sich für die Lödige Industries GmbH ein Weg, die Effizienz und die damit verbundene Kundenzufriedenheit der vollautomatischen Parksysteme weiter zu steigern. Durch den Einsatz dieses Modells zur Vorhersage von Auslagerungsanfragen können in Zukunft gezielt Umlagerungsaufträge erteilt werden, bevor die tatsächlichen Anfragen eingehen. Dies ermöglicht es, Fahrzeuge rechtzeitig in den schnellen Speicherbereich zu verschieben und somit die Wartezeiten für die Nutzenden signifikant zu reduzieren. Der nächste Schritt besteht darin, die Performance des Modells von der bisherigen Nutzung in der Vorabsimulation der Parkhäuser in die Praxis zu überführen und dort zu evaluieren. Die durchschnittliche Wartezeit soll dann als zentrale Messgröße für den Erfolg herangezogen werden. Durch kontinuierliche Anpassungen und Optimierungen des Modells können die Benutzererfahrung weiter verbessern und die Wettbewerbsfähigkeit der Parksysteme gestärkt werden.

Literatur

Ankan, A., & Panda, A. (2015). pgmpy: Probabilistic Graphical Models using Python. Proceedings of the 14th Python in Science Conference (SciPy 2015). https://github.com/pgmpy/pgmpy

Lödige Industries GmbH. (2025). In https://www.lodige.com/de. Abgerufen am (10.06.2025).

McKinney, W. (2022). Python for Data Analysis: Data Wrangling with Pandas, NumPy, and Jupyter. O'Reilly Media.

Pizlo, Z., Li, Z. (2005). Solving combinatorial problems: The 15-puzzle. Memory & Cognition 33, 1069–1084. https://doi.org/10.3758/BF03193214

Scutari, M., & Denis, J.-B. (2021). Bayesian Networks: With Examples in R. CRC Press.

Wen, Y., Dai, H., & Shen, Y. (2021). Smart Parking Systems: A Review from the Perspective of Urban Computing. IEEE Transactions on Intelligent Transportation Systems, 22(6), 3275–3287.

Zhang, D., et al. (2019). A Review of Urban Parking Systems Based on Mobile Crowdsensing. IEEE Transactions on Intelligent Transportation Systems, 20(12), 4680–4692.

Darwiche, A. (2009). Modeling and Reasoning with Bayesian Networks. Cambridge University Press.

Einsatz von Wissensmanagement zur Unterstützung im telefonischen Kundendienst und Vertrieb

Florian Wortmann, Christian Ewering und Finlay Kamin

1 Einleitung und Zielsetzung

Im vorliegenden Beitrag wird das Potenzial eines KI-gestützten Wissenstransfers anhand der Konzeption und Implementierung eines Wissensmanagementsystems (WMS) für den Einsatz in kleinen und mittelständischen Unternehmen (KMU) untersucht. Als Fallstudie dient das Projekt *MiWim*, in dessen Rahmen in Kooperation mit der Mitschke Health + Life GmbH eine Softwarelösung zur Unterstützung des internen telefonischen Kundendienstes entwickelt wurde. Deren Funktionalitäten sowie die identifizierten Möglichkeiten und Grenzen werden im Beitrag kritisch diskutiert. Darüber hinaus wird die Übertragbarkeit des entwickelten WMS thematisiert, dessen zentrale Konzepte im Rahmen des Transferprojekts *DaHoEff* in Kooperation mit der Das Höhenwerk GmbH angewandt und weiterentwickelt wurden.

KMU stehen beim Einsatz von KI-Anwendungen vor diversen Herausforderungen. Oftmals mangelt es an verfügbaren Ressourcen für umfangreiche Projekte sowie am erforderlichen Know-how für die Entwicklung von KI-Anwendungen (Niederée et al. 2021), obwohl der Bedarf an solchen vorhanden ist (Schliephake et al. 2022). Wie in vielen Unternehmen führt der Renteneintritt der Babyboomer-Generation zu einem erheblichen Verlust an Erfahrungs- und Fachwissen (Terstiege 2024). Vor diesem Hintergrund verfolgte das vorliegende Projekt folgende Ziele:

F. Wortmann (✉) · C. Ewering · F. Kamin
Fachhochschule der Wirtschaft, Paderborn, Deutschland
E-Mail: Florian.Wortmann@fhdw.de

C. Ewering
E-Mail: Christian.Ewering@fhdw.de

R. Dumitrescu (Hrsg.), *KI für die Arbeitswelt von morgen*,
Intelligente Technische Systeme – Lösungen aus dem Spitzencluster it's OWL,
https://doi.org/10.1007/978-3-662-73053-9_24

- das im Unternehmen vorhandene Wissen transparent und mehreren Mitarbeitenden zugänglich zu machen,
- die knappen Fachkräfte des Unternehmens von beanspruchenden Routineaufgaben zu entlasten und den Fokus auf deren Kernkompetenz zu legen.

Als Projektpartner aus dem KMU-Bereich fungierte die Mitschke Health+Life GmbH. Diese zählt zu den etablierten Anbietern in den Gebieten Orthopädietechnik, Rehatechnik und Sanitätsfachhandel. Sie bietet individuelle Lösungen für Menschen mit Mobilitäts- und Pflegebedarf und verbindet dabei technisches Know-how mit einem hohen Maß an Kundenorientierung. Das Unternehmen verfolgt eine kontinuierliche Digitalisierung zur Steigerung von Effizienz und Qualität in der Kund:innenbetreuung.

Im Rahmen der Zusammenarbeit mit dem Partnerunternehmen stand das Vorhaben im Vordergrund, das Spezialwissen der Fachkräfte systematisch aufzubereiten und für die Mitarbeitenden im Callcenter des internen Kundendienstes zugänglich zu machen. Diese Maßnahme sollte Rückfragen aus dem Callcenter an die Fachkräfte reduzieren und die Mitarbeitenden im telefonischen Kundendienst weiter qualifizieren. Zur Erfüllung dieser Ziele wurde im Rahmen des Projekts eine KI-gesteuerte, auf die spezifischen Problemstellungen des Unternehmens zugeschnittene Wissensplattform erstellt.

2 Durchführung und Maßnahmen

Für den erfolgreichen Aufbau eines WMS stand das Wissen des Unternehmens im Zentrum der Überlegungen. Bereits zu Projektbeginn mussten zentrale Fragen geklärt werden:

- Wer sind die späteren Nutzer:innen der Plattform?
- Welche Arbeitsabläufe sollen unterstützt und verbessert werden?
- Welche konkreten Anwendungsfälle sollen angepasst werden? Wie soll die Anpassung gestaltet werden?

Im Fall des Partnerunternehmens reichten die Kund:innenanfragen von der Finanzierung von Rehatechnik bis hin zu Fehlverhalten der technischen Systeme. Letzteres kann ebenfalls auf fehlerhafte Bedienhandlungen zurückzuführen sein. Das zur Beantwortung von Kund:innenanfragen erforderliche Wissen ist über verschiedene Dokumenttypen, z. B. E-Mails, Handbücher oder Verträge mit Krankenkassen, verteilt. Für Fachfremde ist eine eigenständige Bearbeitung solcher Anfragen in der Regel ohne Unterstützung nicht möglich.

Zu Projektbeginn wurde mit ausgewählten exemplarischen Dokumenten des Anwendungsfalls gearbeitet, um den methodischen Ansatz prototypisch zu erproben. Dies ermöglichte den unmittelbaren Einsatz von Produktivdaten und gab dem Projektpartner zugleich die Möglichkeit, weitere relevante Daten parallel zur Systemweiterentwicklung zu sammeln. Um den Prozess der Datenübertragung handhabbar zu gestalten und technische Risiken zu minimieren, wurde der initiale Datentransfer in mehrere Phasen gegliedert, in denen die Wissensdatenbank schrittweise erweitert wurde. Für die Softwareentwicklung wurde ein agiles Vorgehensmodell gewählt, das durch kurze Iterationen und kontinuierliches Feedback eine flexible Anpassung an sich verändernde Anforderungen ermöglicht. Durch die Auswahl der Wissensquellen können die Inhalte des Systems individuell an den eigenen Informationsbedarf angepasst werden.

Während der Übertragung der Wissensquellen vom Projektpartner wurde zugleich das Zielsystem konzipiert und implementiert, das im Folgenden beschrieben wird. Das zentrale technische Element bildet das Suchsystem, das auf modernen Verfahren der Verarbeitung natürlicher Sprache (Natural Language Processing, NLP) basiert. Hier kamen vortrainierte Satz-Transformer-Modelle zum Einsatz, die semantische Repräsentationen von Texten in Vektorform erzeugen. Dazu werden die Wissensquellen in kleine Abschnitte (Chunks) zerteilt. Diese Abschnitte werden durch das Satz-Transformer-Modell in eine numerische Form (Vektor) überführt. Die Vektoren werden in einem Index gespeichert und mittels Clustering effizient durchsuchbar gemacht. Zur Unterstützung der Suchqualität wurde die Vektorsuche mit einer klassischen Schlagwort-basierten Volltextsuche kombiniert. Die Ergebnisse beider Verfahren wurden anschließend durch einen Cross-Encoder-basierten Ranker, ein Tool zur Relevanzbewertung der Suchtreffer, sortiert und validiert. Die Ergebnisse werden mithilfe eines Large Language Models (LLM) so aufbereitet, dass die enthaltenen Informationen für die Nutzenden möglichst zugänglich sind. Ergänzend kamen in bestimmten Fällen einfache regelbasierte Systeme zum Einsatz.

Das WMS wurde als webbasierte Anwendung mit einer mobil nutzbaren Benutzeroberfläche umgesetzt. Diese basiert auf einer modularen Architektur mit getrennten Komponenten für Datenverwaltung, Benutzerverwaltung und semantische Suche. Der Zugriff auf die Plattform ist rollenbasiert und ermöglicht eine differenzierte Rechtevergabe für Nutzer:innen sowie Administrator:innen. Das WMS kann über den Browser im Intranet aufgerufen werden. Die Nutzenden können über eine Suchmaske eine Frage in das System eingeben und erhalten eine korrespondierende Antwort sowie alle relevanten, mit der Antwort im Zusammenhang stehenden Wissensquellen, die per Klick in einem neuen Browser-Tab aufgerufen werden können. Diese semantische Suche ermöglicht es den Nutzenden, relevante Inhalte auch dann zu identifizieren, wenn die Suchanfrage nicht exakt dem Wortlaut der zugrunde liegenden Dokumente entspricht. Ergänzend wurden Filtermechanismen implementiert, mit denen sich die Suchergebnisse nach Metadaten wie Kategorien, Dateitypen oder Dokumentenherkunft eingrenzen lassen. Eine Begrenzung der maximalen Trefferanzahl pro Dokument trägt zusätzlich zu einer übersichtlichen Ergebnisdarstellung bei.

Abb. 1 veranschaulicht den Prozess, bei dem sowohl die Inhalte der Wissensdatenbank als auch die Fragen der Nutzenden mithilfe eines vortrainierten Sprachmodells –

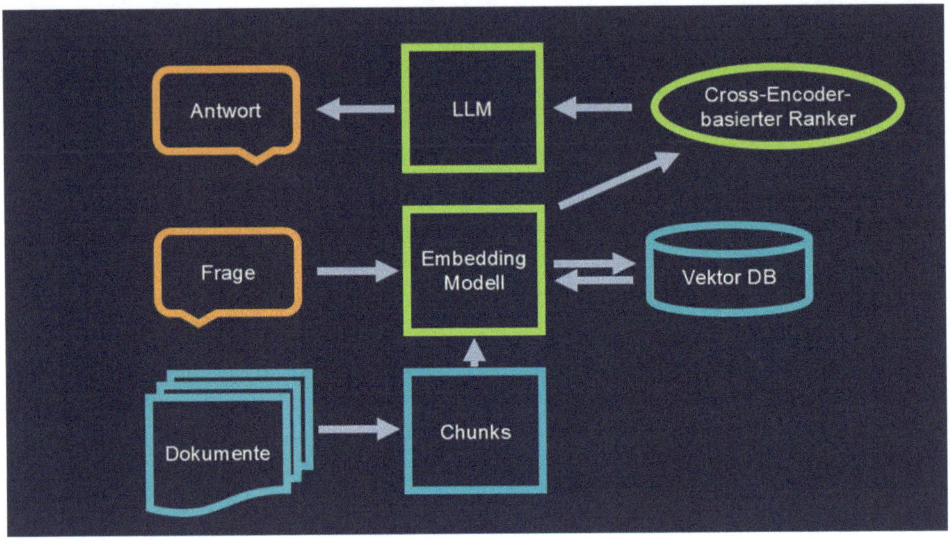

Abb. 1 Systemarchitektur der Wissensplattform. Orange markiert die Nutzer:innen-Schnittstelle, Blau die Datenquellen in Roh- und verarbeiteter Form, Grün hebt die Elemente des WMS hervor

eines Satz-Transformers – in semantische Vektoren überführt werden. Dadurch kann die Frage mit den in der Vektordatenbank gespeicherten Wissensvektoren verglichen werden, um die semantisch ähnlichsten Wissensquellen zu identifizieren. Diese Aufgabe übernimmt das Embedding-Modell, das im Zentrum der Sucharchitektur steht. Die erzeugten Vektoren repräsentieren die Bedeutung des Textes in einem hochdimensionalen Vektorraum und ermöglichen so den Vergleich auf semantischer Ebene.

Dieser Ansatz erlaubt es, auch kontextuelle Zusammenhänge zu erkennen und relevante Inhalte auf Basis ihrer inhaltlichen Nähe zur Suchanfrage auszugeben – selbst wenn unterschiedliche Begriffe verwendet werden. Damit wird ein deutlich höherer Informationsgewinn erzielt als mit traditionellen Schlagwortsuchen (Grüneke et al. 2025).

Aufbauend auf der semantischen Vektorsuche wurde im weiteren Verlauf ein sogenannter Retrieval-Augmented Generation (RAG)-Ansatz implementiert (Mahboub et al. 2024). Dieses Modell generiert auf Basis der übergebenen Inhalte eine konsolidierte, sprachlich kohärente Antwort, die unmittelbar zur Suchanfrage passt. Abhängig von der Potenz des LLMs ist die KI in der Lage, basierend auf der Nutzer:innen-Frage und den Chunks, eine weitere Selektion der Daten vorzunehmen und die Schlüsselinformationen für die Antwort zu extrahieren (Gao et al. 2024). Die Nutzer:innen müssen so nicht mehr selbst verschiedene Textstellen vergleichen, sondern erhalten eine aus den Quellen abgeleitete, kontextualisierte Zusammenfassung (Jin et al. 2024).

3 Erfahrungen und Erkenntnisse

Das entwickelte WMS hatte den Anspruch, folgende Anforderungen zu erfüllen: Die Ergebnisse mussten fehlerfrei sein, da andernfalls wirtschaftliche Schäden entstehen können, sowie einfach erweiterbar sein, da das Know-how des Unternehmens stetig wächst. Der Einsatz des Systems sollte den Gesamtaufwand des Wissensmanagements langfristig reduzieren. Es sollte ermöglicht werden, dass Nutzende auch ohne spezielles Know-how die Wissensbasis erweitern und das System bei Bedarf anpassen können.

Bereits nach der Durchführung erster Tests zeigte sich, dass die Wissensdatenbank um zusätzliche Metadaten und Kontexte ergänzt werden musste, die zum Zeitpunkt der Erstellung des ursprünglichen Anforderungskatalogs noch nicht absehbar waren. Das agile Vorgehen hat sich als vorteilhaft erwiesen, da das Projektteam, bestehend aus Mitarbeitenden des Projektpartners und der Hochschule, sich schrittweise den komplexeren Aufgaben stellen konnte. Es herrschte ein gemeinsames Verständnis für die jeweilige Aufgabe und deren Komplexität. Das schrittweise Vorgehen ermöglichte es den Mitarbeitenden des Projektpartners, kontinuierlich Feedback zu geben sowie Anforderungen neu zu priorisieren oder ergänzend zu formulieren.

Der Aufbau der Wissensbasis war ein kontinuierlicher Prozess. Der Projektpartner hatte die Aufgabe, die Ergebnisdokumente zu überprüfen. Zur sukzessiven Verbesserung der Ergebnisqualität wurden fortlaufend weitere Dokumente in das WMS integriert. Zudem wurden die Dokumente um Vertraulichkeitsklauseln sowie um Zugriffsbeschränkungen ergänzt, die datenschutzrechtlich relevante personenbezogene Informationen betreffen.

Im Rahmen der Evaluationsphase des Projekts wurden in Workshops beim Partnerunternehmen die Ergebnisse des WMS aus der Sicht der Nutzenden bewertet. Ein deutlich spürbarer Wandel im Nutzungsverhalten sowie in der allgemeinen Wahrnehmung des Systems zeigte sich mit der Integration eines RAGs, was die Implementierung eines LLMs beinhaltet. Mit der Einführung dieses Mechanismus wurde ein qualitativer Sprung in der Nutzer:innenerfahrung erzielt. In einem Folgeworkshop nach der Vorstellung der RAG-Erweiterung zeigte sich eine deutlich gesteigerte Anzahl an konstruktiven Rückmeldungen und Interaktionsvorschlägen. Dies führte bei mehreren Beteiligten zu einem grundlegenden Perspektivwechsel hinsichtlich des Nutzens und der Anwendbarkeit des Systems. Erst durch die demonstrative Wirkung der generierten Antworten ergaben sich konkrete Vorstellungen für weitere Einsatzszenarien, die im rein dokumentenzentrierten Zugriff zuvor nicht erkannt worden waren.

Beim Einsatz von LLMs muss die Modellwahl berücksichtigt werden, da sowohl regelmäßig neue Modelle veröffentlicht als auch bestehende Versionen durch Serviceanbieter aktualisiert werden. Das Unternehmen muss sich die Frage stellen, ob ein LLM eines externen Dienstleisters genutzt werden soll oder der Aufbau eines lokal betriebenen LLMs vorgesehen ist. Es muss mit dem Dienstleister geklärt werden, ob Nutzer:innenfragen zum Training der Modelle wiederverwendet werden dürfen. Sollte dies nicht gewährleistet sein, ist es zwingend erforderlich, kritische Informationen wie Betriebsgeheimnisse nicht an externe LLMs weiterzugeben.

Die Entscheidung, ob der RAG-Ansatz in der Cloud oder direkt im eigenen Unternehmen betrieben wird, ist stets ein Abwägen zwischen Datenschutz, Performance und Betriebsaufwand. Unabhängig von der Implementierungsform zeigte sich, dass durch den Einsatz von RAG die Zugänglichkeit und Nützlichkeit der in der Wissensdatenbank gespeicherten Informationen maßgeblich gesteigert werden kann.

3.1 Zukunftsperspektiven und Weiterentwicklung

Im Rahmen des Projekts stand bei der Implementierung ein vereinfachter Zugang zum Unternehmenswissen im Vordergrund. Eine domänenspezifische Feinabstimmung des Modells an umfangreicheren Beispieldaten könnte die Qualität der Ergebnisse verbessern. Im Verlauf der Projektlaufzeit war die Verarbeitung auf eine begrenzte Anzahl von Dokumenten beschränkt. Ein intensiverer Einsatz kontextsensitiver Satz-Transformer-Modelle könnte künftig maßgeblich zur Steigerung der inhaltlichen Präzision beitragen.

Die unterlagerte Softwarearchitektur wurde spezifisch für das Partnerunternehmen Mitschke Health + Life GmbH entwickelt. Eine Standardisierung und Modularisierung dieser Softwarearchitektur sollte es ermöglichen, zukünftige Projekte mit ähnlich gelagerten Anforderungen schneller und kostengünstiger umzusetzen. Dies wird aktuell im Rahmen des Transferprojekts *DaHoEff* in Zusammenarbeit mit der „Das Höhenwerk GmbH", einem Bauzulieferer und Dienstleister aus Paderborn, erprobt. Ziel des Analyseprozesses war in diesem Fall die Erstellung von Angeboten auf Basis von Ausschreibungen mit hohem Seitenumfang, was zu einem hohen personellen Arbeitsaufwand führt. Dabei war die Fehlerfreiheit des Ergebnisses von zentraler Bedeutung, da Abweichungen potenziell schwerwiegende wirtschaftliche Folgen nach sich ziehen können.

In ihrer Umsetzung verfolgten beide Projekte einen hybriden Ansatz beim Einsatz von KI-basierten Systemen, wobei die KI-Programme als unterstützende Assistenzsysteme fungierten. Die Projekte unterscheiden sich zunächst durch die zugrundeliegende Datenbasis: Während bei *MiWim* die Datengrundlage höchst heterogen war, sind die Dokumente für *DaHoEff* grundsätzlich homogen (standardisierte Formulare). Das WMS muss hier jedoch darauf trainiert sein, auf marginale semantische Abweichungen zu reagieren. Weiterhin unterscheiden sich die Projekte in der Interaktion mit den Nutzenden: In *MiWim* können Nutzer:innen über eine Suchmaske Informationen aus dem WMS extrahieren, während im Projekt Höhenwerk der Algorithmus automatisiert alle Unterlagen analysiert und für das entsprechende Angebot aufbereitet.

Im Rahmen des Projekts *DaHoEff* wurde ein innovativer Ansatz zur semantischen Textverarbeitung realisiert, bei dem ebenfalls Satz-Transformer zum Einsatz kamen. Insbesondere im Umgang mit technisch geprägter deutscher Fachsprache war ein besonders feingranulares Matching erforderlich, um eine präzise inhaltliche Zuordnung zu gewährleisten. Zur besseren Unterstützung hybrider Ähnlichkeitsmodelle wurden verschiedene Repräsentationen der Texte gespeichert. Die bisherigen Ergebnisse zeigten, dass Satz-Transformer sich als äußerst wirksam im Umgang mit verrauschten, mehrsprachigen und domänenspezifischen Textdaten erweisen können (Wang et al. 2023). Diese reduzieren die Abhängigkeit von exakten Zeichenkettenvergleichen signifikant und ermöglichen skalierbare semantische Vergleiche über große industrielle Datenmengen hinweg. Aktuell befindet sich das Projekt in der Evaluationsphase, in der für weitere Varianten von Eingabedokumenten geprüft wird, ob der Ansatz die Erfolgskriterien ohne Anpassungen erfüllt.

Im Zuge beider Projekte hat sich gezeigt, dass die Implementierung des WMS die Arbeitsprozesse spürbar beschleunigt und vereinfacht. Darüber hinaus unterstützen die Systeme die Wissensvermittlung, indem sie Mitarbeitenden den Erwerb neuer Inhalte ermöglichen (Finkel et al. 2024). Die abschließende Entscheidung über die Weitergabe von Informationen oder Dokumenten obliegt jedoch weiterhin menschlichen Akteur:innen. Dadurch wird sowohl die Ergebnisqualität als auch die Informationssicherheit gegenüber Kund:innen gewährleistet.

Literatur

Devlin, J. (2019). BERT: Pre-training of Deep Bidirectional Transformers for Language Understanding. https://arxiv.org/pdf/1810.04805 (abgerufen am 06.05.2025)

Finkel, P., Wurster, P. & Radler, R. (2024). Large Language Models (LLM) im Produktionsumfeld. Industry 4.0 Science, 40(6), 48–55. https://doi.org/10.30844/I4SD.24.6.48

Gao, Y., et al. (2024). Retrieval-Augmented Generation for Large Language Models: A Survey. https://arxiv.org/pdf/2312.10997 (abgerufen am 06.05.2025)

Grüneke, T., et al. (2025). Einsatz- und Akzeptanzanalyse von KI-basierten Wissenszugängen in KMU am Beispiel einer semantischen Suche. https://epub.uni-bayreuth.de/id/eprint/8414/1/2025-KIWise-Whitepaper.pdf (06.05.2025)

IBM (o. J.). Vertrauenswürdige KI. https://www.ibm.com/de-de/think/topics/trustworthy-ai (abgerufen am 06.05.2025)

Jin, B., et al. (2024). Language Models as Semantic Indexers. https://arxiv.org/pdf/2310.07815 (06.05.2025)

Mahboub, A., et al. (2024). Evaluation of Semantic Search and its Role in Retrieved-Augmented-Generation (RAG) for Arabic Language. https://arxiv.org/pdf/2403.18350 (06.05.2025)

Niederée, C., et al. (2021). KI in der Produktion – Quo Vadis? https://www.iip-ecosphere.de/wp-content/uploads/2021/11/IIP-Ecosphere-Whitepaper-zur-Umfrage-KI-in-der-Produktion.pdf (06.05.2025)

Reimers, N. & Gurevych, I. (2019). Sentence-BERT: Sentence Embeddings using Siamese BERT-Networks. https://arxiv.org/pdf/1908.10084 (06.05.2025)

Robertson, S. (2009). The probabilistic relevance framework: BM25 and beyond. Foundations and Trends® in Information Retrieval, 3(4), 333–389.

Schliephake, J., et al. (2022). Kompetenzen für Künstliche Intelligenz (KI) in kleinen und mittleren Unternehmen (KMU) aufbauen. https://dl.gi.de/server/api/core/bitstreams/29a9a6d0-0ae6-4c58-8550-be609d63e97c/content (abgerufen am 06.05.2025)

Terstiege, M. (2024). INTRO. Aus GREY wird GOLD. In Babyboomer in Unternehmen. Haufe, München

Wang K, Reimers N, Gurevych I (2021). TSDAE: Using Transformer-based Sequential Denoising Auto-Encoder for Unsupervised Sentence Embedding Learning. https://arxiv.org/pdf/2104.06979 (abgerufen am 06.05.2025)

Wang, Y., et al. (2023). A Neural Corpus Indexer for Document Retrieval. https://arxiv.org/pdf/2206.02743 (aberufen am 06.05.2025)

KI-basierte Arbeitsplanung zur Vermeidung von Mehrarbeit

Marvin Schöne, Lukas Vollenkemper, Martin Kohlhase und Daniel Hörster

1 Einleitung und Zielsetzung

Mehrarbeit stellt für viele Beschäftigte in der industriellen Fertigung eine erhebliche Belastung dar. Studien zeigen, dass sie nicht nur mit psychischen Beschwerden wie Erschöpfung und Depressionen einhergeht, sondern auch das Risiko physischer Erkrankungen, etwa des Herz-Kreislauf-Systems, erhöht (Caruso 2014; GDA-Arbeitsprogramm Psyche 2017). Zudem geht mit einer Zunahme der Mehrarbeit ein signifikanter Produktivitätsverlust einher (Shepard und Clifton 2000). Ein Großteil dieser Mehrarbeit ist neben Personalmangel auf ineffiziente und unflexible Planungsprozesse zurückzuführen, die nicht adäquat auf Störungen und Eilaufträge reagieren können (Kunath et al. 2023; Trstenjak et al. 2024; Bakon und Holczinger 2024).

Abb. 1 zeigt eine derartige Problemstellung bei dem Transfernehmer *ELHA Maschinenbau Liemke KG* (ELHA), der Sondermaschinen für die industrielle Großserienfertigung produziert. Die Fertigung besteht aus mehreren Arbeitsstationen, welche auf Wochenbasis von Planer:innen mit Fertigungsaufträgen verplant werden. Unvorhersehbare Service- und Wartungsarbeiten sowie Terminänderungen führen zu Eilaufträgen, die in der Fertigung Verzögerungen und Belastungsspitzen hervorrufen können. Das kann a) zu Produktivitätsverlusten in der Fertigung sowie b) zu einer Kompensation der Verluste und Verzögerungen durch Mehrarbeit führen.

M. Schöne (✉) · L. Vollenkemper · M. Kohlhase
Hochschule Bielefeld, Bielefeld, Deutschland
E-Mail: marvin.schoene@hsbi.de

D. Hörster
ELHA Maschinenbau, Hövelhof, Deutschland

R. Dumitrescu (Hrsg.), *KI für die Arbeitswelt von morgen*,
Intelligente Technische Systeme – Lösungen aus dem Spitzencluster it's OWL,
https://doi.org/10.1007/978-3-662-73053-9_25

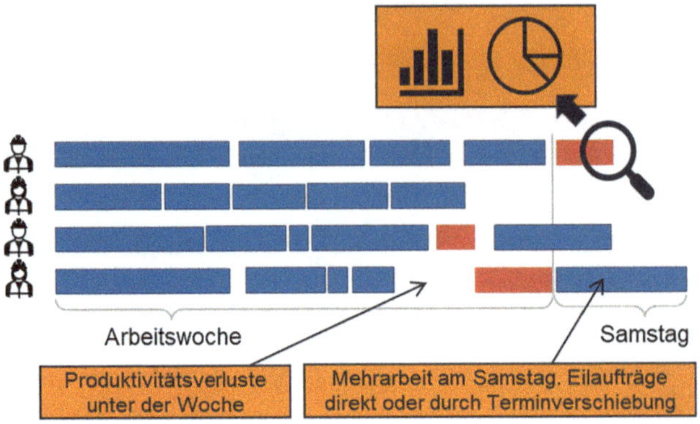

Abb. 1 Auswirkung von Eilaufträgen auf die Planung. Ein Eilauftrag (rot) blockiert einzelne Arbeitsstationen und muss teilweise samstags erledigt werden

In Zusammenarbeit mit dem Transfergeber *Hochschule Bielefeld* und dem IT-Befähiger *MODUS Consult GmbH* soll bei ELHA mithilfe von KI, insbesondere maschinellem Lernen (ML), eine intelligente Arbeitsplanung zur Reduzierung von Mehrarbeit entwickelt werden. Dazu werden drei Teilziele definiert:

Teilziel 1: Anhand der vorliegenden Daten wird untersucht, welche Faktoren Mehrarbeit beeinflussen und wie sie quantifiziert werden kann.
Teilziel 2: Es werden konkrete Verbesserungspotenziale in der Fertigungsplanung identifiziert, mit denen sich Mehrarbeit reduzieren lässt.
Teilziel 3: Den Planer:innen werden Kennzahlen über ein Planungstool bereitgestellt, mit denen die Pläne frühzeitig und zielgerichtet adaptiert werden können.

2 Durchführung und Maßnahmen

Für die Bearbeitung des Transferprojekts wird das in Abb. 2 dargestellte systematische Vorgehen gewählt, welches methodische Ergebnisse des vorangegangenen Leuchtturmprojekts ImpliKIt wiederverwendet und weiterentwickelt.

Zu Beginn werden die Fertigungs- und Buchungsdaten von ELHA gesichtet, bereinigt und miteinander verknüpft. Basierend auf den bereinigten Daten werden historische Eilaufträge identifiziert und in Typen kategorisiert. Dadurch lässt sich der Zusammenhang zwischen Eilaufträgen und daraus resultierende Mehrarbeit differenziert analysieren. Damit die Mehrarbeit im Rahmen von Teilziel (TZ) 1 analysiert und quantifiziert werden kann, muss diese zuerst definiert und anhand der Daten gemessen werden. Mehrarbeit wird im Unternehmen als Arbeit nach 22:15 Uhr und Arbeit an Samstagen definiert. Für eine Quantifizierung werden bspw. die Einflüsse von Arbeitsstationen und -tagen auf die Mehrarbeit analysiert und anhand von Visualisierungskonzepten aus dem Projekt ImpliKIt zielgerichtet dargestellt. Die dabei gewonnenen Erkenntnisse werden dazu genutzt, Potenziale für eine verbesserte Fertigungsplanung (TZ 2) zu identifizieren. Historische

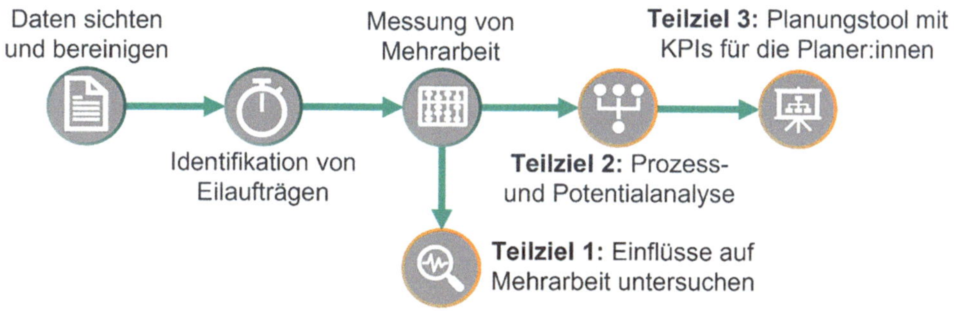

Abb. 2 Im Transferprojekt durchgeführte Schritte um Teilziel 1–3 erfolgreich zu erreichen

Plan- und Istzeiten von Fertigungsaufträgen spielen in diesem Zusammenhang eine übergeordnete Rolle. Im Rahmen des Transfers wird ein in ImpliKIt entwickeltes Vorgehensmodell wiederverwendet und angepasst, das bspw. Regressions- und Korrelationsmethoden zur Analyse von Plan-Ist-Abweichungen nutzt. Abschließend werden die identifizierten Potenziale zur Einhaltung von TZ 3 dazu verwendet, geeignete Kennzahlen und Darstellungsarten für die Überwachung und Verbesserung von Fertigungsabläufen in Echtzeit zu entwickeln und in Form eines Planungstools bei ELHA zu integrieren und zu erproben. Als Vorarbeiten dienen erneut die in ImpliKIt entwickelten Visualisierungskonzepte und Methoden zur Erzeugung von Prozessgraphen. Mit Prozessgraphen lassen sich komplexe Arbeitsabläufe anhand von Knoten und Kanten graphisch visualisieren und direkt in Simulationen und optimierungsbasierten Planungstools verwenden (Weyand 2010; Hake und Friedrich 2025). Der Graph kann dabei um zusätzliche Planungskennzahlen aus der Fertigung in Echtzeit angereichert werden (Brundage et al. 2017).

Herausforderungen bei der Durchführung ergeben sich aus der Datenqualität und -konsistenz in Form von Fehlbuchungen und Buchungsüberschreibungen. Die hohe Individualität der Aufträge erschwert zudem die datenbasierte Identifikation von Zusammenhängen zwischen Aufträgen und daraus resultierenden Arbeitszeiten. Limitierende Faktoren, die bei der Integration eines Planungstools berücksichtigt werden müssen, sind unkorrigierbare Fälligkeitstermine und Auftragsreihenfolgen, die vom ERP-System vorgegeben werden. Zur Verbesserung der Fertigungsplanung können Arbeitsschritte nur in ihrer Reihenfolge geändert und durch Zukaufentscheidungen ausgegliedert werden.

3 Erfahrungen und Erkenntnisse

Das Transferprojekt hat gezeigt, dass eine hohe Datenqualität und -verfügbarkeit zwar eine zentrale Voraussetzung ist, aber Nichterfüllung kein Abbruchkriterium darstellt. Trotz unvollständiger oder inkonsistenter Daten konnte mithilfe gezielter Filter und Plausibilitätschecks eine aussagekräftige Datenbasis erzeugt werden. Mit dieser lässt sich Mehrarbeit quantifizieren (Abschn. 3.1), Verbesserungspotenziale für die Planung identifizieren (Abschn. 3.2) und Planungskennzahlen generieren und in einem Planungstool integrieren (Abschn. 3.3). Die angewandten Methoden demonstrieren zudem den Mehrwert einfacher ML-Methoden. Die Auswertung bereits aufgetretener Planabweichungen sowie die transparente Darstellung von Fertigungsabläufen bieten den Planer:innen einen signifikanten Mehrwert und steigern zudem die Akzeptanz von KI im Unternehmen.

3.1 Quantifizierung von Mehrarbeit

Die durchgeführten Untersuchungen haben ergeben, dass ein Großteil der Mehrarbeit an Werktagen nach 22:15 Uhr verrichtet wird. Im Jahr 2023 waren das ca. 76 %. Die restliche Mehrarbeit findet in Form von Samstagsarbeit statt. Hieraus lassen sich erste Potenziale zur Verbesserung des Wohlbefindens der Beschäftigten ableiten. Aufgrund der nachweislichen Gesundheitsschäden, die durch Nachtarbeit verursacht werden, sollte die Mehrarbeit unter Berücksichtigung der Lebenssituation der Beschäftigten vorzugsweise an Samstagen ausgeführt werden (GDA-Arbeitsprogramm Psyche 2017). Darüber hinaus konnte ein Einfluss der Arbeitsstationen auf die Häufigkeit von Mehrarbeit nachgewiesen werden, wie das Balkendiagramm in Abb. 3 zeigt. Im Jahr 2023 wurde die Hälfte der Mehrarbeit an ca. 18 % der Arbeitsstationen erbracht. Diese Erkenntnis ermöglicht eine zielgerichtete Bündelung von Maßnahmen zur Reduktion von Mehrarbeit an den betroffenen Arbeitsstationen. Insgesamt ist ein Großteil der Mehrarbeit auf Abweichungen zwischen Plan- und Istzeiten, Eilaufträgen sowie Reihenfolgeänderungen in der Produktion zurückzuführen.

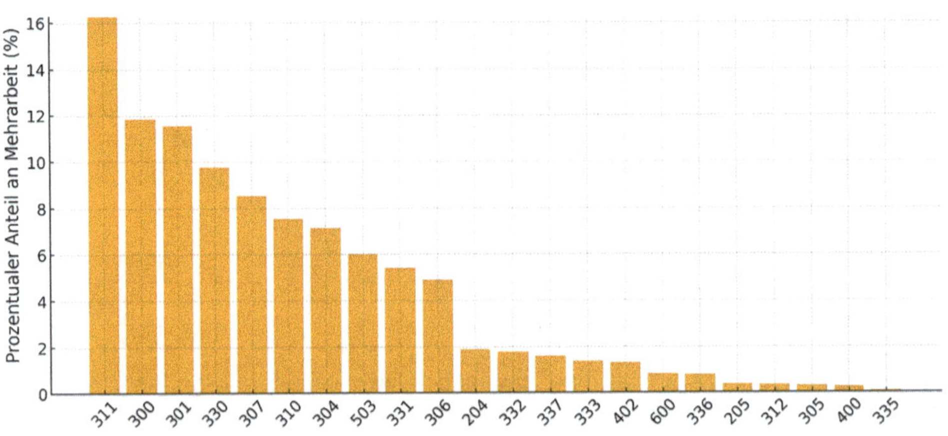

Abb. 3 Prozentualer Anteil an Mehrarbeit für unterschiedliche Arbeitsstationen

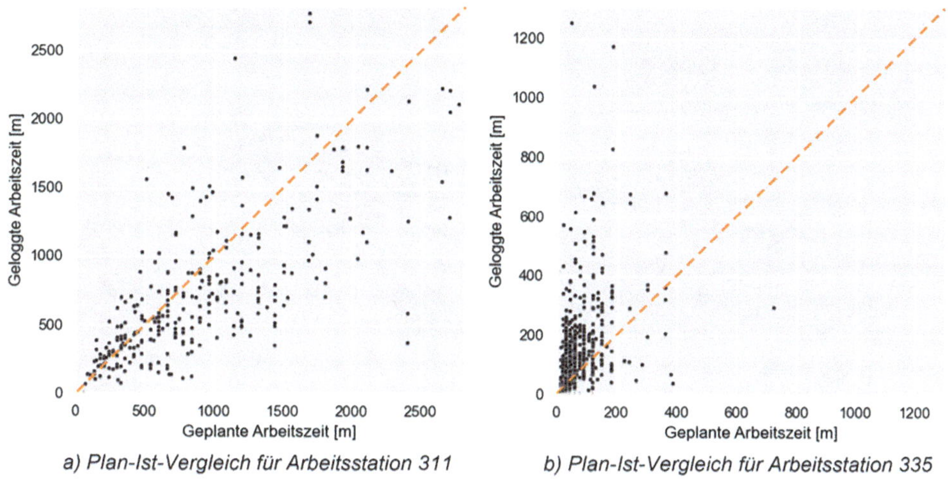

Abb. 4 Plan-Ist-Vergleich von zwei Arbeitsstationen. Jeder Punkt stellt einen Arbeitsgang dar

3.2 Verbesserungspotenziale

Die Grundlage und damit das größte Potenzial für eine erfolgreiche Fertigungsplanung besteht in einer präzisen Schätzung von Planzeiten. Abb. 4 zeigt die Gegenüberstellung von Plan- und Istzeiten für zwei Arbeitsstationen. Jeder Punkt stellt einen Arbeitsgang an der jeweiligen Arbeitsstation dar. Die Übereinstimmung der Plan- und Istzeiten ist umso größer, je näher die Arbeitsgänge entlang der orangefarbenen Diagonalen ausgerichtet sind.

An Arbeitsstation 311 (Abb. 4 a) streuen die Arbeitsgänge entlang der Diagonalen und es ist ein linearer Zusammenhang mit einem Korrelationskoeffizienten von 0.73 zu erkennen. An Arbeitsstation 335 (Abb. 4 b) wird hingegen ein Großteil der Arbeitsgänge um ein Vielfaches unterschätzt, was sich anhand des signifikant geringeren Korrelationskoeffizienten von 0.37 bestätigen lässt. Durch Boxplot-Diagramme der prozentualen Abweichung zwischen Plan- und Istzeiten konnten vergleichbare Erkenntnisse generiert werden.

Ein weiteres wesentliches Verbesserungspotenzial liegt in der stärkeren Rückkopplung des aktuellen Fertigungsstatus in die Planung. Nur wenn Auftragsbuchungen, Verzögerungen und Stillstände automatisiert zurückgemeldet und Plan-Ist-Abweichungen in Echtzeit berechnet werden, können Planer:innen frühzeitig auf unvorhergesehene Änderungen (z. B. Eilaufträge oder Störungen) reagieren und die Pläne gezielt anpassen.

3.3 Planungskennzahlen

Abb. 5 zeigt einen Prozessgraphen, der aus den Fertigungs- und Buchungsdaten von ELHA zur Visualisierung der Produktionsabläufe und Planungskennzahlen gelernt

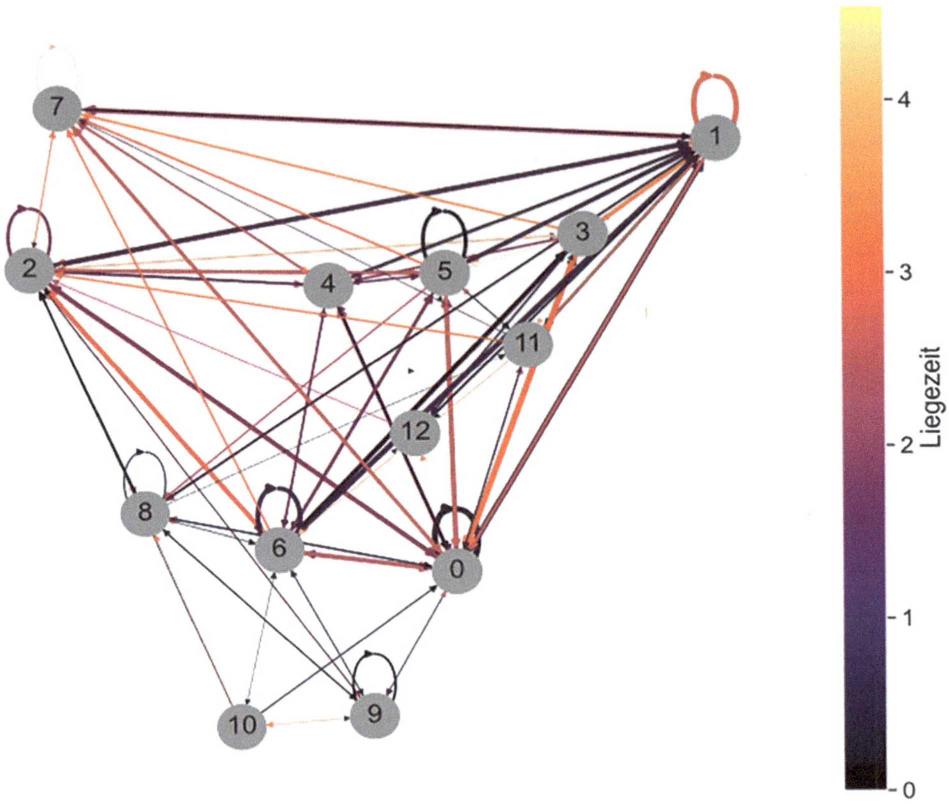

Abb. 5 Prozessgraph zur Visualisierung von Fertigungsabläufen. Die Knoten stellen Arbeitsstationen und die Kanten Abfolgen von Arbeitsgängen zwischen den Stationen dar

wurde. Die Knoten repräsentieren die Arbeitsstationen, während die Kanten die Abfolgen der Arbeitsgänge zwischen den einzelnen Stationen darstellen. Über die Stärke und Farbe der Kanten wird zudem die Häufigkeit und durchschnittliche Liegezeit von Arbeitsgängen visualisiert. Aus dem Graphen können bspw. die durchschnittlichen Liegezeiten, die Häufigkeit der Arbeitsgänge an einer Station sowie die besonders stark ausgelasteten Stationen bzw. Beschäftigten ermittelt werden. Außerdem können durch den Graphen bisher unbekannte Auswirkungen von Verzögerungen auf die Fertigung aufgedeckt werden. Das Potenzial eines prozessgraphbasierten Planungstools entfaltet sich jedoch erst mit einer durchgängigen Datenerhebung und Maschinenvernetzung. Erst dann können aussagekräftige Kennzahlen (bspw. Plan-Ist-Differenz und Eilauftragsrate) in Echtzeit integriert und Planungen dynamisch angepasst werden. Das Potenzial eines solchen Tools lässt sich im Realbetrieb insbesondere anhand der Reduktion von Mehrarbeit und des Planungsaufwands evaluieren. Ergänzend können auch die Verteilung der Mehrarbeit über Arbeitstage und Arbeitsstationen als Indikatoren herangezogen werden.

4 Zukunftsperspektiven und Weiterentwicklung

Die im Projekt durchgeführten Arbeiten zeigen, dass die systematische Auswertung von Zeit- und Auftragsdaten ein hohes Potenzial zur datenbasierten Optimierung der Produktionsplanung durch Prozessgraphen bietet. Um dieses Potenzial vollständig entfalten zu können, müssen zukünftig Auftragsbuchungen, Verzögerungen und Stillstände automatisiert zurückgemeldet und Plan-Ist-Abweichungen in Echtzeit berechnet werden, was eine durchgängige Datenerhebung und Maschinenvernetzung voraussetzen.

Der erfolgreiche Einsatz eines Planungstools ist maßgeblich von einer zuverlässigen Schätzung der Planzeiten abhängig. Aufgrund der Individualität der Aufträge existieren keine direkten Referenzen, die die Planer:innen für die Arbeitszeitschätzung zugrunde legen können. Maschinelle Lernmethoden sind hier in der Lage, aus den umfangreichen und bereits gelabelten Fertigungs- und Buchungsdaten Ähnlichkeitsbeziehungen zu historischen Aufträgen herzustellen und daraus Hypothesen in Form von datenbasierten Modellen für die Schätzung abzuleiten.

Langfristig kann ein intelligentes Assistenzsystem entstehen, das Planer:innen durch datenbasierte Hinweise, Engpassprognosen und simulationsgestützte Fertigungsszenarien dazu befähig, Mehrarbeit mit einer passgenauen Planung zu reduzieren.

Literatur

Bakon, K. A., & Holczinger, T. (2024). S-graph-based reactive scheduling with unexpected arrivals of new orders. Machines, 12(7), 446. https://doi.org/10.3390/machines12070446

Brundage, M. P., Bernstein, W. Z., Morris, K. C., Horst, J. A. (2017). Using graph-based visualizations to explore key performance indicator relationships for manufacturing production systems. *Procedia CIRP* 60, 506–511. https://doi.org/10.1016/j.procir.2016.11.176

Caruso, C. C. (2014). Negative impacts of shiftwork and long work hours. Rehabilitation Nursing, 39(1), 16–25. https://doi.org/10.1002/rnj.107

GDA-Arbeitsprogramm Psyche (2017). *Psychische Arbeitsbelastung und Gesundheit.* Gemeinsame Deutsche Arbeitsschutzstrategie (GDA). https://www.uv-bund-bahn.de/fileadmin/user_upload/8006.pdf (Zugriff 29.05.2025).

Hake, C., Friedrich, C. (2025). Automated Generation of Precedence Graphs in Digital Value Chains for Automotive Production. arXiv (cs.RO). https://doi.org/10.48550/arXiv.2504.19835

Kunath, G., Malin, L., Seyda, S. & Werner, D. (2023). *Müde durch Mehrarbeit? Folgen von Personalengpässen für Beschäftigte und Handlungsbedarf für Unternehmen.* IW Köln (KOFA Kompakt 10/2023). https://www.iwkoeln.de/studien/gero-kunath-lydia-malin-susanne-seyda-dirk-werner-muede-durch-mehrarbeit-folgen-von-personalengpaessen-fuer-beschaeftigte-und-handlungsbedarf-fuer-unternehmen.html (Zugriff 29.05.2025).

Shepard, E., & Clifton, T. (2000). Are longer hours reducing productivity in manufacturing? International Journal of Manpower, 21(7), 540–553. https://doi.org/10.1108/01437720010378999

Trstenjak, M., Gregurić, P., Janić, Ž., & Salaj, D. (2024). Integrated multilevel production planning solution according to Industry 5.0 principles. Applied Sciences, 14(1), 160. https://doi.org/10.3390/app14010160

Weyand L (2010) Risikoreduzierte Endmontageplanung am Beispiel der Automobilindustrie. Dissertation, Universität des Saarlandes. https://doi.org/10.22028/D291-22651

Maschinelles Lernen zur Optimierung des Sicherheitsbestands in Produktions- und Distributionsnetzwerken

Oliver Müller, Marcel Meyer, Dominik Hollmann, Katharina Klerx und Christoph Weskamp

1 Einleitung und Zielsetzung

In einer zunehmend komplexen und volatilen Umgebung industrieller Produktion und Logistik gewinnt die optimale Steuerung von Sicherheitsbeständen an strategischer Bedeutung. Schwankende Nachfragen, internationale Wertschöpfungsnetzwerke und steigende Unsicherheiten in Lieferketten erfordern Lösungen, die eine flexible und automatisierte Anpassung von Beständen ermöglichen (Abb. 1).

Bisherige Optimierungsverfahren, von der klassischen Sicherheitsbestandsformel ohne Netzwerkeffekte (Eppen und Martin 1988) bis zu mathematischen Heuristiken wie dem Guaranteed Service Model (Graves und Willems 2003), dem Stochastic Service Model (Rambau und Schade 2010) oder Decomposition-Aggregation (Rong et al. 2017), basieren auf stochastischen Annahmen zu Lieferzeit und Nachfrage. Vereinfachungen, z. B. zum Service-Level, zu Backorders oder zum Netzwerkverhalten (Eruguz et al. 2016; Tunc et al. 2011), sowie hoher Modellierungsaufwand und Rechenbedarf (Doğru et al. 2013) schränken die Praxistauglichkeit ein. Entsprechend kommt in der Industrie oft noch die klassische Formel zum Einsatz (Gonçalves et al. 2020).

Das Transferprojekt ML4SAFETYSTOCK widmet sich dieser Thematik, indem moderne Methoden der Künstlichen Intelligenz, insbesondere des Reinforcement Learning (RL), zur Bewältigung dieser Herausforderungen herangezogen werden. Ziel ist

O. Müller (✉) · M. Meyer · C. Weskamp
Universität Paderborn, Paderborn, Deutschland
E-Mail: oliver.mueller@uni-paderborn.de

D. Hollmann · K. Klerx
OPTANO, Paderborn, Deutschland

R. Dumitrescu (Hrsg.), *KI für die Arbeitswelt von morgen*,
Intelligente Technische Systeme – Lösungen aus dem Spitzencluster it's OWL,
https://doi.org/10.1007/978-3-662-73053-9_26

es, Unternehmen in verschiedenen Branchen bei einer datengetriebenen, adaptiven und realitätsnahen Gestaltung ihrer Sicherheitsbestände nachhaltig zu unterstützen.

Die Projektpartnerschaft vereint anwendungsorientierte und wissenschaftliche Expertise. Die OPTANO GmbH ist ein auf mathematische Optimierung spezialisiertes Beratungs- und Softwareunternehmen, das 2009 als Ausgründung aus der Universität Paderborn hervorgegangen ist. Mit etwa 70 Mitarbeitenden (Stand 2025) verfügt OPTANO über umfassende Kompetenzen in der Planung und Optimierung von Produktionsprozessen, Logistikabläufen und Lieferketten. Das Unternehmen betreut ein breites Kundenspektrum in Branchen wie Automobil, Chemie, Konsumgüter und Logistik und verfügt über langjährige Praxiserfahrung in der Entwicklung und Implementierung maßgeschneiderter Optimierungslösungen.

Die Data Analytics Group an der Universität Paderborn (geleitet von Prof. Dr. Oliver Müller), bringt ihre fachliche Expertise aus dem Bereich der Wirtschaftsinformatik, insbesondere der Data Analytics, in das Projekt ein. Die Forschung des Lehrstuhls fokussiert sich auf die Entwicklung und Evaluation KI-basierter Methoden und Systeme zur Unterstützung und Automatisierung von Entscheidungsprozessen in Unternehmen. Dabei werden auch die Akzeptanz und der ökonomische Nutzen von Künstlicher Intelligenz für die betriebliche Praxis systematisch analysiert. Die Anbahnung des Projektes und der Wissenstransfer wurde durch den Software Innovation Campus Paderborn (SICP) begleitet und entscheidend unterstützt.

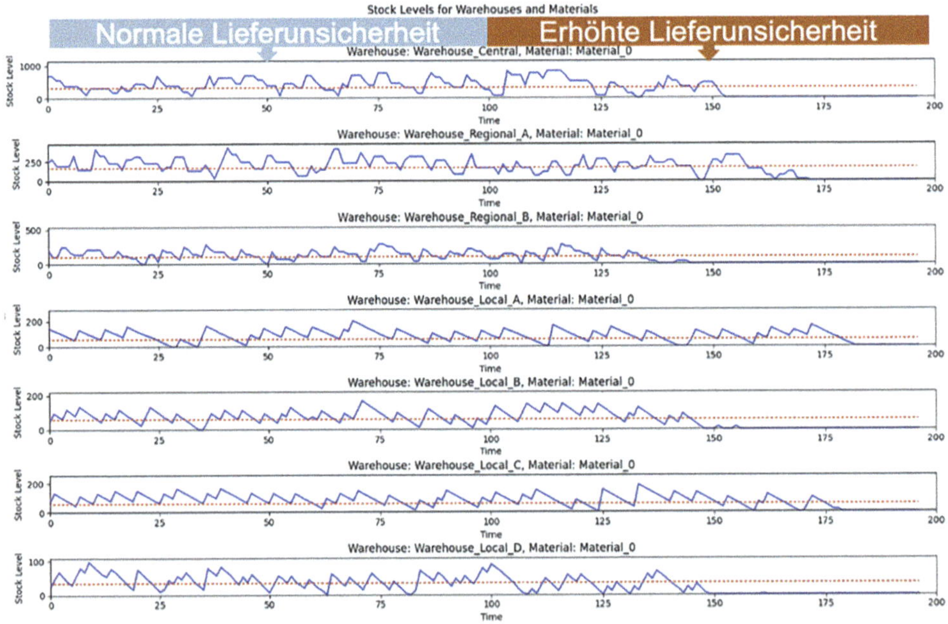

Abb. 1 Stock-Out Effekte durch erhöhte Unsicherheit bei Nichtanpassung des Sicherheitsbestandes am Beispiel einer Simulation in einem komplexen Distributionsnetzwerk

2 Durchführung und Maßnahmen

Zu Beginn des Transferprojektes wurden anonymisierte historische Daten zu Nachfrage, Lagerbeständen und Lieferzeiten aus einem Distributionsnetzwerk ausgewertet. Dadurch konnte ein vertieftes Verständnis der zugrunde liegenden Abläufe gewonnen und realistische Verteilungsannahmen für Nachfrage- und Lieferzeiten abgeleitet werden. Zugleich zeigte die Analyse, dass Supervised Machine Learning (SML) zur Optimierung von Sicherheitsbeständen ungeeignet ist: Historische Daten basieren auf zurückliegenden Dispositionen, spiegeln jedoch kein Optimum wider. Da SML-Methoden lediglich aus vorhandenen Zuständen lernen und keine optimalen Zielgrößen ableiten können, erschien dieser Ansatz für die Optimierung von Sicherheitsbeständen nicht zielführend.

Aus der Literatur (Jiang und Sheng 2009) wurde RL als vielversprechender Ansatz abgeleitet. Hierfür war eine realitätsnahe, leistungsfähige Simulationsumgebung nötig, die frei verfügbare Tools nicht bieten konnten. Daher entstand eine auf Python/Numpy (Harris et al. 2020) basierende Eigenentwicklung mit anpassbaren Nachfrage- und Lieferzeitverteilungen, Backlog-Management, Kostenstrukturen und Service-Leveln, anpassbar in jedem Knoten eines Distributionsnetzwerkes.

Die zentrale Herausforderung bei der RL-Anwendung bestand im Entwurf einer geeigneten Reward-Funktion, zur angemessenen Belohnung und Bestrafung des RL-Agenten. Diese bildet den Zielkonflikt zwischen der Minimierung der Lagerbestände sowie Kosten einerseits und der Sicherstellung hoher Service-Level andererseits ab. Die Funktion ist so ausgestaltet, dass unterschiedliche Kostenstrukturen und Service-Level-Anforderungen pro Warenhaus abgebildet und angepasst werden können.

Es wurden verschiedene Netzwerkstrukturen, darunter Single-Echelon-Systeme, in denen Lagerstandorte separat und einzeln betrachtet werden, und Multi-Echelon-Systeme, in denen die Vernetzung der Lagerstandorte mitberücksichtigt wird, modelliert und analysiert (Abb. 2). Es wurden zwei RL Agenten-Strategien implementiert (Shakya et al. 2023). Zum einen Single-Agent-RL, bei dem ein einzelner Agent das gesamte Netzwerk beobachtet und optimiert, zum andere Multi-Agent-RL, bei dem für jeden Lagerstandort

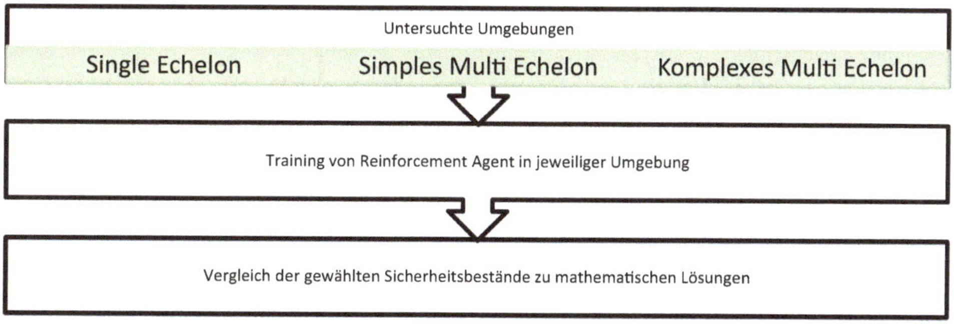

Abb. 2 Methodisches Vorgehen zum Trainieren und Evaluieren der Reinforcement Learning Agenten

ein separater Agent eingesetzt wurde, wobei alle Agents mit derselben Reward-Funktion belohnt bzw. bestraft wurden. Insbesondere für Multi-Echelon-Netzwerke zeigte sich der Einsatz von Multi-Agenten-Prozessen als vorteilhaft hinsichtlich Geschwindigkeit, Ergebnisqualität und Nachvollziehbarkeit der Steuerungsentscheidungen. Die Agenten starteten jeweils mit suboptimalen Beständen und verbesserten ihre Strategien iterativ durch eine große Zahl von Simulationsdurchläufen.

3 Erfahrungen und Erkenntnisse

3.1 Validierung im Single-Echelon-System

Die erste Validierungsstufe konzentrierte sich auf die klassische Single-Echelon-Struktur, für die eine etablierte mathematische Formel zur Berechnung des optimalen Sicherheitsbestandes existiert (Tempelmeier 2005). Ziel war die Überprüfung, ob der RL-Algorithmus ausgehend von einem suboptimalen Startpunkt das analytische Optimum erreichen kann. Die Ergebnisse zeigen, dass der RL-Agent den optimalen Service-Level mit einer durchschnittlichen Abweichung von nur 0,1 % erreichte. Damit wurde eine hohe Übereinstimmung mit der Theorie und die Funktionsfähigkeit des RL-Ansatzes im einfachen Fall bestätigt.

3.2 Vergleich im Multi-Echelon-System

Für die komplexeren Multi-Echelon-Systeme wurden zwei mathematische Baselines herangezogen: Zum einen die isolierte Anwendung der Single-Echelon-Berechnung auf jede Stufe, zum anderen die Extended Decomposition-Aggregation (DA) Heuristik (Rong et al. 2017) als Näherungslösung für Multi-Echelon-Netzwerke. Auf Basis der gewählten Umgebungsbedingungen ließen sich GSM und SSM nicht vergleichbar implementieren, da die in diesen Heuristiken getroffenen Annahmen hier nicht zutreffen (z. B. Order-Strategy, Backorders oder bei anders gewählten stochastischen Verteilungen). Es ergab sich, dass der RL-Ansatz im Mittel tendenziell höhere Sicherheitsbestände als der DA-Ansatz auswählte.

In einfachen Multi-Echelon-Konfigurationen gelang es RL und DA, in 90 % bzw. 50 % der Netzwerke stabile Lösungen für die Sicherheitsbestände zu bestimmen. Während die DA-Heuristik in etwa der Hälfte der untersuchten Fälle keine tragfähige Lösung fand, lag die Robustheit des RL-Ansatzes mit 90 % signifikant darüber (Abb. 3).

Mit zunehmender Netzwerkkomplexität zeigte sich eine Verschärfung dieser Entwicklung: Der DA-Ansatz verblieb bei einer Erfolgsquote von 50 %, wohingegen der RL-Ansatz in 75 % der komplexeren Netzwerke eine lauffähige, das heißt vor allem stabile und nicht-kollabierende, Lösung generieren konnte. In Abb. 3 ist der grafische Unterschied deutlich: je höher links ein Ergebnis ist, desto besser (niedriger Sicherheits-

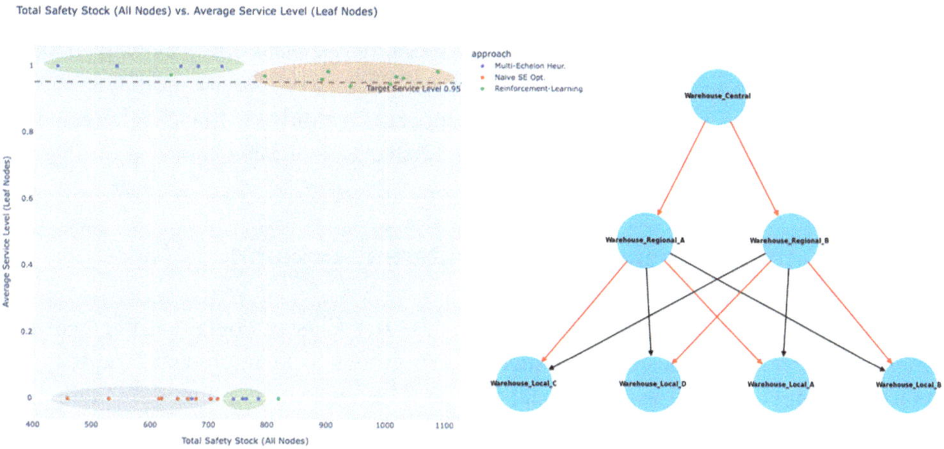

Abb. 3 Links: Ergebnisse im Multi-Echelon Fall. Rechts: Multi-Echelon Netzwerk (primäre Lieferwege in rot)

bestand bei gleichzeitig hohem Service-Level), während Werte bei 0 bedeuten, dass das Netzwerk mit den eingestellten Sicherheitsbeständen nicht lieferfähig war. Zwar wich der RL-bestimmte Sicherheitsbestand teilweise von minimal möglichen Werten ab, letztlich konnte aber auch in kritischen Netzwerkkonfigurationen eine stabile Lieferkettendynamik ohne Systemzusammenbruch gewährleistet werden – eine Eigenschaft, die die mathematischen Heuristiken unter Unsicherheiten und bei verschärfter Komplexität oftmals nicht mehr aufweisen.

3.3 Einordnung und Limitationen

Es lässt sich zusammenfassend festhalten, dass der RL-basierte Optimierungsansatz insbesondere bei wachsender Netzwerkkomplexität deutliche Stärken hinsichtlich Robustheit und Anwendbarkeit in bislang schwer analytisch fassbaren Situationen zeigt. Interessanterweise wird diese Einschätzung durch neuere Forschung bestätigt, die erst im Anschluss an das Transferprojekt publiziert wurde und ebenfalls das Potenzial von RL hervorhebt (Ziegner et al. 2025). Während es aktuell noch nicht in allen Fällen gelingt, exakt das Optimum zu erreichen, erhält man mit dem Reinforcement Learning-Ansatz in einer hohen Zahl von Fällen tragfähige und realistisch nutzbare Lagerhaltungsstrategien – im Gegensatz zu traditionellen Näherungsverfahren, die oftmals an den Rand ihrer Gültigkeit gelangen.

Einschränkend ist anzumerken, dass die ermittelten Ergebnisse, trotz der Ableitung realistischer Daten, auf Simulationen beruhen und weiterhin gewisse Annahmen zu Nachfragestrukturen, Lieferzeiten und Netzwerktopologien enthalten. Insbesondere im

Kontext komplexer Liefernetzwerke bleibt die Bestandsoptimierung eine herausfordernde Aufgabenstellung; insbesondere hier ist das Expertenwissen ein entscheidender Faktor. Die vorliegenden Evaluationsergebnisse belegen jedoch, dass die RL-gestützte Herangehensweise einen vielversprechenden Beitrag zur operativen Entscheidungs-unterstützung in unsicheren und dynamischen Netzwerkstrukturen leisten kann.

4 Zukunftsperspektiven und Weiterentwicklung

Die Resultate dieses Transferprojekts zeigen, dass der Einsatz von Reinforcement Learning in der Sicherheitsbestandsoptimierung ein großes Transferpotenzial besitzt. Die Simulationsumgebung und das zugrundeliegende KI-Framework sind modular aufgebaut und lassen sich mit geringem Aufwand an weitere Firmen, Materialarten und Supply-Chain-Topologien anpassen. Gerade in Branchen, in denen Unsicherheiten besonders groß und dynamisch sind, bieten sich zahlreiche Anwendungsmöglichkeiten: von der Automobil- über die Chemie- bis hin zur Konsumgüterindustrie.

Zur Weiterentwicklung des Ansatzes sind mehrere Forschungsrichtungen vielversprechend, insbesondere die kontinuierliche Optimierung der Beobachtungs- und Belohnungsfunktion. Insgesamt zeigt sich, dass durch die Kombination menschlicher Expertise und maschinellen Lernens ein neues Niveau adaptiver und robuster Lieferkettenplanung erreichbar ist, welches in Zukunft noch stärker zur Transformation industrieller Wertschöpfungsnetzwerke beitragen kann.

Literatur

Doğru, M.K., De Kok, A.G., Van Houtum, G.J., 2013. Newsvendor characterizations for one-warehouse multi-retailer inventory systems with discrete demand under the balance assumption. Cent Eur J Oper Res 21, 541–559. https://doi.org/10.1007/s10100-012-0246-7

Eppen, G.D., Martin, R.K., 1988. Determining Safety Stock in the Presence of Stochastic Lead Time and Demand. Management Science 34, 1380–1390. https://doi.org/10.1287/mnsc.34.11.1380

Eruguz, A.S., Sahin, E., Jemai, Z., Dallery, Y., 2016. A comprehensive survey of guaranteed-service models for multi-echelon inventory optimization. International Journal of Production Economics 172, 110–125. https://doi.org/10.1016/j.ijpe.2015.11.017

Gonçalves, J.N.C., Sameiro Carvalho, M., Cortez, P., 2020. Operations research models and methods for safety stock determination: A review. Operations Research Perspectives 7, 100164. https://doi.org/10.1016/j.orp.2020.100164

Graves, S.C., Willems, S.P., 2003. Supply Chain Design: Safety Stock Placement and Supply Chain Configuration, in: Handbooks in Operations Research and Management Science. Elsevier, S. 95–132. https://doi.org/10.1016/S0927-0507(03)11003-1

Harris, C.R., Millman, K.J., Van Der Walt, S.J., Gommers, R., Virtanen, P., Cournapeau, D., Wieser, E., Taylor, J., Berg, S., Smith, N.J., Kern, R., Picus, M., Hoyer, S., Van Kerkwijk, M.H., Brett, M., Haldane, A., Del Río, J.F., Wiebe, M., Peterson, P., Gérard-Marchant, P., Sheppard,

K., Reddy, T., Weckesser, W., Abbasi, H., Gohlke, C., Oliphant, T.E., 2020. Array programming with NumPy. Nature 585, 357–362. https://doi.org/10.1038/s41586-020-2649-2
Jiang, C., Sheng, Z., 2009. Case-based reinforcement learning for dynamic inventory control in a multi-agent supply-chain system. Expert Systems with Applications 36, 6520–6526. https://doi.org/10.1016/j.eswa.2008.07.036
Rambau, J., Schade, K., 2010. The Stochastic Guaranteed Service Model with Recourse for Multi-Echelon Warehouse Management. Electronic Notes in Discrete Mathematics 36, 783–790. https://doi.org/10.1016/j.endm.2010.05.099
Rong, Y., Atan, Z., Snyder, L.V., 2017. Heuristics for Base-Stock Levels in Multi-Echelon Distribution Networks. Production and Operations Management 26, 1760–1777. https://doi.org/10.1111/poms.12717
Shakya, A.K., Pillai, G., Chakrabarty, S., 2023. Reinforcement learning algorithms: A brief survey. Expert Systems with Applications 231, 120495. https://doi.org/10.1016/j.eswa.2023.120495
Tempelmeier, H., 2005. Bestandsmanagement in supply chains. BoD–Books on Demand.
Tunc, H., Kilic, O.A., Tarim, S.A., Eksioglu, B., 2011. The cost of using stationary inventory policies when demand is non-stationary. Omega 39, 410–415. https://doi.org/10.1016/j.omega.2010.09.005
Ziegner, G., Choi, M., Le, H.M.C., Sakhuja, S., Sarmadi, A., 2025. Iterative Multi-Agent Reinforcement Learning: A Novel Approach Toward Real-World Multi-Echelon Inventory Optimization. https://doi.org/10.48550/ARXIV.2503.18201

Schulungsangebote von Arbeitswelt. Plus: Konzept, Ziele und Nutzen

Stephan Mielke

1 Überblick und Zielsetzung des Schulungskonzepts

Das Kompetenzzentrum Arbeitswelt.Plus bietet ein umfassendes Schulungs- und Weiterbildungsangebot, um Künstliche Intelligenz (KI) im industriellen Mittelstand anwendbar zu machen. Ziel ist es, Unternehmen und Beschäftigte ganzheitlich auf die Einführung von KI-Technologien vorzubereiten und sie in die Lage zu versetzen, KI erfolgreich und menschenzentriert einzusetzen. Zahlreiche Studien belegen, dass gezielte Kompetenzentwicklung ein zentraler Erfolgsfaktor bei der Einführung von KI in Unternehmen ist (Hammermann und Kürten, 2025). Die Angebote von Arbeitswelt.Plus versuchen dabei alle Phasen einer KI-Einführung abzudecken – *von der Entwicklung einer KI-Strategie bis hin zur Umsetzung konkreter KI-Use-Cases* (Abb. 1).

Getragen wird das Schulungskonzept von einem breiten Bündnis aus Wissenschaft und Wirtschaft. In den Leuchtturmprojekten erprobte Anwendungen und gesammelte Erfahrungen flossen direkt in die Schulungen ein.

S. Mielke (✉)
Deutsche Angestellten-Akademie, Aachen, Deutschland
E-Mail: stephan.mielke@daa.de

R. Dumitrescu (Hrsg.), *KI für die Arbeitswelt von morgen*,
Intelligente Technische Systeme – Lösungen aus dem Spitzencluster it's OWL,
https://doi.org/10.1007/978-3-662-73053-9_27

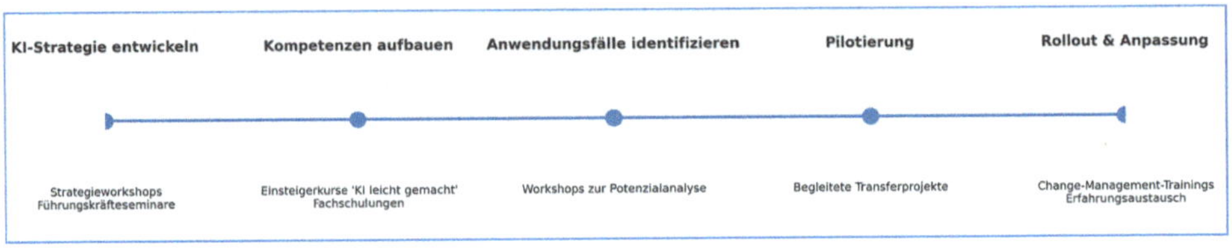

Abb. 1 Prozessgrafik: „Phasen der KI-Einführung mit Schulungsangeboten“

2 Didaktisches Konzept und Formate der Schulungen

Die Schulungsangebote von Arbeitswelt.Plus folgen einem praxisorientierten und teilnehmerzentrierten didaktischen Konzept. Es gibt eine breite Palette an Formaten, um unterschiedlichen Lernbedürfnissen gerecht zu werden: Von praxisorientierten Einführungs-Workshops für den ersten Einstieg über Vorträge und Seminare zur Wissensvermittlung bis hin zu vertiefende Schulungen und E-Learning-Kursen für spezialisierte Themenbereiche. So existiert etwa mit *„KI leicht gemacht“* ein innovatives Online-Selbstlernmodul für Einsteiger, das einen umfassenden und leicht verständlichen Einstieg in die Welt der KI ermöglicht. Daneben werden klassische Workshops und Coachings angeboten, bei denen Expert*innen direkt mit den Teilnehmenden arbeiten, konkrete Anwendungsfälle diskutieren und auf die individuellen Fragen der Unternehmen eingehen können. Auch Live-Demonstrationen und Labor-Führungen gehören zum Angebot – zum Beispiel kann man in einer *„KI erleben“*-Labortour in der SmartFactory-OWL praktische KI-Anwendungen hautnah kennenlernen.

Die Schulungsangebote von Arbeitswelt.Plus folgen einem praxisorientierten und teilnehmerzentrierten didaktischen Konzept. Unterschiedliche Formate – von Einführungs-Workshops bis zu vertiefenden E-Learning-Kursen – stellen sicher, dass alle Zielgruppen passende Lernangebote finden. Praxisnähe und Transfer in den Arbeitsalltag spielen dabei eine wichtige Rolle (siehe Kapitel „Praxisnähe und Transfer“).

Zusätzlich wird darauf geachtet, die Inhalte zielgruppengerecht aufzubereiten. Das Schulungskonzept richtet sich gleichermaßen an Fachkräfte, Führungskräfte, Betriebsräte wie auch an interessierte Beschäftigte ohne Spezialwissen. So gibt es z. B. spezielle Workshops für Betriebsratsmitglieder und Gewerkschafter, in denen partizipative Gestaltungsansätze im Vordergrund stehen, während andere Formate sich an IT-Fachleute oder Entscheider richten. Diese Differenzierung sorgt dafür, dass die Teilnehmer*innen genau das Wissen erhalten, das sie für ihre Rolle im Unternehmen benötigen.

3 Wissenschaftliche Fundierung der Inhalte

Alle Schulungsangebote sind wissenschaftlich fundiert und beruhen auf den aktuellen Forschungsergebnissen des Kompetenzzentrums. Arbeitswelt.Plus vereint Expertise aus renommierten Forschungsinstituten (u. a. aus der Fraunhofer-Gesellschaft) sowie verschiedenen regionalen Hochschulen. Dadurch fließt Spitzenforschung direkt in die Weiterbildung ein: Die Teilnehmenden erhalten Zugriff auf aktuelles Expert*innenwissen und Ergebnisse aus der Spitzenforschung zur Künstlichen Intelligenz. Seminare wie das zur Erklärbarkeit von KI, das beschreibt, wie KI-Entscheidungen nachvollziehbarer gemacht werden können, sind ohne die neuesten wissenschaftlichen Ansätze aus Hochschulen und Forschungseinrichtungen nicht umsetzbar.

Die Entwicklung der Schulungsinhalte orientiert sich an systematischen Untersuchungen und Modellen. So wurde im Projekt eine *„Kompetenzarchitektur 4.0"* erarbeitet, die auf Studien und Literaturanalysen basiert und die erforderlichen sozialen, kognitiven und digitalen Kompetenzen für die digitale Arbeitswelt beschreibt. Solche Forschung fließt in die didaktische Konzeption ein, um Weiterbildung bedarfsgerecht zu gestalten. Mensch, Technik und Organisation werden dabei gleichermaßen berücksichtigt – ein interdisziplinärer Ansatz, der sicherstellt, dass nicht nur die technologischen, sondern auch die sozial-partizipativen und organisatorischen Aspekte von KI vermittelt werden. Webanalytische Ansätze, die generative KI nutzen, um Stellenanzeigen und Unternehmenswebseiten systematisch auszuwerten, liefern dabei wertvolle Hinweise darauf, welche KI-Kompetenzen der Arbeitsmarkt tatsächlich nachfragt (Mackensen et al., 2024).

Die IG Metall als Projektpartner brachte zudem arbeitswissenschaftliche Perspektiven ein, etwa zu Mitbestimmung und Arbeitsgestaltung. Dadurch konnten Themen wie Partizipation der Belegschaft, ethische KI-Gestaltung und Veränderungsmanagement als integraler Bestandteil der Schulungen etabliert werden. Die vermittelten Methoden und Konzepte sind in der Praxis erprobt oder wurden in den angeschlossenen Forschungsprojekten kontinuierlich evaluiert. Insgesamt entstand so ein Schulungskonzept, das auf aktuellen wissenschaftlichen Erkenntnissen beruht und zugleich für den praktischen Einsatz im Betrieb validiert ist.

4 Praxisnähe und Transfer in den Arbeitsalltag

Ein besonderer Fokus des Schulungsprogramms liegt auf der Praxisnähe und dem direkten Anwendungstransfer in Unternehmen. Alle Inhalte zielen darauf ab, konkrete Umsetzungskompetenzen zu vermitteln. Teilnehmer*innen lernen nicht nur theoretische Konzepte, sondern erfahren *hands-on*, wie KI im eigenen Arbeitskontext eingesetzt werden kann. In Workshops wie dem zur *Potenzialanalyse* erarbeiten die Teilnehmenden Möglichkeiten, KI-Anwendungen im eigenen Unternehmen zu entdecken und zu priorisieren. Dabei werden individuelle KI-Potenziale systematisch aufgenommen, bewertet und dokumentiert, sodass abschließend ein klares Bild entsteht, wie durch KI im Betrieb ein Mehrwert entstehen kann. Dieses Ergebnis dient dem Unternehmen als fundierte Grundlage, um eine KI-Einführung gezielt anzugehen.

Zahlreiche Angebote greifen aktuelle Anwendungsbeispiele aus der Industrie auf. So entdecken die Teilnehmenden etwa in einem Workshop eine Vielzahl von praxisorientierten KI-Anwendungsfällen und profitieren vom gemeinsamen Austausch darüber. Demonstrationen führen anschaulich vor Augen, welchen konkreten Nutzen KI-Lösungen bieten – etwa, wenn in einer Live-Demo gezeigt wird, wie durch KI der Sortierprozess von Schmutzwäsche effizienter gestaltet werden kann. Solche realen Beispiele machen die Technologie greifbar und zeigen direkt den Bezug zur Arbeitsrealität. Auch moderne Technologien wie Augmented Reality oder Assistenzsysteme werden in den Schulungen vorgestellt und hinsichtlich ihres Potenzials sowie ihrer Grenzen bewertet. Dies versetzt die Teilnehmer*innen in die Lage, nach der Schulung zu erwägen, ob und wie der Einsatz einer bestimmten Technologie im eigenen Umfeld sinnvoll ist.

Charakteristisch für die Didaktik ist der hohe Praxisbezug und der interaktive Austausch zwischen Teilnehmenden und Expert*innen. Inhalte werden an konkreten betrieblichen Anwendungsbeispielen und praxisnahen Demonstratoren veranschaulicht. In vielen Workshops bringen die Teilnehmenden ihre eigenen Problemstellungen ein. Beispiele – gerne auch aus der eigenen betrieblichen Praxis – werden gemeinsam diskutiert, sodass ein direkter Transfer des Gelernten ins eigene Arbeitsumfeld möglich ist. Die Lernatmosphäre ist kollegial und dialogorientiert: Best Practices und mögliche Stolpersteine bei KI-Projekten werden offen geteilt, und Teilnehmende erhalten konkrete Empfehlungen für die nächsten Schritte. Kurze Erfolgskontrollen, z. B. in Form abschließender Wissenschecks in E-Learnings, unterstützen die Selbstüberprüfung des Lernerfolgs. Diese praxisnahen Methoden ergänzen die Umsetzungskompetenzen, die in diesem Kapitel beschrieben werden, und bilden die Grundlage für einen nachhaltigen Transfer in den betrieblichen Alltag.

Wie ist also der Transfer ins eigene Unternehmen möglich? In vielen Formaten wird genau dies Frage gestellt und entsprechende Ergebnisse erarbeitet, die direkt weiterverwendet werden sollen – sei es ein Aktionsplan zur KI-Einführung, ein Katalog identifizierter Use Cases oder sogar erste Prototypen. Die im Zuge dessen durchgeführten Transferprojekte, in denen interessierte Unternehmen bei der Umsetzung einer KI-Idee eng begleitet wurden, waren für die teilnehmenden mittelständischen Unternehmen eine großartige Gelegenheit, neue KI-Technologien mit Unterstützung aus der Forschung im eigenen Betrieb zu erproben und einzuführen. So konnten die erarbeiteten Konzepte erfolgreich im betrieblichen Umfeld angewendet werden.

5 Nutzen für Unternehmen

Für Unternehmen – insbesondere kleine und mittelgroße Unternehmen des industriellen Mittelstands – bietet das Schulungskonzept von Arbeitswelt.Plus vielfältige Nutzen und Mehrwerte:

- Strategie und Planungssicherheit: Die Angebote helfen, eine klare KI-Strategie zu entwickeln. Führungskräfte lernen, die KI-Einführung ganzheitlich zu planen und das Unternehmen systematisch vorzubereiten. Dadurch entsteht früh Orientierung, welche Schritte nötig sind.
- Konkrete Umsetzungskompetenz: Unternehmen erhalten praktische Hilfestellungen, um KI-Projekte erfolgreich anzustoßen. Forschung zeigt, dass Unternehmen mit quali-

fizierten Fachkräften erfolgreicher KI-Potenziale realisieren und Produktivitätsgewinne erzielen (Rampelt et al., 2025). Damit erkennen Entscheider, wo in ihrem Unternehmen KI den größten Hebel darstellt. Einige dieser Use Cases konnten im Rahmen von Transferprojekten mit Unterstützung der Experten bereits pilotiert werden – eine ideale Vorbereitung, um KI effizient und mit geringem Risiko im Betrieb einzuführen.
- Zugriff auf Expertenwissen: Durch die Beteiligung führender Forschungsinstitute und Hochschulen profitieren Unternehmen von aktuellem Fachwissen, Best Practices und Ergebnissen aus der Spitzenforschung – Wissen, das teure Fehlentscheidungen vermeiden hilft.
- Change-Management und Akzeptanz: Führungskräfte lernen, mögliche Herausforderungen bei der Einführung neuer Technologien zu erkennen und geeignete Lösungsansätze zu wählen. Dadurch können Veränderungen reibungsloser implementiert werden. Das Unternehmen profitiert von einer höheren Akzeptanz neuer KI-Systeme bei der Belegschaft und von einem reibungslosen Wandel, der alle mitnimmt.
- Innovationskultur: Die Angebote ermutigen, KI als Chance zu begreifen und mögliche Herausforderungen proaktiv anzugehen – eine Haltung, die das Unternehmen agiler und zukunftsorientierter macht.

Somit ermöglicht das Schulungskonzept den Unternehmen, kompetent, informiert und partizipativ die eigene KI-Zukunft zu gestalten. Sie erhalten *konkrete Werkzeuge und Pläne* an die Hand sowie das nötige Know-how, um KI gewinnbringend und verantwortungsvoll einzusetzen.

6 Nutzen für Beschäftigte und Mitarbeitervertretungen

Das Schulungsangebot bietet allen im Unternehmen vertretenen Zielgruppen erhebliche Vorteile – von der Fachkraft bis zur Mitarbeitervertretung (vgl. Zielgruppenbeschreibung in Kap. 2):

- Wissensaufbau und Qualifizierung: Die Teilnehmer*innen erwerben fundiertes Wissen über KI-Grundlagen, Begriffe und Anwendungen, selbst wenn sie vorher noch über keinerlei Kenntnisse auf dem Gebiet verfügten. Nach Abschluss einer Schulung wie *„KI leicht gemacht"* sind sie in der Lage, die Bedeutung von KI zu verstehen, grundlegende Konzepte wie Algorithmen und Maschinelles Lernen zu erklären und verschiedene Anwendungsfelder der KI zu erkennen. Diese Kompetenzentwicklung erhöht die berufliche Qualifikation erheblich in einem Zukunftsfeld, in dem ein hoher Weiterbildungsbedarf besteht. Eine internationale Studie bestätigt, dass KI-Kompetenzen in vielen Branchen bereits als entscheidend für die langfristige Beschäftigungsfähigkeit wahrgenommen werden (Santander, 2023).
- Souveränität im Umgang mit KI: Durch den praxisnahen und verständlichen Lernansatz verlieren die Beschäftigten Berührungsängste gegenüber neuen Technologien.

Sie lernen, KI als nützliches Werkzeug zu begreifen, statt es nur als Bedrohung zu sehen. Insbesondere Einsteigerkurse vermitteln, welche Chancen KI bietet, und bauen Vorbehalte ab, indem komplexe Themen leicht verständlich aufbereitet werden. Das steigert die Sicherheit und das Selbstvertrauen der Mitarbeiter*innen im Umgang mit digitalen Innovationen.

- Möglichkeiten zur Mitgestaltung: Ein zentrales Anliegen der Schulungen ist es, Beschäftigte aktiv in KI-Projekte einzubeziehen. Insbesondere für Betriebsräte und Mitarbeitervertretungen gibt es Angebote, die zeigen, wie sich KI-Einführungen im Sinne der Beschäftigten beteiligungsorientiert mitgestalten lassen. Betriebsräte gewinnen hierdurch das Rüstzeug, die Auswirkungen von KI auf das Kollegium einschätzen zu können und die etwaige Einführung konstruktiv zu begleiten. So berichtete ein Betriebsratsvorsitzender nach einer Schulung, dass ihm „sehr deutlich geworden [ist], welche Auswirkungen Künstliche Intelligenz auf die Arbeit und damit vor allem auf die Kolleginnen und Kollegen hat", was direkte Konsequenzen für seine Arbeit als Betriebsrat habe. Dieses Verständnis versetzt Arbeitnehmervertreter*innen in die Lage, die Interessen der Belegschaft bei KI-Initiativen kompetent zu vertreten. Für die Beschäftigten allgemein bedeutet dies, dass ihre Stimmen und Anliegen gehört werden und KI nicht an ihnen vorbei, sondern gemeinsam mit ihnen eingeführt wird.
- Verbesserte Arbeitsbedingungen: Da die Weiterbildungen stark auf menschenzentrierte Technikgestaltung abzielen, profitieren die Beschäftigten mittel- und langfristig von humanen, mitarbeiterfreundlichen KI-Lösungen. Der Workshop *„Human Friendly Automation"* beispielsweise vermittelt eine Wertecharta, um Digitalisierung und KI fair und menschengerecht im Unternehmen zu verankern. Die Teilnehmenden lernen dort, Unternehmenswerte und Mitarbeiterbedürfnisse bei KI-Projekten systematisch zu berücksichtigen. Mit diesem Handwerkszeug können Betriebe sicherstellen, dass die Entwicklung neuer Technologien im Einklang den Werten des Unternehmens und unter Einbeziehung der Mitarbeitenden erfolgt. Ein zentrales Ziel des Schulungskonzepts ist es, die Arbeitsmotivation und -zufriedenheit sowie das Wohlbefinden der Beschäftigten durch den KI-Einsatz nachhaltig zu steigern. Wenn neue Technologien richtig eingeführt werden, können monotone, belastende oder gefährliche Arbeiten reduziert, Entscheidungsprozesse transparenter und gerechter gestaltet und neue Entfaltungsmöglichkeiten für die Mitarbeiter*innen geschaffen werden.
- Persönliche Weiterentwicklung: Die Beschäftigten erleben die Weiterbildung als Chance zur eigenen beruflichen Entwicklung. Sie können das erworbene Wissen im Unternehmen einbringen und sich als Teil der innerbetrieblichen innovativen Entwicklung verstehen. Dies erhöht ihre Perspektiven im Unternehmen (Stichwort Employability) und trägt auch zur Jobsicherheit bei, da verstärkt auf intern qualifizierte KI-Kompetenzen zurückgegriffen werden kann, anstatt externe Expertise einkaufen zu müssen. Indem Mitarbeiter*innen verstehen, wie KI ihre Arbeit beeinflusst und wie sie diese mitgestalten können, fühlen sie sich dem technologischen Wandel weniger ausgeliefert, sondern können ihn selbstbewusst mittragen.

Somit kann mit dem Schulungsangebot von Arbeitswelt.Plus bei den Beschäftigten Wissen, Selbstvertrauen und Mitbestimmungsfähigkeit im Umgang mit KI gefördert werden. Die Belegschaft wird zum entscheidenden Erfolgsfaktor bei der Digitalisierung: gut qualifizierte, informierte und motivierte Teams können KI-Lösungen besser aufnehmen und produktiv nutzen. Dies kommt allen zugute – dem Unternehmen, das von der höheren Produktivität und Akzeptanz profitiert, und den Beschäftigten, die ihre Arbeitswelt aktiv und kompetent mitgestalten können.

Die Schulungsinhalte von Arbeitswelt.Plus zeichnen sich durch eine gelungene Verbindung von didaktischer Qualität, wissenschaftlicher Fundierung und Praxisnähe aus. Die Zielsetzung, KI menschengerecht und erfolgreich in die Arbeitswelt zu integrieren, spiegelt sich in dem Angebot wider – von grundlegenden Info-Kursen bis zum spezialisierten Workshop. Unternehmen erhalten ganzheitliche Unterstützung auf ihrem KI-Weg und konkreten Mehrwert für ihre Innovationsfähigkeit, während Beschäftigte zu Mitgestaltern des digitalen Wandels qualifiziert werden. Die Mischung aus Theorie und Praxis, aus Forschung und Anwendung stellt sicher, dass die Inhalte sowohl substanziell fundiert als auch praktisch umsetzbar sind. Damit leisten die Schulungsangebote einen wertvollen Beitrag, KI-Kompetenzen im Mittelstand aufzubauen und die Arbeitswelt von morgen kompetent, wettbewerbsfähig und menschengerecht zu gestalten.

Literatur

Hammermann, A., & Kürten, L. M. (2025). *Generative KI – Schritt halten durch gezielte Kompetenzentwicklung* (IW-Kurzbericht Nr. 24/2025). IW Köln.

Mackensen, J., Ruppert, R., & Bienzeisler, B. (2024). *Qualifizierungsbedarfe und Künstliche Intelligenz*. Fraunhofer IAO.

Rampelt, F., Klier, J., Kirchherr, J., & Ruppert, R. (2025). *KI-Kompetenzen in deutschen Unternehmen*. McKinsey & Stifterverband.

Santander (2023). *Tomorrow's Skills – International Study on the Future of Skills*. Banco Santander.

KI-Unterstützung auf dem Shop Floor

Assistenzsystem befähigt zur Selbsthilfe am Arbeitsplatz

Gudrun Tschirner-Vinke, Frank Berger, Lukas Brandt und Alexander Krebs

1 Einleitung und Zielsetzung

In der heutigen industriellen Umgebung stellen komplexe technische Systeme erhebliche Herausforderungen für Anlagenbediener:innen dar, insbesondere bei der Inbetriebnahme und Wartung von Maschinen und Anlagen oder bei der Behebung von Fehlern, die während der Produktionsprozesse unvermittelt auftreten (Apt et. al. 2018). Oftmals fehlt es ihnen in kritischen Situationen an adäquaten Informationen und Zugang zu Fachwissen (Deppe et al. 2022). In solchen Fällen bleibt häufig nur der Weg über umfangreiche Recherchen in der technischen Dokumentation oder die Inanspruchnahme des telefonischen Supports des Anlagenherstellers, um eine Lösung zu finden.

Das im Rahmen des Leuchtturmprojekts „KI-Dienste für (skalierbare) adaptive Arbeitsassistenz" (KI-SAA) entwickelte KI-gestützte Assistenzsystem orientiert sich an den Bedürfnissen der Nutzer:innen. Im Gegensatz zu herkömmlichen Chatbot-Systemen enthält die Lösung eine KI-basierte intelligente Suchfunktion. Diese ermöglicht eine zielgerichtete und kontextbezogene Unterstützung, die den Nutzer:innen hilft, schnell und effizient auf relevante Informationen zuzugreifen (Deppe et al. 2022).

Die webbasierte Assistenzanwendung bietet eine multimodale Darstellung der möglichen Problemlösungen. Es werden u. a. Abbildungen aus der technischen Dokumentation eingesetzt. Ferner können Videos und Augmented Reality (AR) Szenen für ausgewählte Textpassagen integriert werden, um komplexe Informationen anschaulich dar-

G. Tschirner-Vinke (✉) · F. Berger · L. Brandt · A. Krebs
Atos Secure Digital GmbH, München, Deutschland

A. Krebs
E-Mail: alexander.krebs@atos.ai

R. Dumitrescu (Hrsg.), *KI für die Arbeitswelt von morgen*,
Intelligente Technische Systeme – Lösungen aus dem Spitzencluster it's OWL,
https://doi.org/10.1007/978-3-662-73053-9_28

zustellen und die Informationsaufnahme zu erleichtern. Basierend auf dem Feedback der Nutzer:innen kann die Wissensbasis des Assistenzsystems durch Fachleute des Anlagenherstellers kontinuierlich angepasst und erweitert werden, um auf diese Weise zusätzliche (bzw. aktualisierte) relevante Informationen in das System einzupflegen.

2 Partizipativer Umsetzungsprozess und technischer Systemaufbau

Bevor Anlagenbediener:innen durch das KI-basierte Assistenzsystem Unterstützung erhalten können, ist die Erstellung einer initialen Wissensbasis durch Fachleute des Anlagenherstellers erforderlich (Akerkar & Sajja, 2009). Um diese Wissensbasis möglichst aufwandsarm teilautomatisiert zu erstellen, werden aus existierenden technischen Dokumentationen im Portable Document Format (PDF), wie z. B. Handbücher, relevante Informationen extrahiert und für die weitere Verwendung gespeichert. Dafür wurde von den Partnern aus Forschung und Industrie im Projekt eine verteilte Software-Lösung gemeinschaftlich konzipiert und umgesetzt. Nachfolgend erfolgt zunächst eine knappe Darstellung dieses partizipativen Umsetzungsprozesses. Im Anschluss wird der technische Systemaufbau der entwickelten Lösung beschrieben.

2.1 Partizipativer Umsetzungsprozess

Die Umsetzung des Projekts erfolgte im Rahmen einer engen Zusammenarbeit zwischen mehreren Partnern aus Industrie und Forschung, die jeweils unterschiedliche Rollen einnahmen. **Das Anwendungsunternehmen Weidmüller** stellte den konkreten Anwendungsfall, das Produktionsumfeld sowie relevante Handbücher, Trainingsdaten und Erfahrungswissen zur Verfügung. Darüber hinaus waren Mitarbeitende als Anlagenbediener:innen aktiv in die Anforderungsanalyse und die anschließende kontinuierliche Evaluation von Konzepten und lauffähigen Zwischenständen des Assistenzsystems eingebunden. **Die Forschungspartner Fraunhofer IOSB-INA und Universität Paderborn sowie das Befähigungsunternehmen Atos** entwickelten das technische Konzept, die Systemarchitektur und die Algorithmen zur Wissensverarbeitung und übernahmen die Implementierung der App-Komponenten. Zudem führte der Lehrstuhl für Organizational Behavior der Universität Paderborn wissenschaftliche Vorstudien zu den Potenzialen von KI in der industriellen Arbeitswelt durch (Papenkordt et al. 2022) und evaluierte die verschiedenen Systemkomponenten im Rahmen von qualitativen Experteninterviews mit mehreren Anlagenbediener:innen. Schließlich begleitete **die IG Metall** das Projekt im Sinne guter digitaler Arbeit. Sie achtete dabei insbesondere auf die Wahrung von Interessen der Beschäftigten bei der Einführung KI-gestützter Assistenzsysteme.

2.2 Technischer Systemaufbau

Die **für KI-SAA gewählte Architektur** erlaubt eine Integration der verteilten Software-Komponenten der verschiedenen Projektpartner und ist zugleich flexibel ausgelegt, um eine Übertragung auf andere Anwendungskontexte zu ermöglichen. Das entwickelte System ist gekennzeichnet durch Softwareprozesse, die eine längere Laufzeit haben und die während ihrer Ausführung die Gesamtanwendung nicht blockieren dürfen. Die Implementierung basiert deshalb auf einem zentralen Backend, das als Integrationsplattform für alle anderen Komponenten fungiert. Die Integration erfolgt sowohl mittels eines Message Queue und Worker Konzepts (Romero 2020) als auch per REST APIs (Representational State Transfer Application Programming Interfaces) (s. Abb. 1).

Ein wichtiger Aspekt der Architektur ist dabei die Abstraktion von zeitaufwendigen Prozessen zu sog. Task Jobs, die von eigenständigen Workern asynchron im Hintergrund abgearbeitet werden und unabhängig von Benutzerinteraktionen ablaufen. Die Verwaltung der Task Jobs erfolgt über eine Message Queue (Nachrichtenwarteschlange), die sicherstellt, dass alle Jobs in der richtigen Reihenfolge bearbeitet werden. Sobald ein Worker den ihm zugewiesenen Task Job durchgeführt hat, werden die Ergebnisse (Task Results) per REST Anfrage an das Backend geschickt. Die Worker Komponenten sind dabei so konzipiert, dass sie pro spezifischem Task Type (z. B. Textextraktion) horizontal

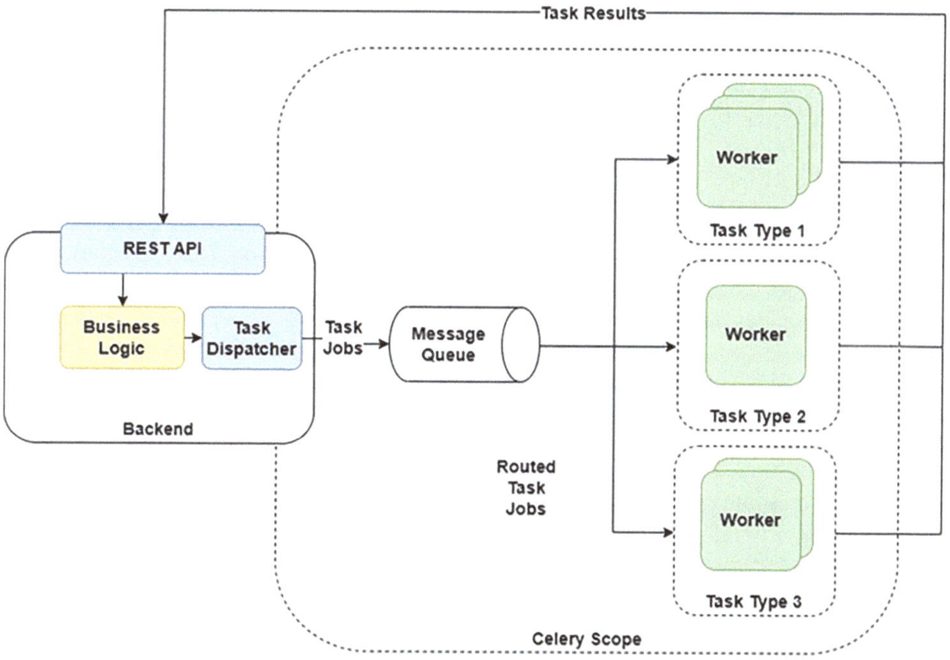

Abb. 1 Message Queue und Worker Konzept

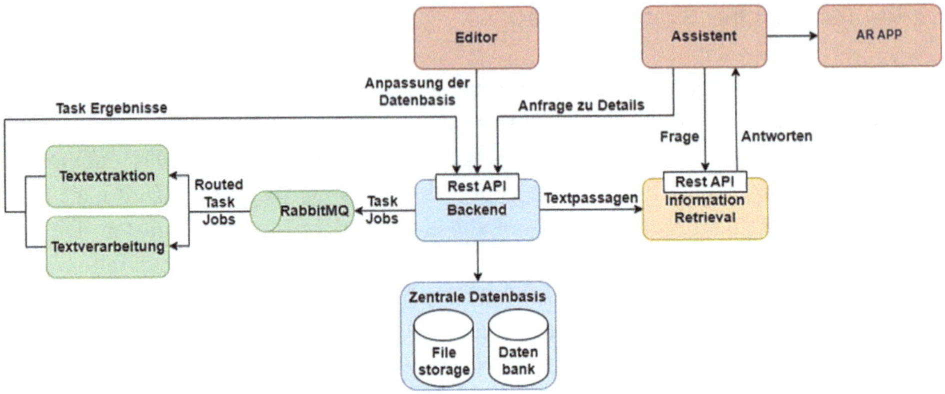

Abb. 2 Komponenten der KI-SAA Lösung

skaliert werden können. Hierdurch können bei Bedarf zusätzliche Worker für einen bestimmten Task Type hinzugefügt werden, um Engpässe zu vermeiden und die Effizienz der Verarbeitung zu steigern.

Im Folgenden werden nun die einzelnen **Softwarekomponenten der KI-SAA Lösung** und ihr Zusammenwirken genauer erläutert (s. Abb. 2).

Für die Textextraktion und -verarbeitung kommen Natural Language Processing (NLP) Methoden zum Einsatz. Um die zeitintensiven Aufgaben effizient zu verarbeiten, wird das oben beschriebene Message Queue und Worker Konzept eingesetzt.

Textextraktion Die Textextraktion aus Handbüchern in PDF ist einer der Task Types mit zugehöriger Worker Komponente, die Textpassagen, Tabellen und Abbildungen aus den Dokumenten extrahiert. Hierbei können die Handbücher sowohl in Englisch als auch in Deutsch vorliegen. Die extrahierten Texte werden KI-basiert nachverarbeitet, sodass Passagen, die aufgrund von Seitenumbrüchen oder anderen Unterbrechungen getrennt extrahiert werden, zusammengefasst werden, um den Kontext zu wahren. Die extrahierten Bestandteile werden an das Backend zurückgesendet, wo sie in einer zentralen Datenbasis persistiert und für nachfolgende Prozesse bereitgestellt werden.

Textverarbeitung Diese Worker Komponente folgt unmittelbar nach der Textextraktion. Hier wird jede extrahierte Textpassage mithilfe eines KI-Modells analysiert und in die Klassen „Hinweis", „Aufgabe" oder „nicht relevant" klassifiziert. Hinweise und Aufgaben können später entsprechend ihrer Klassifizierung im Assistenten angezeigt werden, und nicht relevante Textpassagen können entfernt werden. Um die Genauigkeit des Klassifizierungsmodells zu erhöhen, wurden im Projekt spezifisch für Handbücher Trainingsdaten gesammelt. Dies geschah durch die Analyse und das Labeln von Textpassagen aus einer Vielzahl von im Internet frei zugänglichen Handbüchern verschiedener Geräte. Nach der Klassifizierung werden die Ergebnisse an die zentrale Datenbasis übermittelt.

Zentrale Datenbasis Das Backend bildet zusammen mit einer Datenbank und einer Komponente für die systematische Ablage von Dateien in einem Verzeichnis (File Storage) die zentrale Datenbasis der KI-SAA Lösung. Zur Anbindung aller Softwarekomponenten stellt das Backend REST APIs bereit, die sowohl für den Editor und den Assistenten als auch für die Worker Komponenten zugänglich sind. Zudem verwaltet das Backend die Extraktions- und Bereitstellungs-Workflows der Handbücher, wodurch die verschiedenen Phasen der Datenverarbeitung und -bereitstellung koordiniert werden. Die Datenbank speichert die Handbücher sowie die Textpassagen der Handbücher (einschließlich aller Metadaten wie z. B. die Verknüpfung zu Medien, externe Links oder Referenzen auf Dateien im Dateienverzeichnis). Diese strukturierte Datenhaltung ermöglicht es, die Informationen im Backend schnell und gezielt abzurufen und zu verarbeiten.

Worker und Message Queue Für die Verwaltung der Task Jobs und die Durchführung dieser in Workern wurde das Celery Framework in Kombination mit RabbitMQ als Message Queue eingesetzt. Das Backend erstellt neue Job-Anfragen und reiht sie in die Message Queue ein, bis sie via Celery Mechanismen von einem Worker aufgegriffen werden. Hierdurch wird eine robuste asynchrone Aufgabenverarbeitung in einem verteilten System ermöglicht sowie eine einfache Skalierung der Worker.

Editor Der Editor ermöglicht es Fachleuten des Anlagenherstellers, neue Handbücher für eine initiale Extraktion und Verarbeitung hochzuladen sowie Inhalte bestehender Handbücher anzupassen. Darüber hinaus können die Fachkräfte Rückmeldungen von Endnutzer:innen des Assistenzsystems überprüfen und zur Verbesserung der Datenbasis nutzen. Nach der Freigabe eines Handbuchs wird dieses im Information Retrieval indiziert, wodurch es für die Nutzer:innen im Assistenten verfügbar wird.

Information Retrieval Die Information Retrieval Komponente erstellt für alle Textpassagen eines Handbuchs einen Suchindex, der einen schnellen Zugriff aus dem Assistenten ermöglicht. Für den Aufbau des Suchindex werden Textpassagen mithilfe eines Large Language Model (LLM) in hochdimensionale Vektoren (sog. Embeddings) als semantische Repräsentationen transformiert. Bei Suchanfragen über den Assistenten wird die jeweilige Anfrage ebenfalls in ein Embedding transformiert, und im Suchindex wird nach semantisch ähnlichen Textpassagen gesucht (Reimers und Gurevych 2019; Wang et al. 2024). Im nächsten Schritt werden alle gefundenen ähnlichen Textpassagen von einem KI-Modell entsprechend ihrer Relevanz in Bezug auf die ursprüngliche Anfrage angeordnet. Die besten Ergebnisse dieser Rangfolge werden sodann im Assistenten angezeigt.

Assistent Der Assistent bietet eine niedrigschwellige Benutzeroberfläche, die es den Nutzer:innen ermöglicht, ein spezifisches Handbuch auszuwählen und Fragen als Freitext zu stellen oder Fehlercodes einzugeben. Bei Letzterem sucht das Backend direkt in der Datenbank. Freitextfragen werden an das Information Retrieval weitergeleitet. Alle relevanten Textpassagen werden danach gemäß der Information Retrieval Rangfolge im Assistenten angezeigt – ggf. zusammen mit verknüpften Abbildungen, Videos oder Arbeitsabläufen in AR. Wenn die Antworten unzureichend oder spezifische Textpassagen qualitativ nicht zufriedenstellend sind, können Nutzer:innen im Assistenten Feedback geben, das den Fachkräften des Anlagenherstellers im Editor angezeigt wird.

AR App Falls die zu einer Suchanfrage gelieferte Textpassage mit einer AR Szene verknüpft ist, kann diese Szene direkt per Deep Linking aus dem Assistenten heraus in der interaktiven AR App geöffnet werden. Deep Linking ermöglicht es, spezifische Inhalte innerhalb einer App zu öffnen, ohne dass die Nutzer:innen durch die App navigieren müssen. AR Szenen sind an die physische Anlage gebunden und unterstützen die Visualisierung und Durchführung notwendiger Arbeitsabläufe in interaktiven Umgebungen.

3 Erfahrungen und Erkenntnisse

Die Durchführung des Projekts zur Entwicklung eines KI-gestützten Assistenzsystems hat Erkenntnisse und Erfahrungen hervorgebracht, die sowohl für die aktuelle Implementierung als auch für zukünftige Entwicklungen in ähnlichen Kontexten von Bedeutung sind. Eine durchgeführte **technische Bewertung** der umgesetzten Lösung zeigt, dass die KI-Technologien und -Methoden, die zu Projektbeginn verfügbar waren und für die zuvor beschriebene Lösungsentwicklung eingesetzt wurden, mittlerweile ergänzt oder sogar ersetzt werden könnten. Moderne Technologien der natürlichen Sprachverarbeitung (Natural Language Processing, NLP) haben sich erheblich weiterentwickelt (Supriyono et al. 2024). Es gilt zu prüfen, inwieweit die aktuell verfügbaren Modelle und Funktionalitäten bessere Ergebnisse in Bezug auf die Textverarbeitung technischer Dokumentationen sowie bei der Informationssuche (Information Retrieval) erzielen können (siehe hierzu auch die Ausführungen im nachfolgenden Kap. 4).

Ein wesentliches Ergebnis aus der während der Umsetzungsphase durchgeführten **begleitenden Evaluation des Assistenzsystems mit Endnutzer:innen** ist, dass die im Projekt praktizierte partizipative Entwicklung des Systems gemeinsam mit den Nutzer:innen entscheidend zur hohen Akzeptanz und Nutzbarkeit des Systems beigetragen hat. So wurden in den von der Universität Paderborn durchgeführten Interviews mit Nutzer:innen v. a. die leichte Erlernbarkeit der Benutzeroberfläche, die durch das System offerierte schnelle und direkte Hilfe bei Problemen mit einer Maschine sowie die übersichtliche Aufbereitung von Wissen zur Problemlösung positiv hervorgehoben. Ferner zeigen die Rückmeldungen, dass die Implementierung einer Feedbackfunktion zielführend war, um fortlaufend die Qualität der vom System bereitgestellten Informationen zu bewerten und in der Folge ggf. anzupassen. Dies ermöglicht eine stetige Verbesserung des Systems basierend auf den realen Erfahrungen der Nutzer:innen. Zudem erlaubt die Kombination unterschiedlicher Medienformate (Text, Bild, Video, AR Szene), den unterschiedlichen Lernstilen und Informationsbedürfnissen der Nutzer:innen gerecht zu werden. Insgesamt hat die konsequente Einbeziehung der Nutzer:innen in den Entwicklungsprozess entscheidend dazu beigetragen, ihre Erwartungen an ein KI-basiertes Assistenzsystem zu verstehen und angemessen im Rahmen der Systemgestaltung zu berücksichtigen.

4 Zukunftsperspektiven und Weiterentwicklung

Die Lehren aus der Umsetzung des Projekts bieten verschiedene Hinweise zur Weiterentwicklung und Optimierung von Assistenzsystemen im Kontext komplexer technischer Produkte. Der gewählte modulare Architekturansatz ermöglicht es, das entwickelte Assistenzsystem auf andere Anwendungsbereiche und Branchen zu übertragen, was eine solide Grundlage für zukünftige Erweiterungen und Anpassungen der Lösung an neue Technologien oder Benutzeranforderungen schafft. So wurden während der Projektlaufzeit bedeutende Fortschritte im Bereich der Large Language Models (LLMs) und des Natural Language Processing (NLP) (Zubiaga 2024) erzielt, die großes Potenzial für die Weiterentwicklung der KI-SAA Lösung bieten. Beispielsweise könnte ein LLM direkt auf das Feedback der Nutzer:innen reagieren, indem es verbesserte Versionen der betroffenen Textpassagen generiert und den Fachleuten des Anlagenherstellers zur Überprüfung vorlegt.

Darüber hinaus hat sich im Kontext von LLM-basierten Chatbots der Ansatz der Retrieval-Augmented Generation (RAG) etabliert (Chen et al. 2025). Dabei werden die Antworten eines Chatbots auf Basis von Retrieval-Ergebnissen aus einer Wissensbasis generiert. Je nach Anwendungsfall könnte dies eine natürliche Weiterentwicklung der KI-SAA Lösung darstellen. Anstatt die Ergebnisse des Information Retrievals direkt im Assistenten anzuzeigen, könnte ein LLM diese Informationen umformulieren oder zusammenfassen und zusammen mit den relevanten Medien der entsprechenden Textpassagen präsentieren. So müssten die Nutzer:innen wichtige Informationen nicht mehr selbst aus einer Liste relevanter Textpassagen herausfiltern. Vielmehr könnten die Informationen in einer kompakteren und benutzerfreundlicheren Form bereitgestellt werden.

Literatur

Akerkar, R., & Sajja, P. (2009). Knowledge-Based Systems. Jones and Bartlett Publishers, Inc.

Apt, W., Schubert, M., & Wischmann, S. (2018). Digitale Assistenzsysteme: Perspektiven und Herausforderungen für den Einsatz in Industrie und Dienstleistungen. Stuttgart: Fraunhofer IAO.

Chen, L., Pardeshi, M. S., Liao, Y., & Pai, K. (2025). Application of retrieval-augmented generation for interactive industrial knowledge management via a large language model. Computers & Industrial Engineering, 103995. https://doi.org/10.1016/j.csi.2025.103995.

Deppe, S., Brandt, L., Brünninghaus, M., Papenkordt, J., Heindorf, S., & Tschirner-Vinke, G. (2022). AI-based assistance system for manufacturing. In 2022 IEEE 27th International Conference on Emerging Technologies and Factory Automation (ETFA) (S. 1–4). IEEE. https://doi.org/10.1109/ETFA52439.2022.9921520.

Papenkordt, J., Gabriel, S., Thommes, K., & Dumitrescu, R. (2022). Künstliche Intelligenz in der industriellen Arbeitswelt – Studie zum Status Quo in der Region OstWestfalenLippe. Working-Paper-Reihe des Kompetenzzentrums Arbeitswelt.Plus, Paderborn, Nr. 2. https://doi.org/10.55594/TMAO3234.

Reimers, N., & Gurevych. I. (2019). Sentence-BERT: Sentence Embeddings using Siamese BERT-Networks. https://doi.org/10.48550/arXiv.1908.10084.

Romero, I. (2020). A Multi-Cloud Architecture for Distributed Task Processing Using Celery, Docker, and Cloud Services. International Journal of AI, BigData, Computational and Management Studies, 1(2), 1–10. https://doi.org/10.63282/3050-9416.IJAIBDCMS-V1I2P101.

Supriyono, Wibawa, A. P., Suyono, & Kurniawan, F. (2024). Advancements in natural language processing: Implications, challenges, and future directions. https://doi.org/10.1016/j.teler.2024.100173.

Wang, L., Yang, N., Huang, X., Yang, L., Majumder, R., & Wei, F. (2024). Multilingual E5 Text Embeddings: A Technical Report. https://doi.org/10.48550/arXiv.2402.05672.

Zubiaga, A. (2024). Natural language processing in the era of large language models. https://doi.org/10.3389/frai.2023.1350306.

KI-gestützte Personaleinsatzplanung mit SAP

Ein Praxisbeispiel aus der Produktion bei Miele

Waliuollah Ali und Anna Klasen

1 Einleitung und Zielsetzung

1.1 Vorstellung der SAP-Integration

Im Rahmen eines Innovationsprojekts bei Miele wurde eine intelligente Lösung zur Personaleinsatzplanung in der Produktion entwickelt, die sich durch eine enge Integration in das bestehende SAP-System auszeichnet. Obwohl Miele SAP als zentrales Enterprise Resource Planning (ERP)-System nutzt, erfolgte die Personaleinsatzplanung bislang außerhalb von SAP – mit externen Tools und hohem manuellem Aufwand. Im Zuge des Projekts wurde eine Lösungsarchitektur konzipiert, die das SAP-System über eine Cloud-Applikation mit Künstlicher Intelligenz (KI) verbindet. Dadurch wird eine flexible, KI-gestützte Personaleinsatzplanung mit direkter SAP-Integration ermöglicht.

1.2 Zielsetzung und erwarteter Nutzen für Unternehmen

Ziel des Projekts war die Entwicklung einer KI-gestützten Lösung zur Optimierung der Personaleinsatzplanung. Die Lösung sollte vorhandene Daten aus SAP nutzen, die durch strukturierte Zusatzinformationen ergänzt werden können und eine benutzerfreundliche

W. Ali (✉) · A. Klasen
NTT DATA Business Solutions AG, Bielefeld, Deutschland
E-Mail: Waliuollah.Ali@nttdata.com

A. Klasen
E-Mail: Anna.Klasen@nttdata.com

R. Dumitrescu (Hrsg.), *KI für die Arbeitswelt von morgen,*
Intelligente Technische Systeme – Lösungen aus dem Spitzencluster it's OWL,
https://doi.org/10.1007/978-3-662-73053-9_29

Oberfläche für Planer und Schichtleiter bieten. Erwartet wurden eine signifikante Reduktion des Planungsaufwands, eine höhere Flexibilität bei kurzfristigen Änderungen sowie eine gerechtere und transparentere Verteilung der Schichten.

2 Implementierung und Herausforderungen

2.1 Beschreibung der SAP-Lösungen und Konfigurationsansätze

Im Rahmen der Analyse zur Integration der Personaleinsatzplanung ins SAP-System wurde zunächst SAP Digital Manufacturing (SAP DM) als potenzielle Lösung in Betracht gezogen. SAP DM bietet als Cloud-basierte Manufacturing Execution System (MES)-Lösung umfassende Funktionalitäten zur Planung, Disposition und Ausführung von Fertigungsprozessen – einschließlich der Personaleinsatzplanung. Aufgrund dieser Ausrichtung wurde SAP DM als Ausgangspunkt für die Umsetzung gewählt.

Bei der Umsetzung des ersten Prototyps zeigte sich jedoch, dass SAP DM nicht die erforderliche Flexibilität bietet, um die im Projekt definierten Anforderungen vollständig abzudecken. Daher wurde eine alternative Lösungsarchitektur mit einer Cloud-Applikation entwickelt, die alle relevanten Daten verarbeitet und eine nahtlose Integration in SAP sowie in weitere angebundene Systeme gewährleistet.

Die technische Umsetzung basiert auf einer Systemarchitektur, die das SAP-System mit einer Cloud-Applikation und einer KI-Komponente verbindet. Das SAP-System bildet dabei den Ausgangspunkt, da es bereits zentrale Daten zur Produktionsplanung und Kapazitätssteuerung bereitstellt. Die Cloud-Applikation übernimmt diese Daten und stellt die im Projekt geforderten Funktionalitäten bereit – insbesondere in Bezug auf Datenanreicherung, Flexibilität und die Integration der KI-Komponente. Darüber hinaus fungiert die Cloud-Applikation als zentrale Schnittstelle zwischen dem SAP-System und der KI-Komponente und stellt einen strukturierten, durchgängigen Datenaustausch zwischen den Systemen sicher. Die Architektur ermöglicht somit die Integration produktionsbezogener Daten aus SAP PP (Produktionsplanung), SAP IBP (Integrated Business Planning) und SAP DM sowie personalbezogener Daten aus SAP SuccessFactors und weiteren externen Systemen.

Die technische Systemarchitektur ist in Abb. 1 dargestellt.

Im Folgenden wird der zugrunde liegende Datenfluss näher erläutert:

Der Datenfluss beginnt mit dem Export der relevanten Informationen aus den Quellsystemen im CSV-Format. Diese Dateien werden in die Cloud-Applikation hochgeladen und dort in einer relationalen Datenbank gespeichert. Anschließend erfolgt innerhalb der Cloud-Applikation eine strukturierte Datenaufbereitung: Die Daten werden vereinheitlicht, bei Bedarf angereichert und in ein konsistentes Format überführt. Dabei werden zusätzliche Informationen wie Qualifikationen, Schichtpräferenzen, Anwesenheiten oder

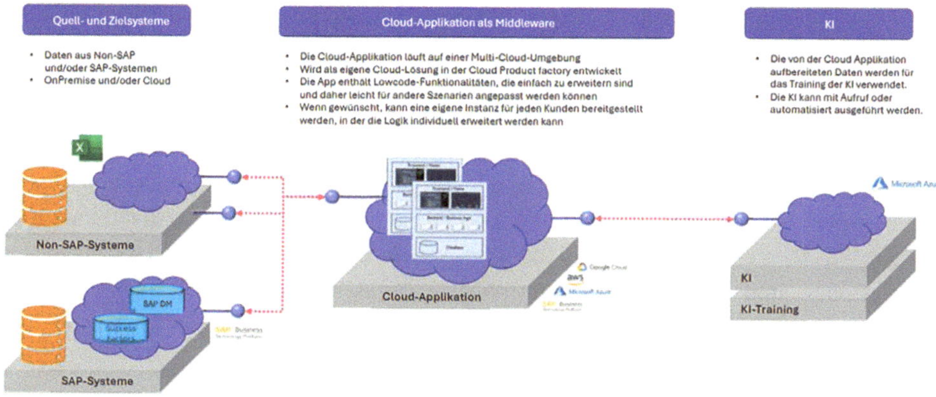

Abb. 1 Technische Systemarchitektur

Fahrgemeinschaften integriert. Diese Aufbereitung bildet die Grundlage, um die Daten effizient für das Training und die Ausführung der KI-Modelle nutzbar zu machen.

Die Cloud-Applikation stellt einen Representational State Transfer (REST)-Service bereit, über den die KI-Anwendung die aufbereiteten Daten abrufen kann. Nachdem die KI mit diesen Daten trainiert wurde, generiert das Modell automatisierte Vorschläge für die Personaleinsatzplanung. Die berechneten Einsatzpläne werden anschließend an die Cloud-Applikation zurückgespielt, dort gespeichert und über ein benutzerfreundliches Frontend visualisiert. Die Planer und Schichtleiter können die Vorschläge bei Bedarf manuell per Drag & Drop anpassen und finalisieren. Abschließend besteht die Möglichkeit, die fertigen Pläne entweder als CSV-Dateien zu exportieren oder über REST-Schnittstellen zurück in das SAP-System zu übertragen.

2.2 Herausforderungen bei der Integration in bestehende Systeme

Die Integration in die bestehende Systemlandschaft war mit mehreren Herausforderungen verbunden. Die Daten lagen in unterschiedlichen Formaten und Qualitäten vor, was eine strukturierte Aufbereitung erforderlich machte, um sie für ein effektives Training der KI nutzbar zu machen.

Ein zentraler Aspekt war die Auswahl der relevanten Informationen: Es musste definiert werden, welche Daten aus welchen Systemen für die Personaleinsatzplanung benötigt werden und wie diese extrahiert, verarbeitet und in die Zielsysteme zurückgeführt werden können. Die Standardfunktionen von SAP DM erwiesen sich dabei als nicht ausreichend, um komplexe Anforderungen, etwa die Pflege einer Qualifikationsmatrix für

Mitarbeitende an den Montagearbeitsplätzen bei Miele, im nötigen Detail abzubilden. Individuelle Präferenzen wie Fahrgemeinschaften konnten lediglich als Freitext hinterlegt werden und ließen sich nicht in die Planung integrieren. Auch eine KI-gestützte Optimierung der Schichtplanung ist mit SAP DM nicht möglich.

Die entwickelte Lösung basiert daher auf einer flexiblen Cloud-Applikation, die als zentrale Plattform für die Datenhaltung und -verarbeitung dient. Besonders hervorzuheben ist die Multi-Cloud-Architektur: SAP DM ist über die SAP Business Technology Platform (BTP) angebunden, die Cloud-Applikation läuft in der AWS-Cloud (Amazon Web Services) und die KI-Anwendung wird in der Microsoft Azure-Cloud betrieben. Diese verteilte Architektur bietet eine hohe Unabhängigkeit von einzelnen Plattformen und maximale technische Flexibilität.

2.3 Schnittstellen zu anderen Unternehmensprozessen

Die entwickelte Lösung ist nicht isoliert, sondern in die übergreifenden Unternehmensprozesse eingebettet. Sie bietet Schnittstellen zu Bereichen wie Absatzplanung, Produktionsplanung, Personalwesen und weiteren relevanten Funktionen.

Ein zentraler Vorteil der Architektur liegt in der einfachen Anbindung unterschiedlicher Systeme, sowohl SAP- als auch Non-SAP-Anwendungen. Durch den CSV-basierten Datenaustausches konnte auf komplexe Schnittstellenentwicklungen verzichtet werden, was die Integration zusätzlicher Systeme erleichtert und die Lösung flexibel erweiterbar macht. Die prozessübergreifende Integration erhöht nicht nur die Qualität der Personaleinsatzplanung, sondern auch die Reaktionsfähigkeit bei kurzfristigen Änderungen.

3 Erfahrungen und Erkenntnisse

3.1 Analyse der Implementierung und Rückmeldung der Anwender

Die vollständige Lösung wurde im Rahmen eines *Proof of Concept* (PoC) mit umfangreichen, ausgewählten Echtdaten umgesetzt und dem Projektteam sowie den Verantwortlichen und Mitarbeitenden in der Produktion vorgestellt. Das Feedback der Anwender und Projektbeteiligten fiel durchweg positiv aus und bestätigte den hohen Nutzen der entwickelten Lösung. Besonders hervorgehoben wurden die Benutzerfreundlichkeit der Oberfläche, die einfache Bedienung und die spürbare Entlastung im Planungsalltag.

Ein wesentlicher Fortschritt gegenüber der bisherigen manuellen Planung, die häufig mehrere Stunden in Anspruch nahm, war die Möglichkeit, automatisierte Schichtplanungsvorschläge innerhalb weniger Sekunden zu generieren. Auch die Funktion, alternative Planungsszenarien per Knopfdruck zu erstellen und die Pläne per Drag & Drop flexibel anzupassen, wurde als besonders anwenderfreundlich und hilfreich bewertet.

3.2 Erfolgsfaktoren und Herausforderungen

Ein zentraler Erfolgsfaktor des Projekts war die konstruktive und vertrauensvolle Zusammenarbeit aller Beteiligten. Zu Beginn bestand jedoch die Herausforderung, ein gemeinsames Verständnis für die Anforderungen und technischen Umsetzungsmöglichkeiten zu schaffen. Dieser Klärungsprozess war besonders wertvoll und entscheidend für die spätere lösungsorientierte Zusammenarbeit.

Die frühzeitige und aktive Einbindung der Mitarbeitenden aus der Produktion ermöglichte es, deren Interessen und Perspektiven gezielt zu berücksichtigen und somit eine breite Akzeptanz für die neue Lösung zu schaffen. Auch die technische Umsetzung, insbesondere die Datenaufbereitung und die Integration der KI, wurde mit besonderem Augenmerk auf Transparenz und Nachvollziehbarkeit gestaltet. So konnten mögliche Bedenken hinsichtlich einer automatisierten, vermeintlich willkürlichen Personalverteilung durch die KI erfolgreich ausgeräumt und Vertrauen in die neue Lösung aufgebaut werden.

Trotz dieser Herausforderungen überzeugte das Projekt durch mehrere zentrale Erfolgsfaktoren, insbesondere durch die gute Zusammensetzung des Projektkonsortiums und die enge Zusammenarbeit der beteiligten Projektpartner. Die Forschungspartner **Fraunhofer IEM** und **Universität Bielefeld** leisteten mit der strukturierten Aufnahme der Anforderungen und der Konzeption der Soll-Prozesse einen entscheidenden Beitrag zur erfolgreichen Umsetzung.

Auch die aktive und konstruktive Zusammenarbeit mit der **IG Metall** trug maßgeblich zum Projekterfolg bei. Die frühzeitige Einbindung der Betriebsräte sorgte für Transparenz und förderte die Akzeptanz bei den Mitarbeitenden.

Miele brachte mit hochqualifizierten und engagierten Teams aus den Werken in Gütersloh und Oelde nicht nur detaillierte Anforderungen ein, sondern auch praxisnahe Expertise aus dem Produktionsalltag. Die enge Abstimmung mit den Fachbereichen ermöglichte eine zielgerichtete Entwicklung, die sich konsequent an den realen Herausforderungen orientierte. Dieses fundierte Know-how war ein wesentlicher Faktor für die Qualität und Praxistauglichkeit der Lösung.

NTT DATA Business Solutions übernahm die technische Umsetzung und entwickelte auf Basis der Anforderungen eine praxisnahe, zukunftsorientierte Lösung. Bestehende SAP-Funktionalitäten wurden optimal genutzt und innovative Technologien aus den Bereichen Cloud-Architektur und Künstlicher Intelligenz gezielt integriert. Die Kombination aus technischer Expertise und tiefem Prozessverständnis führte zu einer intelligenten Lösung für die Personaleinsatzplanung.

3.3 Weiterentwicklungspotenziale für zukünftige SAP-Lösungen

Die im Projekt entwickelte Lösung zeigt eindrucksvoll das Potenzial der Kombination aus SAP-Lösungen, moderner Cloud-Technologie und Künstlicher Intelligenz. Besonders die Erweiterung um KI-Funktionalitäten eröffnet neue Möglichkeiten, die über die Standardfunktionen von SAP deutlich hinausgehen. Ein vielversprechender Zukunftsansatz liegt dabei im Einsatz von KI-Agenten (Agentic AI), die nicht nur historische Daten berücksichtigen, sondern in der Lage sind, selbstlernend alternative Szenarien zu simulieren und auf Basis komplexer Zusammenhänge intelligente Vorschläge zu generieren.

Zur weiteren Verbesserung der Benutzerfreundlichkeit wird zudem der Einsatz von Microsoft Power Apps geprüft, um die Oberfläche noch intuitiver und anpassbarer zu gestalten, insbesondere für Schichtleiter und Planer, die täglich mit der Lösung arbeiten. Die zugrundeliegende Architektur ist bewusst offen und modular aufgebaut, sodass zukünftige Entwicklungen im SAP-Umfeld, wie zusätzliche Module oder neue Schnittstellen, problemlos integriert werden können und damit eine zukunftssichere Basis entsteht, die eine kontinuierliche Weiterentwicklung sowie die flexible Anpassung an technologische und betriebliche Anforderungen ermöglicht.

3.4 Anpassungsmöglichkeiten an sich verändernde Arbeitsanforderungen

Die Anforderungen an die Personaleinsatzplanung entwickeln sich stetig weiter, bedingt durch neue gesetzliche Änderungen, neue Produktionsprozesse und die stärkere Berücksichtigung individueller Bedürfnisse der Mitarbeitenden. Die im Projekt entwickelte Lösung berücksichtigt diesen Wandel gezielt, indem sie ein hohes Maß an technischer Flexibilität und Anpassungsfähigkeit bietet.

Dank der Cloud-basierten Architektur können neue Datenquellen und Kriterien jederzeit integriert werden, wie zusätzliche Qualifikationen, neue Schichtmodelle oder persönliche Präferenzen. Auch externe Faktoren wie kurzfristige Produktionsänderungen oder Maschinenausfälle lassen sich durch die KI-gestützte Planung effizient abbilden.

Zwar stellte der Trainingsaufwand mit großen Datenmengen während des Projekts noch eine Herausforderung dar, doch durch den Einsatz von KI-Agenten (Agentic AI) und optimierten Trainingsmethoden kann dieser Aufwand deutlich reduzieret werden. Gleichzeitig steigt die Anpassungsfähigkeit der Lösung, sodass auch komplexe und dynamische Anforderungen zuverlässig und intelligent abgedeckt werden können.

FSC
www.fsc.org
MIX
Papier | Fördert gute Waldnutzung
FSC® C083411

Kolibri 360 GmbH
Ferdinand-Jühlke-Straße 7
99095 Erfurt, Deutschland
produktsicherheit@kolibri360.de